KB124375

초보 연구자를 위한

연구방법의 모든 것

-양적, 질적, 혼합방법 연구-

유진은 · 노민정 공저

학지사

Research methodology
PREEFACE

머리말

처음 논문을 쓰는 초보 연구자 또는 대학원생을 주된 대상으로 학위논문 작성 전반을 쉽고 재미있게 설명하기 위하여 노력하였다. 지난 15여 년간 학부 및 대학원 강좌뿐만 아니라 교내외 특강에서 연구방법을 가르치고 논문지도를 하면서 얻은 노하우를 이 책에 풀어 쓰려 고심하였다. 특히 한국교원대학교 학부 및 대학원 석·박사 과정에서 교육연구법, 교육연구의 이해, 양적연구방법, 기초통계, 혼합방법연구 등을 가르치며 경험한 학생들, 그리고 앞으로 이러한 과목을 수강할 학생들을 생각하며 이 책을 썼다. 다양한 전공의, 다양한 연구 관심사를 가진 학생들을 생각하며, 이들이 논문을 준비할 때 알아야 할 가장 기본적이고 필요한 내용이 무엇일지를 계속 머릿속에 그리며 목차를 구성하였다. 어떤 부분에서 오개념이 형성되는지, 어떻게 설명하면 학생들이 중요한 내용을 더 잘 이해할 수 있을지, 그렇지만 너무 딱딱하지 않고 쉽게 이해할 수 있는 예시가 무엇일지 자문하며 문장을 다듬었다.

이 책에서는 양적·질적·혼합방법 연구 전반을 다룬다. 구체적으로 제1장의 연구 전반에 대한 개념 및 예시로부터 시작하여 제2장부터 제6장까지는 양적연구, 제7장부터 제9장까지는 질적연구, 제10장과 제11장은 혼합방법연구를 각각 설명하였다. 마지막으로, 연구계획서 구성 그리고 연구윤리 및 인용양식에 대한 제12장과 제13장은 초보 연구자가 실제로 연구계획서를 준비할 때 바로 참고할 만한 내용으로 구성하였다. 이 책에서 소개한 연구 예시는 그 자체로 모범이 되는 예시일 수 있으나, 해당 연구가 특정 연구 절차 또는 단계를 부각시켜 자세하게 설명하기 때문에 선택된 것도 있다는 점을 주의하면 좋겠다.

이 책을 준비하면서 도움 주신 분들께 감사한 마음을 표하고 싶다. 먼저, 한국교원대학교 교육정책전문대학원 김미숙 교수님과 물리교육과 강남화 교수님께 깊은 감사의 말씀을 올린다. 질적연구를 설명한 제8장과 제9장은 김미숙 교수님의 감수를 거쳤고, 강남화 교수님은 제1장의 자연과학 연구 예시 부분에 피드백을 주셨다. 초고를 읽고 의견을 준 박사과정 이미란, 박근혜, 박서은 선생과 석사과정 김민정, 김영진 그리고 편집을 도와준 석사과정 정세현 선생에게도 감사를 표하고 싶다. 마지막으로 책을 쓰는 동안 랩탑 옆, 프린터 위 그리고 베란다의 캣타워 위에서 나를 관찰하고 귀찮을 정도로 애정을 표현한 우리집 고양이 티거에게도 고마운 마음이다. 길고양이였던 티거와 같이 산 지 벌써 4년이 되어 가는데, 그동안 나는 네 권의 책을 집필 또는 개정하였다. 티거를 돌보기 위해 집에 있어야 하는 시간이 많았고, 그 시간을 공부하고 책을 쓰는 일로 돌릴 수 있었다는 생각이 든다. 이 기간에 집필한 책들은 호기심 많은 고양이처럼 열심히 배우고 답을 찾는 과정을 즐기자는 뜻에서 모두 고양이를 표지 모델로 삼았다.

논문을 쓰는 것이 목적이 아니라 수단이 되는 경우가 있다. 특히 대학원생에게 학위논문 작성은 당면한 과업이므로 간혹 '논문을 위한 논문'을 쓰기도 한다. 그러나 연구를 수행하는 이유가 단순히 대학원 학위를 취득하거나 승진을 위한 실적 쌓기라기보다는 연구자의 학문적 · 일상적 호기심을 충족하기 위해서라면 좋겠다. 궁금한 부분이 있는데 어디에도 그러한 연구를 찾기 힘들 수도 있고, 이미 연구는 있지만 연구방법이나 결론의 방향이 본인이 생각한 것과 다를 수 있다. 이 책을 읽고 논문을 준비하는 초보 연구자가 자신의 호기심을 충족할 목적으로 즐겁게 연구를 시작하고 끝맺을 수 있기를 바란다. 호기심은 연구과정 전반에 걸쳐 강력한 연구 동력으로 작용하며, 본인의 연구에 대한 관심 및 애정으로 인하여 더 알찬 연구가 가능하기 때문이다. 초보 연구자들에게는 이 책이 끝이 아니라 시작일 것이다. 학술적 연구에 첫발을 내디디는 연구자들에게 아무쪼록 이 책이 도움이 되었으면 한다.

2023년 1월

대표 저자 유진은

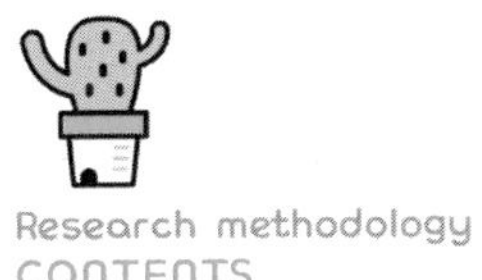
Research methodology
CONTENTS

차례

제1부 개관

제2부 양적연구

제4장 실험설계와 타당도 위협요인 103

제5장 통계분석: 기본 137

제6장 통계분석: 실제 161

제3부 질적연구와 혼합방법연구

제10장 혼합방법연구: 기본 289

제11장 혼합방법연구: 실제 313

제4부 연구계획서 쓰기

제12장 연구계획서 작성 341

제13장 연구윤리와 APA 인용 양식 381

제1부
개관

제1장
연구란 무엇인가

주요 용어

양적연구, 질적연구, 혼합방법연구, 연구문제, 선행연구, 조작적 정의, 연구범위 제한

학습목표

1. 양적연구, 질적연구, 혼합방법연구의 특징을 설명할 수 있다.
2. 연구문제 설정, 선행연구 분석, 주요 개념 정의, 자료수집 및 분석 등의 연구절차를 나열하고 설명할 수 있다.
3. 자신의 관심 영역에서 연구문제를 설정하고 그에 맞는 연구계획을 수립할 수 있다.

1 개관

연구란 무엇인가? 연구는 왜 하는 것이며 무엇을, 그리고 어떻게 연구하는 것일까? 우리가 경험하는 자연 및 사회 현상을 이해하려는 탐구 활동을 '연구(research)'라 볼 수 있다. 즉, 연구란 연구문제를 해결하기 위하여 행하는 탐구 활동으로, 연구문제 설정, 자료수집 및 분석, 결론 도출과 같은 일련의 과학적인 과정 전반을 포괄한다. 이렇게 설명하면 대학교수나 연구원과 같이 연구를 직업으로 삼은 사람만이 연구를 할 수 있을 것 같은 느낌이 들 수 있다. 그러나 연구는 알고 싶은 문제(연구문제)가 있을 때 실시하는 것으로, 고등학생이나 대학생도 연구방법을 배운다면 자신의 상황 및 수준에 맞게 연구문제를 설정하고 연구를 수행할 수 있다.

연구자의 관심, 즉 생활 속 호기심을 연구로 풀어내는 것이 좋다. 호기심은 연구과정 전반에 걸쳐 강력한 연구 동력으로 작용하며, 본인의 연구에 대한 관심 및 애정으로 인하여 더 알찬 연구가 가능하기 때문이다. 연구자의 호기심과 유머를 높이 평가하는 상(prize)도 있다. 바로 이그노벨상(Ig Nobel Prize)이 그러하다. 노벨상(Nobel Prize)을 패러디한 이그노벨상은, 처음에는 사람들을 웃게 만들고 그 다음에는 생각하게끔 하는 연구에 가치를 둔다(Fardin, 2017). 특히 과학 부문 수상작들은 황당무계한 것처럼 보이는 아이디어라도 엄격하게 과학적으로 접근한다는 점에서 그 권위를 인정받는다. 매년 하버드대학교에서 열리는 이그노벨상 시상식에서 실제 노벨상 수상자가 시상을 할 정도다.

엉뚱하고 기발하며 재미있는 연구문제에 철저한 과학적 연구방법을 적용시킨 이그노벨 수상작 중 고양이에 대한 연구가 다수 있다. '냥줍'한 고양이와 같이 살고 있는(키우고 있는 것은 아니다!) 저자는, 어떻게 고양이의 몸은 저렇게 유연할까 감탄하는 때가 많다. 저자만 그렇게 생각한 것이 아니다. '고양이 액체설'까지 있을 정도로, 고양이는 불가능할 것만 같은 좁은 공간에 몸을 욱여넣고는 심지어 그 자세로 잠도 잔다. 저자는 고양이가 사람보다 훨씬 더 관절이 많아서 몸이 유연하기 때문에 그렇다는 이야기를 듣고는 수긍하고 이에 대해 더 이상 생각하지 않았다. 그런데 어떤 과학자가 '고양이 액체설'을 과학적 방법으로 연구하여 2017년 물리학 부문 이그노벨상을 수상하였다(〈심화 1.1〉). 연구자의 실생활에서의 호기심을 과학적 연구로 연결시킨 좋은 예라 하겠다.

〈심화 1.1〉 고양이 액체설과 유동학

2017년 물리학 부문 이그노벨상 수상자인 Fardin은 고분자, 세포, 조직과 같은 물질의 변형과 흐름에 대한 학문인 유동학(rheology, 유변학)을 연구하는 학자다. Fardin(2014, 2017)은 고양이가 액체인지를 판단하기 위하여 유동학에서의 액체에 대한 정의로부터 시작한다. 유동학에서는 형태를 수정할 수 있는 이완 시간(relaxation time)에 따라 액체인지 아닌지를 판단한다. 즉, 고양이가 얼마 간의 이완 시간 내에 몸을 변형시켜 좁은 공간에 욱여넣고 그 자세를 지속할 수 있다면, 고양이를 액체라고 할 수 있다. 더 나아가 Fardin(2014)은 고양이의 스트레스 정도에 따른 이완 시간을 연구한 후, 나이 든 고양이가 어린 고양이에 비해 스트레스를 덜 받아서 이완 시간이 더 짧기 때문에 나이 든 고양이가 더 쉽게 액체로 변형된다고 주장하였다.

이그노벨상 수상작은 재미있고 기발한 아이디어를 '과학적 연구방법'으로 풀어내었다는 데 방점이 찍힌다. 즉, 아무리 재미있고 기발한 아이디어라도 과학적 연구방법을 체계적으로 적용하지 않고서는 이그노벨상 수상작이 될 수 없다. 이렇게 자연과학·사회과학 분야를 통틀어 연구를 수행할 때는 과학적 연구방법을 활용한다. 과학적 연구방법을 크게 연역법(deductive method)과 귀납법(inductive method)으로 나눌 수 있다. 연역법은 일반적 지식으로부터 구체적 특성을 끌어내는 것으로, '모든 사람은 죽는다', '소크라테스는 사람이다', 그러므로 '소크라테스는 죽는다'는 연역법의 예시다. 반면, 귀납법에서는 사실 또는 현상을 관찰·수집하고 분석함으로써 어떤 일반적 법칙을 이끌어 내고자 한다.

자연과학 연구에서는 자연현상에 대한 법칙을 도출하기 위하여 연구를 수행한다. 이를테면 화학의 기본적인 법칙 중 하나인 보일의 법칙(Boyle's law)은 압력이 크면 기체의 부피가 줄어드는 반비례 관계에 있다는 것이다. 전자기학에서의 유명한 법칙인 쿨롱의 법칙(Coulomb's law)은 두 전하 간 작용하는 전기력의 크기가 전하 사이의 거리의 제곱에 반비례한다는 것을 수식으로 밝혀낸 것이다. Boyle이 실험을 통해 귀납적인 방법으로 압력과 부피가 반비례 관계에 있다는 것을 알아냈다면, Coulomb은 가설을 세우고 모형을 만들어 실험을 실시하는 가설연역법으로 전기력에 관한 법칙을 발견하였다. 가설연역법(hypothetico-deductive method)은 현상을 탐구한 후 이론에 기반하여 가설을 설정하고, 실험을 통하여 가설을 검정함으로써 일반적인 원리 또는 법칙을 확립하고자 하는 접근이다.

자연과학 연구의 목적이 자연현상에 대한 법칙을 도출하는 것이라고 하였다. 사회과학 연구에서도 자연과학 연구의 절차를 본뜬 양적연구(quantitative research)가 오랜 전통을 자랑한다. 사회현상을 이해하고 해석하기 위하여 연구를 수행한다는 차이점이 있을 뿐, 사회과학 연구에서도 과학적 연구방법을 활용하는 것이다. 특히 가설검정을 수행하는 사회과학 양적연구에서는 자연과학 연구에서의 가설연역법을 활용한다. 사회현상이 자연현상과 성질이 다르므로 양적연구만으로는 대상을 충분히 이해할 수 없다는 주장과 함께 질적연구(qualitative research)가 등장하였고, 양적연구에 대한 대안 또는 보완책으로서 그 중요성이 강조되고 있다. 또한, 최근 사회과학 연구에서는 양적연구와 질적연구를 모두 수행하는 혼합방법연구(mixed-methods research: 이하 혼합연구와 병기)의 필요성도 대두되고 있다. 혼합연구는 복잡다단한 우리사회에서 어느 한 가지 방법만으로는 사회현상을 충분히 설명하기 어렵다는 인식에 기반한다.

이 장에서는 과학적인 연구방법을 활용하는 사회과학 연구에 초점을 맞추어 양적연구, 질적연구, 혼합방법연구의 특징을 예시와 함께 설명하며 이 책에서 다룰 내용에 대하여 전반적으로 개관하겠다. 다음으로 연구문제 설정부터 선행연구 분석, 주요 개념 정의, 자료수집 및 분석으로 이어지는 연구절차를 예를 들어 자세하게 설명할 것이다. 마지막으로 학위청구 절차 및 초보 연구자를 위한 팁을 제시할 것이다.

2 양적연구, 질적연구, 혼합방법연구

1) 개관

사회과학 양적연구의 기틀을 마련한 학자는 19세기 프랑스의 철학자인 Comte(1798~1857)라 할 수 있다. 실증주의(positivism)의 창시자로 불리는 Comte는 사회현상도 자연현상과 마찬가지로 일정한 규칙성이 존재하기 때문에 사회현상을 일반화하거나 사회현상으로부터 법칙을 발견하는 것이 가능하다고 생각했다. 또한, 자연과학 연구에서 자연법칙을 알아내기 위하여 관찰·실험과 같은 방법으로 자료를 수집하고 분석하는 것처럼 사회현상에서의 법칙을 파악할 때에도 자연과학 연구의 방법론을 적용하는 과학적인 접근이 필요하다는 입장이었다. 즉, Comte는 계량화된 자료를 실제 증거로 제시하는 실증주의를 강조하였다. '양적' 연구방법으로 연결되는 이러한 Comte의 접근은 이후 사회과학 연구에서 중요한 전통으로 자리잡게 되었다. 이를테면 Comte의 영향을 받은 프랑스의 사회학자 Durkheim(1858~1917)은 '자살'이라는 사회현상을 이해하기 위하여 공식적인 통계자료를 분석하고 1897년에 『자살론』이라는 제목의 저서를 출판하였다. 이 저서에서 Durkheim은 이전에는 개인의 정신 장애로만 여겼던 자살이 개인이 소속한 사회 집단의 규제와 같은 사회적 힘의 영향을 받는다고 분석하였다. 통계 자료를 분석하는 양적연구의 중요성을 입증한 Durkheim의 연구는 당시 사회적으로 큰 반향을 불러일으키며 이후 사회과학 연구에 이정표를 제시하게 된다(정문성 등, 2022).

양적연구가 오랫동안 사회과학 연구방법론을 선점해 왔는데, 양적연구에 대한 비판 또한 존재한다. 이를테면 양적연구가 사회현상을 숫자로 치환하며 사회현상에서 중요한 맥락을 간과하므로 특히 비주류의 삶과 같은 사회현상을 심층적으로 이해하는 데 적절하지 않다는 것이다(Guba & Lincoln, 1994, pp. 105-107). 즉, 질적연구의 필요성이 대두되었다. 사회과학 분야 양적연구에서 사회현상이 자연현상처럼 객관적으로 존재한다고 간주하고 실험·조사를 통해 수치로 측정하여 통계를 활용하여 분석한다면, 질적연구에서는 자연스러운 환경에서 대상을 관찰하고 면담하며 얻은 자료를 언어로 분석하여 현상의 의미를 파악하고 심층적으로 이해하려 한다. 이를테면 폴란드 태생의 영국 인류학자인 Malinowski(1884~1942)는 태평양의 한 섬의 원주민의 삶을 총체적으로 조망하기 위하여 1년 단위로 장기간 체류하고 원주민 부족과 직접 어울리며 그들의 삶을 관찰하고 분석하였다.[1)]

최근 들어 어느 하나의 관점만으로는 복잡한 사회현상에 대한 전모를 밝히기 어렵다는 입장이 나타나기 시작하였다. 즉, 양적연구와 질적연구를 모두 활용할 필요가 있다는 인식하에 혼합방법연구가 출현하게 되었다. 학자에 따라 양적연구와 질적연구의 철학적 사조 또는 근본 바탕이 아예 다르기 때문에 두 연구방법을 섞는 혼합연구는 불가하다고 생각하는 경우도 있으나(Greene, 2007, pp. 36-42), 현실적으로 혼합연구가 필요한 경우도 많다. 이를테면 장기간에 걸쳐 대규모로 실시되는 프로그램을 평가하는 경우, 양적연구 또는 질적연구 어느 한 가지만으로 프로그램을 평가하는 것보다는 양적연구와 질적연구를 모두 활용할 필요가 있다는 공감대가 형성되고 있다.

2) 특징

탐구 활동 시 연구자는 본인이 알게 모르게 가지고 있는 패러다임(paradigm), 즉 철학적 사조의 영향을 받게 된다. 철학적 사조로 볼 때 양적연구는 실증주의(positivism)를 바탕으로 한다. 실증주의는 사회현상이 자연현상과 같은 방식으로 객관적으로 존재한다고 보고, 사회현상으로부터 어떠한 법칙을 찾고자 한다. 즉, 사회현상 또한 자연현상처럼 객관적이며 공정하게 바라보아야 한다는 입장이므로 실증주의에 기반한 사회과학 연구는 가치 중립적 입장을 견지한다. 그런데 과학적 지식이라고 하여도 완전히 가치중립적일 수 없고, 특히 인간행위에 대한 법칙은 자연현상과 같은 방식으로 도출할 수 없다는 비판이 있다. 이로 인하여 후기실증주의와 같은 철학적 사조가 대두되기 시작하였다.

양적연구와 달리, 질적연구는 사회현상이 구성원의 상호작용에 의하여 구성되며, 사회현상에 대한 해석 또한 인식 주체가 가지는 관점에서 벗어날 수 없다는 입장이다. 즉, 가치 개입적으로 현상을 이해하고 해석한다. 따라서 질적연구는 연구의 기반이 되는 패러다임과 철학적 사조에 따라 동일한 사회현상에 대하여도 서로 다른 연구목적과 연

---

1) 이러한 Malinowski의 자료수집법을 이후 질적연구에서는 참여관찰법이라 한다. Malinowski의 연구는 질적연구 중 문화기술지 또는 민족지로 분류된다. 참여관찰법과 문화기술지는 각각 제7장과 제8 · 9장에서 설명하였다.

구문제를 도출하게 된다. 이를테면 대표적인 질적연구 패러다임 중 하나인 해석주의(interpretivism)를 따르는 연구는 사회적으로 구성되는 현상을 인식 주체의 관점에서 심층적으로 이해하는 것을 목적으로 한다. 또 다른 질적연구 패러다임인 비판이론(critical theory)에 기반한 연구는 사회현상으로 나타나는 사회적 구조의 억압 논리와 불평등을 파헤치고 조명하여 '해방(liberation)'하는 것이 목적이다.

마지막으로 양적 연구방법과 질적 연구방법을 함께 사용하는 혼합방법연구에 대한 설명이다. 혼합방법연구는 가치 지향적이며, 방법론적 절충주의(eclecticism)와 다원주의(pluralism)를 지지한다(Johnson & Onwuegbuzie, 2004). 혼합방법연구의 가장 대중적인 패러다임은 실용주의(pragmatism)다(Greene, 2007, pp. 83-85). 실용주의는 사회현상을 주체와 객체로 구분하여 인식하려는 전통적인 인식론을 거부하며, 사회현상을 유기체와 환경 간의 상호작용에 의한 결과물이라고 본다(Johnson & Onweugbuzie, 2004). 실용주의에 기반한 혼합방법연구는 서로 대조되는 특징을 지니는 양적연구와 질적연구를 상호보완적으로 활용함으로써 사회현상을 통합적으로 이해하려 한다(Creswell & Plano Clark, 2011). 따라서 실용주의자는 연구문제 해결에 가장 적합한 방법과 절차를 선택한다. 즉, 실용주의에서 연구방법을 선택하는 기준은 그 연구방법이 실증주의나 해석주의와 같이 어떤 패러다임에 부합하느냐 아니냐가 아니라, 연구문제 해결에 도움이 되느냐 아니냐다(Creswell & Plano Clark, 2018; Johnson & Onwuegbuzie, 2004, p. 37).

양적연구와 질적연구는 자료수집 방법에 있어서도 차이가 있다. 양적연구는 실험, 조사 등을 통해 수치로 측정하고, 질적연구는 관찰과 면담을 통해 말과 글로 기록한다. 혼합방법연구는 양적연구와 질적연구를 모두 쓰기 때문에 실험, 조사뿐만 아니라 관찰, 면담까지 모두 활용한다. 지금까지 설명한 양적연구, 질적연구, 혼합방법연구의 기본가정, 목적, 철학적 사조 등의 특징을 〈표 1.1〉에 정리하였다. 다음 절에서 세 가지 연구방법을 간단하게 개관할 것이다. 세 가지 연구방법의 종류 및 특징에 대한 자세한 설명은 이 책의 제2장부터 제11장까지의 내용을 참고하면 된다. 구체적으로 제2장부터 제6장에서 양적연구, 제7장부터 제9장에서 질적연구, 그리고 제10장과 제11장에서 혼합방법연구를 다루었다.

〈표 1.1〉 양적연구, 질적연구, 혼합방법연구의 특징

구분	양적연구[2)]	질적연구	혼합방법연구
기본 가정	사회현상은 자연현상과 같은 방식으로 객관적으로 존재함	자연현상과 달리 사회현상에는 주관성이 내재되어 있음	사회현상은 유기체-환경의 상호작용 결과임
목적	연구결과의 일반화	현상 이해와 해석, 의미 구성 등	양적 · 질적 연구결과의 통합
가치 중립/개입	가치 중립	가치 개입	가치 지향적
철학적 사조	실증주의	해석주의, 비판이론 등	실용주의
자료수집 방법	실험, 조사 수치로 측정	관찰, 면담 말, 글로 기록	(양적연구) 실험, 조사 (질적연구) 관찰, 면담

3 양적연구, 질적연구, 혼합방법연구의 예시

앞서 Durkeim과 Malinowski의 연구를 각각 사회과학에서의 양적연구와 질적연구의 고전적인 예시로 들었다. 양적연구와 질적연구 중 어떤 연구방법을 쓸지는 연구목적 및 연구문제에 따라 달라진다고 할 수 있다. 이를테면 남녀 고등학생의 스마트폰 사용 시간을 비교하고자 할 때는 양적연구가 질적연구보다 낫다. 설문을 통해 고등학생의 스마트폰 사용 시간을 수집하고 통계 기법으로 분석하면 되기 때문이다. 스마트폰 사용 시간은 설문으로 쉽게 물어볼 수 있기 때문에 굳이 면담을 통해 자료를 수집할 필요가 없다. 반면, 학교 부적응 학생이 양산되는 이유와 배경을 연구하려면 질적연구가 적절하다. 연구자가 학교 부적응 학생이 있는 학교를 직접 방문하여 학생, 담임교사, 친구 등을 면담하고, 부적응 학생의 학교생활을 관찰할 필요가 있기 때문이다. 만약 설문조사를 통하여 자료를 수집하고 통계 기법으로 분석한다고 생각해 보자. 설문으로도 왜 학교 부적응 학생이 되는지 그 이유와 배경을 물어볼 수는 있다. 그러나 불특정 다수의 학생에게 설문지를 배포한 후 부적응 학생이 되는 이유와 배경을 물어본다는 것은

2) 실증주의를 바탕으로 하는 양적연구의 특징을 정리하였다.

그리 합리적인 선택이 아니다. 일단 부적응 학생은 자주 학교에 나오지 않기 때문에 한 번의 설문조사로 자료를 수집하기가 쉽지 않다. 운이 좋아서 부적응 학생이 등교한 날 설문을 배포한다고 하더라도, 이러한 학생들이 '부적응 학생이 되는 이유와 배경이 무엇이라고 생각합니까?'와 같은 설문에 성실하게 답하기를 기대하기도 어렵다. 같은 맥락에서 학교를 잘 다니고 있는 학생에게 부적응 학생이 되는 이유와 배경에 대해 물어봐야 제대로 된 답변을 얻을 수도 없을 것이다(유진은, 2022).

이 절에서는 초보 연구자가 관심 있을 만한 사회과학 연구 예시를 양적연구, 질적연구, 혼합방법연구로 나누어 설명하겠다. 대학원에 재학 중인 연구자가 다른 사람들은 왜 대학원(석사과정)에 진학하는지, 어떤 사람들이 대학원에 진학하게 되는지 궁금하다고 하자. 이때, 연구 소재는 '대학원 진학'으로 동일하나 구체적인 연구문제에 따라 연구방법이 달라지게 된다. 이를테면 대학원 진학 여부가 개인적 특성에 따라 차이를 보이는지 비교를 원한다면, 불특정 다수의 성인을 대상으로 대학원 진학 여부 및 성별, 나이, 부모의 교육 수준 등을 조사하고 분석하는 양적연구가 적합할 것이다. 만일 전일제 직장인인 대학원생에 초점을 맞추어 대학원 진학이 본인에게 어떠한 의미를 가지는지를 깊이 있게 탐색하고자 한다면, 질적연구가 나은 선택일 것이다.

1) 양적연구 예시

어떤 연구방법을 쓰든 선행연구를 꼼꼼하게 검토해야 한다는 점은 공통적으로 중요한데, 표집, 자료수집, 분석방법은 어떤 연구방법을 사용하는지에 따라 완전히 달라진다. 대학원에 진학한 사람과 진학하지 않은 사람이 어떻게 다른지 개인적 특성 차원에서 비교하는 양적연구를 설계한다고 하자. 양적연구에서는 모집단(population)을 정의하고 표본을 얻어 자료를 수집한 후 그 결과를 통계 기법을 활용하여 검정한다.[3] 연구자가 모집단을 '○○시의 만 24세~만 30세 성인 남녀'로 놓고, 모집단에서의 성별, 연령 및 지역 비율에 따라 연구대상을 표집했다고 하자. 다음은 자료수집 단계다. 양적연구에서는 주로 설문조사를 통해 자료를 수집한다. 연구자가 설문을 직접 만들 수 있고, 선행연구에서의 설문을 그대로 활용할 수도 있다. 또는 연구기관에서 이미 수집해 놓은 대용량 자료를 활용하여 바로 분석으로 넘어갈 수도 있다. 연구자가 성별, 나이, 학

---

3) 모집단 및 표집에 대한 자세한 설명은 제2장을 참고하기 바란다.

부 전공, 학부 학점, 부모 학력, 부모의 교육 기대 등을 측정하는 문항으로 설문을 구성하고 자료를 수집했다면, 로지스틱 회귀분석[4]과 같은 통계 기법을 통하여 변수의 통계적 유의성을 검정하고 결과를 해석한다. 양적 연구결과, 대학에서의 전공, 대학 만족도, 그리고 부모의 학력 및 교육 기대와 같은 가정의 문화적 자본에 따라 대학원 진학 여부가 통계적으로 유의하게 달라진다고 해석할 수 있다(최인희, 2020).

2) 질적연구 예시

질적연구는 어떤 사회현상에 초점을 맞추어 깊이 있게 이해하는 것이 근본적인 목적이며, 주된 자료수집 기법은 면담이다. 따라서 질적연구에서는 연구주제에 대해 풍부한 정보를 제공할 수 있을 만한 사람을 면담대상자로 선정한다. 즉, 양적연구에서와 같이 많은 사람을 대상으로는 깊이 있는 면담을 하는 것이 쉽지 않으므로 질적연구에서의 면담대상자 수는 열 명 내외로 소수인 경우가 흔하다. 참고로 질적연구에서도 양적연구에서와 비슷하게 대학원에 진학한 사람과 대학원에 진학하지 않은 사람을 표집한 후 면담을 실시하고 그 결과를 비교할 수는 있다. 그러나 적게는 수십 명에서 많게는 수천 명의 연구대상을 표집하는 양적연구와 달리, 질적연구에서는 연구하려는 중심 현상에 초점을 맞추어 소수의 참여자를 표집하고 현상을 심층적으로 파악하려 한다. 이를테면 참여자를 '교육학 전공 대학원에 재학 중인 만 40세 이상의 직장인 대학원생'으로 특정하고 면담대상자를 표집한 후, 이들의 대학원 진학 이유와 배경을 알아보게 된다. 같은 맥락에서 질적연구의 면담 질문은 양적연구의 설문 문항과 달리 처음부터 구체적인 내용을 다루지 않으며, 연구가 진행되며 정교화되거나 달라질 수 있다. 대신, 면담자가 자료수집 도구 역할을 하기 때문에 면담자의 전문성, 즉 연구주제와 관련된 내용학적 지식 및 면담 기술이 담보되어야 한다. 수집된 자료를 질적연구 기법을 통하여 분석한 결과, 대학원에 진학하는 이유에는 학위의 필요성 및 미래 삶의 준비뿐만 아니라, 인간관계와 소속감, 그리고 배우는 즐거움까지 있다는 것을 파악할 수 있다(최정숙, 김진숙, 2020).

〈예 1.1〉에서 양적연구와 질적연구의 연구문제 예시를 제시하였다. 이 예시만으로도 양적연구와 질적연구의 차이를 엿볼 수 있다. 정리하면, 양적연구에서는 표본의 결

---

4) 제6장에 로지스틱 회귀모형의 예시를 제시하였다.

과를 모집단으로 일반화하는 것이 중요하기 때문에 다수를 대상으로 설문을 실시하고 통계적으로 분석한다. 설문 문항으로 포함되지 않은 내용에 대해서는 결과를 얻을 수 없기 때문에 설문을 체계적으로 짜임새 있게 구성하는 것이 중요하다. 설문 배포 및 회수에 특별한 전문성이 요구되지 않으나, 설문 결과를 분석할 때에는 통계적 지식이 필요하다. 반면, 질적연구에서는 연구문제와 관련된 본질을 다면적이며 총체적으로 이해하는 것이 근본 목적이다. 일반화가 목적인 양적연구와 달리, 질적연구에서는 연구문제와 관련하여 깊고 풍부한 정보를 제공할 수 있을 만한 사람 몇 명을 면담대상자로 선정하고 면담을 수행한다. 따라서 자료수집 도구의 역할을 하는 면담자의 전문성이 필수적으로 요구된다.

〈예 1.1〉 양적연구와 질적연구의 연구문제 예시

양적연구	질적연구
대학원에 진학하지 않은 학생들과 비교하여 대학원에 진학한 학생들의 개인 및 가정 배경, 고교 특성 및 경험, 대학 특성 및 경험은 어떠한 차이가 있는가? – 최인희(2020)에서 발췌	직장인 학습자들의 대학원 진학 동기는 무엇이며, 그 동기는 그들에게 어떤 의미를 가지는가? – 최정숙, 김진숙(2020)에서 발췌 · 수정

3) 혼합방법연구 예시

혼합방법연구는 한 연구에서 양적 연구방법과 질적 연구방법을 모두 사용하여 두 유형의 연구결과를 통합하려는 연구다. 혼합방법 연구설계는 두 연구방법을 혼합하는 순서 및 두 연구방법의 비중에 따라 다양하다. 앞선 예시로 든 대학원 진학 관련 연구 상황에 혼합방법연구를 적용해 보겠다. 대학원에 진학한 사람과 진학하지 않은 사람이 어떻게 다른지 개인적 특성 차원에서 비교하는 양적연구를 실시했더니 어머니의 교육수준이 높을수록 자녀의 대학원 진학 확률이 높았다(최인희, 2020). 그런데 이는 자녀가 상위 교육기관으로 진학할수록 부모의 교육 수준의 영향이 감소한다는 연구(김기헌, 2004)와 상반되는 결과였다. 질적연구를 후속적으로 수행하여 그 결과를 조명하려면 혼합방법연구를 쓸 수 있다. 이를테면 양적연구 표본 일부를 어머니의 교육 수준 및 대학원 진학 여부에 따라 표집하여 면담을 실시함으로써 왜 이러한 결과가 나타나는지를 심도 있게 분석하고 해석할 수 있다. 이 예시는 혼합방법연구 중 설명적 순차 설계에 해당한다. 설명적 순차 설계는 양적 연구결과를 토대로 질적연구를 수행하는 혼합방법연구 기법이며, 제10장과 제11장에서 자세히 설명하였다.

혼합방법연구는 검사도구 개발에서도 인기를 더해 가고 있다. 전통적인 검사도구 개발은 기존 검사도구 및 관련 이론을 분석하는 문헌연구에서부터 시작한다. 반면, 혼합방법을 이용한 검사도구 개발연구는 문헌연구뿐만 아니라 검사도구의 측정대상인 이해관계자들에 대한 질적연구도 함께 수행한다. 혼합방법연구로 직무 스트레스 측정도구를 개발한 장세진 등(2005)의 예시를 들어 보겠다. 당시까지 국내에서 사용되던 직무 스트레스 측정도구는 대부분 해외의 측정도구를 번안한 것이어서 우리나라의 문화나 사고방식과는 동떨어진 부분이 있었다. 따라서 우리나라 직장인 고유의 특성을 반영한 직무 스트레스 측정도구를 개발할 필요가 있었다. 연구진은 27개 직군의 직장인 62명을 심층면담하여 질적자료를 수집하였고, 우리나라 직장인의 직종 및 성별에 특화된 스트레스 요인과 일반적 스트레스 요인을 범주화하였다. 질적자료는 기존 검사도구 분석결과와 함께 문항을 개발하는 데에도 사용되었다. 연구진은 개발된 검사도구를 전국에서 표집한 12,631명을 대상으로 실시하여 신뢰도와 타당도를 확인하였다. 해당 연구는 2년에 걸쳐 이루어졌는데 이 연구에서 개발된 직장인 직무 스트레스 측정도구는 문헌분석뿐만 아니라 실제 한국 직장인으로부터 수집한 질적자료를 활용하였기 때문에 한국적인 문화, 가치, 조직구조에서 나타나는 특징들이 반영되었다고 할 수 있다.

4 연구절차

양적연구는 일반적으로 연구목적 및 연구문제 설정, 선행연구 분석, 주요 개념 정의, 자료수집 및 분석의 절차를 따른다. 질적연구도 유사한 연구절차를 거치나, 질적연구의 특성상 일부 절차가 축소·생략되거나 순서가 조정·반복되기도 한다. 이 절에서는 양적연구를 중심으로 연구절차를 간단한 예시와 함께 설명하겠다.

1) 연구목적 및 연구문제 설정

연구문제는 연구자의 관심을 반영해야 한다. 연구를 성공적으로 마무리하려면 본인이 흥미를 가지고 지속적으로 탐구할 수 있는 주제를 선택하는 것이 중요하다. 다음과 같은 상황을 생각해 보자.

직장인 김 씨는 커피를 좋아해서 커피를 매일 마시고, 카페도 자주 간다. 은퇴 후 직접 로스팅한 카페를 차리는 것이 꿈이라서 바리스타 자격증도 땄고, 카페를 갈 때마다 어떤 상권에 세운 카페인지, 어떤 사람들이 얼마나 오고가는지, 커피의 맛이나 카페의 인테리어는 어떠한지 유심히 관찰하고 있다.

대학교 인근에 카페를 창업하면 어떨지 고민하던 김 씨는 카페 창업에 대한 책을 읽었다. 카페가 넘쳐 나는 요즘, 사람들의 발길이 끊이지 않는 카페가 되기 위해서는 소비자가 원하고 기대하는 공간을 제공해야 한다는 내용이 눈길을 끌었다. 책 내용에 깊이 공감한 김 씨는 사람들이 원하는 카페를 만들어야겠다는 생각을 했다. 김 씨가 염두에 두고 있는 카페의 위치가 대학교 근처였기 때문에 김 씨는 대학생들이 원하고 기대하는 카페는 어떤 카페인지, 대학생들은 어떤 카페를 가고 싶어 하는지 알고 싶어졌다.

김 씨의 연구목적은 성공적인 카페를 창업하기 위하여 대학생들이 원하고 기대하는 카페의 특징을 찾는 것이다. 그렇다면 연구문제는 어떻게 작성할 수 있을까? 연구방법론을 잘 알지 못해도 '원하고 기대하는'과 같은 일상 용어는 연구문제로 쓰기에 그다지 적절하지 않아 보일 것이다. 양적연구에서 연구문제는 명확하고 명료해야 한다. '원하고 기대하는'을 '선호하는'으로 바꾸어 다음과 같이 연구문제를 쓸 수 있다.

초기 연구문제

1. 대학생들이 선호하는 카페의 특징은 무엇인가?

초보 연구자의 연구문제가 수정 없이 그대로 사용되는 경우는 드물다. 연구자는 연구문제가 연구의도와 연구목적을 부족함 없이, 왜곡 없이 드러내고 있는지 계속 자문하며 연구문제를 수정해 나간다. 보통 연구문제는 선행연구 분석 과정을 거치면서 정교화 · 구체화된다. 이어서 선행연구 분석 과정을 설명하겠다.

2) 선행연구 분석

우리가 여행을 가기 전 여행지의 명소, 숙소, 식당 등에 대한 정보를 얻기 위하여 미리 여행을 다녀온 사람들의 평을 참고하여 계획을 짜는 것처럼 연구를 시작하기 전에 비슷한 주제로 진행된 연구, 즉 선행연구를 살펴보고 연구계획을 수립하는 것이 중요하다. 그 주제로 이미 진행된 연구를 읽어 보면 어떤 연구문제에 대하여 어떤 연구방법을 써서 어떤 결론을 도출했는지 정보를 얻을 수 있고, 연구가 더 필요한 문제가 무엇인지도 확인할 수 있다. 이미 같은 주제로 비슷한 집단을 대상으로 실시된 연구라면 굳이 내가 똑같은 연구를 할 필요가 없다. 또한, 선행연구에서 다루지 않은 부분을 짚어 냄으로써 내 연구의 필요성을 강조할 수 있다. 따라서 선행연구 분석은 연구의 방향을 잡고 전체적인 틀을 다듬는, 연구에 있어 매우 중요한 단계라 할 수 있다.

(1) 연구범위 제한

김 씨는 선행연구 분석을 통해 카페 특징과 관련하여 어떤 연구들이 이루어지고 있는지 확인하려 한다. 먼저 키워드로 검색을 한 후, 제목과 초록을 보면서 자세히 살펴볼 연구를 선택하였다. 서론 장에서 연구문제를 확인하고 선행연구를 가볍게 훑어본 후, 연구방법 장에 서술된 연구대상, 변수와 측정도구, 분석방법 등을 읽어 보았다. 그리고 다음과 같이 연구대상과 지역을 한정하였다.

김 씨는 검색엔진에 '대학생 카페 선호도', '카페 특징'과 같은 키워드를 조합하여 검색한 후 관련 기사, 논문 등을 찾아 읽었다. 자신의 연구문제가 이미 연구된 것은 아닌지, 기존 연구들이 어떤 연구방법을 사용하고 있는지 확인하였다. 유사한 주제로 많은 연구가 선행되었으나 동일한 연구문제를 사용한 연구는 없었다. 연구대상, 설정, 변수, 분석기법 등에서 공통점을 파악할 수 있었다. 특히 20대, 30대와 같이 연령을 기준으로 연구대상을 제한하고 수도권의 어느 도시나 서울 등으로 지역을 한정한다는 공통점이 있었다. 대학생을 연구대상으로 특정한 연구도 있었으나, 김 씨도 다수의 선행연구에서와 같이 '20대'로 연구대상을 제한하기로 했다. 카페가 대학교 근처에 있더라도 대학생이 아닌 사람들도 이용할 수 있기 때문이다. 또한, 카페의 소재지가 카페 창업에서 주요 요인이므로 지역을 한정하여 연구하는 것이 타당해 보였다. 따라서 김 씨는 선행연구를 바탕으로 A시의 20대가 선호하는 카페의 특징을 분석하기로 하였다.

정리하면, 김 씨는 선행연구 분석을 통해 카페를 창업할 A시로 연구범위를 제한하기로 결정하였다. 또한, 창업할 카페의 위치가 대학교 근처인 점을 감안하여 카페의 주 이용고객이 될 20대를 연구대상으로 한정하였다. 양적연구의 경우 하나의 연구에서 모든 것을 모두 다룰 수 없기 때문에 연구범위를 제한하는 것이 옳다. 그러나 연구범위를 너무 많이 제한하여 얻은 연구결과는 일반화가 쉽지 않기 때문에 결과 해석 시 주의할 필요가 있다. 예를 들어, 김 씨는 연구 지역을 A시로 한정하였기 때문에 다른 시 · 도에 있는 20대를 대상으로 연구결과를 일반화시키는 것이 어려울 수 있다. 연구보고서를 쓸 때 연구범위를 어디까지로 제한하고 얻은 결과인지 언급하여 연구결과가 과대 해석되지 않도록 주의해야 한다.

(2) 연구문제 수정

선행연구 분석을 통한 연구범위 제한 후 수정된 연구문제는 다음과 같다.

수정된 연구문제 1

1. A시의 20대가 선호하는 카페의 특징은 무엇인가?

연구문제는 향후 연구 수행 시 나침반 역할을 하게 되므로 구체적으로 쓰는 것이 좋다. 김 씨의 연구문제는 A시의 20대가 선호하는 카페의 특징을 알아보는 것인데, 구체적으로 어떤 변수를 분석할지는 아직 분명하지 않다. 김 씨는 '카페 이용', '카페 특징', '카페 특성' 등의 다른 키워드를 사용하여 선행연구를 한 번 더 검색해 보았다.

김 씨가 '카페 이용', '카페 특징', '카페 특성' 등의 키워드를 추가하여 선행연구를 다시 검색한 결과, 선행연구에서의 연구문제는 대부분 카페 이용자의 특징 또는 카페의 특징에 따른 고객만족도나 재방문의도를 알아보는 것이었다. 선행연구에서 카페 이용자의 특징으로 성별, 연령과 같은 인구통계학적 특징이나 이용 목적 등을, 카페의 특징으로 접근성, 상권, 가시성, 심미성, 공간성, 편의성 등을 측정하였다. 구체적으로 접근성과 상권은 카페의 입지를, 가시성은 카페의 간판이 눈에 띄는 정도, 심미성은 건물 내 · 외부 인테리어에 만족하는 정도, 공간성은 가구가 편하게 느껴지는 정도, 편의성은 주차나 wifi의 편리함 정도를 묻는 변수였다.

김 씨는 선행연구에 사용된 여러 가지 변수를 살펴보다가 카페 이용 목적이 매우 뚜렷하게 구분된다는 것을 파악하였다. 이용 목적에 따라 선호하는 카페 특징이 다를 수 있으며, 카페 이용 목적과 관련이 있는 카페 특징을 알면 카페를 창업하는 데 도움이 될 것 같다는 생각이 들었다.

선행연구 분석 후, 김 씨는 카페 이용 목적, 카페의 특징, 고객만족도, 그리고 재방문의도 등이 주로 사용되는 변수임을 확인하였다. 김 씨는 단순히 카페 이용객이 선호하는 특징을 알아보는 것보다 카페 이용 목적에 따라 선호하는 특징이 어떻게 다른지 살펴보는 것이 자신의 연구목적에 더 적합한 것 같다는 생각을 하고, 다음과 같이 연구문제를 수정하였다.

수정된 연구문제 2

1. 카페 이용 목적에 따라 A시의 20대가 선호하는 카페의 특징은 무엇인가?

(3) 변수 선택

선행연구 분석을 통해 연구에서 사용할 변수의 유형 및 내용을 결정하고 측정도구를 선택할 수 있다. 선행연구에 사용된 변수나 측정도구가 자신의 연구문제에 적합하다면 인용하여 사용하면 된다. 만약 그렇지 않다면 측정도구를 수정할 수 있다. 예를 들어, 초등학생의 학교생활만족도를 측정하려고 하는데, 기존 검사도구가 고등학생을 대상으로 개발된 것이라고 하자. 그렇다면 초등학생의 발달 특성에 맞게 어휘를 수정하고 문항을 추가 또는 삭제해야 할 수 있다. 또는 우리나라 20～30대 성인의 결혼만족도를 측정하려고 하는데 기존 검사도구가 해외에서 개발되었거나 노년층을 대상으로 작성된 것일 수 있다. 이렇게 기존 검사도구의 내용을 수정 또는 번안할 필요가 있는 경우, 전문가의 검토를 통해 내용타당도를 확인하고 요인분석 등의 통계적 분석을 실시하여 검사도구의 신뢰도와 타당도를 확인할 필요가 있다. 이에 대한 자세한 설명은 제3장을 참고하기 바란다. 김 씨는 선행연구에서 사용된 여러 가지 변수를 탐색한 후, 자신의 연구에서 사용할 변수를 다음과 같이 선택하였다.

연구할 변수 정하기

김 씨는 선행연구를 참고하여 카페 이용 목적을 다음의 네 가지로 구분하였다.

- 카페 이용 목적
  - 일 · 공부(회의, 과외 포함)
  - 사교(사적 모임, 데이트 등)
  - 여가 · 휴식(독서, 동영상 시청, 간단한 식사 등)
  - 커피 마시기

김 씨는 카페의 특징을 연구하려고 한다. 선행연구에서는 카페의 특징으로 접근성, 상권, 가시성, 심미성, 공간성, 편의성 등을 연구하였다. 그런데 김 씨가 카페 창업 시 선택할 수 있는 부분은 인테리어 컨셉이나 매장 내 음악, 테이블의 모양, 조명의 밝기 정도였다. 따라서 접근성, 상권, 가시성은 연구에서 제외하였다. 심미성, 공간성, 편의성 개념은 활용하되, 선행연구의 측정도구를 수정하여 사용하기로 하였다. 선행연구에서 심미성, 공간성, 편의성 개념을 측정하는 문항이 각각 '내부 인테리어가 보기 좋다', '가구 크기가 적당하다', '매장 내부 의자와 테이블이 편안하다' 등이었는데, 이 문항들로부터는 김 씨가 원하는 구체적인 정보를 얻을 수 없다고 판단했기 때문이다.

김 씨는 A시 20대 카페 이용자들이 구체적으로 어떤 컨셉의 인테리어를 좋아하는지, 어떤 음악을 듣고 싶은지, 어떤 모양의 테이블을 선호하는지, 조명의 밝기가 어느 정도여야 하는지를 알고 싶다. 따라서 김 씨는 카페의 특징을 다음의 네 가지로 구분하여 조사하기로 하였다.

- 카페 특징
  - 인테리어 컨셉(모던, 내추럴, 레트로)
  - 음악 장르(가요, 팝, 클래식)
  - 테이블의 모양(원형, 사각)
  - 조명(밝음, 어두움)

3) 주요 개념 정의

선행 연구를 분석하다보면 연구마다 용어가 다르게 정의되는 경우를 접하게 된다. 논의를 전개하기 위해서는 화자와 독자가 대상에 대하여 동일한 개념적 정의를 가지고 있어야 한다. 따라서 용어에 대한 개념 정의가 필요하다. 특히 통계를 활용하는 양적연구에서는 연구자가 자신의 연구에서 사용하는 개념에 대하여 조작적으로 정의하는 것이 필수적이다.

김 씨는 카페를 단순히 '커피와 커피 외 음료를 판매하는 공간'이라고 생각했다. 그런데 선행연구를 검색하던 중 베이커리 카페, 브런치 카페, 디저트 카페, 보드게임 카페, 키즈 카페, 로스터리 카페 등 다양한 카페가 있다는 것을 파악하고, '카페'가 무엇인지 확인할 필요를 느꼈다. 카페 이용 목적이나 카페 특징 조사 시 응답자들이 카페에 대해 동일한 개념을 가지고 있어야 한다고 생각했기 때문이다. 김 씨는 카페에 대한 정의를 검색하였고 '카페', 즉 '커피전문점'에 대한 법제화된 정의를 찾았다. 한국표준산업분류상 커피전문점은 "비알콜 음료점업에 속하여 접객시설을 갖추고 주스 · 커피 · 홍차 · 생강차 · 쌍화차 등을 만들어 제공하는 산업활동"이다. 식품위생법상 커피전문점은 휴게음식점 영업에 속하며 주로 "다류 · 아이스크림류 등을 조리, 판매하거나 패스트푸드점, 분식점 형태의 영업 등 음식류를 조리, 판매하는 영업으로 음주행위가 허용되지 아니하는 영업"이다. 그러나 이러한 카페에 대한 법제화된 정의는 김 씨의 연구에 적합하지 않았다. 김 씨는 자신이 창업하려고 하는 카페가 매장에서 직접 원두를 볶는 로스터리 카페에 가깝다는 것을 파악하고, 자신의 연구에서 '카페'를 다음과 같이 정의하였다.

김 씨 연구에서의 '카페'에 대한 정의

카페(커피전문점)는 커피를 주 메뉴로 매장에서 원두를 직접 볶아 커피나 제조 음료를 판매하는 곳이다.

연구 진행 과정에서 카페 이용 수준에 따라서 선호하는 카페의 특징이 어떻게 달라지는지 궁금할 수도 있다. 그렇다면 '카페 이용 수준'에 대한 조작적 정의(operational definition)가 필요하다(〈예 1.2〉).

〈예 1.2〉 조작적 정의의 예

통계를 활용하는 양적연구에서는 수치를 통해 개념 또는 대상을 측정하므로 조작적 정의가 필수적이다. 조작적 정의를 통하여 추상적 개념도 측정 가능하다. 이를테면 '카페 이용 수준'을 다음과 같이 조작적으로 정의할 수 있다.

- 카페 이용 수준
  - 일주일 간 방문 횟수
  - 1회 방문 시 평균 이용 시간
  - 1회 방문 시 평균 이용 금액

4) 자료수집 및 분석

앞서 조작적 정의에 대해 살펴보았다. 이제 자신의 연구목적과 연구문제에 부합하는 측정도구 구성 및 자료분석 기법을 결정해야 한다. 김 씨는 설문 문항과 자료분석 방법을 다음과 같이 생각해 보았다.

설문 문항 구성하기

선행연구에서는 '방문할 카페를 고를 때 인테리어가 영향을 미칩니까?'라고 묻고 '그렇다', '보통이다', '그렇지 않다' 식으로 응답하도록 하였다. 그러나 김 씨는 '선호하는 카페 인테리어는 무엇입니까?'라고 묻고 모던, 내추럴, 레트로와 같이 구체적으로 선택지를 주는 문항을 사용하기로 했다. 하위 범주를 정하는 것이 어려울 수는 있지만 그렇게 해야 사람들이 같은 문항을 각자 다르게 해석하는 것을 막으며 연구목적에 맞는 정보를 수집할 수 있을 것이라고 생각했기 때문이다.

(예) 1. 다음 중 <u>가장</u> 선호하는 카페의 인테리어 컨셉은 무엇입니까?

① 모던 ② 내추럴 ③ 레트로

자료분석 방법

김 씨는 사용할 변수를 꼽아 보면서 자료수집 방법과 분석 기법도 정할 수 있었다. 자료수집은 앞서 언급한 것처럼 설문조사를 하기로 했다. 그리고 카페 이용 목적과 카페의 특징에 대하여 기술통계를 구하고, 카페 이용 목적에 따라 선호하는 카페 특징이 달라지는지 살펴보기 위하여 교차분석을 실시하기로 하였다.

연구문제에 따라 어떻게 자료를 수집하여 어떤 연구방법으로 분석해야 하는지가 달라진다. 카페 이용 실태와 선호하는 카페 특징의 관계를 알아보는 양적연구를 할 경우 설문조사를 통해 양적자료를 수집 · 분석할 수 있다. 또는 면담으로 질적자료를 수집하여 분석하는 질적 연구방법을 쓸 수도 있고, 두 가지 방법을 모두 쓰는 혼합방법연구도 가능하다. A시에 사는, 카페를 이용하는 20대가 어떤 특징을 가진 카페를 선호하는지 전반적인 경향을 알고 싶다면 이 예시에서와 같이 양적연구를 추천한다. 분석결과를 A시에 사는 20대로 일반화하고 싶다면, 표본에서 얻은 결과로 모집단의 특성을 추론하는 양적연구를 통해 그 목적을 달성할 수 있기 때문이다. 이때, A시에 사는 커피를 마시는 20대가 모집단이 되며, 모집단을 잘 대표할 수 있는 표본을 표집하여 설문을 배포하고 수집하는 것이 관건이다.

김 씨는 선행연구 분석을 통해 설문 문항을 어떻게 구성할지 결정하였고, 교차분석이라는 통계 기법을 사용하여 분석하기로 하였다. 그런데 통계분석 결과 중 김 씨가 이해하기 어려운 결과가 있었다고 하자. 이 경우 왜 그러한 결과가 나왔는지 심층적으로 해석하기 위하여 양적연구의 표본 중 일부를 뽑아 면담을 할 수 있다. 이를테면 카페 이용 목적이나 카페 이용 수준에 따라 선호하는 카페 특징이 어떻게 다른지, 왜 다른지 깊이 있게 알아보기 위하여 FGI(Focus Group Interviews, 초점집단면담)를 실시하는 것이다. 1회 평균 이용 금액이 높을수록 선호하는 카페 특징이 달라질 것이라고 판단한다면, 이용 금액의 크기에 따라 표집을 하고 선호하는 커피 특징에 대하여 깊이 있는 질문을 할 수 있다. 또는 A시 소재 카페에 찾아가서 고객들을 관찰할 수도 있다. 즉, 면담 또는 관찰을 이용하여 심층적으로 이해하는 것이 목적일 경우 질적연구를 추가로 수행할 수 있다. 이렇게 양적 연구결과를 해석하기 위하여 질적연구를 추가하는 설계를 혼합연구 중 설명적 순차 설계라 한다. 혼합연구에 대한 자세한 설명은 제10장과 제11장을 참고하면 된다.

5 학위청구 절차 및 초보 연구자를 위한 팁

각자 대학원에 진학하려는 나름의 이유가 있겠지만, 특별한 경우를 제외하고 대학원 진학의 목적과 결과는 학위를 받는 것이다. 원서 접수, 각종 서류 제출, 시험 응시, 등록과 같이 대학원에 입학하기 위하여 따라야 하는 절차가 있는 것처럼, 학위를 받고 대학원을 졸업하는 데도 거쳐야 할 절차가 있다. 대학원에서 학위 수여에 필요한 사항을 공지하므로 이를 숙지하고 따르면 문제될 일이 없다. 그러나 초보 연구자에게 석사학위 청구는 처음 겪는 일이므로 예기치 않게 당황하는 일이 생길 수도 있다. 이 절에서는 논문을 처음으로 쓰는 초보 연구자에게 도움을 줄 목적으로 학위청구 절차의 전체적인 흐름을 간략하게 설명하고, 학위논문 준비 과정에서의 몇 가지 팁을 몇 가지 소개하려 한다.

1) 학위청구 절차

3월 석사과정 입학부터 4학기 후 석사학위 수여까지의 기간을 학위 과정으로 보고, 각 학기에 진행되는 행정적 · 비행정적 절차들을 설명하겠다.[5] 학위청구 절차 예시를 [그림 1.1]에서 제시하였다. 대학원에서의 첫 해는 관심 분야의 이론과 연구방법론을 공부하는 시기라 하겠다. 연구자로서 갖추어야 할 연구 지식과 기술을 익히고, 관련 분야의 전문가로서 요구되는 개념과 이론 학습이 시작되는 시기다. 지도교수는 첫 학기 말미에 정해진다. 석사과정생의 경우 박사과정생만큼 연구주제를 깊이 있게 파고들지 못하기 때문에 지도교수의 영향력이 상대적으로 크지 않으나, 가급적이면 본인의 관심 분야를 연구하고 있는 사람을 지도교수로 청하는 것이 좋다. 1학기 말미에 지도교수가 정해지면, 3학기에 있을 논문계획서 발표를 위한 준비를 본격적으로 시작한다. 관심 주제에 대한 연구문제를 항시 생각하며 고민해 보는 것이다. 또한, 대학원생은 의무적으로 연구윤리교육을 이수해야 한다. 연구윤리교육은 연중 수시로 진행되며, 보통 소속 학교의 온라인 강좌에서 이수할 수 있다. 연구윤리교육 이수증은 학위청구논문 제출 시 필수 첨부 서류 중 하나이므로 2학기에 이수할 것을 권한다.

---

5) 되도록 일반적인 내용을 설명하려고 하였으나, 소속 대학원 및 전공에 따라 다소 차이가 있을 수 있다.

<table>
<tr><td rowspan="2">1학기</td><td rowspan="2">2학기</td><td rowspan="2">3학기</td><td colspan="3">4학기</td></tr>
<tr><td>12월 초</td><td>12월 말</td><td>1월 중순</td></tr>
<tr><td rowspan="2">지도교수 선정</td><td rowspan="2">연구윤리교육
이수</td><td>논문계획서 발표
(1차 심사)</td><td rowspan="2">논문 발표
(2차 심사)</td><td rowspan="2">논문 수정
(3차 심사)</td><td rowspan="2">최종본 제출</td></tr>
<tr><td>종합시험
외국어시험</td></tr>
</table>

[그림 1.1] 학위청구 절차

일반적으로 논문심사는 세 차례에 걸쳐 이루어지는데, 첫 번째 심사가 바로 논문계획서 발표다. 논문계획서 발표는 지도교수의 구두 허락 후, 보통 3학기에 이루어진다. 논문계획서 발표의 경우 전공생 전체를 대상으로 이메일 및 문자 공지가 이루어지며, 관심이 있는 학내 구성원도 참여할 수 있도록 학교 게시판에도 공지한다. 논문계획서 발표일에 심사위원(전공교수 3인)의 심사를 받게 되며, 심사 결과를 이후 논문 작성에 반영해야 한다. 논문계획서 발표는 공식적인 심사 단계 중 하나이므로 행정적 절차를 거친다. 연구자는 대학원에서 지정한 신청 기간 안에 논문계획서를 제출하고, 발표 후 결과를 시스템에 등록하여야 한다. 또한, 3학기에 학위청구논문 제출자격시험인 종합시험과 외국어시험에 응시한다(학교마다 명칭은 다름). 두 시험은 보통 논문계획서 발표 전에 응시하나 상황에 따라 시기는 달라질 수 있다. 자격시험인만큼 신청 기간 내에 신청하고 응시료를 납부하여야 한다.

두 번째와 세 번째 논문심사는 12월부터 그 이듬해인 1월 초 사이에 이루어진다. 논문계획서 심사를 바탕으로 작성된 논문을 12월 초에 발표하고 다시 심사를 받게 된다. 이것이 2차 심사로, 논문계획서에서와 같은 심사위원이 논문계획서 발표 시의 피드백을 제대로 반영했는지 심사한다. 2차 심사는 1차 심사(논문계획서 발표)에서와 같이 전공생 전체를 대상으로 한다. 이후 12월 말부터 1월 초에 이루어지는 3차 심사에서는 2차 심사에서 제기된 논문의 수정 사항을 반영했는지 심사하게 된다. 마지막 심사인 3차 심사는 2차 심사처럼 전체를 대상으로 발표하지는 않고, 심사위원과의 개별적인 면담과 지도를 통해 이루어진다. 3차 심사 통과 후에도 지속적으로 원고를 교정하고 인용 및 참고문헌을 확인해야 한다. 논문 최종본을 제출한 이후에는 수정이 불가하기 때문에 끝까지 최선을 다해야 하는 것이다. 필수는 아니지만, 논문을 마무리하면서 자신의 연구와 논문 작성에 도움을 준 이들에게 마음을 담은 감사의 글을 최종본에 쓰기도 한다. 마지막으로 논문 제출 기한인 1월 중순 전까지 대학원에 최종본을 제출하며 학위청구 절차가 종료된다.

2) 초보 연구자를 위한 팁

(1) 연구방법론 강좌 수강하기

연구방법론 강좌를 수강할 것을 강력하게 권한다. 연구를 요리에 비유하자면, 연구방법은 조리법이다. 같은 식재료가 주어졌을 때 삶기만 할 수 있는 사람과 삶기 외에 굽기, 볶기, 튀기기 등 다양한 조리법을 사용할 수 있는 사람이 만들어 내는 요리의 가짓수는 상당히 다를 것이다. 다양한 조리법을 익힌 사람은 요리를 대접할 사람이 누군지에 따라 적절한 요리를 만들어 낼 수 있고, 조리법을 제대로 깊이 익힌 사람은 매우 맛있는 요리를 만들어 낼 수 있을 것이다. 그리고 다양한 조리법을 제대로 익힌 사람은 어떤 요리가 잘 만들어진 것인지, 맛이 없다면 무엇이 문제인지, 어떻게 더 잘 만들 수 있는지 해결책을 찾아낼 수도 있다.

연구방법론 강좌를 많이 수강할수록 좋으나, 학기당 이수 가능한 대학원 학점이 보통 9학점으로 제한되어 있기 때문에 무한정 수강할 수는 없다. 그러나 최소한 자신이 사용하려고 하는 연구방법에 대한 방법론 수업을 수강하고, 가능하면 다른 연구방법론에 대한 수업도 듣기를 권한다. 특히 질적연구를 수행하기로 결정하였더라도 양적연구에 대해 어느 정도의 지식은 필요하다는 것을 유념해야 한다. 연구 분야에 따라 비중은 다를 수 있으나, 양적연구가 대부분의 사회과학 분야에서 큰 비중을 차지하는 것이 현실이기 때문이다. 선행연구를 읽고 현재 연구 경향을 파악하기 위해서는 양적연구를 읽고 이해할 수 있어야 한다. 양적연구방법론의 이론과 실제로 무장하는 것은 전투에 임하는 장수가 갑옷을 입는 것과 마찬가지로 논문을 준비하는 연구자에게 있어서 필수적이라 하겠다.

(2) 지도교수의 조언 구하기

지도교수의 조언을 구하는 데 망설이지 않기를 바란다. 학위논문은 연구자가 작성하는 것이고, 학위논문에 대한 책임은 일차적으로 연구자 본인에게 있다. 그러나 초보 연구자가 연구를 계획·실행하고 결과를 분석하여 논문을 작성하기까지의 모든 단계를 홀로 헤쳐 나가는 것은 불가능에 가깝다. 선행자의 안내와 지도가 필요하다. 연구에 있어서 선행자이며 전문가인 지도교수의 조언을 깊이 새기고 따를 것을 권한다.

이와 관련하여 본인 전공의 논문계획서 및 논문 발표에 적극적으로 참석할 것을 권장한다. 논문계획서(또는 논문) 발표에서 연구방법론 책이나 강의에서는 얻기 힘든 구체적인 정보를 얻을 수 있다. 이를테면 해당 연구 분야의 연구 현실과 밀접하게 관련된 어려움, 학위논문 작성 시 발생할 수 있는 실제적인 문제점, 그리고 이를 해결하거나 보완하는 방법에 대한 의견을 논문계획서(논문) 발표에서 주고받게 된다. 자신이 논문계획서(논문)를 발표하지 않더라도 논문계획서(논문) 발표에 참석하여 선배들이 자신의 논문계획서(논문)을 어떻게 요약하여 발표하는지, 전공교수의 질문과 피드백에 어떻게 답하는지, 자신이라면 어떻게 답했을지 등을 능동적으로 생각해 보라.

(3) 동료와 피드백 주고받기

동료와 활발하게 피드백을 주고받기를 권한다. 생각을 정리하는 효과적인 방법은 다른 사람에게 설명해 보고 글로 써 보는 것이다. 자신이 생각한 연구의 필요성 및 연구방법을 동료에게 설명해 보자. 동료는 자신이 미처 생각하지 못했던 주장의 허점을 찾아주고, 반론을 제기할 것이다. 타당한 반론은 연구문제를 체계화하고 연구의 필요성 및 연구방법에 대한 근거를 강화하는 데 도움이 된다. 특히 예행연습 삼아 동료들 앞에서 논문계획서(논문)를 발표해 보는 것을 적극 추천한다. 발표 기술을 연습할 수 있을 뿐만 아니라, 예상 질문을 받고 대답을 준비하면서 실제 논문계획서(논문) 발표를 수월하게 마칠 수 있을 것이다.

또한, 동료들과 주기적으로 모임을 가지며 공부한 것뿐만 아니라 서로의 일상을 나누는 것도 추천한다. 같이 학위 과정을 밟는 동료는 학문적으로만이 아니라 정서적으로 큰 도움을 주는 소중한 존재라 하겠다. 같은 지도교수 아래의 연구자들은 학문적으로는 형제자매와 같다고도 말한다. 동료와 서로를 독려하며 학문적 · 정서적으로 도움을 주고받는다면 힘든 학위 과정에서 서로 힘이 될 것이다. 이렇게 결속되는 동료와의 유대 관계는 학위 과정이 끝난 이후에도 지속되며 평생의 자산으로 남을 수 있다.

(4) 연구에 절대적인 시간을 투입하기

연구에는 절대적인 시간이 필요하다는 점을 잊지 말아야 한다. 논문의 질을 높이기 위해서는 그만큼 많은 시간을 들여야 한다. 연구를 진행하면서 관련 분야의 이론과 연구방법에 대한 연구자의 이해가 깊어지고, 글쓰기 능력도 향상된다. 따라서 끊임없이 자신의 주장과 근거를 재고하며 정교화하고, 글을 다듬어 나가야 한다. 다시 말해, 절대적으로 많은 시간을 확보하여 연구에 투입해야 하는 것이다. 특히 석사학위를 준비하는 초보 연구자는 학술적 글쓰기에 익숙하지 않으므로 선행연구를 많이 읽고, 학위논문에 적합한 어휘와 문체를 사용할 수 있도록 자신의 말로 풀어 쓰는 연습을 가능한 한 많이 하기를 바란다.

제 2 부

양적연구

제 2 장

양적연구 개관

주요 용어

실험연구, 조사연구, 모집단, 표본, 확률적 표집, 비확률적 표집, 척도, 질문지(설문)

학습목표

1. 양적연구를 구분하고 그 특징을 나열할 수 있다.
2. 양적연구에서 표집의 중요성을 모집단과 표본의 관계를 이용하여 설명할 수 있다.
3. 대표적인 확률적 표집법과 비확률적 표집법을 나열하고 그 특징을 설명할 수 있다.
4. 척도와 변수의 종류를 나열하고, 각각의 특징을 비교하여 설명할 수 있다.
5. 질문지의 특징을 이해하고, 연구문제에 적합하도록 문항을 제작할 수 있다.

이 장에서는 본격적으로 양적연구를 수행하기 전에 필수적으로 알아야 하는 양적연구의 종류, 표집, 자료수집과 같은 전반적인 사항을 개관하겠다. 제1절에서 양적연구의 종류를 정리하였다. 먼저, 양적연구는 처치 유무에 따라 실험연구와 비실험연구로 나뉜다. 실험연구는 다시 실험대상의 무선할당 여부에 따라 진실험설계와 준실험설계로 구분된다. 각각의 특징을 실험연구에서 고려해야 하는 내적타당도, 외적타당도 위협요인와 함께 설명하였다. 이 책에서는 비실험연구를 연구방향을 기준으로 상관연구와 인과비교연구로 나누어 각각의 특징을 설명하였다.

양적 · 질적연구를 막론하고 어느 연구에서건 연구대상/참여자[1]를 선정하는 표집(sampling)은 무척 중요하다. 표집에 따라 연구대상/참여자가 달라지고 그에 따라 수집되는 자료가 달라져 분석결과에 영향을 미칠 수밖에 없기 때문이다. 연구결과를 모집단(population)으로 일반화하는 것이 목적인 양적연구에서는 모집단을 대표하도록 표집하는 확률적 표집법을 선호한다. 반면, 연구주제와 관련된 현상을 다면적이고 총체적으로 이해하는 것이 목적인 질적연구에서는 그러한 정보를 풍부하게 제공해 줄 만한 사례를 표집하려 한다. 제2절에서는 양적연구의 표집법을 확률적 표집과 비확률적 표집으로 나누어 특징과 장단점을 정리하였다.

표집이 끝났다면 표본 또는 사례로부터 자료를 수집해야 한다. 양적연구에서는 주로 질문지(설문)를 통해 자료를 수집한다. 질문지를 구성하는 문항을 어떤 척도로 측정하였는지에 따라 이후 분석방법이 달라지므로 연구자는 척도의 종류 및 특징에 대해 필히 알고 있어야 한다. 제3절인 자료수집 절의 구성은 다음과 같다. 먼저, 질문지 문항과

---

1) 질적연구에서는 참여자의 중요성을 인정하며 양적연구의 '연구대상(subjects)' 대신 '참여자(participants)'라는 용어를 사용한다(Yin, 2016, p. 9). 이 책에서도 양적연구는 '연구대상', 질적연구는 '참여자'로 구분하였다.

관련한 척도의 종류로부터 시작하여 변수 유형 및 특징을 제시할 것이다. 다음으로 양적자료를 횡단자료와 종단자료로 구분하며 특징 및 차이점을 설명하고, 마지막으로 질문지 문항 구성 및 제작 시 고려사항을 예시와 함께 알아볼 것이다. 참고로 질적연구의 표집법 및 자료수집 기법은 제7장에서 다루었다.

1 양적연구의 종류

처치(treatment) 유무에 따라 양적연구를 실험연구(실험설계: experimental research/design)와 비실험연구(non-experimental research)로 분류할 수 있다(Gall et al., 2007). 즉, 실험집단이 있으며 실험집단에 처치가 수반되는 연구를 실험연구라고 하고, 그렇지 않으면 비실험연구라 한다. 실험연구는 집단의 무선할당 여부에 따라 진실험설계와 준실험설계로 나뉜다. 진실험설계와 준실험설계의 종류에 대한 자세한 설명은 Shadish 등(2002)을 참고하면 된다.

실험연구가 집단의 무선할당 여부에 따라 진실험설계와 준실험설계로 명확하게 구분되는 반면, 비실험연구는 다양하게 분류할 수 있다. 이를테면 연구방향이 기준일 경우 전향적 연구와 후향적 연구로, 연구대상이 기준일 경우 모집단 전체를 조사하는 전수조사(census)와 표집을 통해 조사하는 표본조사로, 그리고 연구기간이 기준일 경우 한 시점에서 자료를 수집하는 횡단연구와 여러 시점에 걸쳐 자료를 수집하는 종단연구로 분류된다.[2] 이 책에서는 연구방향을 기준으로 상관연구(전향적 연구)와 인과비교연구(후향적 연구)로 나누었다. 상관연구는 변수 간 관계를 전향적으로(prospectively) 파악하는 비실험연구이고, 인과비교연구는 변수 간 관계를 후향적으로(retrospectively) 파악하여 인과관계를 추론하고자 하는 비실험연구라 하겠다. [그림 2.1]에서 실험연구와 비실험연구 분류를 정리하였다. 각각에 대하여 알아보겠다.

2) 이와 관련된 모집단, 양적연구의 표집 및 자료수집에 대한 자세한 설명은 제2절을 참고하면 된다. 그 외 예측을 목적으로 하는 빅데이터 · 기계학습 연구는 이 책에서 다루지 않았다. 빅데이터 분석에 대한 자세한 설명은 유진은(2021)을 참고하기 바란다.

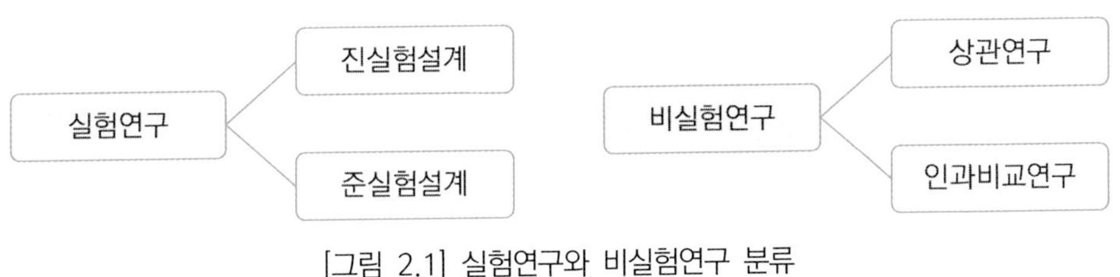

[그림 2.1] 실험연구와 비실험연구 분류

1) 실험연구

실험연구(experimental research)에서는 연구자가 연구대상 및 연구상황을 연구자의 의도에 따라 설계하며 연구대상 및 상황에 엄격한 통제(조작)를 가한다. 즉, 연구자가 실험 상황에서 연구주제와 관련 있는 변수를 조작한 후, 그 변수에 의한 변화를 관찰하고 비교한다. 실험 처치가 투입되는 집단이 실험집단(treatment group), 그렇지 않은 집단이 통제집단(control group, 또는 비교집단)이 되고, 처치로 인한 두 집단의 차이를 통계적으로 분석하며 처치 효과를 검정하게 된다.

(1) 진실험설계와 준실험설계

실험연구에서는 집단 할당(assignment, 배정)을 어떻게 하는지가 매우 중요하다. 실험연구는 집단 할당의 무작위성에 따라 진실험설계와 준실험설계로 구분된다. 즉, 연구대상을 실험집단과 통제집단으로 무선할당(random assignment)할 경우 진실험설계(true-experimental design), 그렇지 않은 경우 준실험설계(quasi-experimental design)라고 한다. 인과관계를 추론하려면 집단 배정을 무작위로 하는 진실험설계가 더 좋다. 진실험설계에서는 처치 여부를 제외하고는 두 집단이 모두 동일하다고 보기 때문에 처치 후 집단 간 차이가 있다면 이는 처치 때문이라는 결론을 내릴 수 있다. 놀이치료 프로그램의 효과성을 실험연구를 통하여 알아본다고 하자. 진실험설계에서는 연구대상을 실험집단과 통제집단으로 무선할당하고 실험집단에만 놀이치료를 투입한다. 놀이치료 투입 여부에만 차이가 있을 뿐, 다른 요인은 무선할당으로 통제되었다고 보기 때문에 두 집단 간 차이가 있다면 이는 실험 처치로 인한 것이라고 말할 수 있다.

그런데 인간을 대상으로 하는 사회과학 연구에서 진실험설계가 여의치 않은 경우가 많다. 학교 또는 학급에 소속된 학생을 비교하거나 상담센터에 소속된 상담자를 비교하기 위하여 실험연구를 설계한다고 하자. 집단 배정을 무작위로 하는 진실험설계가 가능하려면 1반(또는 상담센터 A)과 2반(또는 상담센터 B)에 소속된 학생(또는 상담자)을 풀어헤쳐 무작위로 실험집단과 통제집단을 새롭게 구성해야 한다. 그런데 이미 형성된 집단(예: 학급, 상담센터)이 있는 경우에는 이들을 실험집단과 통제집단으로 재구성하는 것은 쉽지 않다. 학생을 대상으로 하는 연구에서는 관리자(학교장)의 허락을 받기가 어려우며, 상담센터의 경우 지리적으로 멀리 떨어져 있어 상담자들을 무작위 배정하여 실험연구를 하는 것이 현실적으로 불가능할 수 있다. 따라서 사회과학 분야에서 준실험설계에 대한 다양한 연구가 이루어져 왔다. 제4장에서 사회과학 양적연구에서 흔히 쓰이는 대표적인 준실험설계 몇 가지를 정리하였다. 진실험설계와 준실험설계에 대한 자세한 설명은 Shadish 등(2002)을 참고하기 바란다.

(2) 실험연구와 내적/외적타당도 위협요인

인과관계를 파악할 수 있다는 점은 실험연구의 가장 큰 장점 중 하나다. 그러나 자연과학 실험과 달리, 사람을 대상으로 하는 사회과학 연구에서는 실험설계를 엄격하게 통제하기가 어려울 뿐만 아니라, 통제와 관련하여 윤리적 문제가 발생할 수도 있다. 만일 통제가 가능하다고 하더라도, 실험실과 같은 통제 상황에서 얻은 연구결과를 (통제되지 않은) 실제 상황에 적용하는 데도 한계가 있다. 즉, 연구결과를 일반화하기가 쉽지 않게 된다. 이와 관련된 개념이 연구에서의 외적타당도 위협요인(threats to external validity)이다. 모집단으로부터 무선표집된 사례를 연구한 결과가 그렇지 않은 경우보다 일반화하기 좋기 때문에, 외적타당도 위협요인을 낮추려면 무선표집(random sampling)을 하는 것이 중요하다. 외적타당도 위협요인과 무선표집 간 관계를 제4장에서 자세하게 설명하였다.

그런데 실험연구에서는 실험 처치로 인하여 실험 결과가 도출되었다고 할 수 있는 정도를 뜻하는 내적타당도(internal validity)가 외적타당도보다 상대적으로 중요하다(Shadish et al., 2002). 내적타당도를 확보하려면 진실험설계가 가장 좋다. 그러나 앞서 언급된 진실험설계의 현실적인 어려움으로 인하여 사회과학 실험연구에서는 이미 형성된 집단을 그대로 이용하는 경우가 빈번하다. 이때, 실험단위(experimental unit)와 처치단위(treatment unit)가 혼재(confounding)되어 처치 효과가 실험단위 효과와 분리하기 어렵다는 문제가 발생하며 연구의 타당도가 훼손될 수 있다(유진은, 2022; Shadish et al., 2002). 손쉽게 내적타당도를 확보할 수 있는 방법은 집단 구성 시 무선할당(random assignment)을 실시하는 것이다. 제4장에서 내적타당도 위협요인과 무선할당의 관계를 자세하게 설명하였다.

2) 비실험연구(조사연구)

실험집단/통제집단으로 나누는 실험이 불가하거나 불필요한 사회과학 연구주제도 다수 있다. 예를 들어, 남학생과 여학생의 자아존중감에 차이가 있는지 알아본다고 하자. 성별은 태어날 때부터 이미 결정된 것이지, 연구자가 실험집단/통제집단으로 나누듯 강제할 수 없는 것이다. 즉, 연구자가 조작할 수 없으므로 실험이 불가하다. 윤리적 문제 및 비용 문제로 실험설계가 어려운 경우도 있다. 연구참여자를 무작위로 흡연 집단과 비흡연 집단으로 나누어 두 집단의 폐암 발병률을 비교하는 실험을 설계한다고 하자. 이 실험설계에서 흡연 집단으로 할당된 사람이면 본인의 원래 흡연 여부와 관계없이 무조건 흡연을 해야 하고, 비흡연 집단으로 할당된 사람은 무조건 금연해야 하므로 윤리적 문제가 발생하게 된다. 흡연과 금연을 얼마나 오래 지속시켜야 하는지를 생각한다면, 연구 비용 문제 또한 크다 하겠다. 또는 굳이 실험설계를 할 필요가 없는 경우도 있다. 자아존중감과 진로성숙감 간 관계를 알아보는 것이 연구문제라고 하자. 이 경우 참여자의 자아존중감과 진로성숙감을 측정한 후, 두 변수 간 상관계수를 구하면 된다.

실험이 불가하거나 불필요한 경우 비실험연구(nonexperimental research)를 실시한다. 비실험연구는 주로 질문지법(questionnaire)으로 자료를 수집하므로 조사연구(survey research)라고 불리기도 한다(〈심화 2.1〉). 연구문제를 통계적으로 검정하고 그 결과를 일반화하려 하는 조사연구에서는 구조화된 질문지(structured questionnaire)를 주로 활용한다. 구조화된 질문지란, 질문(문항) 내용 및 순서가 똑같은 것을 뜻한다. 표준화검사도 질문지법의 일종으로 볼 수 있다. 질문지법에 대한 자세한 설명은 이 장의 제3절 4항에서 다루었으니 참고하면 된다. 비실험연구를 상관연구와 인과비교연구로 나누어 설명하겠다.

〈심화 2.1〉 같은 연구의 다른 이름

'조사연구'는 'survey research'를 우리말로 번역한 것이다. 즉, 영어 단어의 뜻을 따르면 조사연구는 설문(survey)을 활용하는 연구를 뜻한다. 실험연구에서도 설문을 활용하여 자료를 수집할 수 있기 때문에 비실험연구를 '조사연구'라고 부르는 것에 대해 의문을 품을 수 있다. 그러나 비실힘연구에서의 주된 자료수집법이 질문지법이며 설문 활용이 조사연구로부터 유래되었다는 점을 감안할 필요가 있다.

연구 분야에 따라 같은 연구를 다른 이름으로 부르기도 한다. 예컨대 의학 · 약학 등의 임상연구에서는 실험연구(experimental research)를 'randomized controlled trials(RCTs, 무작위(배정) 대조 임상시험)'로, 비실험연구를 'observational study(관찰연구)'로 부른다. 물론, 이때의 관찰연구는 사회과학 분야에서 질적연구 자료수집법으로 '관찰법'을 쓰는 연구와 동일하지 않으며, RCTs는 실험연구 중에서도 진실험설계를 뜻한다.

(1) 상관연구

상관연구(correlational research)에서는 실험집단/통제집단의 구분 없이 수집한 자료를 분석하여 변수 간 관계의 방향과 크기를 파악하려 한다. 흔히 생각하는 Pearson 상관계수와 같이 두 연속변수 간 관계의 방향과 크기를 알려 주는 상관계수를 구하는 연구도 있고, 여러 연속변수 간 상관계수인 편상관계수, 부분상관계수를 구하는 연구도 있다(상관분석의 경우 유진은(2022)의 제5장을 참고하면 된다). 또는 종속변수를 두고 여러 독립변수 간 관계를 구하는 다중회귀분석, ANCOVA, 카이제곱 검정 등도 모두 변수 간 상관을 연구하는 기법이다(제6장에서 예시와 함께 설명하였다). 종속변수와 독립변수의 척도가 연속형인지 또는 범주형인지에 따라 기법이 달라질 뿐, 결국은 변수 간 관계를 연구하는 것이다. 같은 맥락에서 좀더 발전된 모형인 구조방정식모형(Structural Equation Modeling: SEM)이나 위계적선형모형(Hierarchical Linear Model: HLM) 역시 변수 간 관계를 파악하려는 상관연구의 일종이다. 단, 상관연구를 통해 변수 간 인과관계를 밝힐 수는 없다는 점을 주의해야 한다(〈심화 2.2〉).

〈심화 2.2〉 구조방정식모형과 인과관계

구조방정식모형과 같은 방법으로 분석한다면 인과관계를 추론하는 것이 가능하다고 잘못 생각하는 경우가 많다. 그러나 구조방정식모형 그 자체로 인하여 인과관계를 입증할 수는 없다는 것을 구조방정식모형의 대가인 Bollen(1989)뿐만 아니라 구조방정식 프로그램인 LISREL 개발자들도 분명히 인정한 바 있다.

구조방정식모형의 경우, 잠재변수와 관찰변수를 이용하여 측정오차를 모형으로 통제하며, 잠재변수 간 다양한 관계를 하나의 모형에서 다루는 방법이므로 일반 회귀모형에서 측정하기 어려운 복잡한 변수 간 관계를 확인할 수 있다는 장점이 있다. 또한, 구조방정식모형은 모형과 자료 간 공분산행렬을 비교하며 모형적합도(goodness of fit)를 보여 주기 때문에 연구자가 더 나은 모형을 찾을 수 있도록 도와준다. 그러나 구조방정식모형에서 불편향 추정치를 구한다거나 모형적합도를 보여 준다고 하여 연구자가 주장하는 인과관계가 입증되는 것은 아니라는 점을 주의해야 한다. 불편향 추정치는 모형의 처치 효과 추정을 좀 더 향상시킬 뿐이고, 모형적합도가 좋다는 것은 모형과 자료 간 합치도가 높은 것일 뿐, 구조방정식모형 자체가 인과관계를 보여 주는 것은 아니다(유진은, 2022).

(2) 인과비교연구

인과비교연구(causal-comparative research)를 후향적(retrospective) 연구 또는 소급연구(ex post facto research)라고도 한다. 후향적 연구를 이해하기 위하여 전향적(prospective) 연구와 대조할 필요가 있다. 실험연구가 바로 대표적인 전향적 연구다. 처치(treatment)를 먼저 하고 그 결과를 분석하는 실험설계에서는 실험 순서와 인과관계의 방향이 같다. 그런데 전향적 연구가 어려운 경우가 있다. 앞서 언급한 흡연 여부와 폐암 유무의 관련성 연구를 다시 예로 들겠다. 전향적 설계라면 연구대상들을 무선으로 흡연집단과 비흡연집단에 할당하여 실험집단과 통제집단을 구성한 후, 실험집단에게 흡연을, 통제집단에게 금연을 강제해야 한다. 그러나 흡연은 연구대상에게 해로운 처치이므로 연구윤리위원회의 심의를 통과하기가 어려울 것이다. 심의를 가까스로 통과한다고 하더라도 현실적으로 실험 또한 쉽지 않다. 이를테면 실험집단에 배치된 연구대상에게 얼마나 흡연을 시켜야 폐암이 유발될지 불분명하기 때문에 통상적인 실험설계에서보다 훨씬 더 오랫동안 실험을 수행해야 할지 모른다. 실험 기간이 길어질수록 비용이 커지며 실험 오염원 또한 늘어나게 된다. 즉, 짧은 기간 동안은 실험을 통제하는 것이 가능한데, 기간이 길어진다면 상대적으로 온갖 외부 요인이 실험에 영향을 미치게 되므로 실험 처치 때문에 연구결과가 나왔다고 주장하기 힘들게 된다.

이러한 전향적 설계의 문제로 인하여 후향적 설계가 제안되었다. 후향적 설계에서는 연구대상이 폐암에 걸렸는지 안 걸렸는지를 먼저 파악한 다음, 거꾸로 담배를 피웠는지 안 피웠는지에 대한 자료를 읽어 분석한다. 따라서 실험설계에서처럼 집단을 나누어 억지로 흡연/금연을 시킬 필요가 없다는 장점이 있다. 실험연구와 인과비교연구 모두에서 원인으로 인한 결과를 파악하는 것이 목적이라는 점은 같다. 실험연구에서 실험집단에만 처치를 하고 처치로 인하여 결과가 어떻게 달라졌는지 파악하려 하는 반면, 인과비교연구에서는 거꾸로 결과로부터 시작하여 원인이 어떠한지 파악하려는 점이 차이점이다. 다시 말해, 실험연구의 방향이 원인으로부터 결과로 흘러가는 데 비하여 인과비교연구는 결과로부터 원인을 거꾸로 추정한다. 따라서 실험연구를 전향적 연구, 인과비교연구를 후향적 연구라 부른다([그림 2.2]). 〈심화 2.3〉에서 인과비교연구에서 주로 활용되는 통계 기법인 로지스틱 회귀모형을 간략하게 설명하였다.

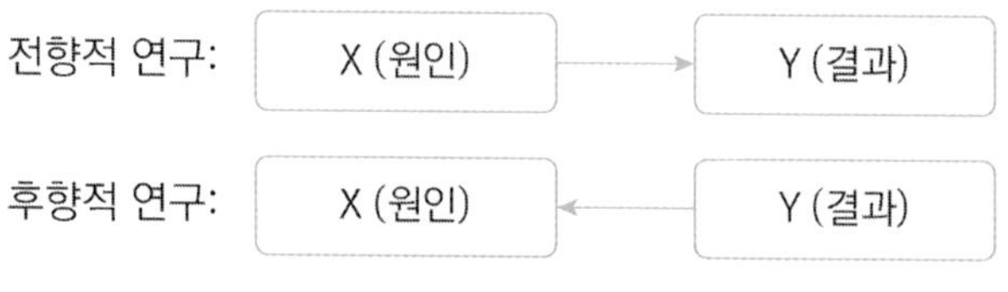

[그림 2.2] 전향적 연구와 후향적 연구

〈심화 2.3〉 후향적 설계와 로지스틱 회귀모형

후향적 설계는 특정한 질병이나 전염병의 발생 양상, 전파 경로, 원인 등을 연구하는 역학(epidemiology) 연구에서 주로 쓰이는 연구 기법으로, 사례-대조 설계(case-control design)로도 불린다. 이때 '사례'는 실험집단, '대조'는 통제집단에 해당된다. 이를테면 폐암에 걸린 경우 '사례(환자)'가 되고, 폐암에 걸리지 않은 경우 '대조'가 되어 거꾸로 흡연 여부, 가족력, 식생활 습관 등과 폐암 발병 간 관계를 알아보는 것이다. 후향적 설계에서 사례 집단과 대조 집단은 연령, 성별, 인종 등의 인구통계학적 특징에 있어 차이가 없도록 구성한다.

후향적 설계에서 주로 쓰는 통계적 방법으로 로지스틱 회귀모형(logistic regression)이 있다. 로지스틱 회귀모형의 로그오즈(log-odds)는 전향적 설계든 후향적 설계든 방향에 관계없이 그 수치가 변하지 않는 특징이 있기 때문이다. 로지스틱 회귀모형에 대한 자세한 설명은 유진은(2022)의 제12장을 참고하기 바란다.

정리하면, 후향적 연구는 결과(예: 폐암)를 기준으로 과거에 어떠한 요인(예: 흡연)으로 인하여 이 결과가 도출되었는지를 파악하려는 연구다. 단, 후향적 연구를 통하여 인과관계를 추정하기는 하나, 진실험설계만큼 인과관계를 명백하게 밝히기는 어렵다는 점을 주의할 필요가 있다. 어디까지나 비실험연구인 후향적 연구는 연구자가 독립변수를 조작한 것도 아니고 연구대상을 무작위로 할당한 것도 아니기 때문이다.

2 양적연구의 표집

양적연구에서는 수집된 계량화된 자료를 통계 기법으로 분석함으로써 일반적인 원리를 도출하고자 한다. 그런데 모든 현상을 관찰하는 것은 시간・비용 등의 문제로 인하여 불가하다. 따라서 전체 사례인 모집단에 표집(sampling)을 실시하여 표본(sample)을 얻고, 표본으로 얻은 통계값(statistics)을 바탕으로 모집단 값인 모수(parameter)를 추론한다. 그런데 표집 및 모형 설정 등으로 인하여 통계값과 모수 간 차이인 오차(error)가 발생하게 된다. 통계학에서는 오차를 통제하기 위하여 확률론을 이용하며 모집단을 대표하는 표본을 얻기 위한 표집법에 공들여 왔다. 즉, 전통적 통계학에서 표집법이 중요한 연구주제 중 하나였다. 표집에서 얻은 결과를 모집단으로 일반화하려면 표본이 모집단을 대표한다는 전제 조건이 충족되어야 하기 때문이다. 이 절에서는 양적연구에서의 표집에 대해 자세하게 설명하겠다.

연구자가 새로운 교수법을 만든 후 이것이 전국의 초등학교 6학년 학생에게 효과가 있는지 알아보고자 한다고 하자. 이때, '전국의 초등학교 6학년 학생'이 바로 모집단으로, 연구결과를 일반화하고자 하는 대상이다. 그런데 전국의 초등학교 6학년 학생을 모두 연구대상으로 한다는 것은 불가능에 가깝다. 모집단, 즉 연구대상 전체를 모두 조사하는 센서스(census)는 국가 차원에서나 가능하다. 국가 차원에서 전국 단위로 치러졌던 국가수준 학업성취도 평가 경우에도 전국의 모든 초등학교 6학년 학생이 참여하지는 못하는 것이 현실이다. 또한, 모집단을 연구대상으로 삼는다면 엄청난 비용이 발생하며, 이는 통상적으로 개개인의 연구자가 부담하기 힘든 비용일 것이다. 따라서 양적연구에서는 표집을 통하여 표본을 구하는데, 이때 표본이 모집단을 얼마나 잘 대표하는지가 관건이 된다. 이를 알아보기 위하여 표집으로부터 표본의 특성을 나타내는 수치인 추정치(estimate, 추정값) 또는 통계값을 구한다. 추정치(또는 통계값)가 모집단의 특성을 나타내는 수치인 모수치에 보다 가깝게 추정될수록 편향(bias)이 적으며 추정이 잘 되었다고 한다.

표집이 잘못되는 경우 전체 연구의 틀이 어그러져 버린다. 거의 90년 전의 예지만, 표집의 중요성을 역설하는 예로 1936년 미국 대통령 선거에 대한 여론조사 결과를 들 수 있다. 『Literary Digest』라는 잡지에서 1,000만 명이나 되는 유권자에게 설문을 우편으로 보낸 후, 약 240만 명으로부터 응답을 회수하였고, 그 결과 57%의 지지율로 공화당 Landon 후보의 당선을 예상하였다. 그러나 실제 선거에서는 민주당의 Roosevelt 후보가 60%가 넘는 압도적 지지로 당선되었다. 사실 1,000만 명이나 되는 유권자에게 설문을 발송하고 240만 명의 응답을 회수하는 것은 그 수치로만 판단할 때 매우 큰 숫자임에 틀림없다. 240만 명이나 되는 유권자의 응답을 분석했는데도 어떻게 이러한 불일치가 일어나게 되었을까? 『Literary Digest』의 표집법의 결함을 주요한 원인으로 꼽을 수 있다(최제호, 2007). 『Literary Digest』는 잡지 정기구독자, 전화번호부, 자동차 등록부, 대학 동창회 명부 등에서 명단을 얻었다. 선거가 있었던 1936년은 미국 대공황 시기였는데, 이 시기 잡지를 정기구독하거나, 전화나 자동차를 소유하거나, 대학을 졸업한 사람들은 사회 계층상 중산층 이상이라고 할 수 있다. 즉, 『Literary Digest』의 표본은 전체 미국 유권자를 대표한다고 볼 수 없으며, 이러한 표집의 결함은 선거 결과로 확인되었다. 마치 우리나라 대통령 선거 여론조사에서 호남지역 또는 경상지역에서만 표집하는 것과 비슷한 방법이라 할 수 있다. 이렇게 표집이 양적연구에서 중요한 위치를 차지하므로, 연구자는 다양한 표집법에 대하여 분명하게 이해할 필요가 있다.

양적연구에서 표집법은 모집단 목록의 활용 여부에 따라 확률적 표집(probability sampling)과 비확률적 표집(non-probability sampling)으로 나뉜다. 즉, 확률적 표집을 하는 경우 모집단 목록을 활용해야 한다. 그렇다면 앞서 예를 들었던 '전국의 초등학교 6학년 학생'의 경우 확률적 표집이 아예 불가한 것이 아닌가 생각할 수 있다. '전국의 초등학교 6학년 학생'은 432,547명(2021년 기준)이나 되므로 그 개별 학생들을 목록화하기 어렵기 때문이다. 이 경우 개별 학생의 이름을 모두 목록화할 필요 없이 그 학생들이 재학 중인 학교 명단만으로도 모집단 목록을 알고 있다고 생각할 수 있다. 이후 설명할 군집표집(cluster sampling)에서 자세히 설명할 것이다.

1) 확률적 표집

표집을 확률적 표집과 비확률적 표집으로 나누었다. 확률적 표집은 다시 단순무선표집(Simple Random Sampling: SRS), 유층표집(stratified sampling), 군집표집(cluster sampling), 체계적 표집(systematic sampling)으로 나뉜다. 둘 이상의 표집법을 쓰는 경우 다단계 표집(multi-stage sampling)이라고 한다. 각각을 설명하겠다.

(1) 단순무선표집

단순무선표집(Simple Random Sampling: SRS, 단순임의추출)은 모든 확률적 표집의 기본으로, 난수표(table of random numbers, [그림 2.3]) 또는 자동으로 단순무선표집 결과를 산출해 주는 컴퓨터 소프트웨어를 이용하여 표집할 수 있다. 단순무선표집에서 모집단의 각 사례는 표본으로 뽑힐 확률이 모두 같다.

	1	2	3	4	5	6	7	8	9
1	690	045	198	696	435	180	009	165	943
2	926	228	301	394	649	610	843	871	309
3	150	297	496	989	167	388	234	210	798
4	230	145	995	473	704	167	987	833	197
				……(중략)……					
16	308	604	817	899	874	171	834	575	262
17	572	321	157	825	572	410	574	285	679
18	372	454	380	144	252	541	759	897	773
19	809	601	030	944	609	327	821	727	710

[그림 2.3] 난수표 예시

(2) 유층표집

유층표집(stratified sampling, 층화추출)은 표집 시 연구문제와 관련된 중요한 변수를 이용한다. 예를 들어, 남녀공학에서 학업성취도에 성차가 있는지 연구하고자 한다면 단순무선표집을 쓰는 것은 좋지 않다. 확률적으로는 낮지만, 운이 없을 경우 표집된 학생 모두가 남학생일 수도 있기 때문이다. 이 경우 '학생 성별'이 연구문제와 관련된 중요한 변수이므로 표집 시 필히 이용해야 한다. 즉, 전체 학생을 남학생과 여학생으로 나눈 다음, 각각의 집단에서 단순무선표집을 시행하는 것이 좋다. 유층표집에서 '학생 성별'과 같이 표집에 활용된 변수를 유층변수(stratifying variable, 층화변수)라고 한다.

(3) 군집표집

군집표집(cluster sampling, 집락추출)에서 '군집(cluster)'은 생물학에서 유래된 용어로, 자연적으로 형성된 집단을 뜻한다. 교육학 자료에서 군집의 대표적인 예는 학교가 될 수 있다. '전국의 초등학교 6학년 학생'을 모집단으로 1,200명을 표집한다면, 전국 6,157개 초등학교(2021년 기준, 분교 제외) 중 1,200개 초등학교에서 각각 한 명씩 표집될 수도 있다. 이 경우 1,200개 초등학교에 공문을 보내고 각 학교에서 한 명의 학생을 대상으로 연구를 수행해야 한다. 그런데 학생이 아닌 학교를 대상으로 표집할 경우 모든 절차가 훨씬 간단해진다. 각 학교에 6학년 학생이 60명씩 있고 이 학생들을 모두 표집한다면, 전국 초등학교 중 20개 학교만 표집하여 1,200명(=학교 20개×학생 60명)을 연구에 참여시킬 수 있다. 이 경우 학생이 아닌 학생들이 모인 집단인 학교를 표집하는 것이 군집표집의 예가 된다. 단, 군집표집은 다른 표집법보다 표집오차가 큰 편이라는 점을 주의해야 한다.

(4) 체계적 표집

체계적 표집(systematic sampling, 계통추출)은 모든 집 전화가 있던 시절 조사연구에서 특히 각광받던 표집법이었다. 이때의 모집단은 '전화번호부에 등재된 사람들'이 되며, 전화번호부가 모집단 명부가 되므로 복잡한 표집법을 이용할 필요 없이 전화번호부를 가지고 간단한 규칙을 적용하여 표집을 바로바로 할 수 있는 장점이 있었다. 예를 들어, 30의 배수인 쪽의 가장 왼쪽 열 첫 번째 전화번호를 규칙적으로 뽑는 것이다. 전화번호부가 아니라 하더라도 모집단 목록이 있을 경우 사례에 일련번호를 부여한 다음 규칙에 따라 표집하면 체계적 표집이라 한다. 단, 규칙을 적용할 때 어떤 패턴이 있지는 않은지 주의해야 한다. 이를테면 30의 배수인 쪽의 가장 왼쪽 열 첫 번째 전화번호가 알고 보니 상업용 전화번호라면, 가정용 전화번호는 아예 표집되지 않을 수도 있다. 이 경우 표본의 대표성에 큰 문제가 발생하게 되므로 체계적 표집이 아닌 다른 표집법을 쓰거나 체계적 표집의 규칙을 바꿔서 이러한 패턴이 생기지 않도록 해야 한다.

(5) 다단계 표집

'전국의 6학년 학생'을 모집단으로 군집표집만을 시행하려고 하였는데, 학교 소재지의 도시 규모가 연구에 매우 중요한 변수였다고 하자. 그렇다면 단순히 군집표집만을 시행하는 것보다는 학교를 대도시, 중소도시, 읍면지역의 세 가지 도시 규모로 구분한 후, 각 도시 규모에서 군집표집을 실시하는 것이 바람직하다고 할 수 있다. 즉, 군집표집과 유층표집이 동시에 이용된 것이며, 이렇게 두 가지 이상의 표집을 시행하는 것을 다단계 표집(multi-stage sampling)이라고 한다. 만일 군집표집과 유층표집을 실시한 후, 각 학교에서 모든 6학년 학생을 연구에 참여시키지 않고 무선으로 한 반만을 뽑는다면, 마지막 단계에서 단순무선표집을 시행한 것이다. 이 경우 표집법을 세 가지 이용하였다.

다단계 표집은 TIMSS(Trends in International Mathematics and Science Study), PISA (Programme for International Student Assessment), NAEP(National Assessment of Educational Progress), 그리고 우리나라의 국가수준 학업성취도 평가 연구와 같은 대규모 조사연구에서 주로 쓰인다. [그림 2.4]에서 지금까지 설명한 확률적 표집을 정리하였다.

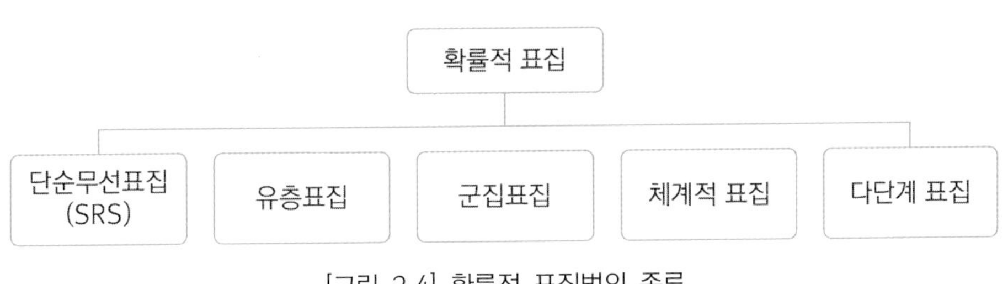

[그림 2.4] 확률적 표집법의 종류

2) 비확률적 표집

가능하다면 확률적 표집이 낫다. 확률적 표집을 통한 분석결과를 모집단으로 일반화하기 좋기 때문이다. 그런데 확률적 표집이 불가능하거나 비현실적일 경우가 있다. 예를 들어, 'ADHD 판정을 받은 전국의 중학생'이 모집단이라고 하자. 병력과 같은 개인

정보는 민감한 사안이므로 모집단의 목록을 구하기 어려우며, 목록화된다고 하더라도 표집에 써도 좋다는 개개인의 동의를 얻기 어렵기 때문에 확률적 표집이 거의 불가능하다. 이러한 경우 통계적 추론이 약화된다는 문제는 있으나, 현실적인 이유로 비확률적 표집을 활용할 수 있다. 비확률적 표집으로 할당표집과 편의표집이 있다.

(1) 할당표집

할당표집(quota sampling)은 확률적 표집에서의 유층표집과 대비되는 표집법이다. 유층표집과 유사하나 비확률적 표집법이라는 점을 주의할 필요가 있다. 유층표집에서 모집단 목록을 활용하는 반면, 할당표집에서는 모집단을 바탕으로 미리 정해진 범주별로 인원을 할당한 후 그 할당량을 채워 나간다. 특히 여론조사에서 할당표집이 주로 쓰인다. 2주 후 있을 대통령 선거에서의 지지후보가 누구인지를 조사한다고 하자. 급박하게 돌아가는 선거 상황에서 유층표집을 실시할 만한 시간적 여유가 없다. 따라서 전체 유권자를 인구통계학적 비율에 따라 지역, 성별, 연령으로 나누어 인원을 할당하고, 그 수치에 맞게 표집을 할 수 있다. 서울 지역의 30대 여성이 전체 유권자(모집단)의 4%라고 하자. 전체 사례 수를 1,200명으로 잡는다면, 여론조사 전화를 돌려서 48명의 '서울 지역 30대 여성 유권자'의 응답을 수집한다. 이때, 모집단 목록으로부터 '서울 지역 30대 여성 유권자'를 표집하는 것이 아니라는 점을 인지하면 된다.

정리하면, 유층표집에서 모집단 목록을 활용하여 확률적으로 표집을 해야 하는 반면, 모집단 목록이 없어도 손쉽게 표집할 수 있는 점이 할당표집의 장점이다. 시간과 예산이 빠듯할 때 쓸 수 있으나, 비확률적 표집으로 확률론을 쓰는 데 제약이 있기 때문에 확률적 표집과 비교 시 일반화가 제한된다는 단점이 있다.

(2) 편의표집

편의표집(convenience sampling)은 연구자가 시간과 자금 또는 지리적 제약 등으로 인해 쉽고 편하게 구할 수 있는 사례를 표본으로 이용하는 것이다. 편의표집은 우연적 표집(accidental sampling, haphazard sampling)이라고도 불린다. 연구자가 친분이 있는 사람에게 부탁하여 연구참여자를 모집한다면 편의표집을 한 것이 된다. 편의표집은 표집법 중 가장 쉽고 편리한 방법으로, 특히 개인 연구에서 자주 쓰이는 방법이지만 일반화 가능성 역시 가장 심각하게 제한되는 방법이므로 되도록 사용하지 않는 것이 좋다.

3 양적연구의 자료수집

양적연구에서는 주로 질문지(questionnaire)를 활용하여 자료를 수집한다. 이 절에서는 먼저 질문지 문항 구성 시 활용되는 척도의 종류 및 특징을 설명하겠다. 다음으로 다양한 척도로 얻은 자료가 연구에서 어떻게 변수로 쓰이는지 알아보고, 변수로 구성되는 자료 종류를 예시와 함께 설명하겠다. 마지막으로 질문지의 문항 구성 및 질문지 제작 시 고려사항을 알아보겠다.

1) 척도의 종류

양적연구에서의 중요한 측정학적 개념으로 척도가 있다. 척도는 명명척도, 서열척도, 동간척도, 비율척도의 네 가지로 나뉜다. 명명척도와 서열척도로 측정된 변수는 질적변수, 동간척도와 비율척도로 측정된 변수는 양적변수로 분류된다. 척도에 따라 분석기법이 달라질 수 있으므로, 각 척도의 특징을 구분하고 어떤 통계적 방법을 쓸 수 있는지 파악해야 한다. 변수의 척도에 따른 구체적인 통계 기법은 제6장에서 설명하였다.

(1) 명명척도

명명척도(nominal scale, 명목척도)는 말 그대로 측정 대상에 이름을 부여하는 것이다. 따라서 명명척도에서는 단지 분류의 의미만 있을 뿐, 범주를 나열하는 순서는 의미가 없으며 '크다, 작다'를 알 수 없다. 성별, 종교와 같은 질적변수의 경우 명명척도로 측정된다. 명명척도로 된 변수의 대표값으로 최빈값(mode)이 적절하다. 〈심화 2.4〉에서 명명척도가 독립변수 또는 종속변수로 쓰일 때의 분석 기법을 정리하였다.

〈심화 2.4〉 명명척도가 독립/종속변수로 쓰일 때의 분석 기법

명명척도로 측정된 변수가 독립변수로 쓰일 경우 선형 회귀분석, ANOVA 등으로 분석할 수 있다. 명명척도로 측정된 변수가 종속변수로 쓰일 경우 이항/다항 로지스틱 회귀분석 등을 쓸 수 있다. 회귀분석과 ANOVA는 유진은(2022)의 제6장부터 제9장에서, 그리고 로지스틱 회귀모형은 같은 책 제12장에서 SPSS 예시와 함께 설명하였다.

(2) 서열척도

서열척도(ordinal scale)는 측정 대상에 상대적 서열을 부여한다. 설문에서 가장 흔히 쓰이는 리커트(Likert) 척도가 바로 서열척도다. 리커트 척도는 원래 1(전혀 동의하지 않는다), 2(약간 동의하지 않는다), 3(보통이다), 4(약간 동의한다), 5(매우 동의한다)의 5점 척도로 구성되는데, 좀 더 쪼개어 7점 척도 또는 9점 척도로 제시하는 경우도 있다. 7점 척도나 9점 척도일 경우 각 척도의 중앙값에 해당되는 4와 5가 '보통이다'가 된다. 또는 연구목적에 따라 '보통이다'를 빼고 동의하는지(3, 4) 동의하지 않는지(1, 2)를 강제로 선택하도록 하는 4점 척도를 쓰기도 한다. [그림 2.5]는 PISA(Programme for International Student Assessment) 학부모 설문 문항으로, '전혀 그렇지 않다'부터 '매우 그렇다'의 4점 척도로 측정한다.

Q12 **독서에 관한 다음 내용에 어느 정도 동의합니까?**

PA158 *(책, 잡지, 신문, 웹 사이트, 블로그, 이메일 등과 같은 다양한 종류의 읽기 자료를 포함하여 생각하시오.)*

(각 항목에서 하나를 선택하시오.)

		전혀 그렇지 않다	그렇지 않다	그렇다	매우 그렇다
PA158Q01HA	나는 필요한 경우에만 독서를 한다.	□01	□02	□03	□04
PA158Q02IA	독서는 나의 취미 중 하나다.	□01	□02	□03	□04
PA158Q03HA	나는 다른 사람과 책에 대해 이야기하는 것을 좋아한다.	□01	□02	□03	□04
PA158Q04IA	나에게 독서는 시간 낭비다.	□01	□02	□03	□04
PA158Q05HA	나는 필요한 정보를 찾기 위해서만 독서를 한다.	□01	□02	□03	□04

[그림 2.5] PISA 학부모 설문 문항 예시

리커트 척도는 만들기도 쉽고 사용하기도 쉬워서 널리 쓰인다. 예를 들어, '독서는 나의 취미 중 하나다', '나에게 독서는 시간 낭비다'와 같은 진술들을 여러 개 만들면 척도는 1, 2, 3, 4로 이미 제시되어 있기 때문이다. 그러나 리커트 척도의 1, 2, 3, 4는 서로 간격이 다르다. 이를테면 '전혀 그렇지 않다'와 '그렇지 않다' 간 간격이 '그렇지 않다'와 '그렇다' 간 간격과 같다고 보기 힘들다. 즉, 상대적 서열만 알 수 있을 뿐, 그 간격이 같지 않으므로 원칙적으로는 사칙연산이 불가하다. 따라서 서열척도로 측정된 변수의 대표값으로 최빈값 또는 중앙값이 적절하다. 그러나 리커트 척도로 측정된 문항들로 이루어진 검사의 경우, 검사 신뢰도가 높다면 문항 결과값의 평균 또는 합을 구하여 동간척도처럼 취급하여 통계적 분석을 실시할 수 있다. 검사 신뢰도에 대해서는 제3장에서 자세하게 설명하였다. 〈심화 2.5〉에서 리커트 척도의 반응 편향에 대해 정리하고, 〈심화 2.6〉 종속변수가 서열척도일 때의 분석 기법을 설명하였다.

〈심화 2.5〉 리커트 척도의 반응 편향

리커트 척도는 만들기 쉽고 쓰기 쉬운 반면, 여러 가지 반응 편향(response bias)[3]이 발생할 수 있다. 집중경향(central tendency) 편향은 '보통이다'가 있는 5점, 7점, 9점 리커트 척도에서 평정자가 중앙값인 '보통이다'를 주로 선택하는 것을 말한다. 관용(leniency) 편향은 평정대상자의 어떤 좋은 특성으로 인하여 평정해야 하는 다른 특성도 좋게 평정하는 것으로, 후광(halo) 편향으로도 불린다. 반대로 역후광(reverse halo) 편향도 가능하다. 즉, 평정대상자의 좋지 않은 어떤 특성으로 인하여 평정해야 하는 다른 특성도 나쁘게 평정하는 것이다. 후광 편향과 역후광 편향을 인상 편향으로 부르기도 한다. 대비(contrast) 편향은 평정자가 가지지 못한 어떤 특성을 평정대상자가 가졌을 때 그 점을 실제보다 더 부각시켜 평정하는 것을 말한다. 논리(logic) 편향은 잘못된 논리로 평정을 할 때 발생하는 편향이다. 예를 들어, 교사가 학생의 정의적 영역을 평정할 때 공부 잘하는 학생이 도덕성, 준법성도 높을 것이라고 생각하고 평정하는 것이다. 표준 또는 기준 차이에 의한 편향은 사람에 따라 기준이 달라서 발생하는 편향을 뜻한다. 리커트 척도에서 '그렇다'가 기준이라서 웬만하면 '전혀 그렇지 않다'는 선택하지 않는 사람이 있는가 하면, 다른 사람은 '그렇지 않다'가 기준이기 때문에 웬만하면 '매우 그렇다'를 선택하지 않는 사람이 있다.

---

3) '편향(bias)' 대신 '오류(fallacy)'라는 용어를 사용하는 경우가 있는데, 오류는 너무 뜻이 강하다고 판단하여 Kite와 Whitley(2018)를 참고하여 편향으로 정리하였다.

〈심화 2.6〉 종속변수가 서열척도일 때의 분석 기법

서열척도로 측정된 종속변수를 서열척도 그대로 쓸 경우 1, 2, 3, 4와 같은 값을 임의로 부여하여 분석한다. 범주형 자료분석(categorical data analysis) 또는 비모수 통계(nonparametric statistics) 기법을 쓸 수 있다. 범주형 자료분석과 비모수 통계 기법은 각각 유진은(2022)의 제12장과 제13장에서 다루었다.

(3) 동간척도

동간척도(interval scale, 등간척도)는 말 그대로 같은 간격(equal interval)에 대한 정보를 부가적으로 부여한다. 즉, 동간척도로 측정된 변수는 서열척도의 '크다', '작다'뿐만 아니라, 얼마나 큰지, 작은지까지의 정보를 제공한다. 또한, 숫자 간 차이가 절대적 의미를 가지므로 값을 비교할 수 있다. 이것이 가능하려면 척도에 가상적 단위를 매겨야 한다. 즉, 상대영점(relative zero) 개념을 써서 어떤 값을 0으로 만든다. 예를 들어, 섭씨 온도 0도는 '1기압에서 물이 어는 점'이며, 1도마다 같은 간격으로 커지거나 작아진다. 20도와 25도의 온도 차이는 15도와 20도의 온도 차이와 같다.

변수가 동간척도만 되어도 통계적 분석이 수월해진다는 장점이 있다. 동간척도로 측정된 변수는 최빈값, 중앙값은 물론 평균을 구할 수 있으며, 종속변수로 쓰일 경우 모수통계(parametric statistics) 방법을 쓸 수 있다. 동간척도로 측정된 변수를 독립변수로 쓰는 경우, 특히 회귀모형이 적합하고 ANOVA는 적절하지 않다. 동간척도를 서열척도 또는 명명척도로 변환하여 통계분석을 할 수 있으나, 이때 동간척도가 갖는 '같은 간격'에 대한 정보가 상실되므로 특별한 이유가 있지 않는 한, 그대로 동간척도를 유지하는 것이 좋다. 〈심화 2.7〉에서 동간척도의 대표적 예인 서스톤 척도를 설명하였다.

〈심화 2.7〉 서스톤 척도

심리검사에서 쓰이는 서스톤(Thurstone) 척도가 동간척도의 대표적인 예가 된다. 서스톤 척도는 주로 태도 또는 의견을 측정할 때 쓰인다. 서스톤 척도 제작 절차를 간단하게 설명하면 다음과 같다. 먼저, 어떤 사안(예: 동성결혼, 낙태, 진화론, 성공적인 경찰공무원의 특질)에 대한 태도/의견을 측정하는 복수의 진술문(문항)을 만든다(또는 평정자 집단에게 진술문을 만들도록 할 수도 있다). 다음으로 평정자 집단을 구성한 후, 평정자들로 하여금 각 문항에 대하여 부정(1과 같은 작은 수)부터 긍정(11과 같은 큰 수)까지 값을 매기도록 한다. 이 과정에서 문항의 기술통계를 구하여 문항에 대한 평정자 간 합의가 이루어지는지를 확인한다. 그 결과, 합의가 이루어지지 않은 문항은 삭제하고, 합의가 이루어진 문항으로 동간척도인 서스톤 척도상에서의 위치를 파악한다. 이렇게 구성된 서스톤 척도로 자료를 수집할 때 응답자들은 제시된 문항 중 자신이 동의하는 문항에만 체크를 하게 되며(이때, 평정자 집단의 중심경향값은 제시하지 않음), 그 문항값들의 평균이 바로 해당 응답자의 서스톤 척도에서의 값이 된다.

서스톤 척도는 동간척도이기 때문에 이 척도로 측정된 변수의 결과값 간 절대적인 비교가 가능하다는 것이 장점이지만, 리커트 척도에 비하여 만들기가 어렵다는 것이 큰 단점으로 작용하여 실제로는 그다지 활용되지 않는 편이다. 서스톤 척도에 대해 관심이 있다면 Thurstone (1929), Tittle과 Hill(1967), Guffey 등(2007), Prochaska(n.d.) 등을 참고하기 바란다.

(4) 비율척도

비율척도(ratio scale)는 동간척도의 '같은 간격'에 절대영점(absolute zero)의 특성이 더해진다. 상대영점(relative zero)이 어떤 임의의 값을 '0'으로 정한 반면, 절대영점의 '0'은 아무것도 없는 것을 말한다. 섭씨온도 0도는 '1기압에서 물이 어는 점'이라고 임의로 정한 것이지, 온도가 아예 없는 것을 뜻하지는 않는다. 반면 길이가 '0mm'라고 한다면, 길이를 측정할 수 없을 정도로 길이가 없다(작다)는 것을 뜻한다. 무게, 길이, 지난 1년간 수입, 재직 기간, 자녀 수 등이 비율척도의 예가 된다. 비율척도로 측정된 변수는 절대영점으로 인하여 사칙연산을 자유롭게 할 수 있으므로 통계적 분석 관점에서는 가장 좋은 척도다. 그러나 사회과학 연구에서 흔하게 쓰이는 척도는 아니다.

(5) 요약

지금까지 설명한 척도의 종류와 특징을 〈표 2.1〉에서 정리하였다. 명명척도, 서열척도, 동간척도, 비율척도의 순서로 점점 전달하는 정보가 많아진다. 통계분석 시 정보가 많을수록 좋기 때문에 가능하다면 비율척도로 된 변수를 이용하는 것이 낫다. 그러나 사회과학 연구에서 관심 대상인 변수는 일반적으로 비율척도가 아닌 경우가 많다. 이를테면 학업 성취도, 창의성, 사회성과 같은 구인(construct)을 비율척도로 직접 측정할 수 없다. 따라서 조작적 정의를 통하여 문항을 만들고 검사를 구성하여 구인을 간접적으로 측정하게 된다. 사회과학 연구에서 측정 이론이 발달할 수밖에 없는 배경이다.

〈표 2.1〉 척도의 종류와 특징

	분류	순서 (크다, 작다)	동간성 (같은 간격)	절대영점
명명척도	○	×	×	×
서열척도	○	○	×	×
동간척도	○	○	○	×
비율척도	○	○	○	○

2) 변수와 자료

(1) 독립변수, 종속변수, 혼재변수

변수(variable)를 영향을 주는지 받는지에 따라서 구분한다면 독립변수(independent variable)와 종속변수(dependent variable)로 나눌 수 있다. 독립변수(또는 설명변수, explanatory variable)는 실험설계 맥락에서 연구자가 조작·통제할 수 있는 변수이고, 종속변수(또는 반응변수, response variable)는 독립변수에 종속되는, 즉 영향을 받는 변수를 말한다. 남녀간 영어 성취도에 차이가 있는지를 연구한다면, 독립변수는 성별,[4)]종속변수는 학생의 영어 성취도가 된다. 그런데 연구자가 마음대로 바꿀 수 없고 연구자의 관심 변수도 아닌데 종속변수와 관련 있는 변수가 있다. 영어 성취도 연구의 경우 부모의 사회경제적 지위(Social Economic Status: SES)가 그러한 변수로, 이를 혼재변수(confounding variable)라 한다.[5)] 〈심화 2.8〉에서 연구에서 혼재변수를 통제하는 방법을 설명하였다.

〈심화 2.8〉 혼재변수 통제하기

① 설계(design) 단계

② 분석(analysis) 단계

4) 이때 남자와 여자가 각각 독립변수가 되는 것이 아니라, 남자와 여자는 '성별'이라는 한 독립변수의 두 개 수준(level)이다.

5) 교락/중첩/혼선/오염 변수라고도 불린다. 비슷한 용어로 가외변수(extraneous variable), 간섭변수(intervening variable), 잡음변수(nuisance variable) 등이 있다.

Tip: 설계 단계에서부터 통제하는 것이 더 낫다.

연구에서 혼재변수를 통제한 후, 독립변수가 종속변수에 미치는 영향만을 분석해야 한다. 실험설계(experimental design)에서부터 통제하는 방법과 분석(analysis)에서 통제하는 방법으로 나뉜다. 혼재변수가 존재한다는 것을 처음부터 알고 있다면, 연구설계에서부터 고려하는 것이 좋다. 예를 들어, SES를 측정하여 상, 중, 하로 나눈 다음 실험집단과 통제집단에 상/중/하 집단이 골고루 들어가도록 설계하거나, 무선구획설계(randomized block design)를 이용할 수도 있다. 만일 설계에서 통제하지 못했다면, 분석 시 혼재변수의 영향을 통계적으로 제거할 수 있다. 공분산분석(analysis of covariance), 구조방정식모형(structural equation modeling) 등이 바로 그러한 방법들이다. 공분산분석과 구획설계는 각각 유진은(2022)의 제10장과 제11장을 참고하면 된다.

(2) 양적변수와 질적변수

양적변수(quantitative variable)는 변수의 속성이 수량으로 표시되는 변수로, 연속변수(continuous variable, 연속형 변수)와 비연속변수(discrete variable)로 나뉜다. 연속변수는 쉽게 말해 키나 체중처럼 소수점으로 표기할 수 있다. 비연속변수는 자녀 수, 하루 식사 횟수와 같이 보통 자연수로 측정된다. 질적변수(qualitative variable)는 속성을 수량화할 수 없는 변수로, 범주형 변수(categorical variable)로 불리기도 한다. 성별, 종교, 직업 등이 질적변수의 예가 된다.

3) 자료

(1) 횡단자료

변수로 구성되는 자료(data)를 자료수집 시점에 따라 횡단자료와 종단자료로 구분할 수 있다. 횡단자료(cross-sectional data)는 한 시점에서 조사한 자료다. 이를테면 설문조사를 한 번 실시하여 얻은 자료를 횡단자료라 할 수 있다. 횡단자료 분석만으로도 집단 간 비교 및 변수 간 관계를 파악할 수 있으므로 횡단자료를 분석한 연구가 매우 많다. 예를 들어, 어느 한 시점에서의 남학생과 여학생의 평균 성적을 비교하거나 자아존중감과 진로성숙감 간 관계를 알아볼 경우 횡단자료를 분석하면 된다. 그러나 횡단자료는 한 시점에서 조사한 자료이므로 인과관계를 추론하는 것이 어렵다.

(2) 종단자료

특정 주기로 반복측정하여 얻은 자료인 종단자료(longitudinal data)로 선후 관계를 파악할 수 있으므로 종단자료는 인과관계를 추론하기에 좋다. 특히 같은 연구내상을 특정 주기로 반복하여 조시한 종단자료를 패널자료라 부른다. 이를테면 우리나라의 KCYPS (Korea Children and Youth Panel Survey, 한국아동 · 청소년패널조사), KELS(Korea Education Longitudinal Study, 한국교육종단연구)는 패널자료로, 각각 한국청소년정책연구원과 한국교육개발원에서 같은 학생들을 1년 주기로 반복하여 조사한다. KCYPS 2018의 경우 2018년에 초등학교 4학년과 중학교 1학년 학생을 표집하여 조사하고, 이 학생들이 초등학교 5학년과 중학교 2학년이 되는 그 다음 해인 2019년에 다시 조사한다(한국 아동 · 청소년 데이터 아카이브, n.d.).[6] 이를 2024년까지 매년 반복하여 고등학교 1학년과 대학교 1학년이 될 때까지 조사하는 설계다([그림 2.6]). 같은 학생들을 1년 주기로 반복 측정하므로 시간의 흐름에 따른 학생의 발달상황 및 변화 양상을 연구하기에 좋다.

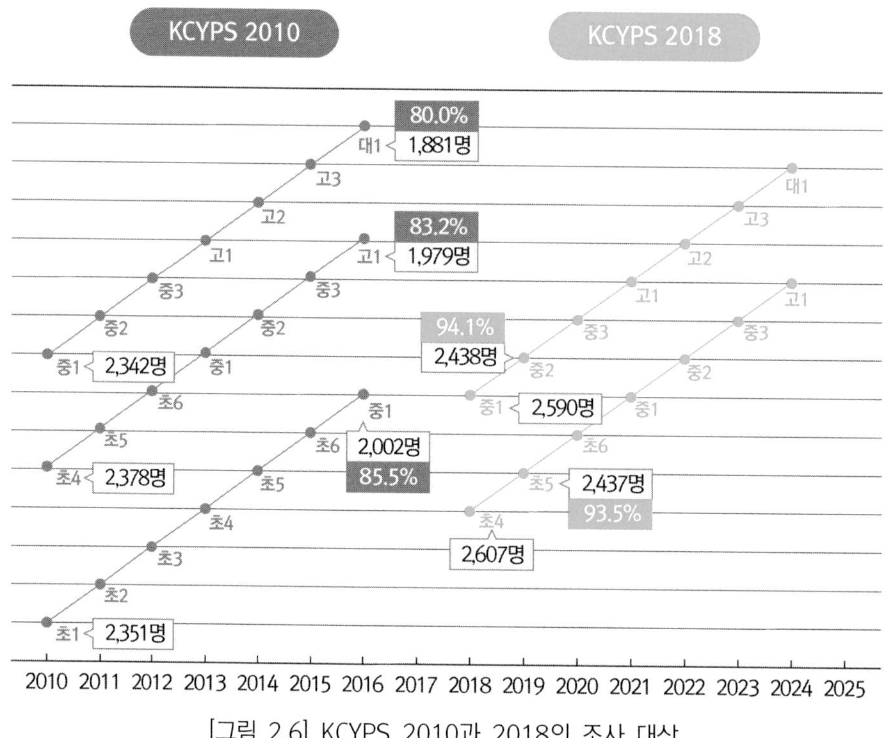

[그림 2.6] KCYPS 2010과 2018의 조사 대상

6) 이렇게 이미 수집된 자료를 2차 자료라고 하며, 2차 자료를 활용하는 연구를 2차 연구라고 한다.

첫해의 표본으로 이후 조사가 진행되기 때문에 처음부터 모집단을 대표하도록 표집하는 것이 매우 중요하다. 그러나 표집이 아무리 잘 되어도 중도탈락 문제는 피할 수 없다는 점을 유념하며 패널자료수집을 설계할 필요가 있다.[7] 같은 대상을 반복측정하기 때문에 사망, 질병, 이민, 기타 개인적 사정 등의 이유로 조사할 수 없는 경우 그만큼 표본 수가 줄어들게 되는 것이다. 또한, 조사가 진행되는 중 설문 문항과 같은 측정도구가 바뀌지 않도록 연구설계 단계에서부터 공을 들여야 한다.[8] 중간에 측정도구가 바뀌게 되면 변화 양상을 파악하기 어렵기 때문이다. 패널자료 설계 및 자료수집에는 상당한 비용이 들기 때문에 이러한 점들을 주의하며 세심하게 설계가 이루어진다.

종단자료 중 코호트 자료(cohort data)는 같은 모집단으로부터 주기적으로 표집하여 조사하는 자료다. 이를테면 TIMSS(Trends in International Mathematics and Science Study)는 초등학교 4학년 학생과 중학교 2학년 학생을 모집단으로 4년 주기로 코호트 자료를 수집한다. 최근 TIMSS 2019가 실시되었고 TIMSS 2023을 실시할 예정이다. 4학년 학생의 경우 TIMSS 2019는 2019년 당시 초등학교 4학년인 학생을 표집하고, TIMSS 2023은 2023년에 초등학교 4학년인 학생을 표집한다. 즉, 2019년의 4학년 학생과 2023년의 4학년 학생은 서로 다른 학생들이지만, 모집단은 '초등학교 4학년 학생'으로 동일하다.[9]

패널자료와 코호트 자료 외에 트렌드 자료가 있다. 트렌드 자료(trend data)는 두 시점 이상에서 측정된 횡단자료로 구성된다. A 제품에 대한 소비자 만족도가 시간에 따라 어떻게 달라지는지 알아보려 한다고 하자. 연구자가 2020년, 2021년, 2022년에 각각 소비자들을 표집하여 A 제품에 대한 만족도를 조사한다면, 이는 트렌드 자료라 할 수 있다. 코호트 자료가 같은 모집단으로부터 주기적으로 표집하는 자료라고 하였다. 반면, 트렌드 자료는 모집단 구성이 달라진다는 특징이 있다. 앞선 예시에서 2020년, 2021년, 2022년의 소비자 모집단이 달라질 수 있기 때문에 트렌드 자료라 한다.

---

7) 제4장의 내적타당도 위협요인 중 탈락 요인을 참고하면 된다.

8) 제4장의 내적타당도 중 도구변화 요인을 참고하면 된다.

9) TIMSS가 4년 주기로 4학년과 중학교 2학년 학생을 조사하기 때문에 이를테면 2019년의 4학년 학생과 2023년의 중학교 2학년 학생은 같은 코호트라고 할 수 있다. 즉, 같은 코호트에서 다른 학생들이 표집되는 것이다.

4) 질문지(설문)

조사연구에서는 표집 후 선정된 표본(참가자)에게 질문지(설문)에 답하도록 한 후, 그 결과를 통계적으로 분석한다. 따라서 설문 문항을 어떤 내용으로 어떻게 구성할 것인지가 매우 중요하다. 남녀 학생의 자아존중감을 비교하는 연구를 수행한다고 하자. 연구자는 질문지를 만들어 표집된 남녀 학생에게 응답하도록 할 것이다. 따라서 자아존중감을 측정하는 설문 문항이 필요하며, 보통 '전혀 그렇지 않다'부터 '매우 그렇다' 식의 리커트 척도로 구성된 일련의 문항들로 제시한다. 단, 질문지 문항 구성 전 '자아존중감'이라는 구인을 조작적으로 정의하고, 타당도와 신뢰도를 확인해야 한다. 타당도와 신뢰도는 제3장에서 설명하였다. 또한, 성별에 따른 자아존중감을 비교하는 연구이므로 성별이 무엇인지 묻는 문항도 질문지에 필히 포함시켜야 한다.

예전에는 우편 또는 전화로 조사가 이루어졌으나, 기술의 발달로 이제는 인터넷 조사도 활발하다. 특히 인터넷 조사의 경우 실수로 응답하지 않거나 잘못 응답할 때 다음 문항으로 넘어가지 못하도록 강제할 수 있다. 따라서 무응답을 줄일 수 있다는 장점으로 인하여 인터넷 조사가 최근 선호되는 편이다(유진은, 2019). 그런데 문항을 글로 읽고 답하도록 설계된 조사연구의 경우, 글을 모르는 사람은 연구대상이 되기 어렵다. 또한, 직접 대면하여 자료를 수집하는 관찰 또는 면담과 비교할 때 질문지법은 응답률이 낮을 수 있고 불성실하거나 악의적인 응답의 가능성이 있다는 단점도 있다.

그러나 질문지법은 시간과 비용 면에서 장점이 크며, 특히 다수를 대상으로 대량의 자료를 수집하는 데 유리하다. 이를테면 앞서 언급한 KCYPS, KELS의 경우 질문지법을 활용하여 수천 명의 자료, 즉 대용량 자료(large-scale data)를 매년 수집한다. 관찰 또는 면담으로 수천 명의 자료를 수집하는 것은 불가능에 가깝다. 모집단으로의 일반화를 목적으로 하는 양적연구에서 사례 수 확보가 중요하다는 점을 고려한다면, 양적연구의 주된 자료수집 기법이 왜 질문지법인지를 파악할 수 있을 것이다. 같은 맥락에서 질문(문항) 내용 및 순서가 똑같은 구조화된 질문지(structured questionnaire)를 조사연구에서 활용한다. 다음으로 질문지법의 문항 종류, 문항 제작 및 질문지 제작 시 고려사항에 대하여 알아보겠다.

(1) 문항 종류

질문지법의 문항을 크게 폐쇄형과 개방형으로 나눌 수 있다. 폐쇄형은 다시 선택형, 순위형, 평정형 등으로 나뉜다. [그림 2.7]에서 1번 문항은 폐쇄형 문항 중 선택형 문항이다. 스마트폰으로 하는 활동 중 하나를 네 가지의 선택지 중 고르도록 한다. 순위형은 '순서대로 나열하시오'로 물어보고, 응답자는 1순위부터 차례로 순서를 매긴다. 참고로 순위형의 경우 분석이 쉽지 않기 때문에 되도록 쓰지 않기를 권한다. '전혀 동의하지 않는다'부터 '매우 동의한다'의 리커트 척도로 측정되는 문항이 바로 평정형(rating scale) 문항이다. [그림 2.7]의 2번 문항은 개방형 문항으로, 1번 문항에서 제시되지 않은 스마트폰 활동이 있는지 설문 응답자가 직접 적도록 한다.

1. 스마트폰으로 주로 무엇을 하나요? 가장 많이 하는 활동 하나만 고르시오.
   ① 통화　　② 문자 및 SNS
   ③ 게임　　④ 사진 및 동영상 촬영

2. 1번에 제시되지 않은 스마트폰으로 가장 많이 하는 활동이 있다면 무엇인지 쓰시오.
   (　　　　　　　　　　　　　　)

[그림 2.7] 폐쇄형 문항과 개방형 문항 예시

조사연구에서 결과를 수량화한 후 통계 기법으로 분석하는 것이 일반적이기 때문에 질문지는 수치로 변환하기 쉬운 폐쇄형 문항으로 주로 구성된다. 폐쇄형 문항의 경우 통계 분석 시의 이점뿐만 아니라, 선택지를 제시하기 때문에 응답의 신뢰도가 개방형 문항보다 더 높다는 장점이 있다. 경우에 따라 '다른 의견이 있으면 자유롭게 적어 주세요'와 같은 개방형(또는 자유응답형) 문항을 질문지 마지막 부분에 추가하기도 한다. 이렇게 개방형 문항을 추가함으로써 폐쇄형 문항으로만 얻기 힘든 더 풍부한 정보를 기대하나, 개방형 문항에 답하는 응답자가 많지 않으며 응답한 경우에도 그 맥락을 알기 어려워 분석이 쉽지 않다는 문제가 있다. 조사연구의 개방형 문항에 대한 응답을 분석할 때에도 보통 주요 단어 또는 내용을 중심으로 빈도 및 비율을 파악하는 식으로 양적 분석이 이루어진다.

(2) 문항 제작

질문지를 직접 제작하려는 연구자의 경우, 성실한 응답을 유도하고 결측 또는 무응답을 줄이려면 문항을 어떻게 제작하고 그 문항들로 어떻게 질문지를 구성하면 좋을지 궁금할 것이다. 다음에서 문항 제작 시 주의 사항을 정리하고(Fowler, 1993, pp. 69-79; Gall et al., 2007, p. 233), 각 항에 해당하는 예시를 〈예 2.1〉에 제시하겠다. 그 후 질문지 제작 시 고려사항을 살펴보겠다.

문항 제작 시 주의사항

1. 문항은 가능한 한 간결하게 진술한다.
2. 무엇을 물어보는지 명확하게 진술한다.
3. 문항에서 중의적 표현을 삼간다.
4. 문항에 어렵거나 복잡한 용어 또는 학술용어를 되도록 쓰지 않는다.
5. 한 문항에서는 하나의 내용만 물어보도록 한다.
6. 일반적인 내용을 물어보는 문항과 관련된 세부적인 내용을 물어보는 문항이 같이 있을 때, 일반적인 문항을 먼저 제시한 다음 세부적인 내용을 제시한다.
7. 편향된 반응을 유도하는 문항을 사용하지 않는다.

 **〈예 2.1〉 수정 전후 문항 예시**

1. 문항은 가능한 한 간결하게 진술한다.

수정 전

1. 지난 1년 동안 문화/예술 관련 활동에 참여한 적이 있습니까?
2. 지난 1년 동안 과학/정보 관련 활동에 참여한 적이 있습니까?
3. 지난 1년 동안 모험/개척 관련 활동에 참여한 적이 있습니까?
4. 지난 1년 동안 자원봉사 관련 활동에 참여한 적이 있습니까?
5. 지난 1년 동안 직업/진로 관련 활동에 참여한 적이 있습니까?

수정 후

1. 지난 1년 동안 (   ) 관련 활동에 참여한 적이 있습니까?

유형	전혀 없음	1회	2회	3회 이상
1) 문화/예술	①	②	③	④
2) 과학/정보	①	②	③	④
3) 모험/개척	①	②	③	④
4) 자원봉사	①	②	③	④
5) 직업/진로	①	②	③	④

2. 무엇을 물어보는지 명확하게 진술한다.

수정 전

1. 담당 교과는?

수정 후

1. 2022년 1학기에 어떤 교과를 담당하셨나요? 둘 이상의 교과를 담당했을 경우, 시수가 더 많은 교과를 선택하세요.

3. 문항에서 중의적 표현을 삼간다.

수정 전

1. 나는 다른 사람보다 고양이를 더 좋아한다.
   ① 매우 그렇다　　② 그런 편이다
   ③ 그렇지 않은 편이다　　④ 전혀 그렇지 않다

수정 후

1. 나는 다른 사람에 비해 고양이를 좋아하는 편이다.
   ① 매우 그렇다　　② 그런 편이다
   ③ 그렇지 않은 편이다　　④ 전혀 그렇지 않다

4. 문항에 어렵거나 복잡한 용어 또는 학술용어를 되도록 쓰지 않는다.

수정 전

1. 다음 문장에 얼마나 동의하십니까?

   성별과 교수법 간의 상호작용이 성취도에 통계적으로 유의한 영향을 미친다.

   ① 매우 동의한다　　② 동의하는 편이다
   ③ 동의하지 않는 편이다　　④ 전혀 동의하지 않는다

수정 후

1. 다음 문장에 얼마나 동의하십니까?

성별에 따라 효과적인 교수법이 달라진다.

① 매우 동의한다 ② 동의하는 편이다
③ 동의하지 않는 편이다 ④ 전혀 동의하지 않는다

5. 한 문항에서는 하나의 내용만 물어보도록 한다.

수정 전

1. 나는 커피를 좋아해서 카페에 자주 간다.
① 매우 그렇다 ② 그런 편이다
③ 그렇지 않은 편이다 ④ 전혀 그렇지 않다

수정 후

1-1. 나는 커피를 좋아한다.
① 매우 그렇다 ② 그런 편이다
③ 그렇지 않은 편이다 ④ 전혀 그렇지 않다

1-2. 나는 카페에 자주 간다.
① 매우 그렇다 ② 그런 편이다
③ 그렇지 않은 편이다 ④ 전혀 그렇지 않다

6. 일반적인 내용을 물어보는 문항과 관련된 세부적인 내용을 물어보는 문항이 같이 있을 때, 일반적인 문항을 먼저 제시한 다음 세부적인 내용을 제시한다.

1. 지난 한 달 동안 생활체육에 참여한 적이 있습니까?
① 예 ② 아니요

1-1. 참여한 적이 있다면 지난 한 달 동안 다음 활동에 얼마나 자주 참여하였는지 표시해 주십시오.

유형	전혀 없음	1회	2회	3회 이상
① 걷기	①	②	③	④
② 등산	①	②	③	④
③ 수영	①	②	③	④
④ 요가(필라테스)	①	②	③	④
⑤ 구기(축구, 풋살, 야구, 배드민턴, 테니스 등)	①	②	③	④
⑥ 자전거(사이클, 산악 자전거 포함)	①	②	③	④

7. 편향된 반응을 유도하는 문항을 사용하지 않는다.

수정 전

1. 다음 문장에 얼마나 동의하십니까?

우리는 윤리적으로 소비해야 한다.

① 매우 그렇다 ② 그런 편이다
③ 그렇지 않은 편이다 ④ 전혀 그렇지 않다

수정 후

1. 나는 물건을 살 때 공정무역마크를 확인하는 편이다.
① 매우 그렇다 ② 그런 편이다
③ 그렇지 않은 편이다 ④ 전혀 그렇지 않다

2. 나는 사회적으로 논란을 일으킨 기업이 있으면 불매운동을 하는 편이다.
① 매우 그렇다 ② 그런 편이다
③ 그렇지 않은 편이다 ④ 전혀 그렇지 않다

먼저, 문항은 가능한 한 간결하게 진술해야 한다. 이를테면 반복되는 어구는 문두에 한 번만 제시하면 된다. 〈예 2.1〉의 1번에서 '지난 1년 동안'과 '관련 활동에 참여한 적이 있습니까?'는 반복되기 때문에 계속 쓸 필요가 없다. 그러나 간결하게 진술하더라도 응답자가 같은 방향으로 생각하여 같은 질문에 답할 수 있을 정도로는 문항을 구성해야 한다. 이를테면 2번의 수정 전 예시는 불친절하며 무엇을 물어보는지 불확실하다. 수정 후 예시에서 '2022년 1학기'로 기간을 명시하고, 여러 교과를 담당하는 경우 시수가 더 많은 교과를 선택하도록 안내하였다. 3번의 수정 전 문항은 다른 사람보다 고양이를 더 좋아하는 것인지, 아니면 사람보다 고양이를 더 좋아하는 것인지 생각하기에 따라 다른 질문으로 받아들일 수 있다. 수정 후 고양이를 좋아하는지 아닌지 물어보는 문항이라는 것을 명확히 하였다. 4번의 수정 전 예시에서는 '상호작용', '통계적으로 유의한'과 같은 학술용어를 사용하므로 통계를 공부하지 않은 일반인이 이해하기 어렵다. 뜻을 쉽게 풀어 써서 통계 지식이 없어도 이해할 수 있도록 수정하였다. 5번의 수정 전 문항은 커피를 좋아하는지, 그리고 카페에 자주 가는지의 두 가지를 한꺼번에 물어본다. 커피를 좋아하는데 카페에 자주 가지 않을 수 있고, 커피를 좋아하지 않아도 카페에 자주 갈 수 있기 때문에 답하기 곤란한 문항이다. 수정 후 문항에서는 두 가지를 따로 물었다. 6번 문항에서는 생활체육에 참여한 적이 있는지 일반적인 내용을 물어본 후, 걷기, 등산, 수영 등의 세부적인 생활체육 종목의 참여 빈도를 조사한다. 7번의 수정 전 문항은 사회적으로 바람직하다고 생각하는 답이 있고, 이를 유도할 수 있는 문항이다. 구체적인 상황을 제시하는 식으로 수정하였다.

(3) 질문지 제작 시 고려사항

문항 제작이 끝났다면 이제 이 문항들로 질문지를 구성해야 한다. 질문지 제작 시 고려사항을 문항 배열과 질문지 편집으로 나누어 정리하였다(Gall et al., 2007, p. 233).

질문지 제작 시 고려사항

〈문항 배열〉

1. 재미있고 답하기 쉬운 문항을 질문지 초반에 제시하고, 위협적이거나 어려운 문항은 질문지 끝부분에 제시한다. 처음부터 답하기 어려운 문항을 접할 경우 설문에 더 이상 응답하지 않을 수 있기 때문이다.
2. 중요한 문항을 긴 설문지의 끝부분에 제시하지 않는다. 중도에 탈락하는 응답자가 있기 때문이다.
3. 읽고 답하기 쉽도록 논리적인 순서에 따라 문항을 제시한다. 이를테면 같은 주제를 다루는 문항이나 응답 척도가 같은 문항을 함께 묶어서 제시할 수 있다.

〈질문지 편집〉

4. 같은 조건이라면 질문지의 문항 수가 적은 것이 좋다. 문항이 너무 많을 경우 응답하다가 포기하는 경우도 많기 때문이다.
5. 질문지 문항 및 쪽(온라인 조사의 경우 화면 순서)에 번호를 매겨서 실수로 응답이 누락되지 않도록 한다.
6. 질문지 도입부에 설문의 목적 및 연구 의의, 수집되는 정보 및 비밀보장 관련 설명 등을 간결하게 소개하며 질문지에 답하고 싶도록 동기를 부여한다.
7. 질문지를 보기 좋게 편집하는 것도 중요하다. 조잡하고 들여다보기도 싫게 편집된 질문지에 사람들은 일부러 시간을 들여 답하지 않는다.

제 3 장

검사 신뢰도와 검사 타당도

주요 용어

상관계수, 신뢰도, 크론바흐 알파 계수, 타당도, 객관도

학습목표

1. 검사 신뢰도, 타당도, 객관도의 기본 개념을 이해한다.
2. 검사 신뢰도에 영향을 주는 요인을 이해하고 설명할 수 있다.
3. 크론바흐 알파 계수(Cronbach's alpha coefficient) 값을 해석할 수 있다.
4. 신뢰도, 타당도, 객관도 간 관계를 이해하고 설명할 수 있다.
5. 신뢰도, 타당도, 객관도를 구할 때 상관계수가 어떻게 활용되는지 설명할 수 있다.

검사(test) 또는 설문(questionnaire)으로 자료를 수집하고 분석하는 연구에서 검사 신뢰도, 타당도, 객관도는 매우 중요한 부분이므로 각각의 개념뿐만 아니라 서로의 관계까지 이해할 필요가 있다. 특히 검사 신뢰도의 경우 일상적으로 쓰이는 '신뢰도'와 뜻이 다르므로 주의해야 한다. 학술적 용어로서의 검사 신뢰도(reliability)는 '신뢰할 수 있는 정도'가 아니라 '일관성'을 뜻한다. 즉, 어떤 검사의 신뢰도가 높다는 것은 그 검사점수를 '신뢰할 수 있다, 믿을 수 있다'가 아니라, 그 검사를 다시 실시해도 비슷한 결과가 나올 만큼 일관되게 측정한다는 뜻이다. 그렇다면 그 검사가 측정해야 하는 영역을 얼마나 제대로, 잘 측정하고 있는지, 그 검사점수가 옳은지 아닌지를 알려 주는 척도는 무엇인가? 바로 타당도(validity)다. 참고로 타당도는 신뢰도에 포함되는 관계에 있다.[1] 측정해야 하는 영역을 제대로 측정하지 못하는 검사라도 점수가 일관되게 나오기만 한다면 신뢰도가 높으며, 측정해야 하는 영역을 제대로 측정하면서 일관된 점수가 나오는 검사는 신뢰도뿐만 아니라 타당도까지 높다고 한다. 채점의 일관성을 뜻하는 객관도(objectivity)는 채점의 신뢰도라 할 수 있다. 이를테면 서술형 평가와 같이 채점에 따라 점수가 달라진다면 객관도도 높아야 한다.

신뢰도, 타당도, 객관도의 예를 들어 보겠다. 어느 연구자가 초등학생의 비만도와 체력 간 관계를 연구한다고 하자. 비만도 지표로 BMI(Body Mass Index, 체질량 지수)가 흔히 쓰인다. 그런데 BMI 측정 기구가 여러 개가 있다면 연구자는 그중 하나를 선택해야 한다. 이때, BMI 측정 기구(즉, 검사도구)가 정말 BMI를 측정하는 것이 맞는지(검사 타당도), BMI 측정값이 같은 측정 조건에서 똑같이 나오는지(검사 신뢰도), 측정하는 사람에 관계없이 측정값이 똑같은지(검사 객관도)가 중요한 기준이 될 것이다. 즉, 검사의 타당

1) 타당도와 신뢰도 간 관계는 제4절에서 자세히 설명하겠다.

도, 신뢰도, 객관도를 알아보고 검사를 선택하게 될 것이다. 또한, 검사 타당도, 신뢰도, 객관도가 비슷한 수준이라면 실용도도 고려할 수 있다. 이 예시에서 실용도란 어느 BMI 측정 기구가 쓰기 쉽고 결과가 빨리 나오며 비용도 덜 드는지를 뜻한다. 실용도는 검사도구가 실제적으로 얼마나 유용하게 쓰일 수 있는지에 대한 정보를 주기 때문에 상식적인 수준에서 판단해도 충분하다. 따라서 이 장에서는 검사로 자료를 수집할 때 필수적으로 확인해야 하는 신뢰도, 타당도, 객관도를 다룬다. 신뢰도, 타당도, 객관도를 구할 때 상관계수를 활용하기 때문에 먼저 상관계수가 무엇인지부터 설명하겠다.

1 공분산과 상관계수

1) 공분산

상관계수(correlation coefficient)는 공분산(covariance)을 표준화한 것이므로, 공분산을 먼저 이해할 필요가 있다. 공분산(covariance)이란 두 변수가 함께(co) 변하는(vary) 정도에 대한 것이다. 한 변수가 증가(또는 감소)하면 다른 변수도 증가(또는 감소)하는 경우라면 두 변수는 함께 변한다고 이야기할 수 있다. 만일 한 변수가 증가(또는 감소)하는데 다른 변수는 변하지 않는다면, 두 변수는 함께 변한다고 말할 수 없다. 공분산은 두 변수 간 변하는 관계의 방향과 크기를 알려 준다. 확률변수 X와 Y간 공분산($cov(X, Y)$)을 구하는 식은 식 (3.1)과 같다.

$$cov(X, Y) = E[(X-\mu_X)(Y-\mu_Y)] \quad \cdots\cdots (3.1)$$

X에서 X의 평균을 뺀 값인 X의 편차점수($X-\mu_X$)와 Y에서 Y의 평균을 뺀 값인 Y의 편차점수($Y-\mu_Y$)를 곱한 값의 기대값이 X와 Y간 공분산이다. 따라서 편차점수의 곱이 양수로 클수록 공분산이 커지게 된다. (3.1) 식으로 공분산을 구하는 예시를 보여 주겠다. 아버지 키 평균과 아들 키 평균을 구했더니 각각 168, 172이라고 하자. 〈표

3.1〉에서 아버지의 키를 X, 아들의 키를 Y로 각 사례의 편차점수를 구한 후 편차점수의 곱인 $(X-\mu_X)(Y-\mu_Y)$를 구하였다.

〈표 3.1〉 아버지의 키(X)와 아들의 키(Y) 간 공분산 구하기

사례	X	Y	$X-\mu_X$	$Y-\mu_Y$	$(X-\mu_X)(Y-\mu_Y)$
1	165	165	−3	−7	+21
2	180	185	+12	+13	+156
3	159	180	−9	+8	−72
4	172	168	+4	−4	−16
⋮	⋮	⋮	⋮	⋮	⋮
	$\mu_X=168$	$\mu_Y=172$			

각 사례에서 편차점수의 곱이 어떻게 다른지 알아보자. 사례 1은 아버지와 아들의 키가 모두 평균보다 작은 경우다. 따라서 각각의 편차점수도 모두 음수가 나오는데, 이를 곱한 값은 양수가 된다. 반대로 사례 2는 아버지와 아들의 키가 모두 평균보다 큰 경우로, 각 편차점수, 편차점수의 곱이 모두 양수가 된다. 사례 1과 사례 2는 편차점수가 모두 음수 또는 모두 양수로, 아버지의 키와 아들의 키가 모두 평균보다 작거나 또는 모두 평균보다 큰 경우다. 사례 1과 사례 2를 비교하면, 사례 1에서는 편차점수의 곱이 21이었는데, 사례 2에서는 편차점수가 156이나 된다. 사례 2의 아버지와 아들의 편차점수가 평균보다 각각 12와 13으로 더 크기 때문에, 편차점수 곱 또한 더 크다. 즉, 두 변수가 같은 방향으로 평균보다 크거나 작은 경우 두 변수 간 공분산은 양수가 되며, 그 크기가 클수록 공분산 값도 커진다.

반대로 사례 3은 아버지의 키는 평균보다 작았는데, 아들의 키가 평균보다 큰 경우로 편차점수의 곱이 음수가 된다. 사례 4의 경우에도 아버지의 키가 평균 이상인데 아들의 키는 평균 이하로 편차점수의 곱이 음수가 된다. 사례 3과 사례 4는 아버지의 키가 평균보다 작은데, 아들의 키가 평균보다 크거나 아버지의 키는 평균보다 큰데 아들의 키가 평균보다 작은 경우로, 이때 편차점수 곱이 음수가 된다. 사례 1과 사례 2에서 편차점수 곱이 양수였는데 사례 3과 사례 4에서 편차점수 곱이 음수이므로 이 네 가지 사례를 모두 더한 값의 기대값인 공분산은 그 절대값이 작아진다.

2) 상관계수

공분산은 그 크기가 측정 단위에 따라 달라진다는 단점이 있다. 똑같은 자료인데도 센티미터(cm)로 공분산을 구할 때와 미터(meter)나 인치(inch)로 구할 때 공분산은 달라진다. 이러한 공분산의 단점을 보완하기 위해 나온 것이 상관계수다. 상관계수($corr(X, Y)$)는 공분산을 표준화한 값으로, 공분산을 각 확률변수의 표준편차로 나눈 것이다. 상관계수는 ±1 사이에서만 움직인다. 즉, 상관계수는 1보다 크거나 −1보다 작을 수 없다. 상관이 0인 경우 상관이 없는 것이며, 상관계수의 절대값이 1에 가까울수록 상관이 정적으로든 부적으로든 크다고 한다.

〈표 3.1〉의 예시에서 X(아버지의 키)와 Y(아들의 키)의 관계를 보자. 사례 1과 사례 2에서 공분산은 양수 값을 가지는데, 이는 아버지의 키가 클수록(또는 작을수록) 아들의 키도 크다(또는 작다)는 정적(+) 상관관계가 있다는 것을 의미한다. 반대로 사례 3과 사례 4의 공분산은 음수 값을 가지며, 이는 아버지의 키가 클수록(또는 작을수록) 아들의 키가 작아지는(또는 커지는) 부적(−) 상관관계가 있다는 뜻이다. 사례 1과 사례 2와 같은 경우만 있다면 상관계수가 1에 가까운 양수 값이 나오고, 사례 3과 사례 4와 같은 경우만 있다면 상관계수는 −1에 가까운 음수 값이 나올 것이다. 즉, 한 방향으로 움직이는 경우 상관계수의 절대값이 크며, 상관이 정적 또는 부적으로 크다고 한다. 그러나 사례 1부터 사례 4까지 편차점수 곱의 값을 모두 더할 경우 +와 − 값을 더하게 되므로 공분산의 절대값이 작아지게 되며 상관계수의 절대값 또한 작아진다.

가장 많이 쓰이는 Pearson 적률상관계수(Pearson product−moment correlation coefficient) 공식은 식 (3.2)와 같다. 식 (3.1)은 식 (3.2)의 공분산을 X와 Y의 표준편차인 σ_X와 σ_Y로 나눈 식임을 알 수 있다.

$$corr(X, Y) = \frac{cov(X, Y)}{\sigma_X \sigma_Y} = \frac{\sigma_{XY}}{\sigma_X \sigma_Y} \quad \cdots\cdots (3.2)$$

$$= E\left[\left(\frac{X-\mu_X}{\sigma_X}\right)\left(\frac{Y-\mu_Y}{\sigma_Y}\right)\right]$$

〈표 3.2〉에서 변수 X, Y의 상관, 공분산, 분산이 어떻게 표기되는지 정리하였다. 참

고로 모집단의 값인 모수치는 그리스어 문자(예: μ, σ, ρ)[2]로 표기하고, 표본에서 얻은 값인 통계치 또는 추정치는 영어 알파벳(예: M, S, r)으로 쓰는 것이 관례다.

〈표 3.2〉 상관, 공분산, 분산 표기

	상관	공분산	분산
	$\frac{cov(X,Y)}{\sigma_X \sigma_Y} = corr(X,Y)$	$cov(X,Y)$	$cov(X,X) = var(X)$
모수치(모집단)	ρ_{XY}	σ_{XY}	σ_X^2
통계치(표본)	r_{XY}	S_{XY}	S_X^2

3) 주의사항

Pearson 상관계수를 구할 때 중요한 가정으로 X와 Y 간 관계의 선형성(linearity) 가정이 있다. X와 Y가 선형 관계, 즉 일차함수 형태를 띤다면 선형성 가정을 충족한다. 선형 관계인지 아닌지 알아보려면 두 변수 간 산포도(scatter plot)를 그리면 된다. 두 변수 간 관계를 산포도로 나타낸 [그림 3.1]에서 (a)와 (b)는 선형성 가정을 충족한다는 것을 쉽게 알 수 있다. 특히 (a)와 (b)는 각각 양(+)과 음(−)인 관계가 있어 상관계수 또한 각각 양수와 음수일 것이다. (c)의 경우 두 변수 간 상관이 매우 낮을 것임을 산포도만으로도 추측할 수 있다.

그런데 (d)는 선형성 가정을 충족하지 못한다. 이차함수의 꼭지점을 기준으로 꼭지점보다 작은 X값에서는 Y값이 증가하다가 꼭지점보다 큰 X값에서는 Y값이 감소하는 양상을 보인다. 그런데 이 관계를 Pearson 상관계수로 구하면 그 값이 (c)에서와 같이 0에 가까운 값이 된다는 문제가 발생한다. Pearson 상관계수는 두 변수 간 편차점수 곱의 기대값을 바탕으로 계산되는데, (d)의 경우 이차함수의 꼭지점을 기준으로 왼쪽은 편차점수 곱이 +, 오른쪽은 −가 되어 모두 더하면 0에 가까운 값이 나오기 때문이다. 즉, Pearson 상관계수는 비선형(non-linear) 관계는 제대로 측정하지 못한다.

2) 각각 /mu/, /sigma/, /rho/로 읽는다.

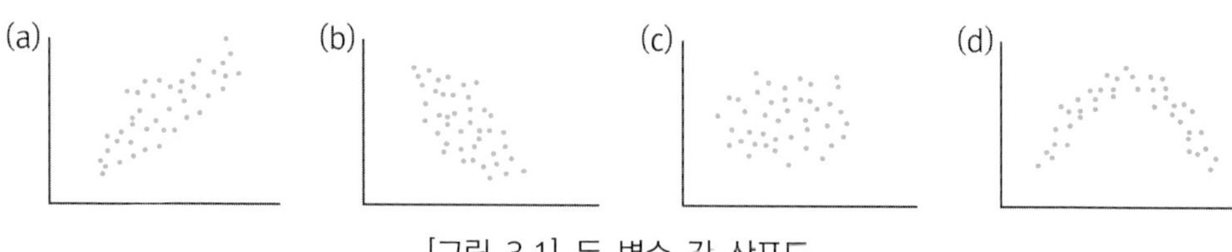

[그림 3.1] 두 변수 간 산포도

2 신뢰도

일반적으로 길이, 무게, 시간과 같은 비율척도인 변수의 측정은 어렵지 않으며 일관성도 높은 편이다. 키나 몸무게를 수십 번, 수백 번 측정하는 것은 귀찮을 뿐 어렵지 않다. 그 측정값도 약간의 오차가 있을 뿐 대부분 비슷하다. 그런데 사회과학 연구에서 관심 있는 변수는 수십 번이 아니라 두 번 측정하는 것도 어려우며, 일관성이 담보되지도 않는다.

어떤 연구자가 학생의 수학성취도를 측정하기 위하여 수학검사를 만들었다고 하자. 이 검사의 신뢰도를 구하기 위하여 검사를 두 번만 실시하려고 해도 학생들의 반발이 심할 수 있고, 그 전에 학교장이 허락하지 않을 수도 있다. 학교장의 허락을 받는다 하더라도 같은 검사를 두 번 볼 때 검사 간격을 얼마나 두어야 할지도 고민이다. 특히 성취도검사의 경우 학생들이 학교를 다니면서 해당 교과 내용을 계속 학습한다면, 검사 간격이 어느 정도 길 때 연구자가 측정하려고 하는 '성취도'라는 구인(construct) 자체가 변할 수 있다. 그렇다고 검사 간격을 짧게 잡는 것도 능사가 아니다. 같은 검사인 것을 학생들이 알고 지난번 검사에서의 답을 기억했다가 적을 수도 있고, 지난번 검사가 연습이 되어 두 번째 검사는 훨씬 더 쉽게 풀 수도 있으며, 아니면 같은 검사를 두 번 보는 것이 너무 지겨워서 오히려 검사 동기가 떨어져 제대로 검사에 응하지 않을 수도 있기 때문이다.[3)]

---

3) 초기 검사이론에서는 우스꽝스럽게도 '최면'(!)이라는 단어가 다음과 같이 등장한다. 연구자가 수학검사를 만들어 한 학생에게 반복적으로 그 검사를 시행할 때, 검사 전후 학생에게 최면을 걸어(!) 이전 검사 시행 경험이 이후 검사 시행에 영향을 미치지 않는다고 가정하는 것이다.

원래 신뢰도는 같은 검사를 두 번 실시한 후 측정값 간 상관계수로 구했는데, 앞서 설명한 문제점으로 인하여 검사를 한 번만 실시하고 신뢰도를 구하는 방법이 발전하게 되었다. 이 절에서는 신뢰도를 구하는 공식과 더불어 가장 많이 쓰이는 방법인 크론바흐 알파 계수를 설명한 후, 신뢰도에 영향을 미치는 요인을 알아보겠다.

1) 관찰점수=진점수+오차

어떤 검사의 신뢰도가 높다는 것은 그 검사를 여러 번 시행해도 그 결과가 일관된다는 것을 뜻한다. 그런데 연구자가 얻는 점수는 관찰점수(observed score)로, 진짜 점수(true score, 진점수)에 오차(error)가 합산된 점수다(식 (3.3)). 즉, 우리가 얻는 관찰점수는 실제로는 오차가 포함된 값이다. 물론 오차가 0일 수도 있으며 이때 관찰점수는 진점수와 같다. 그러나 오차가 + 방향 또는 − 방향으로 작용할 경우 오차에 따라 관찰점수는 진점수보다 커질 수도 있고 작아질 수도 있다. 즉, 측정오차(measurement error)가 존재한다. 키나 몸무게와 같이 측정하기 쉬운 변수의 경우에도 어느 정도는 측정오차가 포함된다고 본다.

$$X = T + E \qquad (3.3)$$

관찰점수=진점수+오차

$$E(E) = 0,\ \sigma_{TE} = 0$$

오차의 기대값=0, 진점수와 오차 간 상관도=0

주의할 점으로, 식 (3.3)의 오차는 무선오차(random error)로 진점수와 전혀 관계없이 일어나는 오차라는 것이다. 고전검사이론(classical test theory)에서는 진점수와 오차 간 상관이 0이라고 가정한다. 능력이 높은 학생이 + 방향으로 무선오차가 일어나고 능력이 낮은 학생이 − 방향으로 무선오차가 일어나는 것이 아니다. 물론 극단적으로 높거나 낮은 점수의 경우 아무래도 오차가 각각 +와 − 방향으로 작용하지 않았는지 의심해 볼 수는 있다. 그러나 무선오차는 내용을 모르고 찍어서 맞히거나(오차가 + 방향으로 작용함) 틀리든지(오차가 − 방향으로 작용함), 아는 부분의 문항이 많이 출제되거나(오차가 + 방향으로 작용함) 적게 출제되는(오차가 − 방향으로 작용함) 식으로 진점수와 관계없이 일어난다고 가정한다(유진은, 2022).

2) 신뢰도 산출 공식

신뢰도는 관찰점수 분산 중 진점수 분산이 차지하는 비율로 나타낼 수 있다. 즉, 관찰점수분산에서 오차 부분이 작고 진점수 부분이 클수록 신뢰도가 높아지는 것이다. 식 (3.4)는 식 (3.3)을 분산식으로 바꾼 것이다. 관찰점수 분산 $var(X)$은 $var(T+E)$로 쓸 수 있고, 이는 다시 진점수 분산 $var(T)$, 오차 분산 $var(E)$, 그리고 진점수와 오차의 공분산의 두 배인 $2cov(T,E)$의 합으로 구성된다. 식 (3.4)의 아랫줄은 표기법을 달리한 것뿐이다(〈표 3.2〉 참고). 즉, σ_X^2이 관찰점수 분산, σ_T^2, σ_E^2는 각각 진점수 분산과 오차 분산, 그리고 $\sigma_{T,E}$는 진점수와 오차 간 공분산을 뜻한다.

$$var(X) = var(T+E) = var(T) + var(E) + 2cov(T,E) \quad \cdots\cdots (3.4)$$
$$\sigma_X^2 = \sigma_T^2 + \sigma_E^2 + 2\sigma_{TE}$$

검사이론에서 진점수와 오차 간 상관 및 공분산을 0이라고 가정하므로(식 (3.3)), 식 (3.4)에서 진점수와 오차 간 공분산을 뜻하는 세 번째 항이 없어진다(식 (3.5)). 즉, 관찰점수 분산은 진점수 분산과 오차 분산을 합한 값이다. 분산은 0보다 크거나 같기 때문에 진점수 분산과 오차 분산을 더한 관찰점수 분산은 이 중 가장 큰 값이다.

$$\sigma_X^2 = \sigma_T^2 + \sigma_E^2 \quad \cdots\cdots (3.5)$$
관찰점수 분산=진점수 분산+오차 분산

지금까지의 내용을 정리하겠다. 신뢰도는 관찰점수 분산 중 진점수 분산이 차지하는 비율이다. 신뢰도를 같은 검사를 두 번 실시하여 얻은 검사점수(관찰점수) 간 상관계수

라 할 때, 검사점수 X와 X' 간 신뢰도는 식 (3.6)과 같이 쓸 수 있다.[4]

$$\rho_{XX}{'} = \frac{\sigma_T^2}{\sigma_X^2} \quad \cdots\cdots (3.6)$$

3) 크론바흐 알파 계수

원래 신뢰도는 동형검사라고 하여 이를테면 A형, B형과 같이 측정학적 특징이 동일한 검사를 만들어 두 검사 점수 간 상관계수로 구하였다. 동형검사를 만드는 것이 쉽지 않은 경우 같은 검사를 두 번 실시하여 얻은 점수 간 상관계수로 검사-재검사 신뢰도를 구하기도 한다. 그런데 검사를 두 번이나 실시해야 한다는 어려움으로 인하여 동형검사 신뢰도와 검사-재검사 신뢰도는 활용도가 그리 높지 않다.

따라서 검사를 한 번만 실시해도 구할 수 있는 크론바흐 알파 계수(Cronbach's alpha coefficient)가 현재 신뢰도 지수로 가장 널리 쓰인다. 대부분의 통계 프로그램에서 크론바흐 알파 값을 쉽게 구할 수 있다. 또한, 크론바흐 알파 공식에서 각 문항의 문항분산을 활용하기 때문에 맞냐 틀리냐와 같은 문항은 물론이고 부분점수가 있는 문항에도 활용할 수 있다는 장점이 있다(식 (3.7)). 즉, 성취도검사뿐만 아니라 설문조사에서의 '전혀 동의하지 않는다'부터 '매우 동의한다'식의 리커트(Likert) 문항도 크론바흐 알파 공식으로 설문의 신뢰도를 구할 수 있다. 일반적으로 크론바흐 알파 값은 0.8 이상이면 수용할 만하다. 〈예 3.1〉에서 실제 논문에서의 크론바흐 알파 계수 예시를 제시하였다. 크론바흐 알파 계수에 대한 자세한 설명은 유진은(2022)의 제5장(pp. 160-162)을 참고하면 된다.

$$\alpha = \frac{n}{n-1}\left(1 - \frac{\sum_{i=1}^{n} S_i^2}{S_X^2}\right) \quad \cdots\cdots (3.7)$$

n: 문항 수
S_i^2: 문항 i의 분산
S_X^2: 검사점수 분산

4) 이 식에서는 신뢰도를 모집단의 상관계수를 뜻하는 그리스어 문자 ρ로 표기하였다.

〈예 3.1〉 크론바흐 알파 예시

반응변수인 스마트폰 의존도는 KCYPS 2018의 스마트폰 의존도 15개 문항의 평균 값이다. 각 문항은 '1: 전혀 그렇지 않다'에서 '4: 매우 그렇다'까지 4점 리커트형 척도이며, 점수가 높을수록 스마트폰 의존도가 높음을 의미한다. 반응변수의 최소값과 최대값은 1과 3.87, 평균은 2.14, 표준편차는 0.47, 크론바흐 알파 값은 0.870이었다.

– 노민정, 유진은(2021)에서 발췌

4) 객관도: 채점의 신뢰도

서술형/논술형 문항의 점수를 매기거나 수행평가 과제를 채점할 때 채점자의 주관이 개입될 수 있으므로 같은 답안 또는 과제를 여러 명의 채점자가 채점하도록 한 후 그 채점 결과가 일관되는지 확인하는 것이 좋다. 이렇게 여러 채점자가 채점한 결과로 구한 상관계수 또는 일치도를 채점자 간 신뢰도(inter-rater reliability)라고 부른다. 또는 같은 답안(또는 과제)을 한 명의 채점자가 여러 번 채점한 후 상관계수 또는 일치도를 구하면 채점자 내 신뢰도(intra-rater reliability)가 된다. 채점자 간 신뢰도와 채점자 내 신뢰도를 통칭하여 객관도(objectivity)라고 한다. 객관도는 여러 명(또는 여러 번)의 채점이 얼마나 일관되는지를 알아보는 것이므로 '채점의 신뢰도'와 같은 개념이다.

일반적으로 2인 이상의 채점자가 같은 답안을 채점하여 구하는 채점자 간 신뢰도를 많이 쓴다. 동간척도 또는 비율척도로 측정되는 점수의 경우 제1절에서 설명한 Pearson 적률상관계수(Pearson product-moment correlation coefficient)로 객관도를 구한다(〈표 3.3〉). 명명척도 또는 서열척도로 측정되는 등급의 경우 일치도로 객관도를 구할 수 있다. 〈표 3.4〉는 같은 답안에 대하여 두 명의 채점자가 독립적으로 채점한 결과를 정리한 것이다. 채점 결과가 상, 중, 하로 일치하는 a, e, i 값을 모두 더한 후 전체 학생 수로 나눈 값이 객관도가 된다. 〈예 3.2〉에서 실제 논문에서의 객관도 예시를 제시하였다.

〈표 3.3〉 상관계수로 객관도 구하기

	R1(채점자1)	R2(채점자2)
학생 1	90	100
학생 2	50	55
	…	…

〈표 3.4〉 일치도로 객관도 구하기

R1 \ R2	상	중	하
상	a	b	c
중	d	e	f
하	g	h	i

 〈예 3.2〉 객관도(채점자 간 신뢰도) 예시

정서 · 행동 문제를 보이는 아동을 조기에 진단할 목적으로 초등학교 1~3학년 학생 201명을 대상으로 검사를 실시하였다. 이 검사는 아동에게 남자 인물화, 여자 인물화, 본인 인물화의 세 가지 인물화를 그리게 하며, 아동이 그린 인물화의 특성에 대하여 총 55개의 채점기준으로 채점한다. 이 연구에서 두 채점자가 채점한 점수 간 상관계수를 산출하였더니 인물화 전체, 남자 인물화, 여자 인물화, 본인 인물화 모두에 있어 상관계수가 .90 이상이었다. 즉, 객관도(채점자 간 신뢰도)가 .90 이상이었다.

– 이영주(2009)에서 발췌

채점자들이 같은 답안을 다르게 채점하거나, 같은 채점자가 같은 답안을 채점하는데도 오전에는 틀렸다고 채점했다가 오후에는 맞다고 채점한다면, 아니면 반대로 처음에는 관대하게 채점하다가 채점 후반부로 가면서 엄격하게 채점한다면 객관도가 높을 수 없다. 따라서 채점자 간 또는 채점자 내 신뢰도(객관도)를 높이도록 노력해야 한다. 먼저, 채점의 일관성을 위하여 채점기준표와 모범답안을 꼼꼼하게 작성하는 것이 중요하다. 이전 채점 자료가 있다면 이전 자료를 이용하여 채점기준표 작성 및 채점자 훈련을 하는 것도 좋다. 특히 객관도가 낮을 경우 어떤 부분에서 이러한 불일치가 일어나는지 면밀히 파악해야 한다. 만일 어느 한 채점자가 지속적으로 채점기준표보다 낮게 또는 높게 점수를 준다면 채점자 훈련을 다시 시키든지 아니면 해당 채점자를 아예 채점에서 제외시키는 등의 대책을 강구할 수 있다. 객관도를 높이려면 채점자에게 채점 중간중간 충분한 휴식을 보장하는 것도 필요하다.

5) 신뢰도에 영향을 주는 요인[5)]

다음은 신뢰도에 영향을 주는 요인을 살펴보겠다. 우선 집단의 동질성(group homogeneity)이 있다. 집단이 동질적이라는 것은 상대적으로 진점수 분산이 작다는 뜻이다. 앞서 신뢰도는 진점수 분산 대 관찰점수 분산으로 정의된다고 하였다. 즉, 진점수 분산이 작다면 신뢰도도 줄어든다. 일반고 학생을 대상으로 만든 수학검사를 과학고 학생에게 실시했다고 하자. 일반고 학생들은 수학을 못하는 학생부터 잘하는 학생까지 다양한 반면, 과학고 학생들은 대부분 수학을 잘하는 학생들로 구성되어 있다. 일반고 학생을 대상으로 만든 수학검사이므로 과학고 학생들이 거의 만점에 가까운 점수를 받는 상황을 생각해 보면, 과학고 학생들의 진점수 분산이 상대적으로 작기 때문에 오차 요인이 더 크게 작용할 것을 추측할 수 있다. 다시 말해, 실수로 인한 점수 변동이 과학고 학생들에게 더 크게 나타날 것이며, 검사점수의 일관성 또한 떨어질 것이다. 즉, 과학고 학생을 대상으로 구한 수학검사 신뢰도가 일반고 학생 대상 신뢰도보다 낮을 것이다. 이렇게 같은 검사라도 집단이 동질적인 경우 신뢰도가 상대적으로 작게 산출될 수 있기 때문에 사전에 집단의 특징을 파악하여 그에 맞는 검사를 실시하고 결과를 해석해야 한다.

검사 시간과 문항 수도 신뢰도 계수에 영향을 줄 수 있다. 제한된 시간 내에 너무 많은 문항을 풀도록 할 경우 속도검사(speeded test)가 되어 버려 신뢰도가 왜곡될 수 있다. 시간이 부족하여 검사 후반부 문항을 손도 못 대서 모두 틀린 것을 크론바흐 알파는 오히려 일관성이 높은 것으로 여겨 신뢰도를 원래보다 높게 계산하는 것이다(식 (3.7) 참고). 속도검사인 경우 크론바흐 알파 방법보다는 검사-재검사 또는 동형검사 신뢰도를 구하는 것이 적절하다(Crocker & Algina, 1986). 또한, 검사 시간은 문항 수와 연관된다. 문항 수를 늘리면 신뢰도도 높아진다(Traub, 1994). 그러나 아무 문항이나 마구잡이로 늘리는 것이 아니라 검사 시간 등의 제반 상황을 고려하여 검사목적에 부합하는 질 좋은 문항의 수를 늘려야 신뢰도가 높아진다는 점을 주의해야 한다.

이와 관련하여 문항 특성도 신뢰도에 영향을 미칠 수 있다는 점을 알아야 한다. 특히 문항변별도(item discrimination)는 신뢰도와 직접적인 관계가 있다. 검사이론에서 문항변별도가 높은 문항은 능력이 높은 학생과 능력이 낮은 학생을 변별하는 문항이다. 다

---

5) 이 절은 유진은(2022)의 제5장 제2절을 참고하였다.

른 조건이 모두 같다면 문항변별도가 높은 문항으로 구성된 검사의 신뢰도가 그렇지 않은 경우보다 더 높다(Traub, 1994). 반면, 문항난이도(item difficulty)와 신뢰도 간 관계는 아직 알려진 바가 없다. 국내에 출간된 여러 교육평가 교재에서 개별 문항의 문항난이도가 0.5일 때 문항변별도가 가장 높고 문항난이도가 0 또는 1에 가까워질수록 문항변별도가 낮아진다는 그래프를 제시하나, 이는 매우 특수한 조건하의 모의실험 연구결과에 불과한 것이다. 개별 문항의 문항난이도를 중간으로 맞추려고 노력하기보다는 전체 검사의 난이도가 중간 정도가 되도록 검사를 구성하는 것이 바람직하다. 많은 학생을 대상으로 중간 수준 난이도 문항을 가장 많이 출제하되, 쉬운 문항도 있고 어려운 문항도 있어야 성취도 수준에 따른 변별이 가능하며 이 결과를 다음 교수 · 학습에 적용할 수 있기 때문이다.

시험을 보는 학생들의 검사동기 또한 신뢰도에 영향을 끼치는 중요한 요인으로 작용한다. 검사를 보는 학생들이 자신의 능력을 발휘하지 않고 건성으로 임한다면 검사 신뢰도를 제대로 구할 수 없기 때문이다. 초등학교 고학년만 되어도 검사가 성적에 들어가는지 안 들어가는지 인지하고 그에 따라 검사전략을 다르게 하는데, 이는 특히 '성적에 들어가지 않는' 검사를 시행하는 입장에서 심각한 문제다. 이를테면 국가수준학업성취도평가와 같은 검사는 소위 '성적에 들어가지 않는 검사'다. 학생들에게 검사 결과가 어떻게 쓰이며 어떤 영향을 미칠 수 있는지 자세히 설명하고 학생의 협조를 구하여 학생들이 성실하게 검사에 임하도록 독려하는 수밖에 없다.

사지선다, OX 퀴즈 등의 선택형 문항인 경우에는 채점이 객관적이고 단순하기 때문에 OMR 카드를 이용할 수 있고, 심지어 학생에게 채점을 맡길 수도 있다. 그러나 서술형이나 논술형 문항인 경우, 아무래 잘 만들어진 채점기준표가 있다고 하더라도 실제 답안 채점은 그리 간단하지 않다. 출제자가 미처 생각하지 못했던 여러 다양한 반응이 가능하기 때문이다. 채점기준이 엉성하다면 채점자마다 다르게 생각하여 점수를 달리 부여하게 되며, 검사 신뢰도가 낮아지게 된다. 따라서 채점기준표를 꼼꼼하고 정확하게 만드는 것이 우선적으로 중요하며, 가능한 한 많은 답안을 훑어본 후 필요하다면 채점기준표를 수정한 후 채점을 하는 것도 바람직하다. 또한, 같은 답안에 대하여 어떤 채점자는 높은 점수를 주고 다른 채점자는 낮은 점수를 줄 경우 신뢰도가 높을 수 없다. 서술형/논술형 문항 또는 수행평가 과제 채점 시 채점자 훈련이 필수적이며 객관도를 구하며 채점 과정을 모니터링할 필요가 있다.

⊙ 필수 내용: 검사 신뢰도에 영향을 주는 요인 ⊙

집단의 동질성, 검사 시간, 문항 수, 문항변별도, 검사 동기, 채점의 객관도 등

3 타당도

검사 신뢰도가 검사 결과가 얼마나 일관되게 나오는지를 알려 준다면, 검사 타당도(validity)는 문자 그대로 검사가 얼마나 타당한지(valid)를 나타내는 지수다. 예를 들어, 내 몸무게가 45kg이 아닌데 계속 45kg으로 측정하는 체중계는 신뢰도는 높지만 타당도는 낮은 것이다. 검사 타당도를 통하여 그 검사 문항이 측정하고자 하는 것을 제대로 측정하고 있는지를 판단할 수 있다. 타당도에는 크게 내용타당도, 준거관련 타당도, 구인타당도가 있고, 준거관련 타당도는 다시 공인타당도와 예측타당도로 나뉜다.

1) 내용타당도

내용타당도(content validity)는 타당도 중 상대적으로 쉽게 구할 수 있다. 내용전문가가 문항을 검토하고 각 문항의 타당도를 판단한 결과를 간단한 식으로 계산하면 된다. 어떤 연구자가 초등학교 3학년용 수학 성취도검사를 만들고 그 검사의 내용타당도를 알아보려 한다면, 먼저 내용전문가를 구해야 한다. 내용전문가의 자격 요건은 연구자가 정하기 나름인데, '초등학교 교사 경력 10년 이상의 현직 교사', '초등학교 교사 경력 5년 이상이면서 초등수학교육 석사학위가 있는 교사', 또는 '(초등)수학교육 박사학위가 있는 연구원'과 같이 관련 학위와 경력을 필요로 한다. 내용전문가의 자격 요건이 해당 검사의 (내용)타당도에 대한 보증이 될 수 있으므로 중요한 검사일수록 자격 요건을 엄격하게 정해야 한다. 내용전문가는 해당 검사의 문항들이 우리나라 초등학교 3학년 수학 교육과정의 성취기준을 골고루 측정하고 있는지 판단한다. 복수의 내용전문가가 각 문항에 대하여 내용타당도가 높은지 혹은 낮은지 기입한 자료를 분석하여 구한 CVI(Content Validity Index, 내용타당도 지수) 또는 Lawshe의 CVR(Content Validity Ratio,

내용타당도 비율)을 내용타당도 증거로 쓸 수 있다. 각각에 대하여 설명하겠다.

(1) CVI

내용타당도 지수인 CVI는 내용전문가의 평정일치도 값보다 보통 작다. 평정일치도는 상, 중, 하와 같은 범주형인 채점 결과에 대하여 객관도를 구하는 방법과 같다. 〈표 3.5〉는 두 명의 전문가가 10개 문항에 대하여 필수적인지 아니면 필수적이지 않은지 평정한 결과를 정리한 것이다. 10개 문항 중 8개 문항에 대한 평정 값이 일치하였으므로 이 경우 평정일치도는 0.8($=\frac{6+2}{10}$)이 된다. 그러나 평정일치도는 타당하지 않다고 생각하는 문항까지 포함하여 계산된 값이다. 즉, 문항의 내용타당도와 관계없이 평정자 간 얼마나 일치했는지를 비율로 구하는 값이므로, 평정자가 타당하다고 동의하는 문항만을 고려한 CVI 값인 0.6($=\frac{6}{10}$)이 내용타당도 값이 된다. 이종승(2009)에 따르면 평정일치도와 CVI는 각각 최소 0.8, 0.6 이상이 되어야 바람직하다.

〈표 3.5〉 CVI 예시

전문가 B / 전문가 A	(매우) 필수적인	(전혀) 필수적이지 않은
(매우) 필수적인	6	1
(전혀) 필수적이지 않은	1	2

(2) Lawshe의 CVR

내용타당도 지수인 CVI는 전체 검사에 대한 타당도를 구한다. Lawshe(1975)의 CVR은 개별 문항에 대하여 내용타당도를 구한다. CVR 식은 다음과 같다.

$$CVR = \frac{n_e - \frac{n}{2}}{\frac{n}{2}}$$

이때 n이 전체 내용전문가 수, n_e가 그 문항이 필수적이라고 판단한 내용전문가 수다.[6] 따라서 CVR은 −1과 1 사이가 가능하다. 〈표 3.6〉는 10명의 내용전문가가 5개 문항을 평정한 가상의 자료에 대한 CVR 예시다. 문항 1의 경우 10명 모두가 그 문항이 필수적이라고 평정하였으므로 CVR이 1이 된다. 반대로 문항 5는 10명 모두 그 문항이 필수적이지 않다고 평정하였기 때문에 CVR이 −1이 된다. 10명의 내용전문가 의견이 동수로 엇갈린 문항 3의 CVR은 0이다. 문항 2와 4는 각각 8명, 4명만 해당 문항이 필수적이라고 평정하였고, 각각의 CVR은 0.6과 −0.2가 된다. 특히 문항 4의 경우 절반이 넘는 내용전문가가 그 문항이 필수적이지 않다고 평정하였으므로 CVR이 음수가 되었다.

〈표 3.6〉 Lawshe의 CVR 예시

문항	(매우) 필수적인	(전혀) 필수적이지 않은	CVR
1	10	0	1.0
2	8	2	0.6
3	5	5	0.0
4	4	6	−0.2
5	0	10	−1.0

참고로 CVR을 만든 Lawshe(1975)는 5명부터 40명까지의 내용전문가가 문항의 내용타당도를 평정하는 상황을 제시하였다. 따라서 CVR 연구에서는 최소 전문가 수를 5명으로 본다. CVR은 검사 문항의 내용타당도뿐만 아니라 델파이(Delphi) 기법에서도 활용된다. 델파이 기법은 〈심화 3.1〉에 설명하였다.

〈심화 3.1〉 델파이 기법

델파이 기법은 어떠한 주제에 대하여 전문가들의 의견을 반복적으로 구하고 그 결과를 피드백함으로써 합의를 도출하고자 하는 기법이다. 특히 미래를 예측하거나 중요한 정책을 결정할 때 델파이 기법을 주로 활용한다. 델파이 기법에서 전문가들은 회의 형태로 한 장소에 모이지 않고 각자의 견해를 우편 또는 이메일로 제출한다는 특징이 있다. 따라서 이동 시간 및 비용을 절약할 수 있으며 한날한시에 모이기 힘든 다양한 전문가 집단을 상대적으로 쉽게 섭외할 수 있다. 델파이 기법에서 개별 전문가의 의견은 익명으로 제시되기 때문에 몇몇 전문가의 견해에 휘둘리거나 소수 의견이 다수의 의견에 휩쓸리는 것을 방지할 수 있다는 장점도 있다.

델파이 기법의 첫 번째 단계에서 어떠한 주제에 대하여 전문가들의 의견을 구한다. 이를 분석

6) n_e의 'e'는 'essential', 즉 필수적인 문항임을 뜻한다.

한 결과가 두 번째 단계에서 제시되며, 전문가들은 이 결과를 보며 자신의 견해를 조정하거나 반론하게 된다. 두 번째 단계의 분석결과를 세 번째 단계에 제시하며 다시 자신의 견해를 조정한다. 이러한 과정을 거쳐 전문가들의 합의를 도출하려는 것이 델파이 기법의 근본 목적이다.

내용타당도는 내용전문가들의 각 문항에 대한 CVI 또는 CVR을 계산하면 되기 때문에 검사 타당도 중 계산이 쉽다는 장점이 있다. 그러나 내용전문가들의 전문성이 담보되어야 하며, 내용전문가들의 주관이 배제되기 힘들다는 점이 단점으로 꼽힌다. 검사도구에 대한 타당도 증거로 가장 좋은 것은 구인타당도이므로, 가능하다면 제3항에 설명될 구인타당도 증거를 제시하는 것을 추천한다.

2) 준거관련 타당도

준거관련 타당도(criterion-referenced validity)는 검사가 어떤 '준거(criterion)'와 관련하여 타당한지, 즉 측정해야 할 것을 제대로 측정하고 있는지 알려 주는 지수다. 준거관련 타당도는 공인타당도와 예측타당도로 나뉜다. 공인타당도(concurrent validity)의 준거는 관심이 있는 검사와 비슷한 시점에서 측정된 검사가 되고, 예측타당도(predictive validity)의 준거는 미래 시점에서 측정된 검사가 된다. 대학수학능력시험(이하 수능)에 대해 공인타당도와 예측타당도를 구한다고 해 보자. 공인타당도의 준거는 수능과 비슷한 시점인 고등학교 3학년 2학기 중간고사 결과가 되고, 예측타당도의 준거는 대학에 입학한 후의 학점이 될 수 있다. 다시 말해, 고등학교 3학년 성적이 높은 학생이 수능도 잘 본다면 수능의 공인타당도가 높고, 수능을 잘 본 학생의 대학 학점이 높다면 수능의 예측타당도가 높다고 할 수 있다.

그런데 예측타당도는 공인타당도와 비교할 때 상대적으로 낮을 수 있다. 예측타당도는 같은 시점이 아니고 시간이 지난 후에 구하게 되므로 변수 간 관련성이 같은 시점보다 약해지기도 하며, 상관계수의 특성으로 빚어지는 범위의 제한(restriction of range) 문제 또한 발생할 수 있기 때문이다. 변수 범위가 제한되어 상관계수가 과소추정되는 것을 범위의 제한이라고 한다. [그림 3.2]는 아버지의 키와 아들의 키로 산포도(scatterplot, 산점도)를 그린 것이다. 왼쪽은 전체 아버지와 아들 자료로 그린 것이고, 오른쪽은 그중 가장 키가 큰 사람들인 약 178부터 180까지만 그린 것이다. 전체 자료로 그린 산포도는 분명한 선형 관계를 보이며, 이때의 상관계수가 .9를 넘는다. 그러나 키가 큰 사람들에 대한 산포도에서는 거의 패턴을 찾을 수 없다. 상관계수 또한 .2로 0에 가깝다. 즉, 변수 범위를 제한함으로써 범위 제한 문제가 발생하였다. 변수 범위를 제한하지 않고 제대로 구했다면 상관계수가 더 커야 하는데, 범위의 제한으로 인해 상관계수가 원래보다 작게 측정되었다.

수능 점수와 대학 학점의 예시에서도 범위의 제한 문제가 발생한다고 볼 수 있다. 모든 고등학교 3학년생들이 대학을 가는 것이 아니라 그중에서 성적이 높은 학생들이 대학을 가기 때문이다. 미국 대학원을 지원할 때 봐야 하는 시험인 GRE와 미국 대학원 학점 간 상관을 구했더니, 상관계수가 0.2에 불과했다고 한다. 그럼에도 불구하고 GRE 시험을 없애지 않고 계속 유지하는 이유는, 전체 학생 중 대학원을 가는 학생들은 극히 일부이며 따라서 '범위의 제한' 문제가 극심하게 발생한다는 것을 대학원 관계자들이 인지하고 있기 때문이다. 같은 맥락에서 수능 점수와 대학 성적(학점) 간 관계가 없으니 수능이 필요하지 않다는 주장은 범위의 제한으로 인해 상관이 과소추정된다는 것을 이해하지 못했기 때문이다.

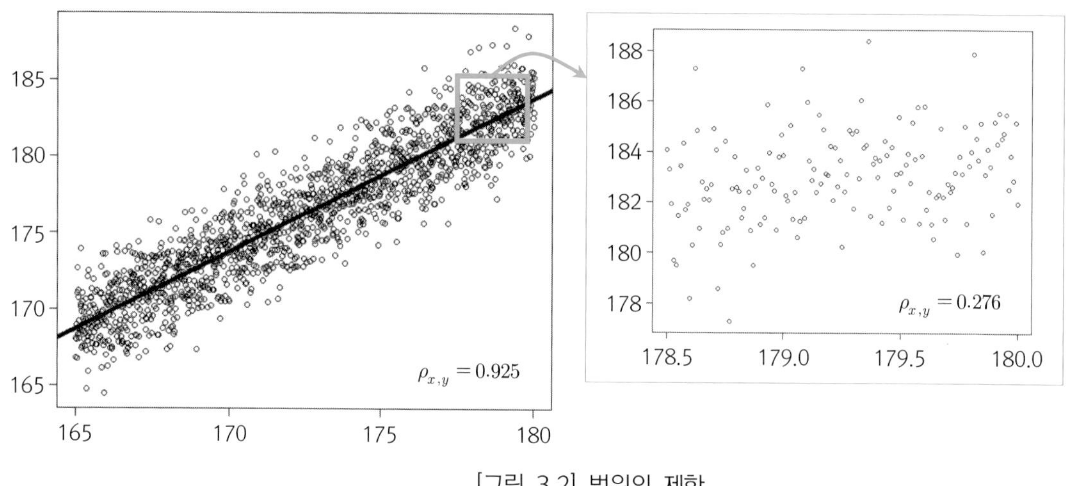

[그림 3.2] 범위의 제한

3) 구인타당도

구인타당도(construct validity)는 추상적인 어떤 속성, 즉 구인(construct)이 제대로 측정되었는지를 알아보는 지수다. 교육학 · 심리학을 비롯한 사회과학 연구에서 관심이 있는 자기효능감, 학업성취도, 교사의 수업전문성과 같은 추상적인 구인들은 키나 몸무게, 또는 과일 생산량과 같이 쉽게 측정되는 것이 아니기 때문에 해당 영역에서 측정(measurement) 이론이 발달할 수밖에 없었다. 구인타당도는 내용타당도나 준거관련 타당도보다 절차가 까다로우며 여러 단계로 이루어져 있다. 또한, 요인분석(factor analysis)과 같은 통계 기법을 실시하고 그 결과를 해석할 수 있어야 하므로 석사학위논문에서는 내용타당도를 구하는 정도로 그치는 편이다. 그러나 구인타당도는 가장 강력한 타당도 증거가 될 수 있기 때문에 가능하다면 구인타당도를 구하는 것이 좋다.

구인타당도는 특히 검사도구(척도) 개발 및 타당화에서 필수적으로 활용된다. 〈심화 3.2〉에서 검사도구 타당화 과정에서의 신뢰도와 타당도 검증 예시를 제시하였다. 해당 연구의 목적은 '단축형 행복 척도'를 개발하는 것이다. 주관적 안녕감을 측정하는 9개 문항을 개발한 후, 세 개의 하위 연구를 통하여 자신들이 만든 단축형 행복 척도의 신뢰도와 타당도를 검증하였다. 구체적으로 크론바흐 알파 및 검사-재검사 신뢰도로 신뢰도를 구하였고, 확인적 요인분석(Confirmatory Factor Analysis: CFA)을 실시하고 수렴타당도와 변별타당도(〈심화 3.3〉)로 구인타당도 증거를 제시하였다.[7)]

〈심화 3.2〉 검사도구 타당화 과정에서의 신뢰도와 타당도 검증 예시

첫 번째 하위연구에서 단축형 행복 척도를 할당표집한 전국의 성인 1,500명(온라인 500명, 대면 1,000명)을 대상으로 신뢰도, 구인타당도, 수렴타당도 및 변별타당도를 확인하였다. 크론바흐 알파 값으로 신뢰도를 구하였고 확인적 요인분석으로 구인타당도 증거를 제시하였다. 단축형 행복 척도와 기존에 사용되고 있던 행복 관련 척도*와의 상관계수가 수렴타당도였다. 변별타당도의 경우 행복과 상대적으로 상관이 낮다고 알려진 성격 특성(예: 친화성, 성실성, 경험개방성) 및 행복과 개념적으로 구분되는 속성(예: 활동성, 자극추구동기)과의 상관계수로 구하였다. 그 결과 새로 개발한 척도의 신뢰도와 타당도는 높은 것으로 나타났다.

두 번째 하위연구에서 검사-재검사 신뢰도를 구하기 위하여 대학생 80명을 대상으로 3주의 시간 간격을 두고 반복측정하였다. 두 번의 검사 모두 .8 이상의 신뢰도를 보였으며, 검사 결과 간 상관계수는 .7로 나타나 이 척도가 시간 간격을 둔 측정에도 안정적임을 보여 주었다.

세 번째 하위연구에서는 앞서 확인한 신뢰도와 타당도 증거를 재확인하였다. 검사-재검사 신뢰도의 시간 간격을 3주에서 2개월로 연장하였고, 보다 보편적으로 사용되는 삶의 만족도 척

7) 확인적 요인분석을 더 알고 싶다면 구조방정식모형(structural equation modeling)에 대한 책 또는 논문 읽기를 추천한다.

도(SWLS)를 이용하여 수렴타당도를, 성역할 고정관념과 하루 평균 수면시간으로 변별타당도를 재확인하였다. 또한 자기보고식 설문의 단점을 보완하기 위하여 설문결과와 타인의 평가가 일치하는지 확인하는 과정도 추가하였다. 즉, 스스로 행복하다고 생각하는 학생을 그의 친구들도 행복한 사람이라고 평가하는지 검토한 것이다. 고등학생과 대학생 244명을 측정한 세 번째 하위 연구결과 역시 단축형 행복 척도의 신뢰도와 타당도가 높은 편임을 보여 주었다.

– 서은국, 구재선(2011)에서 발췌 · 수정

*서은국, 구재선(2011)이 사용한 행복 관련 척도: 최상–최악의 삶 척도(Cantril, 1965), Fordyce의 척도(1988), 주관적 행복 척도(Lybomirsky & Lepper, 1999), D–T 척도(Delighted–Terrible scale; Andrews & Withey, 1976), ITAS 척도(Intensity and Time Affect Scale; Diener et al., 1995)

〈심화 3.3〉 수렴타당도와 판별타당도

수렴타당도(convergent validity)와 판별타당도(discriminant validity)를 구인타당도의 증거로 쓸 수 있다. 수렴타당도와 판별타당도는 다특성다방법(multitrait–multimethod, MTMM; Campbell & Fiske, 1959, pp. 81–105.)에서 처음 언급된 용어다(유진은, 2019, pp. 212–212). 이때 '특성'은 이를테면 사회성, 도덕성, 리더십과 같은 구인을 뜻하고, '방법'은 설문조사, 표준화검사, 관찰법(숫자로 측정)과 같이 말 그대로 이러한 특성을 측정하는 방법을 뜻한다.

수렴타당도는 같은 특성 또는 속성(예: 사회성)을 다른 방법(설문조사와 표준화검사)으로 측정할 때의 타당도다. 예를 들어, 사회성을 자기보고식 설문조사와 표준화검사로 측정한 결과 간 상관계수는 수렴타당도의 예시가 된다. 판별타당도는 다른 특성(예: 사회성과 도덕성)을 같거나 다른 방법으로 측정할 때의 타당도를 뜻한다. 사회성 관찰 결과와 도덕성 관찰 결과 간 상관계수는 판별타당도의 예시가 된다. 이때 같은 특성을 측정하는 수렴타당도가 다른 특성을 측정하는 판별타당도보다 높아야 한다. 타당도는 측정해야 하는 내용을 제대로 측정하는지에 대한 것이다. 따라서 측정하는 내용에 관계없이 결과만 일관되면 높다고 하는 신뢰도와 비교할 때 타당도는 거의 언제나 낮을 수밖에 없다. 신뢰도, 수렴타당도, 판별타당도 간 관계를 정리하면 다음과 같다.

신뢰도 ≥ 수렴타당도 ≥ 판별타당도

검사도구 개발 및 타당화 과정에서 선행연구 분석뿐만 아니라 면담을 실시하여 검사도구 초안을 도출할 수도 있다. 어떤 연구자가 수업전문성이 높은 교사인지 알아보기 위하여 검사도구(설문)를 만든다고 하자. 수업전문성 관련 선행연구를 분석한 결과, 선행연구가 교사의 관점 또는 시각을 충분히 반영하지 못한다는 것을 알게 되었다. 연구자는 교사의 관점을 반영하는 검사도구를 만들기 위하여 학교에서 수업관련 업무를 총괄하는 부장교사를 비롯하여 수업 개선에 관심이 많다고 알려진 교사들을 대상으로 면담을 실시하였다. 면담 결과 및 선행연구를 바탕으로 설문 초안을 만들어 수백 명의 교사에게 배포하였다. 설문 응답 자료로 요인분석을 실시한 후, 문항을 최종 선정하고 검사도구 타당화를 완료한다. 이렇게 질적연구(면담)와 양적연구(요인분석)을 모두 쓰는 연구를 혼합방법연구라 하며, 제10장과 제11장에서 자세히 다루었다. 혼합방법연구로 검사도구 개발 및 타당화를 하는 개략적인 절차를 〈심화 3.4〉에서 정리하였다.

〈심화 3.4〉 혼합방법연구를 활용한 검사도구 개발 및 타당화 절차

① 선행연구 분석
② 면담 참여자 선정 및 면담 실시
③ 검사도구 초안 도출 후 설문조사 실시
④ 요인분석 실시(신뢰도, 수렴타당도, 판별타당도 등 산출)
⑤ 문항 최종 선정 및 검사도구 타당화 완료

4 신뢰도와 타당도 간 관계

타당도는 신뢰도에 포함되는 관계다([그림 3.3]). 즉, 타당도는 신뢰도보다 클 수가 없다. 5센티미터 발판이 있는 것을 간과하고 키를 재서 언제나 원래 키보다 5센티미터가 더 나온다고 한다면, 그 신장 측정기의 신뢰도는 높다. 그러나 타당도는 높다고 할 수 없다. 마찬가지로 저울을 카펫 위에 놓고 몸무게를 쟀더니, 잴 때마다 평상시 몸무게보다 5킬로그램이 덜 나온다고 하자(카펫 위에 저울을 놓고 측정하면 무게가 정말로 덜 나온다!). 이 경우에도 해당 저울의 신뢰도는 높으나, 타당도는 높다고 할 수 없다.

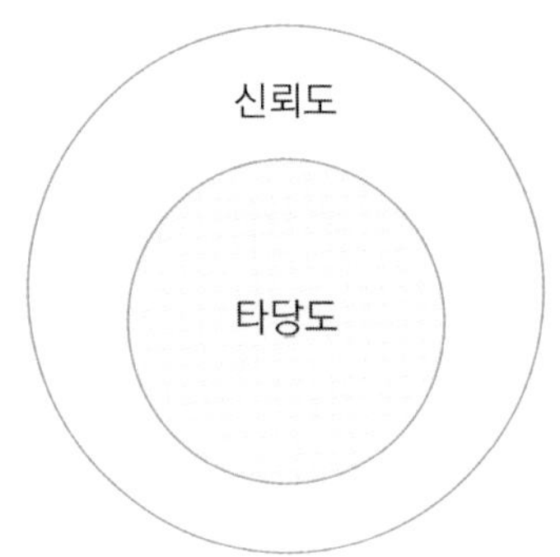

[그림 3.3] 신뢰도와 타당도의 포함 관계

신뢰도와 타당도 간 관계를 더 잘 이해하기 위하여 신뢰도 공식에서 한 가지 짚고 넘어가야 할 부분이 있다. 신뢰도에 대한 식 (3.3)에서의 오차는 무선오차(random error)를 뜻한다. 그런데 모든 오차가 진점수와 관계없이 무선으로 일어나지는 않는다. 어떤 종류의 오차는 그 검사를 보는 모든 학생에게 일관되게 일어날 수 있는 것이다. 이를테면 인쇄 오류로 인해 해당 문항을 모두 맞다고 하거나 아니면 영어듣기 검사 중 비행기 이착륙으로 해당 문항을 모든 학생이 못 풀고 틀리게 되었다면, 이때의 오차는 무선오차가 아니다. 이러한 오차를 체계적 오차(systematic error)라고 부른다.

식 (3.3)의 오차가 식 (3.8)에서는 체계적 오차(Es)와 무선오차(Er)로 분리되었다. 오차와 진점수와의 상관이 0이며, 오차끼리의 상관도 0이라고 가정한다면, 식 (3.9)가 도출된다. 이때 신뢰도는 진점수 분산에 체계적 오차 분산까지 더한 부분과 관련된다. 신뢰도는 일관성에 대한 것이기 때문에, '측정해야 하는 영역을 일관성 있게 측정'하는 부분(진점수 분산)은 물론이고 '측정해야 하는 영역이 아닌데 일관성 있게 측정'하는 부분(체계적 오차 분산)까지 신뢰도에 포함된다. 이때, '측정해야 하는 영역을 일관성 있게 측정'하는 부분, 즉 진점수 분산 부분이 타당도에 해당하며, 이것이 높으면 타당도가 높아지는 것은 물론이고 신뢰도도 같이 높아진다([그림 3.4]). 반면, '측정해야 하는 영역이 아닌데 일관성 있게 측정'하는 부분, 즉 체계적 오차 분산 부분은 신뢰도만 높여 주는 부분이다. [그림 3.3]에서와 같이 타당도는 신뢰도에 포함되는 관계라는 것을 알 수 있다.

$$X = T + E \quad \cdots\cdots (3.3)$$

$$X = T + Es + Er \quad \cdots\cdots (3.8)$$

$$\sigma_X^2 = \sigma_T^2 + \sigma_E^2 \qquad \cdots (3.5)$$

검사점수 분산 = 진점수 분산 + 오차 분산
(관찰점수 분산)

$$\sigma_X^2 = \sigma_T^2 + \sigma_{E_s}^2 + \sigma_{E_r}^2 \qquad \cdots (3.9)$$

검사점수 분산 = 진점수 분산 + 체계적 오차 분산 + 무선 오차 분산

검사점수 분산 = 타당도에 해당되는 분산 + 신뢰도에만 해당되는 분산 + 무선 오차 분산

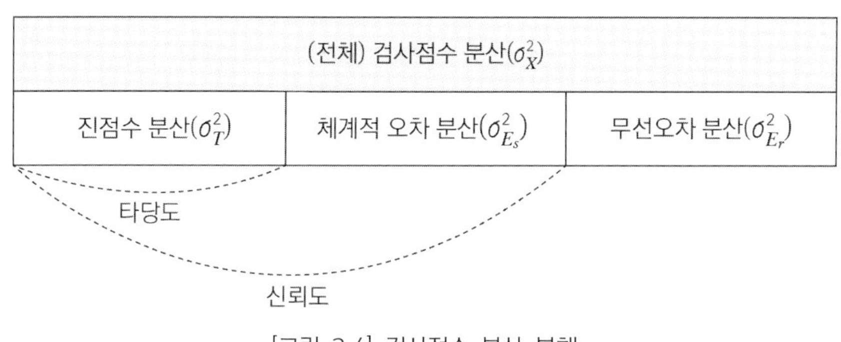

[그림 3.4] 검사점수 분산 분해

예를 들어, 어떤 학생의 검사점수가 일관되게 60점이 나온다면 그 검사의 신뢰도가 높다고 한다. 그런데 그 검사에 잘못 인쇄된 문항이 다수 있어서 그 문항들을 일괄적으로 모두 맞다고 처리하여 20점씩을 더 높여 준 결과가 60점이라고 한다면, 그 학생의 원래 점수는 40점이 나왔어야 했다. 따라서 이 경우 그 검사의 타당도는 높다고 말할 수 없다. 학생이 제대로 문항을 풀어서 받은 점수는 40점이며, 이 부분이 '측정해야 하는 영역을 일관성 있게 측정'하는 부분에 해당된다. 인쇄 오류로 모든 학생이 20점을 일괄적으로 더 받게 되는 부분은 '측정해야 하는 영역이 아닌데 일관성 있게 측정'된 부분으로, 신뢰도에는 기여하지만 학생들의 수학 능력을 측정하는 것은 아니기 때문에 타당도에는 기여하지 못한다.

정리하면, 일관되게 같은 점수가 나온다면 신뢰도가 높은데, 그때 그 검사점수가 측정해야 하는 영역까지 잘 측정하고 있다면 타당도까지 높다고 할 수 있다. 따라서 검사에서 타당도는 신뢰도보다 거의 언제나 낮다(체계적 오차분산이 0일 경우에만 타당도와 신

뢰도가 같다). 타당도를 높이려면 신뢰도가 높아야 한다. 일관되게 같은 점수가 나오지 않는데 검사점수가 측정해야 하는 영역까지 잘 측정한다고 말할 수 없기 때문이다. 즉, 신뢰도는 타당도의 필요조건으로, 측정의 관점에서는 어느 정도 높은 신뢰도가 전제가 되어야 타당도를 논할 수 있다. 객관도의 경우에도 마찬가지다. 객관도가 높다고 하여 이 채점이 타당하다는 논지를 전개할 수는 없다. 채점자 내/채점자 간 신뢰도는 채점자가 일관적으로 채점한다는 것일 뿐, 그 채점 결과가 타당하다고 입증해 주지는 못하기 때문이다. 다시 말해, 객관도는 채점자 내/채점자 간 신뢰도이므로 타당도에 대한 정보는 제한적으로 제공할 뿐이라는 점을 주의해야 한다.

제 4 장

실험설계와 타당도 위협요인

주요 용어

실험설계, 인과추론, 무선표집, 무선할당, 내적타당도, 외적타당도, 구인타당도

학습목표

1. 실험설계와 인과추론 간 관계를 설명할 수 있다.
2. 무선표집, 무선할당과 내적타당도, 외적타당도 위협요인 간 관계를 설명할 수 있다.
3. 내적 · 외적 · 구인타당도 위협요인을 나열하고 예를 들어 설명할 수 있다.

실험을 비롯한 연구 수행 시 가능한 한 타당도(validity) 위협요인을 줄일 수 있는 방향으로 연구를 수행해야 한다. 타당도란 말 그대로 타당한(valid) 정도에 대한 정보를 준다. 초보 연구자들에게 '타당도(validity)'라는 개념이 쉽게 와닿지 않을 것이다. 이전 장(제3장)에서 '타당도'가 내용타당도, 준거관련 타당도, 구인타당도로 나뉜다고 배운 것이 전부라면, 내적타당도, 외적타당도와 같은 용어는 생소하며 이 장에서의 구인타당도가 제3장의 구인타당도와 같은 개념인지 이해하기 어려울 것이다. 제3장의 타당도는 검사(test)에 초점을 맞추어 그 검사가 측정해야 하는 내용 및 영역을 제대로 측정하는지에 대한 것이고, 이 장에서 다루는 타당도는 연구(research) 전반에 걸쳐 그 연구가 얼마나 타당한지 알아보는 것이다.

연구에서의 타당도는 연구의 결론이 얼마나 통계적으로 타당한지(통계적 결론타당도, statistical conclusion validity), 연구가 얼마나 인과관계를 명확하게 추론하는지(내적타당도, internal validity), 연구에서 조작된 구인(construct)이 얼마나 개념적 구인을 잘 대표하도록 정의되고 측정되었는지(구인타당도, construct validity), 그리고 연구에서 주장하는 결론이 얼마나 폭넓게 일반화될 수 있는지(외적타당도, external validity)의 네 가지로 나뉜다(Shadish et al., 2002). 이 장에서는 내적타당도, 외적타당도, 구인타당도에 대하여 설명할 것이다. 통계적 결론타당도 또한 매우 중요한 개념이지만 통계와 관련된 심화 내용이 다수 있다고 판단하여 제외하였다. 관심이 있는 독자들은 Shadish 등(2002)의 제2장과 제3장을 참고하면 된다.

인과추론 시 실험설계(experimental design)의 장점뿐만 아니라 무선표집(random sampling), 무선할당(random assignment), 진실험설계(true-experimental design), 준실험설계(quasi-experimental design) 등의 주요 용어를 설명할 것이다. 그리고 준실험설계에서의 내적타당도 위협요인을 알아본 후, 외적타당도와 구인타당도로 넘어가겠다.

1 실험설계와 내적타당도

1) 실험설계와 인과추론

양적연구의 주된 목적은 통계를 활용하여 사회현상을 기술(description), 설명(explanation), 예측(prediction), 그리고 인과추론(causal inference)하는 것이다. 사회과학 연구에서는 전통적으로 인과추론에 관심을 기울여 왔다. 원인으로 인하여 결과가 따라 나온다고 밝힐 수만 있다면 사회현상을 파악하기가 쉬워지기 때문이다. 연구자가 개발한 새로운 프로그램과 학업성취도 간 인과관계가 성립한다는 말은, 이 프로그램을 이용하기만 하면 학생의 성적이 향상된다는 뜻이다. 따라서 성적을 올리고 싶은 학생이라면 누구든 이 프로그램을 쓰려고 할 것이다. 마찬가지로 흡연과 폐암 간 인과관계가 성립한다면, 흡연을 하면 폐암에 걸릴 것이므로 사람들은 흡연을 하지 않으려고 할 것이다.

인과추론이 가능하려면 세 가지 요건이 충족되어야 한다. 첫째, 시간적으로 원인이 결과보다 앞서야 한다. 둘째, 원인과 결과가 서로 연관되어 있어야 한다. 셋째, 원인만 결과에 영향을 미쳐야 한다. 그런데 첫 번째 요건만 하더라도 입증하는 것이 쉽지 않다. 예를 들어, 교육학에서 많이 연구되는 주제인 학업적 자기효능감과 학업성취도의 관계에서 무엇이 먼저인지는 아직도 논란이 된다. 학업적 자기효능감이 높아서 학업성취도가 높은지, 아니면 학업성취도가 높아서 학업적 자기효능감이 높은지, 또는 쌍방으로 영향을 주고 받는 것인지 알기 어렵다. 두 번째 요건은 이를테면 상관분석을 통하여 상대적으로 쉽게 판단할 수 있다. 그러나 세 번째 요건도 첫 번째 요건에서와 같이 밝히기 어렵다. 내가 만든 프로그램 때문에 학생의 성적이 올랐다고 주장하려면 그 프로그램 외의 다른 원인이 학생의 성적에 영향을 미치지 않았다는 것을 보여 줘야 하기 때문이다. 부모의 사회경제적 지위(SES), 학생의 선행 지식, 학습 성향, 공부에 투입한 시간 등 무수히 많은 다른 원인을 제대로 통제하지 못했다면 인과추론이 힘들어지는 것이다.

이때, 실험설계가 답이 될 수 있다. 실험설계에서는 실험집단(experimental group)과 통제집단(control group)으로 나누어 실험집단에만 처치(treatment)를 한다. 즉, 원인이 '실험 처치'이고, 실험 처치에 따른 결과를 측정하므로 원인이 결과를 선행한다. 따라서 실험설계는 인과추론의 첫 번째 요건을 충족한다. 실험 처치에 따른 결과로 집단 간 차이가 있다면, 두 번째 요건을 충족한다. 만일 집단을 무작위로 구성했다면 실험 처치만 결과에 영향을 미친다고 할 수 있다. SES, 학생의 선행 지식 등과 같은 실험 처치 외의 다른 특징들도 모두 무작위로 나뉜다고 가정하기 때문에 실험 후 집단 간 차이가 있다면 이는 처치로 인한 것이라고 볼 수 있다. 따라서 세 번째 요건도 충족한다. 정리하면, 인과추론이 가능하다는 점은 실험설계의 큰 장점이다.

2) 무선표집과 무선할당, 진실험설계와 준실험설계

무선표집, 무선할당(무선배치), 진실험설계, 준실험설계는 실험설계에서 흔히 쓰이는 용어다. 그런데 무선표집(random sampling)과 무선할당(random assignment)을 혼동하는 경우를 많이 보았다. 무선표집과 무선할당 모두 '무선'이라는 말이 들어가지만, 행해지는 시점과 그 역할이 다르다. 무선할당은 연구대상을 실험집단과 통제집단에 할당(assign, 또는 배치)할 때 무선으로 할당한다는 의미다. 반면, 무선표집은 무선할당 전에 연구대상을 확보할 때 쓰이는 개념으로, 표집(sampling)을 무선으로 한다는 뜻이다. 그러므로 무선표집과 무선할당 중 무선표집이 먼저 행해진다([그림 4.1]). 전국의 초등학교 6학년생을 모집단으로 무선표집을 한다면, 전국 각 지역에서 초등학교 6학년생을 골고루 선정하면 된다. 모집단에서 무선으로 연구대상을 뽑은 후, 뽑힌 사람들을 다시 실험집단 또는 통제집단에 배치하는 것이 옳은 순서다.

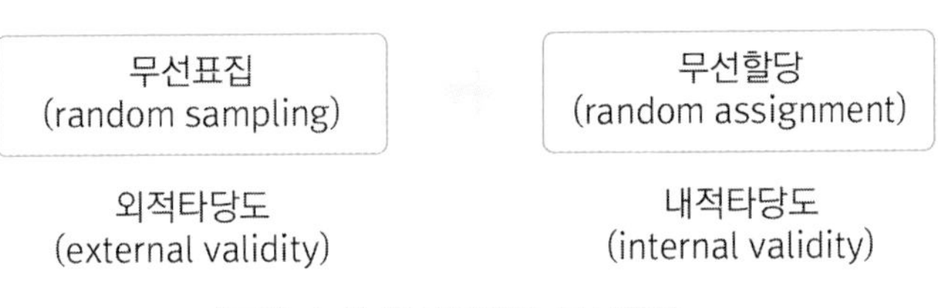

[그림 4.1] 무선표집과 무선할당

무선표집과 무선할당은 각각 연구의 외적타당도(external validity)와 내적타당도(internal validity)와 연관된다. 내적타당도란 실험 처치로 인하여 실험 결과가 도출되었다고 할 수 있는 정도를 뜻한다. 즉, 내적타당도가 높다는 말은, 실험 처치만이 실험 결과에 영향을 미쳤다는 의미다. 진실험설계를 쓰는 경우 연구대상이 무선으로 실험집단과 통제집단에 배치되므로 연구의 내적타당도(internal validity)가 높을 수밖에 없다. 왜냐하면 진실험설계는 집단 배치를 무선으로 함으로써 실험 처치만이 실험 결과에 영향을 미치도록 한 설계이기 때문이다. 반면, 외적타당도는 연구결과의 일반화에 관한 것이다. 무선표집의 경우 모집단에서 무선으로 연구대상을 뽑기 때문에 그 수가 어느 정도 확보가 된다면 무선표집을 통해 연구의 외적타당도를 높일 수 있다. 즉, 무선표집이 잘 되었다면 연구결과를 일반화하는 것이 쉬워진다. 정리하면, 무선할당은 실험의 내적타당도를 높이고, 무선표집은 외적타당도를 높인다.

무선할당 여부에 따라 실험설계는 진실험설계(true-experimental design)와 준실험설계(quasi-experimental design)로 나뉜다([그림 4.2]). 학생(또는 학교)이 무작위로 집단에 배정되는 경우 진실험설계이고, 그렇지 못한 경우 준실험설계가 된다. 진실험설계가 준실험설계보다 더 좋은 특징이 있지만, 현실적으로 무선할당이 어렵거나 윤리적으로 문제가 있어 준실험설계를 할 수밖에 없는 경우도 많다. 예를 들어, 여러 반의 학생들을 무선으로 실험집단과 통제집단으로 할당하여 실험하려는 연구는 학교장의 승인을 얻는 것이 쉽지 않을 것이다.

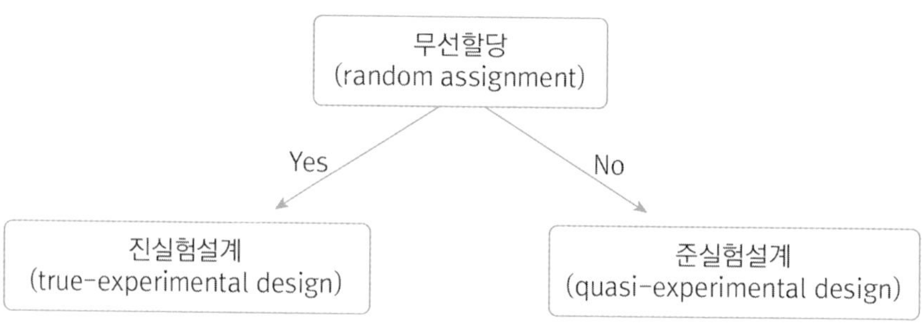

[그림 4.2] 진실험설계와 준실험설계

3) 내적타당도 위협요인

실험설계에서는 내적타당도(internal validity)를 높이는 것이 중요하다. 내적타당도란 실험 처치(treatment)로 인하여 결과가 도출되었다고 할 수 있는 정도를 뜻한다. 어떤 실험설계가 내적타당도가 높다면, 실험 처치로 인해 실험 결과가 도출되었다고 해석할 수 있다. 다시 말해, 처치를 받은 실험집단(experimental group)이 처치를 받지 않은 통제집단(control group)보다 좋은 결과를 보이는 것이 처치의 효과일 것이라고 추측할 수 있다.

내적타당도가 높으려면 연구자가 주장하는 인과관계 외에 다른 설명이 그럴듯하지 않아야 하는데, 특히 진실험설계의 경우 실험 처치가 독립변수로서 원인이 되고 실험 결과가 종속변수가 되어 인과관계를 밝히기 좋다. 진실험설계에서는 연구대상을 무선으로 할당하고 실험 처치 여부나 측정되는 변수 등을 연구자가 정할 수 있기 때문이다. 다음에서 아홉 가지 내적타당도 위협요인을 설명하겠다.

(1) 모호한 시간적 선행

실험 처치만 실험 결과에 영향을 주는 진실험설계의 경우 내적타당도가 높다. 특히 실험설계에서는 원인과 결과의 선후 관계가 분명하다. 그런데 두 변수 중 무엇이 선행하는지를 모른다면 내적타당도가 높을 수 없다. 이를 내적타당도 위협요인 중 모호한 시간적 선행(ambiguous temporal precedence)이라 한다. 모호한 시간적 선행 요인은 인과추론의 첫 번째 요건과 관련된다. 두 변수 중 무엇이 선행하는지 알기 어렵기 때문에 인과관계를 말할 수 없는 것이다. 특히 실증연구에서 상관관계를 분석한 후 인과관계가 있는 것으로 해석하는 오류가 빈번하다. 예를 들어, 수학에 대한 자기효능감 설문과 수학 성취도 검사를 같이 시행하여 분석한 다음 '자기효능감이 높기 때문에 성취도가 높다, 자기효능감이 성취도에 영향을 미쳤다.'라고 해석하는 것은 잘못된 것이다. 무엇이 선행하는지 알 수 없기 때문이다. 이 경우 두 변수 간 관련성에 대해서만 말할 수 있으며, 인과관계로 해석하는 것은 금물이다.

(2) 선택

선택(selection)은 처치 전부터 이미 실험집단과 통제집단이 다른 것과 관련된다. 책 읽기 프로그램의 효과를 알아보기 위하여 실험을 수행했더니 실험집단의 책 읽기 점수가 향상되었기 때문에 그 프로그램이 효과가 있다고 결론을 내리는 상황을 생각해 보자. 그런데 실험집단 학생은 모두 부모의 동의를 얻은 학생이었고, 나머지 학생들을 통제집단으로 구성했다는 것을 알게 된 후에도 여전히 그 교육 프로그램이 효과가 있다고 생각할 수 있을까? 아마 어려울 것이다. 이렇게 자원자(volunteers)로 구성되는 실험집단은 보통 배우고자 하는 욕구가 더 강하며, 더 열심히 프로그램에 참여하고, 또한 그 부모들도 자녀의 학습에 더 관심이 많을 수 있다. 그렇다면 교육 프로그램에 참여하지 않아도, 실험집단이 원래 통제집단보다 책 읽기 점수가 높을 수 있다는 것이다. 두 집단이 이미 처치 전부터 특징이 다르기 때문에 내적타당도가 약해질 수밖에 없다.

선택 요인은 이렇게 무선할당을 하지 않는 준실험설계(quasi-experimental design)에서 팽배하는 내적타당도 위협요인이다. 관리자(예: 교장)가 집단을 구성하는 경우 또는 이미 형성되어 있는 집단을 있는 그대로 실험에 이용하는 경우(using intact groups)에 흔히 발생한다. 이미 형성되어 있는 학급과 같은 집단을 있는 그대로 실험집단으로 이용한다면, 이 집단적 특성이 실험의 처치 효과와 섞일 수 있기 때문이다. 이때, 무선할당이 해결책이 될 수 있다.

〈심화 4.1〉 무선할당과 동질집단

실험설계에서는 무선할당을 통하여 구성되는 집단을 동질집단(equivalent groups)으로 본다. 그런데 무선할당 이후에도 개별 변수에 대해서는 동질집단의 특성이 다를 수 있다. 동질집단에는 무선할당을 무수히 많이 반복했을 때 발생하는 오차의 평균이 0이라는 '기대값' 개념이 들어가기 때문이다. 즉, 무선할당을 한번 실시하여 구성되는 집단이 사전검사 점수에서 집단 간 통계적으로 유의한 차이를 보일 수도 있다. ANCOVA(analysis of covariance)가 이러한 무선할당 이후 발생하는 사전검사 점수 차이를 통제하는 분석 기법이다. ANCOVA는 유진은(2022)의 『한 학기에 끝내는 양적연구방법과 통계분석』 제10장(pp. 321-357)을 참고하면 된다.

(3) 역사

내적타당도 위협요인 중 역사(history) 요인은 실험 처치와 사후검사 사이에 일어나는 모든 사건이 될 수 있다. 즉, 실험 처치는 아닌데 결과에 영향을 미칠 만한 모든 사건이 역사 요인으로 작용할 수 있다. 연구자가 차상위계층 학생의 학업성취도를 높이기 위하여 교육 프로그램을 만들고 처치를 시작했는데, 알고 보니 같은 학생들이 비슷한 시기에 비슷한 목적의 교육청 주관 교육 프로그램에 참여하고 있었다고 하자. 이 경우 역사 요인이 발생하여 연구자가 만든 프로그램의 효과성을 입증하는 것이 쉽지 않을 것이다. 학생들의 학업성취도가 높아졌다 해도 이것이 연구자의 프로그램 효과인지, 아니면 교육청 주관 프로그램 효과인지 알기 힘들기 때문이다.

신약 실험 연구에서 이러한 역사 요인을 줄이기 위하여 연구대상를 통원하게 하지 않고 아예 입원하는 것을 조건으로 실험을 진행하기도 한다. 사람의 기억을 연구하는 심리학 분야에서는 연구대상에게 무의미 철자를 학습시키기도 했다. 그러나 역사 요인을 통제하는 것은 그리 쉽지 않다. 이를테면 차상위계층 학생들에게 교육청 주관 교육 프로그램을 받지 말고 연구자가 만든 프로그램에만 집중하라고 강제할 수는 없기 때문이다.

(4) 성숙

성숙(maturation) 요인은 사전검사와 사후검사 사이에 일어나는 자연적인 변화가 연구결과에 영향을 주는 것을 말한다. 연구가 진행되는 중에 연구대상이 나이를 먹고, 경험이 쌓이고, 더 피로해지는 것과 같은 자연적 변화가 처치 효과로 혼동되는 경우 성숙 요인이 작용했다고 본다. 이를테면 초등학생에게 키를 크게 하는 성장 호르몬 주사를 맞힌 후 키가 컸다고 해서 이것이 성장 호르몬의 효과라고 단정하기는 힘들다. 영양부족 등의 문제가 없다면 가만히 놔둬도 아동·청소년기에는 자연적으로 키가 클 것이기 때문이다. 만일 성장 호르몬 주사를 맞은 후 12cm가 컸다면, 원래 10cm가 클 것이었는데 성장 호르몬으로 2cm가 더 컸는지, 원래 15cm가 클 것이었는데 오히려 3cm가 작아졌는지, 아니면 원래 12cm가 클 것이었고 성장 호르몬이 아무 효과가 없는 것인지 알 수 없다. 확실한 것은, 10cm가 크든 15cm가 크든 성장 호르몬의 효과를 설명할 때 자연적인 성숙 요인을 배제시키기가 쉽지 않다는 것이다.

보통 어린 아동을 대상으로 하는 연구에서 성숙 요인이 흔히 작용한다. 무엇을 특별히 열심히 가르치지 않아도 때가 되면 말하고, 글을 읽고 쓰고, 친구를 사귀게 되는 것인데, 이것을 특정 프로그램의 효과로 말할 수 있는지 의문을 가질 수 있다. 영유아 대상 학습 프로그램 광고에서 성숙 요인을 의도적으로 활용하는 경우가 있다. 영유아를 대상으로 하는 놀이치료가 효과가 크다고 선전하지만, 사실 영유아들은 가만히 놔둬도 급속도로 성장하기 때문에 결과가 좋아졌다고 해도 이것이 놀이치료의 효과인지 아니면 단순히 자연적으로 성숙했기 때문인지 구분하기 어렵다.

(5) 회귀

사전검사 점수가 극단적이어서 실험집단이 되는 경우가 있다. 예를 들어, 학습장애 연구에서 사전검사 점수가 매우 낮은 학생을 실험집단으로 뽑아서 실험을 진행할 수 있고, 영재학생 연구에서는 사전검사 점수가 매우 높은 학생이 실험집단이 될 수 있다. 그런데 이렇게 사전검사에서 극단적인 점수를 받는 사람들로 실험집단으로 구성할 때

이 집단은 다음 번 검사에서는 덜 극단적인 점수를 받는 경향이 있다. 이를 내적타당도 위협요인 중 회귀(regression artifacts) 요인이라 한다.

회귀 요인은 고전검사이론(classical test theory)의 '$X = T + E$'라는 식으로 이해하는 것이 좋다(Shadish et al., 2002, p. 57). 이 식에서 X는 관찰점수를, T는 진점수, E는 오차점수이며, 관찰점수는 진점수와 오차점수의 합이라는 뜻이다. 그런데 고전검사이론에서 오차점수는 평균이 0이고 표준편차를 σ로 하는 정규분포에서 독립적으로 추출된다고 가정한다. 즉, 오차값은 0으로 회귀하는 경향이 있으며, 오차점수가 두 번 연속 극단적인 값을 가질 확률은 매우 낮다. 따라서 오차가 크게 작용하여 극단적인 점수를 받을 경우, 다음 번 검사에서는 그만큼 극단적인 점수가 나올 확률이 희박해진다. 학습 장애 연구에서 사전검사 점수가 매우 낮은 학생을 실험집단으로 뽑아서 실험을 진행한다고 하자. 별다른 처치 없이도 실험집단 학생들은 다음 번 검사에서는 성적이 올라갈 확률이 높기 때문에 실험집단 학생이 높은 점수를 받아도 이것이 실험 처치 때문인지 회귀 효과 때문인지 구분하기가 어렵다. 상담을 받으러 온 내담자의 경우에도 마찬가지다. 감정 상태가 바닥을 쳐서 너무 괴로운 나머지 상담을 받으러 오는 경우가 많다. 즉, 더 이상 더 나빠질 수 없는 감정 상태이므로 상담 여부에 관계없이 상태가 좋아지는 것만 남은 상황일 수 있다. 그렇다면 상담 후 심리상태가 나아졌다고 해도 이것이 상담의 효과라기보다는 통계적 회귀 요인이 작용하지 않았을까 의심할 수 있다.

(6) 탈락

탈락(attrition)은 연구대상이 연구 도중 떨어져 나가는 것을 말한다. 학업성취도 향상을 위한 교육 프로그램 연구에서 사전검사 점수가 낮은 실험집단 학생들이 이후 실험에 참가하는 것을 거부했다고 하자. 그렇다면 프로그램의 처치 효과가 실제로는 낮은데도 사후검사에서 실험집단의 학업성취도가 향상된 것으로 오인할 수 있다. 학업성취도가 낮은 학생들이 중간에 탈락했기 때문이다. 이때, 내적타당도 위협요인 중 탈락 요인이 작용하며, 처치로 인하여 학업성취도가 향상되었다고 말하기 힘들어진다.

다른 예를 들어 보겠다. 과학고등학교 교육과정 효과에 대한 종단연구에서 과학고 1학년 학생의 학업성취도 평균이 3학년 학생의 학업성취도 평균보다 높았다고 하자.[1)]

---

1) 도구변화로 인한 타당도 위협요인을 줄이기 위하여 이 학생들이 같은 범위에서 출제된 난이도가 비슷한 문항들로 구성된 시험을 보았다고 하자.

이 사실만으로 보면, 과학고 교육과정에 문제가 있는 것처럼 생각할 수 있다. 그런데 과학고는 2년만에 조기졸업이 가능하다. 우수한 학생들이 조기졸업을 많이 했다면(그리하여 연구에서 탈락했다면) 과학고 교육과정의 문제라기보다는 연구대상이 달라진 것으로 생각할 수 있다.

탈락은 연구에서 매우 큰 문제다. 무선할당으로도 문제가 해결되지 않기 때문에 더욱 더 그러하며, 탈락률이 높은 경우 통계적 검정력도 낮아진다는 이중고가 있다. 특히 집단에 관계없이 탈락이 비슷하게 일어나는 경우보다 집단별로 탈락률이 다른 경우에 더 큰 문제로 작용한다. 실험집단의 탈락률이 낮은데 통제집단은 탈락률이 높거나, 실험집단은 학업성적 우수자가 덜 탈락했는데 통제집단은 학업성적 우수자가 더 많이 탈락하는 경우, 실험집단과 통제집단을 제대로 비교하는 것이 어려워지기 때문이다. 〈심화 4.2〉에서 결측자료 분석기법에 대하여 설명하였다.

〈심화 4.2〉 결측자료 분석기법

처음부터 탈락이 없는 것이 바람직하나, 피치 못하게 탈락이 발생하는 경우 결측자료(missing data) 분석기법을 쓸 수 있다. 최대우도법(maximum-likelihood estimation)을 이용하는 방법과 베이지안(Bayesian) 방법을 이용한 다중대체법(multiple imputation)을 추천한다(Schafer, 1997). 이러한 결측자료 분석기법에 대한 자세한 설명은 Yoo(2013) 등을 참고하기 바란다.

(7) 검사

검사(testing) 요인은 같은 검사를 두 번 이상 보게 되어 실험 결과에 영향을 주는 것을 말한다. 쉽게 말해서 검사 요인은 사전검사의 영향이다. 건강 문제로 꼭 살을 빼야 되기 때문에 비만 클리닉에 등록하는 사람들을 생각해 보자. 비만 클리닉까지 가서 몸무게를 감량하려는 사람의 경우 고도로 비만인 경우가 많은데, 이런 사람들은 평소에 몸무게를 잘 재지도 않는다. 그런데 비만 클리닉에 가서 몸무게를 잰 다음 그 자체만으로도 충격을 받고 몸무게를 감량하려는 노력을 시작하게 될 수 있다. 만일 몸무게를 재지 않았다면 그렇게 노력하지 않았을 수도 있는데, 몸무게를 측정한 것 자체로 결과에 영향을 줄 수 있다는 뜻이다. 즉, 몸무게를 감량했다고 하더라도 이것이 식단조절과 약물 효과인지 아니면 사전검사로 몸무게를 측정했기 때문인 것인지 분명하지 않다. 영어 단어 검사를 사전검사와 사후검사로 시행하는 경우에도 마찬가지다. 사전검사를 봤기 때문에 사후검사에서 시험 방식이나 형식에 더 익숙해졌을 수 있다. 또는 사전검사에서 결과가 안 좋았다고 생각하는 학생들이 단어를 찾아보고 더 열심히 공부했을 수도 있다. 이로 인하여 사후검사 점수가 올라가게 된다면, 검사 요인이 작용했다고 말할 수 있다.

(8) 도구변화

사전검사와 사후검사의 문항이 달라지는 것과 같이 검사도구가 변하는 경우 도구변화(instrumentation)가 일어날 수 있다. 사전검사 결과 너무 어려웠던 문항을 제외하고 더 쉬운 문항으로 대체하여 사후검사를 만들었다면, 사후검사에서 점수가 올라갔다고 해도 이것을 처치의 영향으로 보기 어렵게 된다. 검사가 더 쉬워졌기 때문에, 즉 검사도구가 변했기 때문인 것으로 생각할 수 있다. 따라서 검사도구를 연구 중에 바꾸는 것은 권장하지 않는다. 특히 연구대상을 여러 해에 걸쳐 측정하는 종단연구(longitudinal study)에서는 검사 문항을 바꾸지 않는 것이 좋다. 연구 중에 검사 문항이 바뀌어 버리면 결과를 비교하는 것이 어려워지기 때문이다. 따라서 종단연구에서는 첫해의 검사도구가 끝까지 유지될 수 있도록 측정이 시작되기 전에 검사 구성에 심혈을 기울여야 한다. 도구변화 요인을 통제하기 위하여 문항반응이론(Item Response Theory: IRT)을 이용하는 것도 한 방법이 될 수 있다.

수행평가에서는 채점자가 도구로 작용한다. 도구인 채점자가 점점 더 숙련되어 사전검사보다 사후검사에서 더 정확하게 측정할 수 있고, 또는 채점자가 오전에는 엄격하게 채점하다가 오후에 느슨하게 채점할 수도 있다. 이러한 경우에도 도구변화 요인이 작용한 것으로 생각할 수 있다.

(9) 가산적 · 상호작용적 영향

지금까지 설명된 내적타당도 위협요인들이 동시에 작용할 수 있는데, 더하기(또는 빼기)로 작용할 수도 있고 곱하기(또는 나누기)로 작용할 수 있다. 이를 가산적 · 상호작용적 영향(additive and interactive effects)이라 한다. 예를 들어, 우수한 연구대상들로 실험집단을 구성했는데 이 집단이 성숙 또한 빠르다면, 선택－성숙 내적타당도 위협요인이 가산적으로 작용했다고 할 수 있다. 만일 실험집단으로 뽑힌 연구대상이 통제집단의 연구대상과와 다른 문화적 배경으로 인하여 다른 경험을 하고 있다면, 선택－역사 요인이 같이 작용했다고 볼 수 있다. 선택-도구변화의 경우 실험집단과 통제집단의 평균과 표준편차가 달라서 한 집단에는 천장효과(ceiling effect)나 바닥효과(floor effect)가 일어나는 반면, 다른 집단에는 천장/바닥효과가 일어나지 않을 수 있다(〈심화 4.3〉). 지금까지 설명한 아홉 가지 내적타당도 위협요인을 요약하면 〈표 4.1〉과 같다.

〈심화 4.3〉 천장효과와 바닥효과

검사가 너무 쉬워서 거의 모든 학생이 만점에 가까운 점수를 받을 때 천장효과가 일어났다고 한다. 반대로 검사가 너무 어려워 거의 모든 학생이 낮은 점수를 받을 때 바닥효과가 일어났다고 한다. 이렇게 검사가 너무 쉽거나 어려워 천장/바닥효과가 일어날 경우 처치의 효과를 제대로 파악하기 어렵다.

〈표 4.1〉 내적타당도 위협요인 요약

내적타당도 위협요인	요약
모호한 시간적 선행	연구에서 원인과 결과 중 무엇이 선행하는지 알 수 없는 것
선택	집단 구성의 차이로 인하여 처치의 영향을 알 수 없는 것
역사	실험 처치 외 다른 요인이 실험 결과에 영향을 미치는 것
성숙	자연적인 성숙 요인이 실험 결과에 영향을 미치는 것
회귀	극단적인 측정값으로 구성된 집단이 다음 측정에서는 덜 극단적인 측정값을 보이는 것
탈락	연구대상이 연구에서 탈락하여 처치의 영향을 알기 힘든 것
검사	사전검사를 시행했기 때문에 실험 결과에 영향을 미치는 것
도구변화	검사도구(또는 채점자)가 달라져서 실험 결과에 영향을 미치는 것
가산적 · 상호작용적 영향	내적타당도 위협요인이 가산적(더하기) 또는 상호작용적(곱하기)으로 작용하는 것

4) 준실험설계와 내적타당도 위협요인

실험설계에서는 내적타당도를 높이는 것이 중요하다고 하였다. 무선할당을 하는 진실험설계의 경우 내적타당도가 높기 때문에 가능하다면 진실험설계를 하는 것이 좋으나, 현실적인 이유로 준실험설계를 실시하는 경우가 더 많다. 이 장에서는 대표적인 준실험설계의 종류와 특징을 내적타당도 위협 여부와 연결하여 설명하겠다.

이 책에서의 실험설계 관련 용어, 도식, 설명은 모두 Shadish 등(2002)을 따랐다. 준실험설계에서는 무선할당을 하지 않았다는 것을 나타내기 위하여 'NR(Not Randomly assigned)'을 약자로 쓴다. 검사 결과는 시간 순서대로 O_1, O_2 등으로 쓴다. 처치 전후로 두 번 측정하여 O_1과 O_2로 표기했다면, 이는 각각 사전검사와 사후검사를 의미한다. 도식에서의 행은 집단을 나타내며, 집단 사이의 선이 점선인 경우 준실험설계를, 실선인 경우 진실험설계를 뜻한다. 이 장에서는 준실험설계만 다루었으므로 집단을 구분하는 선이 모두 점선이다.

(1) 단일집단 사후검사 설계

$$X \quad O_1$$

단일집단 사후검사 설계(one-group posttest-only design)는 통제집단과 사전검사가 없는 설계로, X가 처치(treatment)를, O_1이 사후검사를 뜻한다. 이 설계는 사전검사가 없기 때문에 처치로 인한 변화가 있는지 알기 힘들며, 통제집단이 없기 때문에 처치가 없었다면 어떤 결과를 나타낼지 알 수도 없다. 따라서 이 설계는 '시간적 선행' 요인을 제외한 거의 모든 내적타당도 위협요인이 문제가 될 수 있다.

이 설계는 매우 특정한 맥락에서 쓰일 수는 있다. 사전검사나 통제집단 없이도 처치로 인하여 결과가 도출되었다는 인과관계가 분명한 경우 그러하다. 그러나 사회과학 연구에서 이러한 조건을 충족시키기란 쉽지 않으므로 실제로는 별로 쓰이지는 않는 설계라 하겠다.

(2) 단일집단 전후검사 설계

$$O_1 \quad X \quad O_2$$

단일집단 전후검사 설계(one-group pretest-posttest design)는 대학원 석사학위논문에서 간혹 볼 수 있는 설계로, 통계방법으로는 t-검정을 쓰는 경우가 많다. 이 설계는 단일집단 사후검사 설계에 사전검사를 추가함으로써 처치가 없다면 어떤 결과일지를 흐릿하게 보여 주기는 한다. 그러나 통제집단이 없기 때문에 여전히 여러 내적타당도 위협요인에서 자유로울 수 없는 설계다.

예를 들어, 어떤 연구자가 자기가 만든 교수법이 학생의 학업성취도를 높인다는 것을 보여 주고 싶어 한다고 하자. 이 연구자는 단일집단 전후검사 설계를 이용하여 초등학교 5학년 학생들에게 학업성취도 검사를 처치 전에 실시(O_1)하였다. 교수법을 6개월간 처치(X)한 후 다시 학업성취도 검사를 실시(O_2)한 결과, 검사 점수가 향상되었다고 하자. 그러나 여러 내적타당도 위협요인이 작용할 수 있는 설계다. 이를테면 처치와 무관하게 시간이 지나면서 학생들이 더 많이 배워 학생들의 학업성취도가 올라갈 수 있다(성숙 요인). 사전검사를 실시함으로써 학생들이 자신의 학업성취도에 대한 피드백을 받게 되어 학생들이 공부를 더 열심히 했을 수 있다(검사 요인). 또는 사전검사 이후 실험에 흥미가 없는 학생들이 더 이상 실험에 참가하지 않았을 수 있다(탈락 요인). 연구자는 알지 못했으나, 이 학교에서 학생의 학업성취도를 신장시키기 위한 학습법 세미나를 같은 시기에 열었을 수 있다(역사 요인). 한 연구자가 실험 전체를 주관하며 구인타당도 위협요인 중 실험자 기대 요인이 작용했을 수도 있다.[2)]

(3) 비동등 사후검사 설계

NR	X	O_1
NR		O_1

비동등 사후검사 설계(posttest-only design with nonequivalent groups)는 단일집단 사후검사 설계에 통제집단을 추가한 것이다. 연구자의 의도와 관계없이 이미 처치가 시행되어 사후검사와 같은 척도로 된 사전검사를 쓸 수 없는 경우에 쓸 수 있다. 그러나 이 설계는 사전검사가 없기 때문에 효과가 있다는 결과가 나왔다고 하더라도 이것이 처치 효과인지 아니면 이미 처치 이전부터 차이가 있기 때문인지 분리하기 어렵다는 문제가 있다. 즉, 내적타당도 위협요인 중 선택 요인이 발생할 가능성이 크다.

사전검사를 쓸 경우 내적타당도 위협요인 중 검사 요인이 작용할 수 있기 때문에 사전검사를 쓰지 않는 것이 낫다고 생각할 수 있다. 그러나 결론부터 말하자면, 사전검사를 쓰는 것이 낫다. 검사 요인보다 선택 요인이 발생할 때의 비용이 일반적으로 더 크기

2) 구인타당도 위협요인은 제2절에 설명하였다.

때문이다. 실험집단과 통제집단이 함께 사전검사를 받는다면 검사 요인이 두 집단에 똑같이 작용하므로 그다지 문제로 작용하지 않는다.

(4) 통제집단 종속 사전사후검사 설계

NR	O_1	X	O_2
NR	O_1		O_2

비동등 사전사후검사 설계(nonequivalent comparison group design)로도 불리는 통제집단 종속 사전사후검사 설계(untreated control group design with dependent pretest and posttest samples)는 준실험설계 중 가장 많이 쓰이는 설계일 것이다. 사전검사를 쓰는 설계이므로 선택 편향(selection bias)의 크기와 방향을 추측할 수 있으며,[3] 어떤 연구대상이 탈락하지 않고 남아 있는지 사전검사 결과를 분석함으로써 탈락 요인의 속성 또한 알아볼 수 있다.

그러나 이 설계에서의 집단은 비동등 집단이므로 내적타당도 위협요인 중 선택 요인이 작용할 수 있다는 점이 가장 큰 문제가 된다. 선택 요인은 다른 내적타당도 위협요인과 부가적이나 상호작용적으로 결합하여 내적타당도 위협요인을 증가시킬 수 있다. 어떤 교육 프로그램 실험에서 실험집단을 자원자(volunteers)로 구성하는 경우를 생각해 보자. 그렇다면 실험집단은 통제집단보다 처음부터 더 열의가 있거나 꼭 도움을 받고 싶어 하는 집단이므로(그러므로 실험에 자원을 한 것이다.) 실험집단이 통제집단보다 더 빨리 배우고 더 성취도가 높을 수 있다. 즉, 실험집단에서 성숙 요인이 더 크게 작용할 수 있다. 또한, 선택 요인은 검사 요인과 결합할 수도 있다. 특히 실험집단과 통제집단의 사전검사 점수 차이가 클 때, 사전검사–사후검사 점수 차이가 클 때, 또는 검사의 천장/바닥효과가 일어나는 경우 그러하다. 한 집단의 회귀 요인이 다른 집단보다 더 작용할 경우 선택–회귀 위협이 있을 수 있고, 한 집단에게만 역사 요인이 일어날 경우 선택–역사 위협도 가능하다. 정리하자면, 준실험설계에서 내적타당도 위협요인 중 선택 요인은 다른 내적타당도 위협요인과 결합하여 선택–성숙, 선택–도구변화, 선택–회귀, 선택–역사 등으로 나타날 수 있다.

---

3) 이 설계는 무선할당을 하지 않는 준실험설계이므로 사전검사 차이가 없다고 하여 선택 편향이 없다고 말할 수 없다는 점을 주의해야 한다.

2 외적타당도와 구인타당도 위협요인

외적타당도(external validity)와 구인타당도(construct validity)는 모두 일반화(generalization)와 관련되는 개념이다. 외적타당도는 실험설계에서의 인과추론을 다양한 맥락, 즉 UTOS(Unit, Treatment, Outcome, Settings)라 불리는 연구대상, 처치, 결과, 설정으로 일반화할 수 있는 정도에 대한 것이다. 그런데 하나의 연구에서 모든 UTOS로 일반화될 수 있도록 연구를 수행하기는 어렵다. 따라서 연구자는 논문(논문계획서, 보고서)에서 자신의 연구대상, 처치, 결과, 설정에 대하여 상세하게 기술함으로써 어디까지 일반화가 가능한 것인지 알려야 한다. 또는 '이 연구는 어떤 연구대상, 처치, 결과, 설정만 다루었다. 연구에서 다루지 않은 다른 연구대상, 처치 등으로 일반화하는 것은 의도하지 않았다'는 식으로 연구 제한점에 명시적으로 서술하기도 한다.

외적타당도가 인과추론의 일반화에 대한 것이라면, 구인타당도는 해당 연구에서 쓰인 주요 개념을 어디까지 일반화할 수 있는지에 대한 것이다. 사회과학 연구에서 우리가 관심이 있는 주요 개념을 측정하기 위하여 구인(construct)으로 조작적으로 정의한 후 연구를 수행해야 하는데, 그에 따라 구인이 어디까지 일반화될 수 있는지가 결정된다. 외적타당도에서와 마찬가지로 한 연구에서 어떤 구인과 관련된 모든 UTOS를 측정하는 것은 불가능에 가깝다. UTOS의 모집단이 있다고 한다면, 그중에 몇몇 UTOS만을 표집(sampling)하여 연구할 수밖에 없는 것이다. 또는 실제 연구를 수행하다 보면 구인이 잘못 정의되거나 측정되는 문제가 발생할 수도 있다. 구인이 제대로 정의되고 측정되었는지를 알려 주는 척도인 구인타당도가 양적연구에서 중요하므로 구인타당도 위협요인에 대하여 숙지하고 구인타당도 위협요인을 줄일 수 있도록 연구를 설계할 필요가 있다. 다섯 가지 외적타당도 위협요인을 설명한 후, 열네 가지 구인타당도 위협요인을 다루겠다.

1) 외적타당도 위협요인

외적타당도는 인과관계가 다양한 연구대상, 처치, 결과, 설정에 적용되는 정도를 알아보는 것이므로, 통계적으로는 인과관계(인과추론)와 UTOS 간 상호작용 검정으로 연결된다.[4] UTOS와 인과관계의 상호작용이 유의한 경우 인과관계의 일반화 가능성이 낮아지게 된다. 따라서 상호작용이 통계적으로 유의하지 않아야 연구에서의 인과추론이 더 넓은 범위로 확대될 수 있다. 이 절에서는 외적타당도 위협요인을 연구대상과 인과관계의 상호작용, 처치와 인과관계의 상호작용, 결과와 인과관계의 상호작용, 설정과 인과관계의 상호작용, 맥락-종속 매개로 구분하여 살펴보겠다.

(1) 연구대상과 인과관계의 상호작용(interaction of causal relationship with units): 다른 연구대상으로 인과관계가 일반화될 수 있는가?

지금은 그렇지 않지만, '실험용 쥐조차 흰색 수컷 쥐였다(Even the rats were white males).'라는 유명한 말이 있을 정도로 서구의 신약 개발 실험에서의 연구대상이 모두 백인 남성이었다고 한다(Shadish et al., 2002, p. 87). 만일 저자와 같은 동양인 여성에게 백인 남성을 대상으로 실험했을 때와 똑같은 분량으로 약을 섭취하도록 복약 지도를 받는다고 해 보자. 신약의 효용성은 물론이거니와 의약품 남용 가능성 또한 걱정스러울 것이다. 즉, 연구대상을 누구로 하느냐에 따라 입증하고자 하는 인과관계가 성립하기 어려울 수 있다.

관리자에게 의뢰하여 연구대상을 모집할 경우에도 그 연구대상들은 전체를 대표하기 힘든 경우가 많다. 저자가 연구와 관련하여 한국교원대학교 부설학교에 교사 추천을 의뢰했을 때, 그 학교에서 가장 유능한 교사들을 소개받은 경험이 있다. 그런데 이렇게 유능한 교사들을 대상으로 시행된 연구결과가 다른 교사들로 일반화될 수 있을지는 의문이다. 이렇게 연구대상에 따라 인과관계가 성립하거나 성립하지 않는다면 연구의 외적타당도가 떨어지게 된다.

따라서 연구에서 외적타당도를 높이기 위하여 모집단을 대표할 수 있는 연구대상을 표집하는 것이 중요하다. 특히 무선표집이 아닌 경우 표집된 사람들은 표집되지 않은 사람들과 체계적으로 다를 수 있다. 이를테면 자원자(volunteers), 과시욕이 있는 사람, 과학적 박애주의자, 특히 의약품 관련 실험의 경우 건강염려증 환자, 실험 참여 시 소정의 현금을 주는 경우 현금을 받고 싶은 사람, 연구자인 교수의 수업을 들으면서 추가 점수를 받고 싶은 대학생, 도움이 간절한 사람, 또는 할 일이 없어서 실험에 참여하고 싶은 사람 등이 표집될 수 있다(Shadish et al., 2002, p. 88).

---

4) 상호작용에 대한 설명은 유진은(2022)의 제9장을 참고하기 바란다.

(2) 처치와 인과관계의 상호작용(interaction of causal relationship over treatment variations): 처치가 달라질 때 인과관계가 일반화될 수 있는가?

실험 처치에 변화가 있는 경우 인과관계 크기나 방향이 달라질 수 있다. 토론식 수업이 학생들의 학업성취도를 향상시킨다는 연구가 있다. 그런데 무턱대고 토론식 수업만을 한다고 학업성취도가 향상될 수 있을까? 원래 연구에서는 경험이 많고 열정이 있는 교사가 토론식 수업에 관한 훈련을 받은 후 학생들에게 토론식 수업을 시작했고, 따라서 학생들의 학업성취도가 향상되었다고 하자. 그런데 토론식 수업을 경험해 본 적도 없으며 토론식 수업에 관한 이해가 부족한 교사가 무턱대고 학생들에게 토론식 수업으로 가르친다면 어떻게 될까? 오히려 학생들의 학업성취도가 떨어질 수 있다.

즉, 경험과 열정이 많은 교사를 토론식 수업에 관한 훈련까지 받게 한 후 토론식 수업을 하도록 실험 처치를 하는 것과 경험이 적고 토론식 수업에 관한 이해가 부족한 교사가 아무런 훈련 없이 토론식 수업을 하도록 실험 처치를 하는 것은, 같은 실험 처치라고 볼 수 없다. 이 경우 토론식 수업의 효과는 일반화되기 어렵다. 또는 원래 연구에서 6개월에 걸쳐서 토론식 수업을 하여 효과가 있었는데, 후속연구에서 2개월로 기간을 줄이는 식으로 처치를 바꾸는 경우에도 인과관계의 크기나 방향이 원래 연구와 달라질 수 있다. 즉, 처치와 인과관계의 상호작용이 발생하여 외적타당도 위협요인으로 작용하게 된다.

(3) 결과와 인과관계의 상호작용(interaction of causal relationship with outcomes): 다른 결과변수로 인과관계가 일반화될 수 있는가?

학교 단위 연구에서 국가수준 학업성취도평가 결과로 학생들의 학력 향상을 판단할 때, 그 결과변수를 '기초미달 학생의 비율'로 보는지, '전년 대비 학생들의 평균 점수'로 보는지, 아니면 '전년 대비 학교 서열'로 보는지에 따라 결론이 달라질 수 있다. 이를테면 교육청에서는 '기초미달 학생의 비율'로 효과성을 판단하는데, '전년 대비 학생들의 평균 점수'나 '전년 대비 학교 서열' 등의 다른 변수를 결과변수로 본다면 학교 평가 결과가 달라질 수 있는 것이다.

마찬가지로 결과변수에 따라 처치 효과가 정적 방향, 부적 방향, 또는 효과 없음으로 나올 수 있다. 어느 실험연구에서 동료멘토링의 효과를 '멘티의 학업성취도', '멘토의

학업성취도', '멘토의 리더십'이라는 세 가지 결과변수로 측정하였다고 하자. 그런데 동료멘토링 이후 멘티의 학업성취도는 높아졌는데, 멘토의 학업성취도는 사전-사후 검사에서 차이가 없었고, 멘토의 리더십은 오히려 동료멘토링 이후 떨어졌다고 하자. 즉, 결과변수를 멘티의 학업성취도, 멘토의 학업성취도, 멘토의 리더십 중 무엇으로 보느냐에 따라 동료멘토링의 효과는 각기 다르다. 이 경우 결과와 인과관계의 상호작용이 일어난 것이므로, 멘토링 프로그램의 효과를 여러 다른 결과변수로 일반화하기가 힘들어진다.

(4) 설정과 인과관계의 상호작용(interaction of causal relationship with settings): 다른 설정으로 인과관계가 일반화될 수 있는가?

스마트교육 프로그램이 대도시 학교 학생들의 학업성취도를 향상시켰는데, 읍면지역 학교 학생에게 효과가 없을 수 있다. 대도시 학교 학생들은 스마트 기기에 더 친숙하기 때문에 효과가 있는 반면, 읍면지역 학교 학생들은 그렇지 않기 때문이다. 그렇다면 스마트교육 프로그램이 모든 설정에서 학생들의 학업성취도를 향상시킨다는 인과관계는 성립하지 않는다. 대도시 학교인지 읍면지역 학교인지에 따라 스마트교육 프로그램의 효과가 달라진다면, 설정(대도시 vs. 읍면지역 학교)과 인과관계가 상호작용하기 때문에 연구의 외적타당도가 높을 수 없다.

마찬가지로 특목고에서 효과가 있었던 프로그램이 일반고에서는 그렇지 않을 수 있다. 프로그램의 효과가 '특목고'라는 특정한 설정으로 인한 것이라면, 그래서 그 프로그램이 일반고에서는 효과적이지 않다면 해당 프로그램이 전체 고등학교로 일반화되기 어렵다고 할 수 있다. 즉, 설정(특목고 vs. 일반고)과 인과관계가 상호작용하므로 이 프로그램의 외적타당도는 높을 수 없다.

(5) 맥락-종속 매개(context-dependent mediation): 맥락이 달라져도 같은 매개변수로 인과관계를 보이는가?

한 맥락에서 확인된 매개변수(mediator, mediating variable)가 다른 맥락에서는 매개변수로 작용하지 않을 수 있다. 초등학교 여학생은 칭찬을 통하여 학습동기가 향상되는 반면, 남학생은 화장실 청소를 면제해 주었을 때 학습동기가 높아진다고 하자. 결과는 '학습동기 향상'으로 같지만 남학생인지 여학생인지에 따라, 즉 맥락에 따라 매개변수는 '칭찬' 또는 '화장실 청소 면제'로 달라질 수 있다. 이렇게 매개변수가 다양한 맥락에서 확인될 경우, 맥락-종속 매개를 다집단 구조방정식모형(multi-group structural equation modeling)을 활용하여 검정할 수 있다. 검정 결과, 맥락에 따라 매개변수가 다르다면 인과관계의 일반화가 제한된다고 한다. 지금까지 설명한 다섯 가지 외적타당도 위협요인을 요약하면 〈표 4.2〉와 같다.

〈표 4.2〉 외적타당도 위협요인 요약

외적타당도 위협요인	요약
연구대상과 인과관계의 상호작용	다른 연구대상으로 인과관계가 일반화될 수 있는가?
처치와 인과관계의 상호작용	다른 처치로 인과관계가 일반화될 수 있는가?
결과와 인과관계의 상호작용	다른 결과변수로 인과관계가 일반화될 수 있는가?
설정과 인과관계의 상호작용	다른 설정으로 인과관계가 일반화될 수 있는가
맥락-종속 매개	맥락이 달라져도 같은 매개변수로 인과관계를 보이는가?

2) 구인타당도 위협요인

모든 양적연구에서 구인(construct)을 정의하고 측정해야 한다. 토론식 수업이 초등학생의 사회과 학업성취도를 높일 수 있는지 실험을 통하여 알아본다고 하자. 이 실험 설계에서 토론식 수업 투입 여부가 독립변수가 되고, 학업성취도가 종속변수가 된다. '토론식 수업'과 '사회과 학업성취도'라는 구인을 각각 정의해야 한다. 연구에서의 구인은 연구자가 본인의 연구주제 및 맥락에 맞게 조작적으로 정의해야 한다. 이를테면 '토론식 수업'을 브레인스토밍, 직소(Jigsaw), 찬반대립 토론, 배심(panel) 토론 등의 다양한 방법 중 어떤 방법으로 진행할 것인지 결정해야 한다. 그리고 토론식 수업에서 교사와 토론자(학생)의 역할을 어떻게 할 것인지, 토론 시 집단을 몇 명으로 구성할 것인지도 고려해야 할 사항이다(정문성, 2013). '사회과 학업성취도'라는 구인을 정의하는 것도 마찬가지다. 사회과의 어떤 영역을 대상으로 어떤 내용요소와 행동요소에 속하는 어떤 성취목표를 달성해야 사회과 학업성취도가 높은 것으로 볼 것인지 정해야 한다. 사회과 학업성취도는 지필검사로 측정할 수도 있고, 수행평가를 통하여 측정할 수도 있고, 두 가지 방법을 모두 쓸 수도 있을 것이다.

'토론식 수업'에 대한 조작적 정의는 외적타당도에서 설명한 개념인 UTOS(Unit,

Treatment, Outcome, Settings)에서의 처치(Treatment)와 관련되고, '사회과 학업성취도'에 대한 조작적 정의는 UTOS에서의 결과(Outcome)와 관련된다고 볼 수 있다. 외적타당도가 인과추론을 다양한 UTOS, 즉 다양한 연구대상, 처치, 결과, 설정으로 일반화할 수 있는지에 관한 것인 반면, 구인타당도에서의 UTOS는 연구대상, 처치, 결과, 설정을 각각 조작적으로 정의하고 측정하는 것과 관련된다. 연구자는 되도록 자신이 의도한 구인에 가깝게 측정하도록 실험(연구)에서 조작(operation)을 하겠지만, 때로 구인과 조작 간 불일치가 일어날 수 있다. 즉, 구인타당도 위협요인이 발생할 수 있다. 구인타당도 위협요인 열네 가지를 살펴보겠다.

(1) 구인에 대한 불충분한 설명

양적연구에서 연구하고자 하는 추상적인 개념인 구인을 조작적 정의를 이용하여 측정하는데, 구인을 제대로 정의하지 못하는 경우 구인에 대한 불충분한 설명(inadequate explication of constructs) 요인이 구인타당도 위협요인으로 작용한다. 예를 들어, '공격성'이라는 구인을 상대방을 해치려는 '의도'에 '결과'까지 수반되어야 한다고 정의한다면, 공격하려는 의도 없이 실수로 다치게 하는 경우 또는 공격하려는 의도는 있었으나 실패한 경우는 공격성이 아니다(Shadish et al., 2002, p. 74). 즉, 의도 또는 결과만 있는 경우는 공격성이 아닌데, 구인을 제대로 조작적으로 정의하지 못하게 되면 그 구인(공격성)을 잘못 측정할 수밖에 없게 된다.

구인을 너무 좁게 정의하거나 너무 넓게 정의하는 것 모두 구인타당도 위협요인으로 작용한다. '중학생용 영어 능력 검사'를 만든다고 생각해 보자. 언어 능력은 크게 말하기, 듣기, 쓰기, 읽기의 네 가지 영역으로 구성된다. 그런데 만일 듣기 영역만으로 검사를 구성하여 학생들에게 시행하고는 학생들의 영어 능력을 측정했다고 할 수 있을까? 아니다. 영어 듣기만으로 검사를 구성하고는 영어 능력 검사라고 부른다면, 구인을 너무 좁게 정의하여 구인을 제대로 정의하지 못한 경우라고 할 수 있다. 반대로, 영어 능력을 제대로 측정하려면 그 모태가 되는 라틴어도 알아야 한다고 생각하여 라틴어 문항까지 읽기 검사에 포함시킨다면, '영어 능력'이라는 구인을 너무 넓게 정의하였거나 또는 잘못 정의한 것으로 생각할 수 있다.

(2) 구인 혼재

구인 혼재(construct confounding)는 A를 측정하고자 했는데 알고 보니 A뿐만이 아니라 B도 같이 섞여서 측정되는 경우를 말한다. 학교 부적응 학생에 대한 연구로 예를 들어 보겠다. 결석률이 전체 출석일수의 2/3 이상이거나 벌점 30점 이상인 학생을 '학교 부적응 학생'이라고 조작적으로 정의했다고 하자. 그런데 이 조작적 정의에 부합하는 학생의 대부분이 다문화가정 학생이었다면, 연구자가 의도하였던 '학교 부적응 학생에 대한 연구'라기보다는 '다문화가정 학생과 학교 부적응 학생'에 대한 연구가 되어 버린다. 학교 부적응 학생을 측정하고자 했는데 다문화가정 학생이 섞여, '학교 부적응'과 '다문화가정'이라는 두 가지 구인이 혼재되어 버린 것이다. 이렇게 연구자가 관심이 없는 구인(예: 다문화가정)이 연구자의 관심 구인(예: 학교 부적응)과 겹칠 때, 구인 혼재가 발생할 수 있다.

(3) 단일조작 편향

모든 양적연구는 구인을 조작적으로 정의하고 측정해야 하는데, 연구자는 UTOS의 모집단으로부터 표집된 UTOS만을 연구하는 상황이다. 즉, 구인을 어떤 UTOS로 어떻게 조작적으로 정의하느냐에 따라 연구결과가 달라질 수 있는 것이다. 구인을 하나로만 조작하여 제대로 측정하기 힘들 때 구인타당도 위협요인 중 단일조작 편향(mono-operation bias)이 일어날 수 있다. 특히 구인이 여러 하위 요인으로 구성되어 있다면 이 하위 요인들을 각각 조작적 정의로 측정하는 것이 구인의 대표성(representativeness)을 높이기에 좋다.

예를 들어, 학생들의 체력과 학업성취도 간 관계를 알아보기 위한 연구를 설계한다고 하자. '체력'이라는 구인을 '1분간 윗몸 일으키기 횟수'로만 정의하여 측정하는 것보다는, 1분간 윗몸 일으키기 횟수뿐만 아니라 자전거를 일정한 속도로 달렸을 때 심박수, 악력계를 사용하여 손에 쥐는 힘, 제자리높이뛰기 시 가장 높이 뛴 수치 등의 여러 하위 요인으로 측정해야 '체력'이라는 구인을 제대로 측정할 수 있다.

〈심화 4.4〉 확인적 요인분석과 구인타당도

'체력'이라는 구인이 1분간 윗몸 일으키기 횟수, 자전거를 일정한 속도로 달렸을 때 심박수, 악력계를 사용하여 손에 쥐는 힘, 제자리높이뛰기 시 가장 높이 뛴 수치 등을 측정한 값으로 제대로 측정되는지를 확인적 요인분석(confirmatory factor analysis)을 통하여 검정할 수 있다. 이는 구인타당도의 증거가 된다.

(4) 단일방법 편향

한 가지 방법만으로 구인을 측정할 때 편향(bias)을 불러올 수 있다. 이를 단일방법 편향(monomethod bias)이라 한다. 학교폭력 피해자로 상담이 필요한 학생을 추려 내는 상황을 생각해 보자. 이때, 학생이 답한 자기보고식 설문지 결과만을 쓰거나, 담임교사의 견해로 일방적으로 결정하거나, 또는 담임교사와 학부모 간 면담기록만을 이용한다면, 학교폭력 피해자로 상담이 필요한 학생을 제대로 파악하기 힘들 수 있다. 교사는 가능한 한 다양한 방법으로 구인을 측정함으로써 오류를 줄이려고 노력해야 한다. 또한, 한 가지 방법만으로 측정된 구인을 '학교폭력 피해자로 상담이 필요한 학생'이라고 일반화하여 이름을 붙이는 것은 옳지 않다. 만일 학생이 기입한 자기보고식 설문만을 이용했다면, '학교폭력 피해자로 상담이 필요한 학생'이라기보다는 '자기보고식 설문 결과 학교폭력 피해자로 상담이 필요한 학생'이라고 쓰는 것이 정확할 것이다.

특히 정의적 영역의 경우 여러 방법으로 구인을 측정하는 것이 좋다. 정의적 영역은 정답이 있는 것도 아니면서 연구대상이 사회적으로 바람직한 방향으로 답하려는 경향이 있어 제대로 측정하기가 쉽지 않기 때문이다. 이를테면 태도에 관한 척도는 자기보고식 설문으로 측정할 때와 관찰, 면담 등의 방법을 통하여 측정할 때 결과가 달라질 수 있다. 다양한 방법을 활용하여 구인을 측정함으로써 구인타당도 위협을 낮출 수 있다.

(5) 구인수준과 구인의 혼재

구인의 한 수준(level)만으로 그 구인에 대한 전반적인 결론을 도출하는 경우가 있다. 또는 구인을 똑같은 수준에서 비교하지 않고 서로 다른 수준을 비교하고서는 어느 것이 더 낫다고 결론을 내는 경우가 있다. 이때, 구인수준과 구인이 혼재(confounding constructs with levels of constructs)되었다고 한다. 예를 들어, 학습법 A와 학습법 B 중 어떤 방법이 학업성취도를 높이는지 실험을 한다고 하자. 그런데 학습법 A는 매주 2시간 공부하게 하는 것이고 학습법 B는 매주 5시간 공부하도록 하는 것이라면, 이미 학습법 A와 B는 공부 시간에서부터 차이가 난다. 이런 식으로는 학습법 A와 B를 제대로 비교하기 힘들다. 학습법 A를 5시간 공부하게 하든지 학습법 B를 2시간으로 줄여서 처치한다면 학습법 A와 B를 비교할 수 있을 것이다. 그대로 실험을 하여 학습법 B가 더 효과적이었다면, '학습법 B가 학습법 A보다 낫다'가 아니라, '5시간을 공부시키는 학습법 B가 2시간을 공부시키는 학습법 A보다 낫다'고 결론을 내는 것이 옳다. 구인수준과 구인이 혼재될 경우 결론을 잘못 도출하게 되므로 같은 수준에서 구인을 비교해야 한다.

(6) 처치에 민감한 요인 구조

처치로 인하여 구인의 요인 구조가 변할 수 있다. 특히 연구대상에게 구인을 이해시키는 것이 목적인 교육 프로그램(처치)에 노출되는 경우, 연구대상이 인식하는 요인 구조가 바뀌게 된다(Heppner et al., 2007). 즉, 실험집단은 처치로 인하여 구인의 요인 구조를 통제집단과는 다르게 인식하게 되는데, 이때 구인타당도 위협요인 중 처치에 민감한 요인 구조(treatment-sensitive factorial structure) 요인이 작용한다.

요즘은 학교폭력 관련 프로그램이 많아서 신체적 폭력과 언어적 폭력 모두 학교폭력이라고 알고 있다. 그러나 이전에는 신체적 폭력만 폭력이라고 생각하는 경우가 많았다. 이렇게 대부분의 사람들이 신체적 폭력만 폭력이라고 생각하는 상황을 생각해 보자. 학교폭력에 대한 사전 태도 검사에서는 실험집단과 통제집단 모두 신체적 폭력만이 학교폭력이라고 답했다. 그런데 학교폭력을 줄이기 위한 프로그램(처치)이 실행된 후 실험집단 학생들은 이제 신체적 폭력뿐만 아니라 언어적 폭력까지도 학교폭력이라고 생각하게 되었다고 하자. 반면, 통제집단은 처음과 같이 신체적 폭력만을 학교폭력으로 생각한다면, '학교폭력'에 대한 요인 구조(factor structure)가 집단별로 차이가 나게 된다. 즉, 실험집단은 학교폭력을 이차원적(two-dimensional) 요인으로 인식하는데, 통제집단은 학교폭력을 여전히 일차원적(one-dimensional) 요인으로 본다는 것이다([그림 4.3]). 이렇게 처치로 인하여 요인 구조가 실험집단과 통제집단으로 달라진다면, 신체적 폭력과 언어적 폭력을 뭉뚱그린 전체 문항 총점으로 두 집단을 비교하는 것은 적절하지 않다.

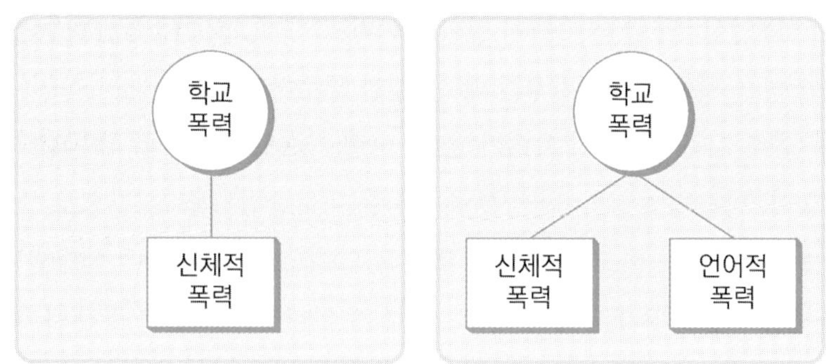

[그림 4.3] 처치에 민감한 요인 구조 예시

(7) 반응적 자기보고 변화

반응적 자기보고 변화(reactive self-report changes) 요인은 자기보고식 설문을 이용하는 경우 발생하기 쉽다. 연구대상이 자기 자신에 대하여 응답하는 경우 반응을 의도적으로 바꿀 수 있기 때문이다. 직업계 고등학생을 대상으로 하는 방학 중 기업 인턴 프로그램의 효과를 연구한다고 하자. 이 인턴 프로그램이 고등학교 졸업 후 취업으로까지 연결될 수 있는 기회라는 것을 알고, 대부분의 학생은 실험집단이 되고 싶어 한다. 그런데 실험집단과 통제집단으로 집단을 구분할 때 자기보고식 설문 결과를 이용한다는 것을 학생들이 알게 되었다고 하자. 그렇다면 프로그램에 참가할 목적으로 본인의 상황이 절박하여 꼭 실험집단이 되어야 한다고 과장하여 설문을 작성할 수 있다. 그러나 실험집단으로 배정된 이후 사후검사에서는 이러한 동기가 사라지게 된다. 이미 실험집단이 되었기 때문이다. 따라서 프로그램이 효과가 있다는 연구결과가 나온다고 하더라도, 이것이 처치로 인한 변화인지 아니면 실험집단과 통제집단의 사전 · 사후 검사에서의 구인이 달라져서인지 분명치 않게 된다.

이러한 문제가 예견되는 상황이라면 자기보고식 설문보다는 관찰이나 면담과 같은 비간섭적(unobtrusive) 측정 또는 가짜 거짓말 탐지기 기법(bogus pipeline, fake polygraph)을 이용하여 구인타당도 위협요인을 줄일 수 있다(Shadish et al., 2002, p. 77). 가짜 거짓말 탐지기 기법의 예를 들어 보겠다. 청소년을 대상으로 흡연 여부를 조사할 때, 자기보고식 설문지만으로 물어본다면 보통 흡연하지 않는다고 답하기 때문에 정확한 정보를 얻기 힘들다. 이때, 침 검사도 같이 한다고 하면서 침 샘플까지 받게 되면, 어차피 거짓으로 답해도 밝혀질 것이라고 생각하면서 거짓으로 응답하지 않게 된다. 그런데 침 샘플을 받기만 하고, 실제로는 침 검사를 하지 않는 것이 가짜 거짓말 탐지기 기법이다.

(8) 실험 상황에 대한 반응

실험을 하다 보면, 연구대상이 연구주제가 무엇인지 헤아려 연구자가 원하는 결과가 나오도록 반응하는 경우를 종종 보게 된다. 교사가 연구자이자 실험자로 자신이 담임을 맡은 반을 대상으로 학생들의 사회성에 대한 연구를 한다고 하자. 그런데 연구자가 자신의 연구에 대해 자신도 모르게 학생들에게 단서를 줄 수 있다. 또한, 학생들도 학생들 나름대로 교사가 무엇을 연구하는 것인지 추측하고, 그 연구주제에 부합되도록 또는 반대로 행동함으로써 학생들의 사회성 점수가 실제보다 높거나 낮아질 수 있다. 즉, 처치의 효과가 아니라, 실험 상황에 대한 반응(reactivity to the experimental situation)으로 인하여 연구결과에 영향을 미칠 수 있다.

연구대상은 연구자에 의해 평가받는 상황 자체에 대하여 불안해하거나 불만이 생겨 평소보다 더 잘하는 것처럼 보이려고 노력할 수도 있고, 오히려 아예 거부하는 식으로 실험 상황에 반응할 수도 있다. 이렇게 실험 상황에 대한 반응은 언제, 어떻게, 얼마나 크게 일어나는지 알기 힘들기 때문에 더 문제가 된다. 실험 상황에 대한 반응 요인을 줄이기 위하여 연구목적이 무엇인지 연구대상에게 알려 주지 않거나 연구대상과 실험자 간 상호작용을 최대한으로 줄일 수 있다. 그러나 실험 상황에 대한 반응을 줄이기 위하여 연구목적을 연구대상에게 알려 주지 않거나 거짓으로 알려 주는 경우 연구윤리 측면에서 문제가 될 수 있다(Heppner et al., 2008). 연구대상에게 연구 동의를 얻을 때, 연구목적에 대하여 분명히 설명해야 하기 때문이다.

(9) 실험자 기대

연구대상만 실험 상황에 반응하여 결과에 영향을 끼치는 것이 아니다. 그 유명한 Rosenthal(1966)의 피그말리온 효과(Pygmalion effect)에서와 같이, 실험자의 기대 또한 연구결과에 영향을 미칠 수 있다. 즉, 연구자의 기대가 자성예언(self-fulfilling prophecy)으로 작용하여 실험 결과에 영향을 줄 수 있으며, 특히 연구자가 실험자인 경우에 실험자 기대(experimenter expectancies) 요인이 더 크게 작용할 수 있다.

교사가 자신의 반을 실험집단으로 삼아 집단상담 프로그램을 실시한다고 하자. 이때, 연구자인 교사는 동시에 이 프로그램을 집행하는 실험자로, 자신이 만든 집단상담 프로그램의 효과를 입증하고픈 나머지 과도하게 열심히 그 프로그램을 실시할 수 있다. 이 경우 실험 결과가 통계적으로 유의하게 나온다고 하더라도, 이것이 원래 프로그램의 효과인지 아니면 실험자의 기대가 점철되이 도출된 효과인지 알기 힘들게 된다.

앞선 실험 상황에 대한 반응 요인이 연구대상에 초점이 맞춰진 반면, 실험자 기대 요인은 실험자에 초점이 맞춰져 있다(Shadish et al., 2002, pp. 78-79). 실험자 기대 요인을 줄이기 위한 방법은 실험 상황에 대한 반응에서와 유사하며, 그에 따른 문제점 또한 비슷하다.

(10) 혁신과 혼란 효과

무엇이든 새로운 것이 시도되면 사람들이 관심을 보이고 더 열심히 반응할 수 있다. 그리하여 '무엇'이 시도되는지보다 어쨌든 새로운 시도를 했다는 사실만으로도 결과가 좋을 수 있다. 이를 구인타당도 위협요인 중 혁신(novelty) 요인이라 한다. 즉, 실험 처치 그 자체가 아니라 새로운 프로그램을 시도했다는 사실만으로 효과가 나타나는 것을 말한다. 만일 이 새로운 프로그램이 여러 해 동안 지속된 다음 다른 새로운 프로그램을 시도한다면 처음과 같은 그러한 열렬한 반응은 기대하기 힘들 것이다. 이 경우 혁신 요인은 타당도 위협요인으로 작용하기 힘들다. 대신, 이 새로운 프로그램이 원래 프로그램과 충돌하여 오히려 혼란을 야기할 수 있다. 이것이 바로 구인타당도 위협요인 중 혼란(disruption) 요인이다.

처음 학교에 ICT(Information and Communication Technology) 교육이 도입되었을 때 파워포인트와 전자칠판 등의 새로운 기기를 이용하는 것에 대하여 학생들이 흥분하며 열정적으로 반응하여 ICT 교육이 효과적인 것으로 보였는데, 그다음 들어온 스마트교육은 그다지 환영받지 못했고 앞서 도입된 ICT 교육에 대한 관심도 사그라들었다고 하자. ICT 교육의 효과는 혹시 구인타당도 위협요인 중 혁신 요인으로 인한 것이 아니었는지, 그리고 그 뒤에 소개된 스마트교육이 구인타당도 위협요인 중 혼란 요인을 불러온 것이 아닌지 생각해 볼 수 있다.

(11) 보상적 균등화

보통 사회과학 실험설계의 처치는 학업성취도를 향상시키거나 학교폭력을 줄이기 위한 것과 같이 긍정적인 것이다. 실험집단만 이러한 처치를 받도록 설계하여 통제집단과의 비교를 통해 처치가 효과적인지를 알아보는 것이 실험설계의 주된 목적이다. 그런데 통제집단이 이러한 긍정적인 처치를 받지 못하는 것에 대한 저항이 있을 수 있다. 사이버가정학습의 효과를 알아보기 위한 연구에서 학생들을 무선으로 실험집단과 통제집단에 배치했다고 하자. 통제집단에 배치되어 사이버가정학습을 받지 못하게 된 학생들이 안 됐다고 생각한 학교장이 실험집단이 받는 처치에 준하는 학습 인턴을 실험자 몰래 통제집단에 투입하였다고 하자. 이 경우 실험에서 처치를 받는 실험집단과 처치를 받지 않는 통제집단의 대조가 무너지게 되므로, 연구가 제대로 수행될 수 없다. 이때, 보상적 균등화(compensatory equalization)가 일어났다고 한다.

보상적 균등화는 통제집단에 좋은 어떤 것을 더해 주는 것뿐만 아니라, 실험집단이 받는 좋은 처치 조건 중 어떤 것을 빼는 것으로 이루어지기도 한다. 즉, 실험집단과 통제집단을 비슷하게 만들어 버리는 경우 보상적 균등화가 일어났다고 볼 수 있다. 따라서 연구자는 실험이 진행되는 동안 관리자, 직원, 그리고 연구대상과의 면담을 통하여 혹시 이러한 문제가 일어나고 있는지 파악할 필요가 있다.

(12) 보상적 경쟁

통제집단이 자신이 실험집단과 비교되는 것을 알고는 자신이 통제집단이라는 불리함을 이겨내기 위하여 과도하게 반응할 때 보상적 경쟁(compensatory rivalry)이 발생한다. 존 헨리 효과(John Henry effect)가 그 예가 된다. 존 헨리 효과는 강철 해머로 돌을 부수는 John Henry가 자신이 증기착암기와 비교된다는 것을 알고 열심히 일하여 증기착암기보다 좋은 성과를 냈으나, 그 과정에서 과로로 죽어버린 것을 말한다. 이렇게 평소대로 하지 않고 무리하는 경우 구인이 제대로 측정될 수 없다.

존 헨리 효과의 예와 같이, 보상적 경쟁은 새로운 시도나 기술이 도입되면서 통제집단이 실험집단과 비교되고 그 결과가 통제집단에게 영향을 미치는 경우 일어나기 쉽다. 사립학교에서 기간제 교사에게 정교사보다 학생들의 학업성취도를 향상시킨다면 정교사로 채용을 한다는 조건을 걸었다고 하자. 이 사실을 알게 된 정교사들이 자신들이 기간제 교사와 비교됨으로써 고용 안정성이 위협받는다는 것을 알고는 이전보다 훨씬 더 열심히 일하게 된다고 하자. 이 경우 사립학교 재단에서 의도한 대로 연구가 될 수 없다. 이렇게 보상적 경쟁이 문제가 될 것 같다면 통제집단, 즉 정교사 반의 실험 전후 성적을 비교함으로써 보상적 경쟁이 일어났는지 파악할 수 있다. 또는 비구조화된 면접 및 직접 관찰을 통해 보상적 경쟁이 일어나는지 파악할 수 있다.

(13) 분개하여 저하된 사기

분개하여 저하된 사기(resentful demoralization)는 보상적 경쟁과 대조되는 개념이다. 실험집단이 여러 개일 때 상대적으로 덜 좋은 처치를 받는 집단으로 배정되거나, 아니면 처치를 아예 받지 못하는 통제집단에 속하는 경우를 생각해 보자. 이 경우 연구대상자가 더 좋은 처치를 받지 못하게 된 자신의 상황에 분개하여 사기가 저하되어 반응이 달라질 수 있다. 직업계 학생을 대상으로 방학 중 기업 인턴 프로그램의 효과를 연구한다고 하자. 이 인턴 프로그램이 졸업 후 취업으로까지 연결된다면, 실험에 참여하는 대부분의 학생들이 실험집단으로 배정되기를 원할 것이다. 그러나 연구자는 프로그램의 효과를 실험집단과 통제집단의 비교를 통해 연구해야 하므로, 모든 학생을 실험집단으로 배정할 수가 없다. 따라서 통제집단으로 배정되어 인턴 프로그램에 참여하지 못하는 학생들이 있게 마련이다. 그런데 통제집단에 할당된 학생들의 사기가 너무 심하게 저하되어 실험이 제대로 되기 힘들 수 있다. 즉, 사전-사후 검사의 차이가 커서 프로그램이 효과가 있다고 하더라도, 이것이 프로그램의 효과인지 아니면 통제집단의 사기가 너무 심하게 저하되었기 때문인지 알기 어렵게 된다.

분개하여 저하된 사기는 보통 통제집단에 일어나지만, 실험집단에도 일어날 수 있다. 원래 좋은 처치를 받기로 기대하였는데 만일 기대한 만큼 좋은 처치를 받지 못한다고 판단하는 경우, 실험집단도 사기가 심하게 저하될 수 있다. 같은 예시에서 원래는 졸업 후 취업으로까지 연결될 수 있는 인턴 프로그램이었는데 상황이 바뀌어 졸업 후 취업은 없던 이야기가 되어 버렸다면, 실험집단의 사기가 급격히 저하될 수 있다.

(14) 처치 확산

처치 확산(treatment diffusion)은 통제집단이 몰래 처치를 받아 처치가 확산되는 것을 말한다. 연구자는 이러한 사실을 모르는 경우가 많은데, 이 경우에도 실험이 제대로 될 수 없다. 특히 실험집단과 통제집단이 물리적으로 가깝거나, 서로 연락을 주고받을 수 있을 때 처치 확산이 더 심하게 발생한다. 연구자가 같은 지역의 혁신학교와 일반학교를 비교하고자 한다. 그런데 혁신학교 소속 교사가 인근 일반학교와 함께하는 교과 연구회에서 혁신학교 프로그램을 공유하게 되는 상황을 생각해 보자. 그렇다면 처치가 혁신학교만이 아닌 일반학교로 확산되었기 때문에 혁신학교의 효과를 연구하는 것이 쉽지 않게 된다.

한 교사가 실시하는 학급 단위 실험 연구에서도 처치 확산이 문제가 되는 경우가 많다. 한 명의 교사가 각기 다른 교수법으로 두 집단의 학생을 가르쳐서 어떤 교수법이 더 효과가 있는지 비교하는 연구가 있다고 하자. 그런데 한 명의 교사가 칼로 무 자르듯 두 가지 교수법을 완전히 분리하여 가르치는 것은 현실적으로 거의 불가능하다. 즉, 같은 사람이 가르치기 때문에 두 가지 교수법이 서로 확산될 수 있다. 즉, 처치 확산이 발생할 수 있다.

처치 확산을 막기 위한 방법으로, 교수법 비교 연구의 경우 각각 다른 교사를 이용할 수 있다. 물론, 이때 두 명의 교사를 되도록 비슷한 특성을 가진 교사로 선정해야 할 것이다. 실험집단과 통제집단이 물리적으로 가까워서 처치 확산이 일어날 수 있다면, 두 집단의 연구대상들을 지리적으로 멀리 떨어뜨려 놓는 것도 한 방법이 될 수 있다. 현실적으로 이러한 방법이 힘들 경우도 있다. 그렇다면 통제집단과 실험집단 모두에게 처치가 어떻게 시행되었는지 알아보고 처치 확산이 일어났는지 아닌지를 확인할 필요가 있다(Shadish et al., 2002, p. 81). 이러한 열네 가지 구인타당도 위협요인을 〈표 4.3〉에 요약하였다.

〈표 4.3〉 구인타당도 위협요인 요약

구인타당도 위협요인	요약
구인에 대한 불충분한 설명	구인을 충분하게 설명하지 못하는 것
구인 혼재	두 가지 이상의 구인이 중첩되었는데 한 가지 구인만을 측정한 것처럼 생각하는 것
단일조작 편향	한 가지 조작적 정의만으로 구인을 측정하는 것
단일방법 편향	한 가지 방법만으로 구인을 측정하는 것
구인수준과 구인의 혼재	구인이 한 가지 수준만 있는 것으로 혼동하는 것
처치에 민감한 요인 구조	처치로 인하여 구인의 요인 구조가 변하는 것
반응적 자기보고 변화	자기보고식 설문으로 측정 시 연구대상이 자의적으로 반응할 수 있으므로 구인이 제대로 측정되지 못하는 것

실험 상황에 대한 반응	긍정적이든 부정적이든 실험 상황에 대하여 연구대상이 반응하여 구인이 제대로 측정되지 못하는 것
실험자 기대	실험자(또는 연구자)가 실험 상황에 대하여 기대를 가지고 열정적으로 임함으로써 구인이 제대로 측정되지 못하는 것
혁신과 혼란 효과	새로운 시도를 하는 것만으로 결과에 긍정적으로 영향을 줄 수 있는데(혁신 효과), 이러한 새로운 시도가 반복되면 오히려 혼란이 야기될 수 있음(혼란 효과)
보상적 균등화	관리자가 연구자 몰래 통제집단에 처치에 준하는 좋은 무언가를 제공하는 것
보상적 경쟁	통제집단이 자신들이 실험집단과 비교되는 것을 알고, 무리하게 노력하며 실험집단과 경쟁하는 것
분개하여 저하된 사기	통제집단이 자신들이 실험집단에 배정되지 못했다는 사실에 좌절하여 아예 포기해 버리는 것
처치 확산	실험집단만 받게 되는 처치가 통제집단으로 확산되는 것

3 타당도 위협요인 간 관계[5)]

1) 내적타당도와 외적타당도 간 관계

내적타당도와 외적타당도 모두 연구에서 추구해야 하는 중요한 개념이다. 내적타당도가 연구에서 주장하는 인과관계가 얼마나 타당한지에 관한 것이며, 외적타당도는 연구결과의 일반화에 관한 것이다. 즉, 내적타당도가 높다는 것은 인과관계가 강하다는 뜻이고, 외적타당도가 높다는 것은 연구로 얻어진 결과(인과관계)를 일반화하기 쉽다는 뜻이다. 그런데 이 두 개념은 서로 상충되는 관계에 있다. 내적타당도를 높일수록 외적타당도는 낮아지게 된다. 실험설계인 경우 내적타당도가 높지만, 실험설계 자체의 특징(엄격한 실험 상황에서의 통제와 조작적 정의 등)으로 인하여 내적타당도를 높이면 높일수록 연구결과를 일반화하기는 어려울 수밖에 없다. 내적타당도를 높이려고 노력할수

5) 이 절은 심화 내용을 다루므로 관심이 있는 독자만 읽어도 좋다.

록 그 결과를 다른 UTOS로 적용하는 것이 쉽지 않기 때문이다. 마찬가지로 일반화에 치중하다 보면, 실험설계 상황을 엄격히 통제하기 힘들기 때문에 내적타당도가 낮아지게 된다.

Shadish 등(2002)에 따르면, Campbell과 Stanley(1963, p. 5)의 책 앞부분에서 나온 "내적타당도는 필수불가결한 것(Internal validity is the sine qua non)"이라는 문장으로 인해 사람들은 내적타당도가 외적타당도보다 더 중요하다고 생각했다고 한다. 후에 Cronbach(1982, p. 137)는 내적타당도가 "사소하고, 과거형이며, 지엽적인 것(trivial, past-tense, and local)"이라고 하였다. 즉, 외적타당도의 중요성을 강조하면서 내적타당도와 외적타당도 중 어느 것이 더 중요한지에 대한 논쟁이 촉발되었다고 한다. 그런데 Campbell과 Stanley(1963)의 같은 책에서 "외적타당도가 교육학 연구에서 필수적인 것으로 목적(desideratum)이 된다"는 문장도 있다. 즉, Campbell과 Stanley(1963)가 특별히 내적타당도를 더 중시한 것은 아닌 것으로 보인다. Shadish 등(2002, p. 84)은 인과관계를 밝히고자 하는 실험연구의 경우 내적타당도를 중시하고, 그 외 다른 사회과학 연구에서는 외적타당도가 더 중요하다고 정리하였다. 연구목적에 따라 내적타당도와 외적타당도 중 어느 것이 더 중요한지 결정하고 연구설계를 할 필요가 있다.

2) 구인타당도와 내적타당도 간 관계

보상적 균등화, 보상적 경쟁, 분개하여 저하된 사기, 처치 확산이라는 마지막 네 가지 구인타당도 위협요인은 Cook과 Campbell(1979)의 책에서는 내적타당도 위협요인으로 분류된 바 있다. Shadish 등(2002)은 내적타당도 위협요인을 처치가 작용하지 않았는데도 결과에 영향을 끼치는 요인으로 간주하고, 이 네 가지 요인은 이미 처치가 시작된 후 결과에 영향을 미치는 것이므로 내적타당도 위협요인이라 보기 힘들다고 정리하였다. 즉, 처치가 시작되어 처치가 좋은 것이라는 것을 알기 때문에 관리자가 연구자 몰래 통제집단에 처치에 준하는 좋은 무언가를 제공하거나(보상적 균등화), 그 좋은 처치를 받지 못하는 통제집단이 무리하게 노력하거나(보상적 경쟁), 아니면 좌절하여 아예 포기해 버리거나(분개하여 저하된 사기), 또는 실험집단만 받게 되는 처치를 통제집단이 몰래 받게 되는(처치 확산) 것 모두 처치가 시작된 후 작용하는 요인이므로 구인타당도 위협요인으로 분류된다. 다시 정리하면, 내적타당도 요인은 처치가 없는데도 결과에 영향을 미칠 수 있는 요인이며, 구인타당도 요인은 처치가 시작되었기 때문에 결과에 영향을 미칠 수 있는 요인을 뜻한다.

3) 구인타당도와 외적타당도 간 관계

Shadish 등(2002, pp. 93-95)에 따르면 구인타당도 위협요인과 외적타당도 위협요인 사이에는 다음과 같은 관계가 있다. 먼저, 구인타당도와 외적타당도 둘 모두가 일반화(generalization)에 관한 것이라는 공통점이 있다. 구인타당도는 구인을 잘 대표할 만한 요인들을 잘 뽑아낼수록 높아진다. 즉, 구인을 잘 설명할 수 있는 대표적인 요인들로 구성된다면 구인타당도가 높다고 할 수 있다. 마찬가지로 외적타당도도 인과관계가 다른 UTOS로 일반화될수록 높아진다. 또한, 구인타당도가 높은 구인으로 실험을 설계한다면 직접적인 실험 없이도 외적타당도에 대하여 어느 정도 추론을 할 수도 있다.

반면, 구인타당도와 외적타당도는 그 추론의 종류에 있어 차이가 있다. 즉, 구인타당도는 언제나 구인에 대해서만 추론하며, 외적타당도는 인과관계의 일반화에 대하여 추론한다는 점이 큰 차이점이다. 외적타당도와 구인타당도는 타당도를 향상시키기 위한 방법 측면에서도 다르다. 구인타당도는 구인을 명확하게 설명하고 잘 측정하는 것에 초점을 맞춘다. 구인이 잘 측정된다면 구인타당도도 높아지는 것이다. 외적타당도에서도 측정을 잘해서 구인을 명확하게 설명하는 것이 중요하기는 하지만, 외적타당도는 인과관계의 크기와 방향을 검정하는 것에 더 비중을 둔다. 다시 말해, UTOS에 따라 인과관계의 크기와 방향이 어떻게 달라지는지에 대한 검정을 통하여 외적타당도를 높일 수 있다.

구인타당도와 외적타당도 간 중요한 구분점으로, 구인타당도는 말하자면 구인에 이름을 붙이는 것이고 외적타당도는 다른 UTOS로 인과관계가 일반화되는 것이라는 점을 들 수 있다. 어떤 실험에서 구인타당도와 외적타당도 중 하나는 높고 다른 하나는 낮을 수도 있다. 이를테면 구인에 대하여 이름을 잘못 붙여도(낮은 구인타당도) 인과관계의 크기와 방향은 옳게 검정할 수 있다. 반대로 구인에 대하여 이름은 옳게 붙여도(높은 구인타당도) 인과관계의 크기와 방향을 틀리게 검정할 수도 있다는 점을 주의하기 바란다.

제 5 장

통계분석: 기본

주요 용어

기술통계, 추리통계, 정규분포, 중심극한정리, 통계적 가설검정

학습목표

1. 기술통계를 구성하는 중심경향값, 산포도의 종류 및 특징을 설명할 수 있다.
2. 확률변수와 정규분포의 개념 및 특징을 이해하고 설명할 수 있다.
3. 모집단 분포에 대해 언급하면서 중심극한정리를 설명할 수 있다.
4. 통계적 가설검정의 원리를 이해하고, 예시에서 영가설과 대립가설이 무엇인지 파악할 수 있다.
5. 제1종 오류와 제2종 오류를 비교하여 설명할 수 있다.

예전에 학교에서 연역법과 귀납법에 대하여 배운 적이 있을 것이다. 연역법은 대전제로부터 구체적 사실들을 유도하는 추론법이다. '모든 사람은 죽는다. 소크라테스는 사람이다. 그러므로 소크라테스는 죽는다'는 연역적 추론(deductive inference)의 예시다. 반대로 귀납법은 개별적인 여러 현상으로부터 일반적인 원리를 확립하는 추론법이다. 'A도 죽고, B도 죽고, C도 죽었다. A, B, C는 모두 사람이다. 그러므로 모든 사람은 죽는다'는 귀납적 추론(inductive inference)의 예시다.

연역적 추론을 하는 수학의 확률론과 비교할 때, 통계학은 귀납적 추론을 하는 학문이다. 통계학에서는 여러 현상을 관찰 · 수집하고 분석함으로써 일반적인 원리를 확립하고자 한다. 그런데 모든 현상을 관찰 · 수집할 수는 없기 때문에 귀납법으로 도출된 원리도 잠정적인 가설에 지나지 않는다고 본다. 통계학에서는 이러한 불확실성(uncertainty)을 수학의 확률론을 활용하여 통제한다. 구체적으로 '확률변수'와 그 확률변수의 분포인 '확률분포'를 이용하여 가설검정을 한다. 이 장에서는 먼저 기술통계(descriptive statistics)를 개관할 것이다. 이어서 추리통계(inferential statistics)의 기본 개념인 확률변수, 정규분포, 중심극한정리, 통계적 가설검정 등을 설명하겠다. 통계분석에 대한 더 자세한 설명은 유진은(2022)의 『양적연구방법과 통계분석』(2판)을 참고하면 된다.

1 기술통계

추리통계가 모집단에서 추출된 표본을 분석한 결과를 모집단으로 일반화하는 것이 목적이라면, 기술통계는 수집된 자료의 특성을 평균, 표준편차와 같은 대표값으로 요약·정리하는 것이 목적이다. 기술통계는 크게 중심경향값과 산포도로 나뉜다. 대표적인 중심경향값으로 평균, 중앙값, 최빈값을, 산포도 값으로 표준편차(분산), 사분위편차 등을 설명하겠다. 마지막으로 평균과 표준편차로 구성되는 점수인 표준점수에 대해서도 다루겠다.

1) 중심경향값

중심경향값은 수집된 자료 분포의 중심에 있는 값에 대한 정보를 준다. 평균(mean), 중앙값(median), 최빈값(mode)으로 구한다. 특히 자료가 정규분포를 따르지 않을 경우 세 가지 중심경향값을 모두 보고하는 것이 바람직하다.

(1) 평균

평균(mean)은 통계값 중 가장 중요한 값이라고 생각할 수 있다. 평균은 전체 자료값을 더한 후 사례 수로 나눈 값으로, 모집단이든 표본이든 관계없이 같은 방법으로 구한다.

모집단 평균 공식

$$\mu = \frac{\sum_{i=1}^{N} X_i}{N}$$ (μ: 모집단 평균, X_i: 관측치, N: 전체 사례 수)

표본 평균 공식

$$\overline{X} = \frac{\sum_{i=1}^{n} X_i}{n}$$ ($\overline{X}$: 표본 평균, X_i: 관측치, n: 표본의 사례 수)

평균은 초등학생도 배우는 개념이므로, 통계에 대하여 잘 모르는 사람들도 평균이 무엇이고, 어떻게 구하는지는 알고 있다. 그런데 어떤 경우에 평균이 적절하지 않은지에 대하여는 의외로 잘 모르는 경우가 많다. 실제 사례에서 평균이 오용되는 경우가 빈번하다. 저자가 학부에 다닐 때 너무 춥거나 더운 지역을 피하여 교환학생을 가고자 하였다. 미국 대학 자료들을 구하여 검토하던 중, 어느 대학이 1월 월평균 기온이 0도이고, 7월 월평균 기온이 22도라고 한 것을 발견하고는 그 대학을 선택했다. 그런데 막상 가 보니, 1월 기온이 영하 15도에서 영상 15도까지 변덕스러웠고, 7월 기온도 30도를 웃도는 날이 빈번하였다. 즉, 한 달에도 기온 차가 심했지만 1월 월평균은 0도이고 7월 월평균은 22도였던 것이다. 월평균보다는 한 달 내 최고 온도와 최저 온도의 변화 폭을 알아보는 것이 학교 선택 시 도움이 되었을 것이다.

특히 정규분포를 따르지 않는 자료의 경우 평균만을 대표값으로 활용하는 것은 적절하지 않다. S전자에서 일하는 지인이 하소연하기를, 상여금 시즌 때마다 언론에서 떠들어 대고 주변에서도 그렇게 알고 있는데, 본인은 한 번도 그만큼 큰돈을 받아 본 적이 없다고 하였다. 언론에서 S전자에서 일하는 사람들의 상여금 평균을 보도하기 때문인데, S전자 회장단 등의 임원들이 받는 거액의 상여금까지 모두 뭉뚱그려 평균을 낸다면 무게 중심이 당연히 오른쪽으로 쏠리기 때문이다. 이 경우 전체 평균이 아니라 임원 평균, 직원 평균과 같이 직급별 평균을 내는 것이 바람직하다.

(2) 중앙값

평균은 극단치가 있을 경우 그 극단치에 의해 영향을 많이 받는다는 단점이 있다. 검사 점수가 50, 50, 50, 90인 자료가 있다고 하자. 이 자료의 최빈값과 중앙값은 모두 50이다. 그런데 4개 값 중 3개가 50이고 나머지 1개 값이 90으로 큰 자료이기 때문에 평균은 60으로 무게 중심이 90쪽으로 쏠리게 된다. 이렇게 극단치가 있는 자료의 경우 중앙값이 적절하다.

중앙값(median)은 자료를 순서대로 줄 세울 때, 중앙에 위치하는 값이다. 자료가 짝수 개인 경우 중앙값은 중간의 두 개 값의 평균으로 계산된다. 예를 들어, 1, 2, 2, 3, 4, 5, 5, 5, 6, 7인 자료가 있다면, 중앙값은 4와 5의 평균인 4.5가 된다. 이 경우 중앙값인 4.5는 자료에서 아예 없는 값이다. 즉, 자료에 없는 값도 중앙값이 될 수 있다. 중앙값은 중앙에 있는 값을 구하기 때문에, 한쪽으로 쏠린 편포인 분포에서 극단적인 값의 영향을 받지 않으며, 분포의 양극단의 급간이 열려 있는 개방형 분포에서도 이용 가능하다는 등의 장점이 있다.

중앙값 공식

자료를 순서대로 줄을 세울 때:
자료 수가 홀수인 경우 $\frac{n+1}{2}$ 번째 관측값
자료 수가 짝수인 경우 $\frac{n}{2}$ 번째와 $\frac{n}{2}+1$ 번째 관측값의 평균

(3) 최빈값

최빈값(mode)은 자료에서 어떤 값이 가장 빈번하게 나왔는지를 알려 주는 값이다. 빈도가 너무 작거나 분포의 모양이 명확하지 않을 때 최빈값이 안정적이지 못하다. 자료에 따라 최빈값이 여러 개가 될 수도 있다. 최빈값은 명명, 서열, 동간, 비율의 네 가지 척도 모두에 이용할 수 있다는 특징이 있다. 이를테면 A, B, C, D 중 B 학점이 가장 많다면 'B'가 이 자료의 최빈값이 된다.

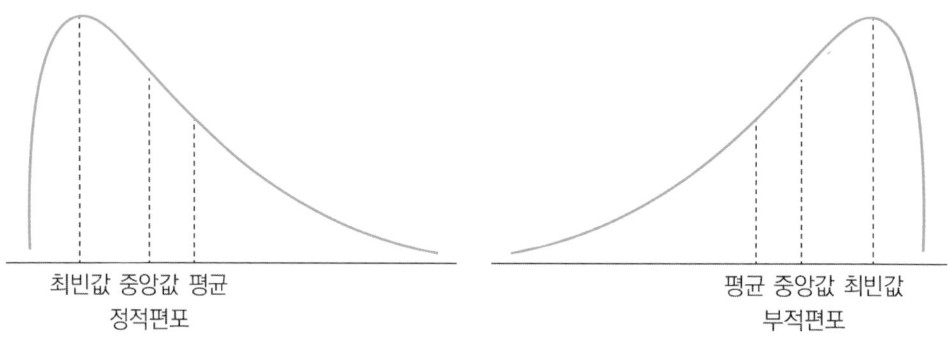

[그림 5.1] 정적편포(좌), 부적편포(우)의 최빈값, 중앙값, 평균

꼬리가 오른쪽으로 긴 정적편포와 꼬리가 왼쪽으로 긴 부적편포의 경우 최빈값, 중앙값, 평균 간 관계는 [그림 5.1]과 같다. 즉, 최빈값은 가장 빈도수가 많은 값이 되며, 중앙값은 전체 분포에서 50% 순서에 있는 값이 된다. 평균은 극단치의 영향을 받기 때문에 정적편포의 경우 오른쪽에, 부적편포의 경우 왼쪽에 위치하게 된다.

2) 산포도

어떤 분포에 대하여 이해하려면 중심경향값과 산포도를 모두 고려해야 한다. 앞서 언급한 미국 대학의 예시에서 한 달 내 최고 온도와 최저 온도의 변화 폭을 알아보는 것이 평균보다 적절하다고 하였다. 만약 최고 온도와 최저 온도 간 차이가 30도라면, 이것만으로도 온도 차가 크다는 정보를 준다. 이렇게 자료의 분포가 얼마나 흩어져 있는지 아니면 뭉쳐 있는지를 알려 주는 통계치들을 통칭하여 산포도(measure of dispersion)라고 한다. 이 책에서는 산포도 중 분산, 표준편차, 그리고 사분위편차를 다룬다.

(1) 분산과 표준편차

먼저 분산(variance)에 대하여 설명하겠다. 모집단과 표본에서의 분산 공식은 다음과 같다.

모집단 분산 공식

$$\sigma^2 = \frac{\sum_{i=1}^{N}(X_i - \mu)^2}{N}$$ (σ: 모집단의 표준편차, X_i: 관측치, μ: 모집단 평균, N: 전체 사례 수)

표본 분산 공식

$$S^2 = \frac{\sum_{i=1}^{n}(X_i - \overline{X})^2}{n-1}$$ (S: 표본의 표준편차, X_i: 관측치, $\overline{X}$: 표본 평균, n: 표본의 사례 수)

분산 공식을 자세히 보면, 분자 부분에 각 관측치에서 평균을 뺀 편차점수(deviation score)를 제곱하여 합한 값이 들어간다. 편차점수($X_i - \mu$)는 관측치에서 평균을 뺀 값이므로 관측치가 평균보다 얼마나 큰지 작은지 알려 준다. 그런데 편차점수는 모두 합하면 0이 된다. 분산 공식에서는 편차점수를 제곱하여 더함으로써 자료가 평균으로부터 얼마나 떨어져 있는지를 정리한다.

분산에 제곱근을 씌운 값이 표준편차(standard deviation)다. 분산 단위는 확률변수

(제2절에 설명함) 단위를 제곱한 것이므로 해석하기 어렵다. 예를 들어, 몸무게를 측정하는 단위가 Kg이라면 분산은 Kg^2이 되는 것이다. 그런데 분산에 제곱근을 씌운 값인 표준편차는 평균과 같은 단위가 된다. 따라서 값을 해석하는 것이 목적일 경우 표준편차를 이용한다.

(2) 사분위편차

사분위편차(quartile)는 자료를 작은 값부터 큰 값으로 정렬한 후 4등분한 점에 해당하는 값이다. 두 번째 사분위편차(Q2) 값은 중앙값과 동일하고 네 번째 사분위편차 값은 제일 마지막 값과 동일하기 때문에, 일반적으로 첫 번째 사분위편차(Q1)와 세 번째 사분위편차(Q3) 값만 제시한다. 분산이나 표준편차와 마찬가지로 사분위편차도 분포가 얼마나 흩어져 있는지 뭉쳐 있는지를 알려 준다. 사분위편차 값은 SPSS 등의 통계 프로그램의 상자도표(box plot)를 통해 시각적으로 확인할 수도 있다. 제6장에서 예시와 함께 다시 설명할 것이다.

사분위편차와 중앙값

Q1
Q2=중앙값
Q3

3) 표준점수

표준점수(standardized score, 표준화점수)는 원점수에서 평균을 뺀 편차점수를 표준편차로 나눈 점수들을 통칭한다. 대표적인 표준점수로 Z-점수, T-점수, 스태나인(stanine) 등이 있다. Z-점수와 T-점수는 모집단의 분포가 정규분포(normal distribution)라고 가정할 때 이용할 수 있다. [그림 5.2]에서와 같이 정규분포는 양극단일 확률은 매우 낮으며 평균에 가까울수록 확률이 높아지는 분포다(제2절 참고). 예를 들어, 키가 매우 작거나 매우 큰 사람일 확률은 낮고, 평균 키로 갈수록 확률이 점점 높아지며, 평균 정도의 키일 확률이 가장 높다.

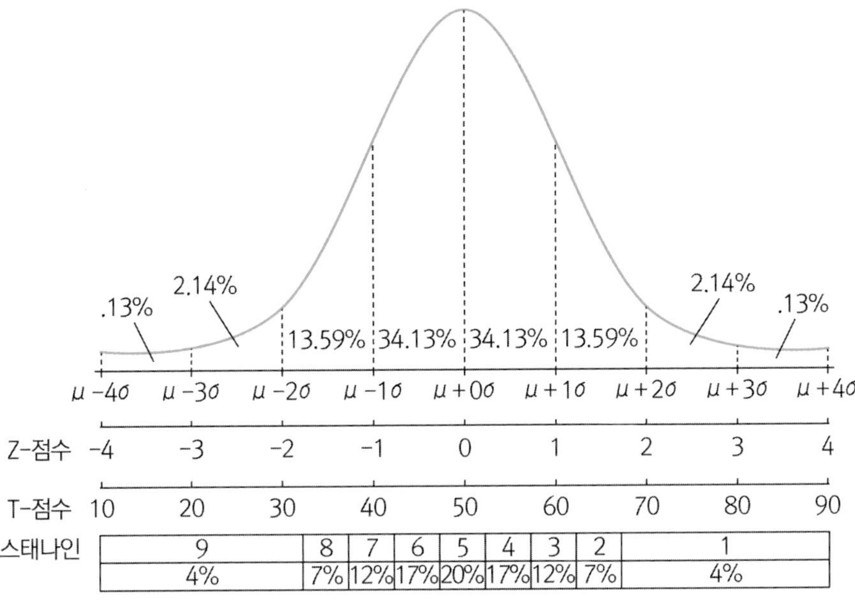

[그림 5.2] 정규분포

Z-점수는 평균이 0이고 분산이 1인 표준정규분포를 따르는 점수다. Z-점수는 이론적으로는 $-\infty$부터 $+\infty$까지 가능하며, 평균이 0으로 분포의 반은 양수고 반은 음수다. T-점수는 평균을 50으로 하고 표준편차를 10으로 척도만 바꿈으로써 더 이상 음수가 나오지 않도록 Z-점수의 척도를 조정한 점수다. Z-점수와 T-점수는 다음과 같이 구할 수 있다.

> Z-점수와 T-점수 공식
>
> $$Z = \frac{X-\mu}{\sigma}$$
>
> $$T = 10Z + 50$$

자료를 9개 등급으로 나눠 주는 스태나인(stanine) 점수도 있다. 스태나인은 'STAndard NINE'의 줄임말로, 자료를 9개로 표준화한다는 뜻이다. 스태나인 점수는 자료를 작은 값부터 큰 값까지 정렬한 후, 왼쪽부터 오른쪽으로 1등급부터 9등급을 채워 나간다. 이때, 1등급이 최하 등급, 9등급이 최상 등급이 된다. 수학에서의 점수는 왼쪽이 낮은 점수이고 오른쪽으로 갈수록 높은 점수다. 마찬가지로 원래 스태나인도 1등급이 최하 등급, 9등급이 최상 등급인데, 서열 의미로 쓰이는 경우가 많으므로 이를 뒤집어 1등급을 최상 등급, 9등급을 최하 등급으로 보고하는 것이다. 1등급부터 4등급은 각각 4%, 7%, 12%, 17%에 해당하고, 가운데 등급인 5등급은 20%, 그리고 다음 6등급부터 9등급은 다시 17%, 12%, 7%, 4%를 해당된다. 즉, 스태나인 점수는 5등급을 기준으로 좌우가 대칭인 점수다. 정규분포를 따르는 경우 스태나인은 평균이 5이고 표준편차가 2가 되며, 공식은 다음과 같다.

스태나인 공식

$$Stanine = 2Z + 5$$

연속형 변수를 스태나인 점수로 변환할 때 Z-점수나 T-점수에 비해 정보 손실이 있다는 단점이 있다. 예를 들어, 1등급의 경우 전체 자료의 약 4%가 모여 있는데, 같은 1등급이라도 원점수가 가장 높은 1등급 학생과 가까스로 1등급을 받는 학생 간 점수 차이는 2 표준편차 넘게 차이가 날 수 있다.

2 확률변수와 정규분포

사회과학 연구에서 변수(variable)는 구인(construct)을 조작적 정의를 통하여 측정한 것으로, 말 그대로 값이 변하는 것이다. 키를 예로 들어 보겠다. 모든 사람이 키가 똑같지 않으므로 키는 변수가 된다. 둘 이상의 변수가 있다면 변수 간 관계를 알아볼 수 있다. 예를 들어, 흡연 여부에 따라 키가 차이가 나는지 알고 싶다고 하자. 사람마다 담배를 피우는지 피우지 않는지가 다르므로, 흡연 여부 또한 변수가 된다. 따라서 키와 흡연 여부 간 관계를 구할 수 있다. 마찬가지로 우울감, 자아존중감과 같은 구인도 조작적 정의 후 값을 측정한다면, 우울감과 자아존중감 간의 관계를 구할 수 있다. 반대로 변하지 않는 것을 상수(constant)라 한다. 수학적 상수인 e나 π 등이 예가 될 수 있다. 만일 모든 사람이 키가 같다면 키는 상수가 된다. 상수는 연구에서 변수로 쓸 수 없다. 모든 사람이 키가 같다면 키에 따른 우울감 또는 키에 따른 자아존중감과 같은 관계가 성립될 수 없기 때문이다.

양적연구에서 통계학을 이용하여 자료를 분석한다. 통계학에서의 변수는 확률변수(random variable)로, 어떤 사건(event)이 일어날 확률이 정의되는 변수다. '사건'은 확률변수의 값을 뜻한다고 생각하면 쉽다. 그리고 확률변수는 일어날 수 있는 모든 사건을 숫자로 대응시켜 준다. 예를 들어, 주사위를 2번 던져서 주사위의 눈이 1일 경우가 몇 번인지 세어 본다고 하자. 주사위를 2번 던질 때 2번 모두 1이 나올 수도 있고, 한 번만 1이 나올 수도 있고, 2번 모두 1이 안 나올 수도 있다. 이때, 주사위의 눈이 1인 횟수를 확률변수 X라 하면, X는 0, 1, 2의 값을 가진다. 이렇게 두 개 이상의 값을 가지는 변수가 있고 그에 대한 확률이 정의된다면, 그 변수를 확률변수라 하고 그 확률변수의 분포를 확률분포라고 한다.

1) 확률변수의 특징

무선으로 표집된 학생의 키를 확률변수(random variable) X라 하고, n명을 표집한 후 그 표본을 $X_1, X_2, \cdots, X_n$라고 하자.[1] 각 수치에 몇 명의 학생이 분포하였는지 구하여 확률을 계산할 수 있다. 이때, X의 관측값이 x일 확률을 $P(X=x)$라고 표기한다. 동전 던지기 예시에서 동전의 앞면이 나올 확률은 $P(X=$ 앞$)$이라고 쓴다. 확률 $P(X=x)$는 $P(x)$라고 표기하기도 한다. 참고로 X가 연속형(continuous)일 때 $P(x)$를 확률밀도함수(probability density function), X가 이산형(discrete)일 때 확률질량함수(probability mass function)라고 부른다. 이 책에서는 확률밀도함수와 확률질량함수를 통칭하여 확률밀도함수라고 하겠다.

확률밀도함수 $P(x)$는 다음과 같은 특징이 있다. 확률은 0과 1 사이에서 움직이며, 0보다 작거나 1보다 클 수 없다. 이산형 확률변수의 경우 모든 관측값에 대한 확률을 더하면 1이 된다. 연속형 확률변수의 경우는 가능한 전체 범위에서의 확률밀도함수의 적

---

1) 확률변수(random variable)는 대문자로 표기하고, 그 확률변수의 관측값은 소문자로 표기하는 것이 관례다.

분값(확률밀도함수 아래의 면적)이 1이 된다.

확률밀도함수 $P(x)$의 특징

$0 \le P(x) \le 1$

- 이산형 X인 경우 $\sum_{all\ i} P(x_i) = 1$
- 연속형 X인 경우 $\int_{-\infty}^{\infty} f(x)dx = 1$

2) 기대값과 분산

확률변수의 기대값(expectation)과 분산(variance)을 이해할 필요가 있다. 보통 기대값은 $E(X)$로 표기하고, 분산은 $Var(X)$로 표기한다. 기대값은 모든 가능한 X값을 그 확률로 가중치를 두어 더한 값이다. 예를 들어, 수학점수의 기대값은 모든 수학점수를 각각의 수학점수일 확률로 곱하여 더한 값으로, 모든 수학점수를 더한 후 사례 수로 나눈 값인 평균과 동일하다. 그러나 엄밀히 구분하면, 평균은 자료를 모은 후 구한 값이고 기대값은 확률을 이용하여 계산한 값이다(강현철, 한상태, 최호식, 2010).

분산은 $(X-\mu)^2$의 기대값이다. 즉, 분산은 X값과 그 평균 간 차를 제곱한 값들의 기대값이다. 분산도 기대값에서와 마찬가지로 확률을 가중치로 이용하여 구한다. 확률변수가 이산형인 경우와 연속형인 경우 기대값과 분산 공식은 각각 다음과 같다.

	이산형 X인 경우	연속형 X인 경우
기대값 $E(X)$	$\sum_{i=1}^{n} x_i P(x_i)$	$\int x f(x) dx$
분산 $Var(X) = E[(X-\mu)^2]$	$\sum_{i=1}^{n} (x_i - \mu)^2 P(x_i)$	$\int (x-\mu)^2 f(x) dx$

3) 정규분포

정규분포(normal distribution)는 모든 확률분포 중 가장 기본적인 분포이며 또한 가장 중요한 분포라 하겠다. 수학자인 Gauss의 이름을 따 가우스 분포로도 불린다. 정규분포는 평균을 중심으로 대칭적인 종 모양(bell-curve)이다. 평균과 분산만 알면 그 분포 형태를 알 수 있다. 평균은 분포의 중심이 어디인지를 정해 주고, 분산은 평균을 중심으로 이 분포가 얼마나 퍼져 있는지를 결정한다.

확률변수 X가 평균 μ이고 분산이 σ^2인 정규분포를 따를 때 $X \sim N(\mu, \sigma^2)$로 표기한다. 정규분포를 따르는 확률변수 X의 중앙값과 최빈값 또한 μ이며, 왜도(skewness)와 첨도(kurtosis)는 모두 0이다.[2] 평균이 μ이고 분산이 σ^2일 때 확률밀도함수는 다음과 같다.

정규분포

$$X \sim N(\mu, \sigma^2)$$

$$P(X=x) = \frac{1}{\sqrt{2\pi}\,\sigma} e^{-\frac{(x-\mu)^2}{2\sigma^2}}, \quad -\infty < X < \infty, \quad \sigma > 0$$

정규분포 중, 특히 평균이 0이고 분산이 1인 것을 표준정규분포(standard normal distribution)라 한다. 정규분포 확률밀도함수 식에서 μ에 0을, σ에 1을 넣고 풀어 주면 표준정규분포 확률밀도함수($P(z)$)와 같게 된다.[3] 즉, 평균이 μ이고 분산이 σ^2인 정규분포를 표준화시키면(평균을 빼고 표준편차로 나눠 주면), 평균이 0이고 분산이 1인 표준정규분포가 된다. 표준정규분포의 확률밀도함수는 다음과 같다.

---

2) 왜도는 자료의 비대칭성을 보여 주는 수치로, 왜도가 0이면 좌우대칭, 음수이면 부적편포, 양수이면 정적편포를 나타낸다. 첨도는 자료가 얼마나 평평한지 또는 뾰족한지 보여 주는 수치로, 음수이면 균등분포(uniform distribution)와 같은 납작한 분포를, 양수이면 중심이 뾰족한 분포를 보인다. 표준정규분포의 첨도는 0이다.

3) 표준정규분포를 따르는 변수는 'Z'로 표기하는 것이 관례다.

> **표준정규분포[4)]**
>
> $$X \sim N(\mu, \sigma^2),\ \ Z = \frac{X-\mu}{\sigma} \sim N(0,1)$$
>
> $$P(Z=z) = \frac{1}{\sqrt{2\pi}} e^{-\frac{z^2}{2}},\ \ -\infty < Z < \infty$$

3 중심극한정리

정규분포는 여러 확률분포 중 가장 기본이 되는 중요한 분포다. 그런데 어떤 확률분포가 정규분포를 따른다고 말하기가 어려운 경우는 어떻게 해야 할까? 표본크기가 크며 평균값을 검정하는 경우라면 중심극한정리(Central Limit Theorem: CLT)를 이용할 수 있다. 중심극한정리는 모집단의 분포가 정규분포를 따르지 않을 때에도 표본크기가 충분히 크다면 독립적으로 추출한 표본 평균의 분포가 정규분포에 가까워진다는 매우 중요한 정리(theorem)다. 중심극한정리를 표본 합의 분포와 표본 평균의 분포로 나누어 설명하겠다.

1) 표본 합의 분포

평균이 μ이고 분산이 σ^2인 확률변수 X를 어떤 동일한(identical) 분포로부터 독립적(independent)으로 추출한다고 하자. 이를 줄여서 iid(identical, independently distributed)라고 한다. 확률변수 X의 분포를 가정하지 않고, n번 추출할 때 표본을 X_1, X_2, $\cdots$, X_n 그리고 X_1부터 X_n의 합을 T라 하자. 그렇다면 T의 기대값은 각각의 확률변수 X의 기대값인 μ를 n번 더한 값인 $n\mu$가 되고(T의 기대값 참고), T의 분산은 확률변

---

4) 표준정규분포 확률밀도함수의 e는 수학적 상수로 $e = \lim_{n \to \infty}(1+\frac{1}{n})^n \approx 2.7183$이다. π는 원주율의 π로, 3.14159...인 순환마디 없이 무한히 계속되는 무리수다.

수 X의 분산인 σ^2을 n번 더한 값인 $n\sigma^2$이 된다(T의 분산 참고). 이때, 확률변수 X를 같은 모집단에서 독립적으로 추출하기 때문에 표본 간 공분산 항이 모두 0으로 없어진다. 따라서 $n\sigma^2$만 남는다.

T의 기대값

$$T = X_1 + X_2 + \cdots + X_n$$
$$E(T) = E(X_1 + X_2 + \cdots + X_n$$
$$= E(X_1) + E(X_2) + \cdots + E(X_n)$$
$$= \mu + \mu + \cdots + \mu$$

$$E(T) = n\mu$$

T의 분산

$$T = X_1 + X_2 + \cdots + X_n$$
$$Var(T) = Var(X_1 + X_2 + \cdots + X_n)$$
$$= Var(X_1) + Var(X_2) + \cdots + Var(X_n)$$
$$= \sigma^2 + \sigma^2 + \cdots + \sigma^2$$

$$Var(T) = n\sigma^2$$

중심극한정리란, n이 충분히 클 때 X의 분포에 관계없이 독립적으로 추출한 X의 합으로 이루어진 T의 분포가 평균이 $n\mu$이고 분산이 $n\sigma^2$인 정규분포에 근사(approximation)한다는 것, 즉 가깝게 된다는 것이다(Pitman, 1993). 중심극한정리를 식으로 표현하면, $T \approx N(n\mu, n\sigma^2)$가 된다. '$N$'은 정규분포(normal distribution)를 가리킨다. '$\sim$' 기호는 어떤 분포를 따른다는 뜻이고, '$\approx$' 기호는 어떤 분포에 근사한다는 뜻이다.

> 중심극한정리 요약 1: 표본 합의 분포
>
> n이 충분히 클 때,
> $X \sim (\mu, \sigma^2)$
> $T = X_1 + X_2 + \cdots + X_n$
> $T \approx N(n\mu, n\sigma^2)$

2) 표본 평균의 분포

그런데 우리는 X의 합(sum)보다는 X의 평균(mean)에 더 관심이 있다. 이를테면 수학점수의 '합'이 아니라 수학점수의 '평균'이 더 궁금하다. T는 표본의 합이므로, 표본 평균에 대한 평균과 표준편차를 구하려면 T를 n으로 나누면 된다. 그런데 기대값은 상수인 n이 그대로 괄호 밖으로 나오지만, 분산은 상수인 n이 제곱이 되어 괄호 밖으로 나오게 된다.

> $\frac{T}{n}$의 기대값과 분산
>
> $E(\frac{T}{n}) = \frac{1}{n}E(T) = \frac{1}{n}n\mu = \mu$
> $Var(\frac{T}{n}) = \frac{1}{n^2}Var(T) = \frac{1}{n^2}n\sigma^2 = \frac{\sigma^2}{n}$

요약하면, 모집단 분포에 관계없이 표본의 크기가 충분히 크면 확률변수 X의 표본 평균($\overline{X}$)에 대한 표집분포는 평균이 μ이고 분산이 $\frac{\sigma^2}{n}$인 정규분포에 가깝게 된다(〈심화 5.1〉). 이것이 바로 중심극한정리다. 중심극한정리는 확률변수가 원래 어떤 분포를 따르는지 몰라도 표본크기 n이 어느 정도 크기만 하면 분포에 대한 가정 없이 정규분포를 이용할 수 있다는 것이 장점이다. 일반적으로 표본크기가 30 이상인 경우 표본 평균의 분포가 정규분포에 근사하다고 본다.

중심극한정리 요약 2: 표본 평균의 분포

n이 충분히 클 때,

$X \sim (\mu, \sigma^2)$

$\frac{T}{n} = \overline{X} = \frac{X_1 + X_2 + \cdots + X_n}{n}$

$\frac{T}{n} = \overline{X} \approx N(\mu, \frac{\sigma^2}{n})$

〈심화 5.1〉 중심극한정리에서 n 또는 $n-1$?

중심극한정리가 오개념이 빈번한 부분 중 하나다. 중심극한정리에서 표집분포의 분산을 구할 때 $n-1$로 나눠야 한다고 설명하는 책을 본 적이 있다. 그러나 중심극한정리는 n개 사례의 평균(또는 합)으로 도출되는 정리이므로 그 때의 표준오차는 $\frac{\sigma^2}{n}$이지, $\frac{\sigma^2}{n-1}$이 아니라는 점을 주의해야 한다.

참고로 '$n-1$'은 표본분산을 구할 때 쓴다. σ^2을 추정할 때 n이 아닌 $n-1$을 써야 편향되지 않은(unbiased) 모분산 σ^2을 추정할 수 있다. 표본분산에 대한 자세한 설명은 유진은(2022)의 제1장 〈심화 1.6〉을 참고하면 된다(pp. 45-46).

4 추리통계와 통계적 가설검정

통계를 가르치다 보면, 평균과 같은 기술통계치로 집단을 비교하면 되는데 왜 굳이 추리통계를 써야 하느냐는 질문을 종종 받는다. 기술통계(descriptive statistics)와 추리통계(inferential statistics)의 목적이 무엇인지를 생각해 보면 그 답을 알 수 있다. 기술통계는 수집된 자료의 특성을 평균, 표준편차와 같은 중심경향값과 산포도의 대표값으로 요약·정리할 뿐, 그 결과를 모집단으로 추론하고자 하지 않는다. 반면, 추리통계는 모집단에서 표본을 추출하여 분석한 후, 그 결과를 통하여 모집단의 특성을 추론하고 모집단 전체로 일반화하는 것이 목적이다. 만일 연구자가 모은 자료만으로 충분하며 모집단에 대한 추론을 할 필요가 없다면 굳이 추리통계를 쓸 필요가 없다고 생각할 수 있다. 그러나 표집이 이루어지는 통계분석에서는 표본을 통하여 모집단의 특성을 추론하고자 하는 것이 일반적이다. 추리통계에 대하여 잘 이해할 필요가 있다.

제1절에서 설명한 기술통계가 표본에 대한 특징을 말 그대로 기술(describe)하는 데 그치는 반면, 이 절에서 설명할 추리통계는 모집단의 특징을 추론하는 것이 목적이다. 즉, 추리통계는 표본에서 얻은 통계값(statistics)을 모집단의 특징인 모수치(population parameter) 추론(inference, 추리)에 이용한다. 추론 과정에서 통계적 가설검정(statistical hypothesis testing)을 이용하며, 이때 영가설과 대립가설, 제1종 오류와 제2종 오류 등에 대한 이해가 선행되어야 한다.

1) 통계적 가설검정의 원리

통계적 가설검정은 수학에서의 귀류법과 비슷하다. 예를 들어, $\sqrt{2}$가 무리수인 것을 밝히기 위해 거꾸로 '$\sqrt{2}$가 유리수'라고 시작한다. 그런데 $\sqrt{2}$가 유리수인 것을 보여 주기 위해 아무리 노력해도 논리가 맞지 않게 되므로 $\sqrt{2}$는 유리수가 아니라는 결론에 이르는 것이다. 즉, $\sqrt{2}$가 유리수가 아니라면 $\sqrt{2}$는 무리수일 수밖에 없다. 통계적 가설검정에서도 서로 대립되는 관계에 있는 영가설과 대립가설을 세우고, 연구자가 주장하는 대립가설이 옳다는 것을 보이기 위하여 일단 영가설이 참이라고 가정하고 검정을 시작한다. 영가설(null hypothesis, 귀무가설, H_0)은 다른 증거가 없을 때 사실로 여겨지는 가설이고, 대립가설(alternative hypothesis, H_A)은 보통 연구자가 주장하는 가설이다.

⊙ 주요 용어 정리 ⊙

영가설(H_0): 연구에서 검정받는 가설. 다른 증거가 없을 때 사실로 여겨지는 가설.
대립가설(H_A): 연구자가 주장하는 가설.

통계적 가설은 영가설과 대립가설로 나뉘며, 보통 대립가설이 연구자가 주장하는 가설이 된다. 어떤 연구자가 프로그램을 만들고 이 프로그램이 효과적이라는 것을 보여 주기 위하여 실험설계 후 자료를 수집했다고 하자. 연구자는 실험집단과 통제집단의 평균이 다르다는 것을 보이고 싶지만, 다른 증거가 없다면 실험집단과 통제집단이 프로그램 처치 후 차이가 없다고 생각할 것이다. 따라서 '두 집단 간 차이가 없다'는 것이 영가설, '두 집단 간 차이가 있다'는 것이 대립가설이다.

참고로 연구가설(research hypothesis)과 통계적 가설(statistical hypothesis)을 구분할 필요가 있다. 연구가설은 연구자가 주장하는 모집단의 특성에 대한 진술이다. 예를 들어, '연구자가 개발한 학교폭력 방지 프로그램이 기존 프로그램보다 중학생의 학교폭력률을 더 낮출 것이다', '사회경제적 지위(SES)가 높은 고등학생의 명문대 입학률이 그렇지 못한 경우보다 더 높다', '남녀공학을 졸업한 남학생의 수능성적이 남학교를 졸업한 남학생의 수능성적보다 낮다'와 같은 연구가설을 세울 수 있다.

연구가설, 영가설, 대립가설

연구가설: 실험집단의 평균이 통제집단의 평균이 다르다.

영가설(H_0): 집단 간 차이가 없다.
대립가설(H_A): 집단 간 차이가 있다.

이후의 검정 절차는 영가설이 참이다. 즉, 실험집단과 통제집단의 평균이 같다는 조건하에 진행된다. 그런데 연구자가 모은 자료로는 집단 평균이 같다고 하기에는 확률적으로 매우 낮다는 분석결과가 나왔다고 하자. 이 결과는 영가설이 참이라고 가정했을 때 발생한 것이므로 영가설이 참이기 힘들지 않을까 의심하고, 미리 정해 둔 통계적 기준(유의수준)에 따라 영가설 기각 여부를 결정하게 된다. 두 집단의 평균이 같다는 영가설이 기각된다는 것은, 실험집단과 통제집단의 평균이 다르다는 것이다. 이것이 통계적 가설검정이다.

2) 영가설, 대립가설, 단측검정, 양측검정

연구자는 양적연구를 수행한 논문을 읽고 그 연구에서 영가설과 대립가설이 무엇인지 말할 수 있어야 한다. 그런데 연구, 특히 실험설계에서 보통 밝히고자 하는 것은 '차이가 없다', '같다'보다는 '차이가 있다', '같지 않다'다. 연구자는 처치를 받은 실험집단과 처치를 받지 않은 통제집단을 비교하여 처치가 효과적이라는 것을 보이고자 하며, 처치 후 실험집단과 통제집단의 평균이 다르다고 말할 수 있다면 처치가 효과적이라고 할 수 있다. 실험집단과 통제집단 간 차이가 없다는 것은 굳이 실험을 통하여 보일 필요가 없다. 다른 증거가 없다면 집단 간 차이가 없다고 보는 것이 일반적이기 때문이다. 앞서 대립가설이 연구자가 주장하는 진술이 되며, 그 반대가 영가설이 된다고 하였다. 그러므로 보통 영가설은 '같다', '차이가 없다'가 되며, 연구자가 밝히고자 하는 '같지 않다', '차이가 있다'는 대립가설이 된다. 다음 예시에서 영가설과 대립가설을 찾아보자.

A 인문계 고등학교 3학년 학생들은 10시까지 야간자율학습을 한다. 지난번 학습 실태조사에서 야간자율학습 후 학생들의 가정학습 시간은 평균 2시간으로 조사되었다. 이 학교 고등학교 3학년 담임인 김 교사는 10시까지 야간자율학습을 하고 아침 7시 50분까지만 등교하면 되기 때문에 가정학습 시간이 그보다는 더 많을 것이라고 생각하였다. 김 교사가 학생들을 개별 면담하였을 때도 학생들은 2시간 넘게 가정학습을 한다고 말했다. 김 교사는 3학년 학생들의 평균 가정학습 시간이 2시간이 넘을 것이라고 생각하고, 100명의 A 고등학교 3학년 학생들을 무선으로 표집하였다.

영가설은 다른 증거가 없을 때 사실로 여겨지는 가설이므로, 지난번 학습 실태조사 결과인 'A 인문계 고등학교 3학년 학생의 평균 가정학습 시간이 2시간이다'가 영가설이 된다. 영가설의 반대를 대립가설로 생각할 수도 있지만, 대립가설을 알기 위하여 연구자인 김 교사가 주장하고자 하는 것이 무엇인지 알아야 한다. 김 교사는 학생들의 평균 가정학습 시간이 2시간이 넘을 것이라고 주장한다. 따라서 대립가설은 'A 인문계 고등학교 3학년 학생의 평균 가정학습 시간이 2시간을 초과한다'가 된다. 수학에서의 귀류법처럼, 연구자인 김 교사는 'A 인문계 고등학교 3학년 학생의 평균 가정학습 시간이 2시간을 초과한다'고 주장하기 위하여 반대로 'A 인문계 고등학교 3학년 학생의 가정학습 시간이 2시간이다'라는 영가설을 세우는 것이다. 통계적 영가설을 기호로 쓰면 $H_0 : \mu \leq 2$, 대립가설은 $H_A : \mu > 2$가 된다.

단측검정의 영가설과 대립가설

$H_0 : \mu \leq 2$
$H_A : \mu > 2$

김 교사가 학생들의 평균 가정학습 시간이 2시간 초과든 미만이든 2시간이 아니라는 것만 보여 주고 싶어 한다고 생각하자. 이 경우 대립가설은 $H_A : \mu \neq 2$가 되며, 평균 가정학습 시간이 2시간이 아니기만 하면 된다. 즉, 2시간보다 많든 적든 영가설을 기각할 수 있다. 이러한 검정을 양측검정(two-tailed test)이라고 한다. 대립가설을 $H_A : \mu > 2$로 잡는 경우는 평균 가정학습 시간이 2시간보다 더 많은 경우에만 영가설을 기각하게 된다. 가정학습 시간 평균이 2시간보다 적은 경우라면 영가설을 기각할 수 없는 것이다. 이렇게 한쪽 방향으로만 검정하는 것을 단측검정(one-tailed test)이라 한다. 다른 예를 하나 더 들어 보겠다. 다음의 예는 비율에 대한 것이다.

지난번 설문조사에서 K 대학교 학생 중 15%가 흡연을 한다는 결과가 나왔다. K 대학교 총학생회에서는 학생 흡연자 비율이 15%가 아닐 것이라고 생각하고, K 대학교 학생 100명을 무선으로 표집하여 흡연 여부를 조사하였다.

영가설은 'K 대학교 학생 흡연자의 비율이 15%다'가 되고, 대립가설은 'K 대학교 학생 흡연자 비율이 15%가 아니다'가 된다. 기호로 쓰면, 영가설과 대립가설이 각각 $H_0 : p = 0.15$, $H_A : p \neq 0.15$다. 만일 'K 대학교 학생 흡연자 비율이 15%가 넘는다'라고 대립가설을 세운다면, 단측검정을 하면 된다. 이때 영가설은 $H_0 : p \leq 0.15$, 대립가설은 $H_A : p > 0.15$가 된다.

양측검정의 영가설과 대립가설

$H_0 : p = 0.15$
$H_A : p \neq 0.15$

3) 제1종 오류, 제2종 오류, 신뢰구간, 검정력

진실 여부가 불확실한 모든 종류의 결정에서 '진실 vs 결정'은 네 가지 상황이 가능하다. 자녀가 친자인지 아닌지 알아보려고 유전자 검사를 하는 예를 들어 보겠다. 이때, 영가설은 다른 증거가 없을 때 친자가 아니라고 생각하므로 '친자가 아니다'가 영가설이 된다. 그렇다면 친자가 아닌데 친자라고 판정을 내리는 오류와 친자인데 친자가 아니라고 판정을 내리는 오류가 가능하다. 반대로 친자가 아니라서 그렇게 판정을 내리거나, 친자라서 그렇게 판정을 내리는 경우는 오류가 아니다. 제대로 판정을 내린 것이다.

진실 / 결정	친자가 아님 (영가설이 참)	친자임 (대립가설이 참)
친자가 아님 (영가설 기각하지 않음)	오류 아님	**제2종 오류**
친자임 (영가설 기각함)	**제1종 오류**	오류 아님

통계적 가설검정에서 이 두 가지 오류를 각각 제1종 오류와 제2종 오류로 부르고, 그때의 확률을 α와 β로 표기한다. 제1종 오류 확률(Type I error rate)은 영가설이 참인데도 영가설이 참이 아니라고 판단하여 영가설을 기각하는 경우에 대한 확률이다. 제2종 오류 확률(Type II error rate)은 반대로 영가설이 참이 아니므로 영가설을 기각해야 하는데 영가설을 기각하지 않는 경우에 대한 확률이다.

⊙ 주요 용어 정리 ⊙

제1종 오류 확률: 영가설이 참인데 영가설을 기각하는 경우에 대한 확률
제2종 오류 확률: 영가설이 참이 아닌데 영가설을 기각하지 않는 경우에 대한 확률

가정학습 시간의 예를 들면, 진실은 2시간만 공부하는데 2시간 넘게 공부하는 것으로 결정내리는 오류, 그리고 진실은 2시간 넘게 공부하는데 2시간만 공부하는 것으로 결정내리는 오류가 있다. 전자를 제1종 오류라고 하고 후자를 제2종 오류라고 한다.

이때, 영가설이 참이라서 영가설을 기각하지 못하는 확률은 $1-\alpha$이며 이는 신뢰구간(confidence interval)에 해당된다. 영가설이 참이 아니므로 영가설을 기각하는 확률은 $1-\beta$로 검정력(power)에 해당된다. 흡연자 비율의 예시에서도 마찬가지다.

결정 \ 진실	2시간 (영가설이 참)	2시간 초과 (대립가설이 참)
2시간 (영가설 기각하지 않음)	$1-\alpha$ 신뢰구간	β 제2종 오류 확률
2시간 초과 (영가설 기각함)	α 제1종 오류 확률	$1-\beta$ 검정력
	1	1

결정 \ 진실	흡연자 비율이 0.15 (영가설이 참)	흡연자 비율이 0.15 아님 (대립가설이 참)
흡연자 비율이 0.15 (영가설 기각하지 않음)	$1-\alpha$ 신뢰구간	β 제2종 오류 확률
흡연자 비율이 0.15 아님 (영가설 기각함)	α 제1종 오류 확률	$1-\beta$ 검정력
	1	1

제1종 오류 확률과 제2종 오류 확률은 말 그대로 '오류(error)' 확률이므로 낮은 것이 더 좋다. 그런데 이 둘을 동시에 낮출 수는 없다. 한 종류의 오류를 낮추면 다른 종류가 높아질 수밖에 없기 때문에 어느 오류가 상대적으로 더 심각한 결과를 초래할 것인지 결정해야 한다. 일반적으로 영가설이 참인데 영가설을 기각하는 제1종 오류가 더 심각한 오판이라고 생각한다. 다른 증거가 없을 때 사실로 여겨지는 영가설을 기각했는데 그 판단이 잘못된 경우인 제1종 오류가 상대적으로 더 심각한 것이다. 따라서 제1종 오류 확률인 α를 제2종 오류 확률인 β보다 낮게 설정한다. 자료를 모으고 통계적 분석을 시작하기 전에 '제1종 오류 확률', 즉 'α' 값을 정하는데 사회과학 연구에서는 보통 α값을 0.05(5%), β 값을 0.20(20%)로 설정한다(Shadish et al., 2002). 제1종 오류 확률과 제2종 오류 확률은 통계적 가설검정 시 매우 중요한 개념이다.

제 6 장
통계분석: 실제

t-검정, ANOVA, Pearson 상관분석, (로지스틱) 회귀분석, ANCOVA, 카이제곱 검정, 인과관계

학습목표

1. 독립변수, 종속변수의 종류에 따라 알맞은 추리통계 기법을 선택할 수 있다.
2. 통계분석 결과를 표 또는 도표로 정리하고 올바르게 해석할 수 있다.
3. 통계자료 해석 시 주의사항을 이해하고 실제 자료 해석에 적용할 수 있다.

제5장에서 기술통계와 추리통계(추론통계)의 이론적인 측면을 설명하였다. 기술통계가 수집된 자료의 특성을 평균, 표준편차와 같은 대표값으로 요약 · 정리하는 것이 목적이라면, 추리통계는 모집단에서 추출된 표본을 분석한 결과를 모집단으로 일반화하는 것이 목적이다. 이 장에서는 유진은(2022)의 『한 학기에 끝내는 양적연구방법과 통계분석』(2판)의 자료를 활용하여 기술통계와 추리통계 분석결과를 표로 정리하는 예시를 보여 주겠다. 구체적으로 기술통계의 경우 평균, 표준편차, 사분위편차, 최소값, 최빈값의 예시를 상자도표와 함께 제시할 것이다. 추리통계의 경우, t-검정, ANOVA, Pearson 상관분석, OLS 회귀분석, ANCOVA, 교차분석, 로지스틱 회귀분석 순서로 예시를 보여 줄 것이다. 마지막으로 통계자료 해석 시 주의사항을 설명하겠다.

1 기술통계

연구자가 학생들을 무선으로 표집하여 실험집단 26명과 통제집단 22명으로 나누고 실험을 수행하였다. 실험집단과 통제집단의 48명 학생을 검사 전과 검사 후에 측정하고, 사전검사와 사후검사 결과를 얻었다.

– 유진은(2022)에서 인용

〈표 6.1〉에 사전검사 점수에 대한 실험집단과 통제집단의 기술통계를 제시하였다. 26명의 실험집단과 22명의 통제집단의 사전검사 점수 평균(표준편차)은 각각 37.0(5.6),

37.8(3.6)로, 집단 간 평균 차는 크지 않았으나, 실험집단의 표준편차가 통제집단의 표준편차에 비하여 큰 편이었다. 사전검사 점수의 최소값과 최대값은 실험집단에서 25.0과 47.0, 통제집단에서 32.0과 45.0이었으며, 실험집단과 통제집단의 최빈값은 각각 30.0, 39.0이었다. Q1(첫 번째 사분위편차), Q2(중앙값), Q3(세 번째 사분위편차)은 실험집단에서는 32.0, 37.0, 39.3, 통제집단에서는 35.0, 38.0, 39.3이었다.

〈표 6.1〉 사전검사 점수에 대한 실험집단과 통제집단의 기술통계

	최소값	Q1	Q2	평균 (표준편차)	Q3	최대값	최빈값
실험집단 (n=26)	25.0	32.0	37.0	37.0 (5.6)	39.3	47.0	30.0[a]
통제집단 (n=22)	32.0	35.0	38.0	37.8 (3.6)	39.3	45.0	39.0

a: 다수의 최빈값(mode)이 있어 그중 가장 작은 값을 제시함.

〈표 6.2〉는 사후검사 점수에 대한 실험집단과 통제집단의 기술통계다. 실험집단과 통제집단의 사후검사 점수 평균(표준편차)은 각각 40.5(4.8), 37.7(4.0)이었다. 사전검사 점수에 비하여 두 집단 간 평균 차이는 커지고, 표준편차 차이는 줄어들었다. 각 집단의 최소값, Q1(첫 번째 사분위편차), 중앙값, Q3(세 번째 사분위편차), 최대값은 실험집단에서는 35.0, 37.0, 39.0, 43.5, 50.0이었으며, 통제집단에서는 31.0, 34.8, 37.0, 40.5, 45.0이었다. 실험집단과 통제집단의 최빈값은 37.0으로 동일하였다.

〈표 6.2〉 사후검사에 대한 실험집단과 통제집단의 기술통계

	최소값	Q1	Q2	평균 (표준편차)	Q3	최대값	최빈값
실험집단 (n=26)	35.0	37.0	39.0	40.5 (4.8)	43.5	50.0	37.0
통제집단 (n=22)	31.0	34.8	37.0	37.7 (4.0)	40.5	45.0	37.0

사전검사 점수와 사후검사 점수의 분포를 시각적으로 확인하는 방법을 설명하겠다. [그림 6.1a]와 [그림 6.1b]는 각각 사전검사와 사후검사에 대한 실험집단과 통제집단의 상자도표(box plot)다. 상자의 아랫변, 상자 안 가로줄, 상자의 윗변은 각각 Q1, Q2(중앙값), Q3을 나타낸다. 최소값과 최대값은 상자 위아래로 뻗어 있는 수염(whisker)의 끝부분의 값이다. 즉, 수염의 길이가 길수록 자료의 산포도가 크다.

사전검사 점수에 대한 상자도표인 [그림 6.1a]을 보면, 실험집단의 Q1과 Q3 간의 간격이 통제집단보다 더 넓고 수염도 더 길다. 실험집단의 사전검사 점수가 통제집단의 사전검사 점수보다 더 흩어져 있다, 즉, 사전검사에서 실험집단의 산포도가 통제집단의 산포도보다 크다는 것을 알 수 있다. 이는 〈표 6.1〉의 기술통계와 일치하는 결과다. 사후검사 점수에 대한 상자도표인 [그림 6.1b]에서 실험집단 상자의 세로 길이가 사전 점수에서의 길이보다 짧아졌다. 즉, 사전검사에서 실험집단의 점수가 흩어져 있었는데 사후검사의 점수 범위가 좁혀진 것을 알 수 있다. 반면, 통제집단의 점수 범위는 실험 전후로 크게 달라지지 않은 것을 눈으로 확인할 수 있다.

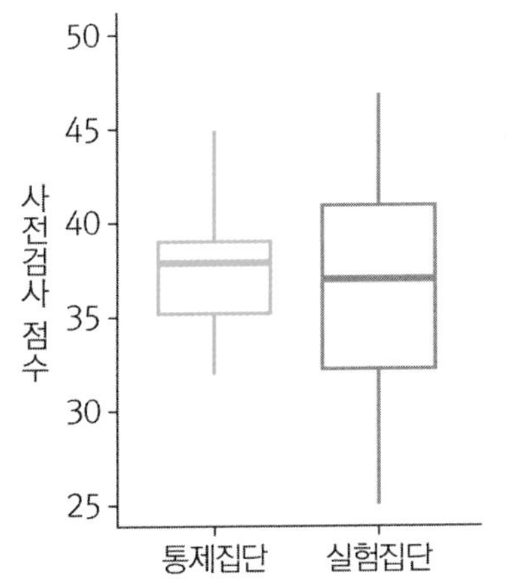

[그림 6.1a] 사전검사에 대한 실험집단과 통제집단의 상자도표

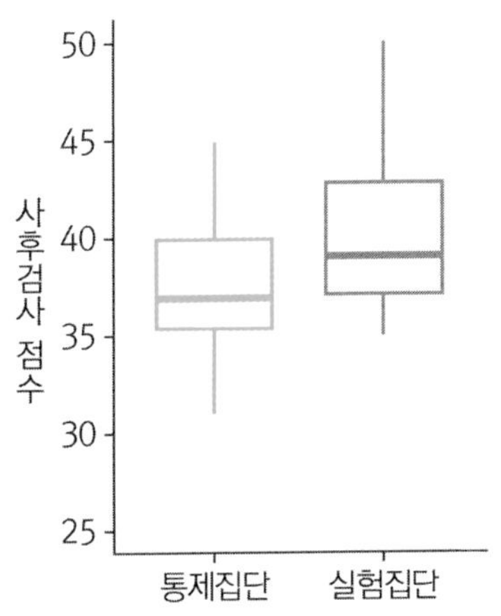

[그림 6.1b] 사후검사에 대한 실험집단과 통제집단의 상자도표

2 추리통계

통계 기법은 독립변수(Independent Variable: IV)와 종속변수(Dependent Variable: DV)가 각각 어떤 척도로 측정되었는지에 따라 달라진다. 변수가 동간척도 또는 비율척도로 측정되었을 때 연속형 변수라 하고, 명명척도 또는 서열척도인 경우 범주형 변수라 한다. 이 장에서는 독립변수와 종속변수의 척도에 따라 어떤 통계분석 기법을 쓰는지를 크게 다섯 가지로 정리하였다. 첫째, 연속형 종속변수와 범주형 독립변수인 경우 t-검정 또는 ANOVA를 활용할 수 있다. 둘째, 종속변수와 독립변수 모두 연속형일 경우 Pearson 상관분석 또는 OLS(Ordinary Least Squares) 회귀분석을 쓸 수 있다.[1] 셋째, 종속변수가 연속형이고 독립변수가 범주형이며 연속형 변수를 공변수(covariate)로 모형에 투입할 때 ANCOVA를 쓸 수 있다. 넷째, 종속변수와 독립변수가 모두 범주형일 경우 교차분석을 쓴다. 다섯째, 종속변수가 범주형이고 독립변수가 연속형 또는 범주형일 경우 로지스틱 회귀분석을 활용할 수 있다. 종속변수/독립변수 척도에 따른 통계분석 기법을 [그림 6.2]에 정리하였다. 각각의 기법을 설명하겠다.

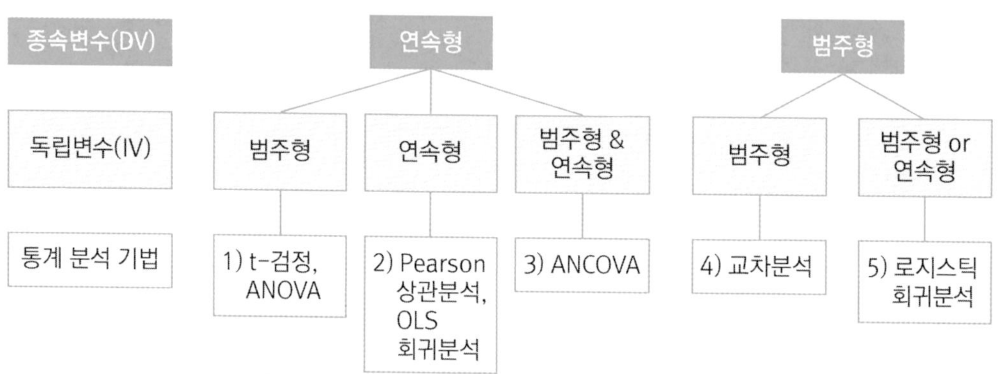

[그림 6.2] 종속변수/독립변수 척도에 따른 통계분석 기법

---

1) 범주형 독립변수도 더미코딩 후 OLS 회귀모형에서 분석할 수 있으나, 이 경우 ANOVA와 동일한 모형이 된다.

1) 연속형 종속변수, 범주형 독립변수

종속변수가 연속형 변수이고 독립변수가 범주형일 경우 t-검정 또는 ANOVA를 쓸 수 있다. 독립변수의 범주가 2개일 때 t-검정을 쓰고, 독립변수의 범주가 보통 3개 이상일 때 ANOVA를 쓴다.

(1) t-검정

t-검정은 종속변수가 연속형일 경우 두 집단 간 평균의 차이를 알아보기 위하여 사용하는 통계 방법이다. 단일 표본 t-검정, 독립 표본 t-검정, 대응 표본 t-검정이 있다. 단일 표본 t-검정은 단일 집단의 평균에 대한 통계적 유의성을 검정하기 위한 것이다. 독립 표본 t-검정과 대응 표본 t-검정은 각각 독립인 두 집단의 평균 차이, 두 종속 집단의 평균 차이에 대한 통계적 유의성을 검정한다. 순서대로 설명하겠다.

① 단일 표본 t-검정

검사 점수의 평균이 38점이 아닐 것이라고 생각한 연구자가 48명의 학생을 무선으로 표집하여 검사한 후, 단일 표본 t-검정을 실시하였다.

- 영가설과 대립가설
  - 영가설: 검사 점수 평균은 38점이다.
  - 대립가설: 검사 점수 평균은 38점이 아니다.
- 분석결과

  검사 점수 평균과 80점 간 점수 차가 통계적으로 유의한지 검정한 결과, t-값이 1.84, 유의확률이 .073으로 통계적으로 유의한 차이가 없는 것으로 나타났다(〈표 6.3〉).

〈표 6.3〉 단일 표본 t-검정 결과

	검정값=38				
	평균	표준편차	사례 수	t-값	유의확률
검사 점수	39.2	4.6	48	1.84	.073

② 독립 표본 t-검정

연구자가 48명의 학생을 무선으로 표집한 후, 24명씩 통제집단과 비교집단으로 무선할당하였다. 처치 전 실험집단과 비교집단에서 사전검사를 실시하고, 실험집단에 처치를 적용한 후 사후검사를 실시하였다. 두 집단의 사후검사 점수가 통계적으로 유의한 차이가 있는지 확인하고 싶다면 독립표본 t-검정을 사용한다.

- 영가설과 대립가설
  - 영가설: 실험집단과 비교집단의 사후검사 점수 평균이 같다.
  - 대립가설: 실험집단과 비교집단의 사후검사 점수 평균이 다르다.
- 분석결과

  독립 표본 t-검정의 통계적 가정 중 등분산성 가정을 충족하였다($F=1.08$, $p=.304$).[2] 실험집단과 비교집단에서 사후검사 점수의 평균이 차이를 검정한 결과, 유의수준 .05에서 두 집단 간 사후검사 점수의 평균 차이가 통계적으로 유의하였다($t=-2.28$, $p=.011$). 실험집단의 평균이 40.7, 비교집단의 평균이 37.7로, 실험집단의 사후검사 점수가 비교집단의 사후검사 점수보다 통계적으로 유의하게 높다(〈표 6.4〉).

〈표 6.4〉 독립 표본 t-검정 결과

	평균	표준편차	사례 수	t-값	유의확률
비교집단	37.7	4.0	24	−2.28	.011
실험집단	40.7	4.7	24		

③ 대응 표본 t-검정

연구자가 48명의 학생을 무선으로 표집하여 실험을 수행하고 사전검사와 사후검사 자료를 입력하였다. 사전검사와 사후검사 간 차이를 검정할 경우 대응 표본 t-검정을 쓰면 된다.

---

2) 등분산성 가정을 충족하지 않는 경우 Welch-Aspin 검정을 쓴다. 자세한 내용은 유진은(2022)의 제4장을 참고하면 된다.

- 영가설과 대립가설
  - 영가설: 실험 처치 전후 검사 점수의 차이가 없다.
  - 대립가설: 실험 처치 전후 검사 점수의 차이가 있다.
- 분석결과

사전검사와 사후검사 점수 차이에 대한 통계적 유의성을 검정한 결과, 유의수준 .05에서 실험 처치의 효과가 있는 것으로 나타났다($t = -3.55$, $p = .001$; 〈표 6.5〉). 즉, 사전검사와 사후검사 점수는 통계적으로 유의한 차이가 있다.

〈표 6.5〉 대응 표본 t-검정 결과

	평균	표준편차	사례 수	t-값	유의확률
사전검사	37.4	4.8	24	−3.55	.001
사후검사	39.2	4.6	24		

(2) ANOVA

두 집단 간 차이를 검정할 때 t-검정을 쓰는데, 셋 이상의 집단 간 평균 차이를 검정할 때는 ANOVA(ANalysis Of VAriance, 분산분석)를 쓴다. ANOVA는 독립변수의 수에 따라 one-way ANOVA(일원 분산분석), two-way ANOVA(이원 분산분석) 등으로 나눌 수 있다. one-way ANOVA는 하나의 독립변수를 구성하는 집단들의 평균을 비교하는 것이고, two-way ANOVA는 두 개의 독립변수 간 상호작용이 통계적으로 유의한지를 검정한다. 상호작용항에 대한 자세한 설명은 유진은(2022)의 제9장을 참고하면 된다.

연구자는 초·중·고등학생의 50m 달리기 기록이 다를 것이라고 생각하고 학교급별로 200명씩 총 600명의 학생들을 무선으로 표집하여 50m 달리기 기록을 측정하고 자료를 입력하였다. 세 집단 간 비교가 목적인 경우 one-way ANOVA를 쓰면 된다.

- 영가설과 대립가설
  - 영가설: 초·중·고 학교급에 따라 50m 달리기 기록에 차이가 없다.
  - 연구가설: 초·중·고 학교급에 따라 50m 달리기 기록에 차이가 있다.
- 분석결과

ANOVA의 통계적 가정 중 등분산성 가정을 충족하였다($F = .312$, $p = .732$).[3] 달리기 기록 평균 차에 대한 F-값이 1250.36이고 유의확률이 .05보다 작다. 따라서 유의수준 .05에서 학교급 간 학생의 50m 달리기 기록이 통계적으로 유의한 차이가 있다(〈표 6.6〉). 세 집단 중 어느 집단 간 차이가 통계적으로 유의한지 알아보기 위하여 모든 가능한 쌍별 비교를 수행하는 Tukey 사후검정을 실시하였다. 그 결과, 초등학교 4학년과 중학교 1학년, 그리고 초등학교 4학년과 고등학교 1학년 학생의 달리기 기록 차이가 통계적으로 유의하였다. 중학교 1학년과 고등학교 1학년 학생의 달리기 기록 차이는 통계적으로 유의하지 않았다.

〈표 6.6〉 학교급에 따른 ANOVA 결과

집단	달리기 기록			F	사후검정
	사례 수	평균	표준편차		
초등학교 4학년(A)	200	10.29	0.49	1250.36*	A>B, C
중학교 1학년(B)	200	8.83	0.52		
고등학교 1학년(C)	200	7.76	0.51		

*$p < .05$

〈표 6.7〉에서 집단 간 효과크기를 Hedges' g 값을 이용하여 확인하였다. Cohen (1998)의 효과크기 기준[4]에 따르면, 초등학교 4학년–고등학교 1학년, 초등학교 4학년–중학교 1학년, 중학교 1학년–고등학교 1학년 순으로 세 효과크기는 모두 매우 크다.[5]

〈표 6.7〉 학교급 간 Hedges' g 효과크기

	Hedges' g
초등학교 4학년–중학교 1학년	2.89
초등학교 4학년–고등학교 1학년	5.06
중학교 1학년–고등학교 1학년	2.08

3) 등분산성 가정을 충족하지 못하는 경우 Welch 또는 Brown–Forsythe 검정을 쓴다. 자세한 내용은 유진은(2022)의 제8장을 참고하기 바란다.

4) 0.2, 0.5, 0.8을 기준으로 작은(small), 중간(medium), 큰(large) 효과크기로 간주한다.

5) Hedges' g와 같은 효과크기는 1보다 클 수 있다.

2) 연속형 종속변수, 연속형 독립변수

(1) Pearson 상관분석

두 변수 사이의 관련 정도를 나타내는 대표적 지표가 상관계수다. 상관계수 중 가장 많이 활용되는 Pearson 적률상관계수는 두 연속변수 간 상관을 보여주며, −1부터 +1까지의 값을 가진다. 상관계수의 절대값이 1에 가까울수록 두 변수 간 관련성이 높고, 상관계수가 0에 가까울수록 관련성이 낮다. 상관계수가 음의 값(−)이면 부적 상관, 양의 값(+)이면 정적 상관이라고 한다. 상관계수에 대한 더 자세한 설명은 유진은(2022)의 제5장을 참고하기 바란다.

연구자가 학업적 열의는 학습 시간 간 상관관계가 있을 것이라 생각하고, 대학생 150명을 무선 표집하여 하루 평균 학습 시간과 학업적 열의를 측정하였다. 두 변수 간 상관은 Pearson 상관계수로 구하면 된다.

- 영가설과 대립가설
  - 영가설: 변수 간 상관계수는 0이다.
  - 대립가설: 변수 간 상관계수는 0이 아니다.
- 분석결과

  학습 시간과 학업적 열의 간 상관계수는 .55였으며, 5% 유의수준에서 통계적으로 유의하였다(〈표 6.8〉).

〈표 6.8〉 학습시간과 학업적 열의 간 상관관계

	학습 시간	학업적 열의
학습 시간	1.00	
학업적 열의	.55*	1.00

$^*p < .05$

〈심화 6.1〉 통계학의 기틀을 쌓은 학자들

19세기 말 영국의 유전학자인 Francis Galton(1822~1911)은 Darwin의 '종의 기원'의 영향을 받아 유전학을 통계적으로 규명하려는 연구를 수행하였다. 특히 아버지의 키와 아들의 키 사이 관계를 일차함수 형태의 회귀선으로 제시한 것을 회귀모형의 시초라 할 수 있다.

린던대학의 우생학 교수였던 Karl Pearson(1857~1936)은 오늘날의 기술통계의 기초를 확립하고 추리통계의 기반을 쌓았다. Pearson의 제자인 Ronald Fisher(1890~1962)는 F-분포, 표본상관계수, 표본회귀계수 등 많은 통계량 분포를 유도하였으며, 소표본에 기초를 둔 추론법을 확립하였다(박성현 등, 2018).

(2) OLS 회귀분석

회귀분석은 독립변수와 종속변수 간 관계를 식으로 추정하기 위한 방법으로, 보통 종속변수가 연속형일 경우 사용한다. 독립변수가 하나일 경우 단순회귀분석, 독립변수가 여럿일 경우 다중회귀분석이라고 부른다.

어느 일반계 고등학교 3학년 학생들의 100명을 대상으로 수능 국어영역 점수, 9월 모의고사 국어영역 점수, 성별을 조사하였다. 변수 간 관계를 알아보기 위하여 수능 국어영역 점수를 종속변수로 두고 9월 모의고사 국어영역 점수와 성별을 독립변수로 하는 회귀분석을 실시하였다.

- 영가설과 대립가설
  - 영가설: 모든 독립변수의 회귀계수가 0이다.
  - 대립가설: 최소한 하나의 회귀계수가 0이 아니다.
- 분석결과

이 회귀모형은 F값이 23.82(유의확률 .000)로 통계적으로 유의한 모형이다. 수정된 결정계수($adj.\ R^2$)가 .65라는 것은 해당 모형이 수능 점수 분산의 65%를 설명한다는 뜻이다(〈표 6.9〉). 9월 모의고사 점수와 성별은 5% 유의수준에서 모두 수능 점수와 통계적으로 유의한 관계에 있다. 구체적으로 결과를 해석하면 다음과 같다. 성별이 같은 학생의 경우, 9월 모의고사 점수가 1점 올라갈 때마다 수능 점수가 0.64점 높아진다. 9월 모의고사 점수가 같을 때, 여학생의 수능 점수가 남학생의 수능 점수보다 9.65점 더 높다. 회귀모형의 효과크기는 표준화 계수로 파악할 수 있다. 즉, 성별보다 9월 모의고사의 효과크기가 상대적으로 더 크다는 것을 알 수 있다.

〈표 6.9〉 수능 국어점수에 대한 회귀모형

독립변수	비표준화 계수		표준화 계수	t	유의확률
	B	표준오차			
(상수)	3.37	5.50		0.61	.543
9월 모의고사	0.64	0.07	0.84	9.22	.000
성별(여=1; 남=0)	9.65	2.81	0.29	3.44	.001

$F=23.82$; $R^2\,(adj.\ R^2) = .68(.65)$

3) 연속형 종속변수, 연속형 & 범주형 독립변수: ANCOVA

공분산분석(ANalysis of COVAriance: ANCOVA)은 분산분석(ANOVA)에 회귀분석을 활용하여 집단 간 공변수의 차이를 통제하는 방법이다. 이때, 공변수는 연속형 변수이며 실험설계에서 조작하기 힘든 변수로 설정된다. 공분산분석은 실험설계에서 무선할당 후 발생하는 집단 간 차이를 통계적으로 교정하는 방법으로 고안되었는데, 공분산분석의 가정을 충족하는 경우 준실험설계에서도 활용된다. 공분산분석에 대한 자세한 설명은 유진은(2022) 제10장을 참고하기 바란다.

연구자는 대학생의 학업적 열의가 전공에 따라 다를 것이라고 생각한다. 연구문제는 학습 시간을 통계적으로 통제했을 때 전공에 따른 학업적 열의 차이를 검정하는 것이다. 인문·사회과학, 자연과학, 공학 계열 전공 대학생을 각각 56명, 41명, 53명(총 150명) 표집하고 학업적 열의와 평소 학습 시간을 측정하였다.

- 영가설과 대립가설
  - 영가설: 대학생의 전공에 따라 학업적 열의에 차이가 없다.
  - 대립가설: 대학생의 전공에 따라 학업적 열의에 차이가 있다.
- 분석결과

  학습 시간을 공변수로 놓고 전공에 따른 학업적 열의의 차이를 공분산분석으로 분석한 결과는 〈표 6.10〉과 같다. 학습시간과 계열 모두 5% 유의수준에서 통계적으로 유의하였다. 수정된 결정계수($adj.\ R^2$)는 .50으로, 이 공분산분석 모형은 학업적 열의 분산의 50%를 설명한다. 학습시간과 계열의 부분에타제곱(η_p^2) 값은 각각 .39와 .30이었다.

〈표 6.10〉 학업적 열의에 대한 ANCOVA 결과

	df	MSE	F	p	η_p^2
학습시간	1	9390.48	94.49	.000	.39
계열	2	3074.76	30.94	.000	.30
오차	146	99.38			
수정합계	149				

$R^2 = .51$; $adj.\ R^2 = .50$

공변수로 조정된 평균값은 인문·사회과학 계열 45.3(표준편차 11.8), 자연과학 계열 58.7(표준편차 14.5), 공학 계열 58.4(표준편차 12.2)였다. Sidak 대응비교 결과, 인문·사회과학 계열–자연과학 계열, 인문·사회과학 계열–공학 계열의 학업적 열의 차이는 통계적으로 유의하였으나, 자연과학 계열–공학 계열 간의 차이는 통계적으로 유의하지 않았다(〈표 6.11〉).

〈표 6.11〉 계열에 따른 대응비교

계열	학업적 열의				대응비교		
	사례 수	평균	표준편차	조정평균	비교	평균 차	표준오차
인문·사회과학(A)	56	45.7	11.8	45.3	A vs. B	−13.4*	2.62
자연과학(B)	41	58.1	14.5	58.7	A vs. C	−13.1*	2.44
공학(C)	53	58.4	12.2	58.4	B vs. C	0.3	2.65

*$p < .05$, Sidak으로 조정됨.

조정된 평균을 이용하여 구한 집단 간 효과크기(Hedges' g)는 인문·사회과학 계열–자연과학 계열, 인문·사회과학 계열–공학 계열, 자연과학 계열–공학 계열 순으로 각각 1.03, 1.09, 0.02였다(〈표 6.12〉). Cohen(1998)의 효과크기 기준에 따르면, 인문·사회과학 계열–공학 계열 간 효과크기와 인문·사회과학 계열–자연과학 계열 간 효과크기는 크고, 자연과학 계열–공학 계열 간 효과크기는 매우 작다고 할 수 있다.

〈표 6.12〉 계열 간 Hedges' g 효과크기

	Hedges' g
인문 · 사회과학–자연과학	1.03
인문 · 사회과학–공학	1.09
자연과학–공학	0.02

4) 범주형 종속변수, 범주형 독립변수: 교차분석

χ^2(카이제곱) –검정은 종속변수가 범주형일 때 집단 간의 비교를 위해 사용하는 통계 방법이다. χ^2–검정은 종속변수와 독립변수 간에 통계적으로 유의한 관계가 있는지 여부를 검정할 목적으로 사용된다. 집단 간 차이가 없는 경우라면 각 셀에 들어갈 수치는 비슷해야 할 것이다. 이를 기대값(expectation)이라고 한다. 기대값과 관측값이 차이가 난다는 것은 종속변수와 독립변수 간에 어떤 관계가 있다는 것을 뜻한다. 교차분석을 통해 이를 확인할 수 있다.

어느 일반계 고등학교의 3학년 학생을 대상으로 사교육 여부와 수학 성적 간 관련이 있는지 알아보고자 한다. 9월 모의고사에서 상위권(1, 2등급)과 중위권(3, 4등급)인 학생을 모았더니 총 257명이었다. 이 학생들을 대상으로 당해 1월 이후로 사교육(학원, 과외 등)을 받은 적이 있는지 조사하였다.

- 영가설과 대립가설
  - 영가설: 사교육 여부와 9월 모의고사 등급 간 관계가 없다.
  - 대립가설: 사교육 여부와 9월 모의고사 등급 간 관계가 있다.
- 분석결과

사교육 여부와 9월 모의고사 등급 간 관계를 알아보기 위하여 χ^2–검정을 실시한 결과, 통계값 12.34(유의확률 .000)로 유의수준 .05에서 두 변수 간 관계가 있다(〈표 6.13〉). 교차분석의 효과크기는 오즈비(odds–ratio)로 구한다. 이 분석에서의 오즈비는 약 0.28로, 사교육을 받지 않고 상위권일 오즈는 사교육을 받고 상위권일 오즈보

다 약 0.28배 낮다(〈심화 6.2〉).

〈표 6.13〉 사교육 여부에 따른 9월 모의고사 등급 간 관계

	상위권	중위권	전체
사교육 불참	10	66	76
사교육 참여	63	118	181
전체	73	184	257

$\chi^2 = 12.34$ ($df = 1$, $p < 0.001$)

〈심화 6.2〉 교차분석과 오즈비

이 자료의 오즈비 0.28이 도출된 식은 다음과 같다. $0.28 = \dfrac{10 \times 118}{66 \times 63}$. '사교육 참여'와 '사교육 불참' 행을 바꾸면 오즈비는 0.28의 역수인 약 3.52가 된다($3.52 = \dfrac{63 \times 66}{118 \times 10} \approx \dfrac{1}{0.28}$). 즉, 사교육을 받고 상위권일 오즈는 사교육을 받지 않고 상위권일 오즈보다 약 3.52배 높다. 교차분석 및 오즈비에 대한 자세한 설명은 유진은(2022)의 제12장을 참고하면 된다.

5) 범주형 종속변수, 연속형 또는 범주형 독립변수: 로지스틱 회귀분석

인문계 고교의 고등학교 3학년 257명을 표집하고 이들을 9월 모의고사 성적을 기준으로 상위권(1, 2등급)과 중위권(3, 4등급)으로 구분하였다. 그리고 해당 학생들의 1월 이후 사교육(학원, 과외 등) 경험 여부를 조사하여 사교육 여부와 수학 성적 간 관련이 있는지 확인하였다.[6]

- 영가설과 대립가설
  - 영가설: 사교육 여부의 회귀계수는 0이다.
  - 대립가설: 사교육 여부의 회귀계수는 0이 아니다.
- 분석결과

  분석결과, 사교육 여부는 9월 모의고사 등급과 5% 유의수준에서 통계적으로 유의

6) 앞선 교차분석과 같은 자료로, 설명변수에는 사교육 여부만 있다.

한 관계가 있다(〈표 6.14〉). 9월 모의고사에서 1등급 또는 2등급일 오즈(odds)가 사교육을 받을 경우 그렇지 않은 경우보다 3.52배(〈표 6.14〉에서의 Exp(B)값임) 증가한다. 참고로 이 수치는 교차분석의 〈표 6.13〉으로 구한 오즈비와 동일하다.

〈표 6.14〉 9월 모의고사 등급에 대한 로지스틱 회귀분석 결과

	B	표준오차	Wald	Exp(B)	95% CI	
					lower	upper
(상수)	0.63	0.16	16.18	1.87		
사교육 여부	1.26*	0.37	11.37	3.52	1.70	7.33

*$p < .05$

3 통계자료 해석 시 주의사항

1) 평균 제대로 알기

전체 사례의 측정값을 합한 후 사례 수로 나눈 값인 평균은 자료를 요약하는 대표적인 값이다. 그러나 집단의 분포가 종 모양의 대칭적인 분포를 보이지 않는 경우 평균은 좋은 대표값이 아니다. 평균은 극단적인 값의 영향을 많이 받기 때문이다. 공무원의 올해 평균연봉이 6,420만 원이고 월평균 소득이 535만 원이라는 신문 기사가 있다([그림 6.3]; 최훈길, 2021. 4. 29.). 그러나 이 값은 정무직, 판·검사, 고위공무원들을 모두 포함하여 구한 값이라는 점을 주의해야 한다. 대다수 공무원이 6급에서 퇴직하는 실정을 고려할 때, 연봉이 높은 공무원들까지 모두 포함하여 평균값을 구하고 이 값이 전체 공무원의 연봉을 대표하는 것처럼 제시하는 것은 통계를 오용하는 것이다. 이 경우 직급을 나누어 집단별 평균값을 구하는 것이 옳다. 정리하면, 극단적인 값이 존재할 경우 중앙값이나 최빈값을 함께 보여 주거나, 급간에 따라 자료를 나누어 평균값을 구하는 것이 적절하다.

공무원 올해 평균연봉 6420만원…코로나로 10년 만에 감소

인사처 고시, 공무원 월평균 소득 535만원
연가보상비 반납으로 작년보다 연 0.8% 감소
초봉 9급 211만원, 7급 238만원, 5급 321만원
"처우 개선해야" Vs "구체적 실수령액 밝혀야"

등록 2021-04-29 오후 12:00:59
수정 2021-04-29 오후 12:04:05
가 가

[그림 6.3] 2021년 공무원 평균 연봉

2) 도표 제대로 해석하기

도표(plot, 그래프)는 점, 선, 막대 등을 사용하여 통계 자료를 시각적으로 요약한다. 따라서 직관적으로 이해하기 좋기 때문에 통계를 잘 모르는 사람들도 도표로 활용하여 통계 자료를 설명하면 쉽게 받아들인다. 그런데 통계를 잘 모르는 사람을 속이기도 쉬운 것이 바로 도표다. 도표는 축의 범위에 따라 전혀 다른 경향을 보이는 것처럼 그릴 수 있기 때문이다.

연구자가 실험집단(A), 비교집단(B), 통제집단(C)을 두고 성취도 비교 연구를 한다고 하자. 세 집단의 사전검사 점수 평균은 각각 76.8, 75.5, 72.1이었다. 이를 막대도표(bar chart)로 그릴 때, 세로축의 범위에 따라 결과가 다르게 보일 수 있다. [그림 6.4a]에서 세로축을 0점부터 80점까지로 놓을 경우, 세 집단은 거의 점수 차가 나지 않는 것처럼 보인다. 그러나 [그림 6.4b]와 같이 세로축을 70점부터 78점까지로 좁힌다면 세 집단의 사전검사 점수가 크게 다른 것처럼 보인다. 이처럼 도표는 의도적으로 어떤 추세를 과장하거나 축소시켜 왜곡된 정보를 제공할 수 있기 때문에 작성 및 해석 시 주의가 필요하다.

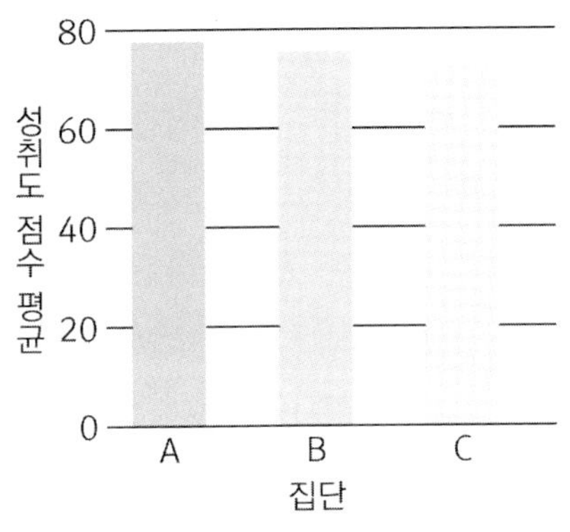

[그림 6.4a] 세로축이 0~80인 막대도표

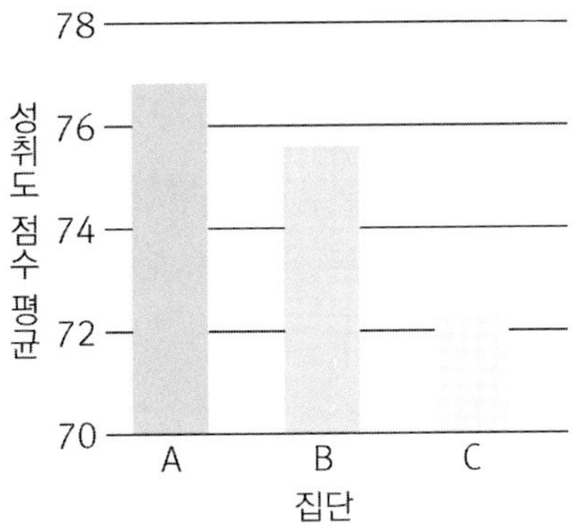

[그림 6.4b] 세로축이 70~78인 막대도표

3) 도표 제대로 그리기

1절에서 기술통계값을 시각적으로 정리하는 상자도표(boxplot) 예시를 보여 주었다. 그 외에도 변수 간 관계를 요약할 때 막대도표, 산점도, 히스토그램, 꺾은선도표 등 다양한 도표(plot)를 활용할 수 있다. 이때, 변수의 개수 및 척도에 따라 그릴 수 있는 도표가 제한된다는 점을 알아야 한다. 이를테면 막대도표와 산점도는 두 변수 간 관계를 시각화한다. 구체적으로 막대도표는 범주형 변수와 연속형 변수에 대해 그리고, 산점도는 두 개의 연속형 변수에 대하여 그릴 수 있다. 히스토그램은 하나의 연속형 변수에 대한 빈도 분포를 알고 싶을 때 그린다. 꺾은선도표는 보통 시간에 따른 연속형 변수의 변화량을 확인할 때 유용하다. 각각에 대하여 설명하겠다.

(1) 막대도표

막대도표(막대그래프, bar chart/graph)는 가로축에 범주형 변수, 세로축에 연속형 변수를 넣는다. 따라서 집단(범주형 변수)에 따라 점수(연속형 변수)가 어떻게 다른지 비교하기에 좋다. 간혹 연속형 변수를 가로축에 넣고 막대도표를 잘못 그리는 경우가 있는데, 막대도표의 가로축은 언제나 범주형 변수여야 한다는 점을 주의해야 한다. [그림 6.4a]와 [그림 6.4b]에서 집단 A, B, C에 대하여 성취도 점수 평균이 어떻게 다른지를 막대도표를 그려 비교하였다. 가로축이 집단이므로 A, B, C의 각 집단을 뜻하는 막대가 서로 떨어져 있다는 것을 눈여겨볼 필요가 있다.

(2) 산점도

산점도(scatter plot)의 가로축과 세로축에는 모두 연속형 변수가 들어간다. 산점도는 연속형으로 측정된 두 변수를 좌표평면 상에 점으로 표현한 도표로, 동일한 대상으로부터 추출한 두 변수 간 관계를 시각적으로 확인하고 싶을 때 유용하다. 예를 들어, 공교육비와 학업성취도 간 관계를 산점도로 그릴 수 있다. [그림 6.5]에서 24개 국가의 공교육비(2017년 기준 학생 1인당 중등교육 공교육비, 달러로 환산)와 PISA 수학성취도(2018년 기준, 평균 500, 표준편차 100) 간 관계를 산점도로 표현하였다. 공교육비와 수학성취도가 정적 관계가 있으며, 이상치(outlier, 이상점)로 의심되는 사례가 있다는 것을 산점도로부터 확인할 수 있다.

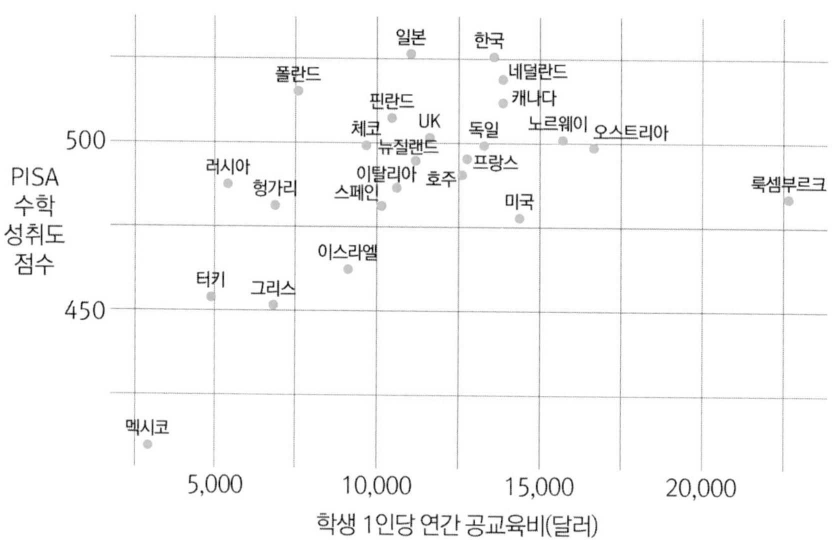

[그림 6.5] 공교육비와 수학성취도 간 산점도

(3) 히스토그램

히스토그램(histogram)은 빈도분포표(frequency distribution table, 도수분포표)를 그림으로 표현한 것이라고 생각하면 쉽다. 빈도분포표는 하나의 연속형 변수를 일정한 간격으로 나누고 해당 구간의 빈도를 센 것이다. 예를 들어, 나이를 10대, 20대, 30대, 40대, 50대 이상으로 나누고 각 구간에 몇 명씩 들어가는지 빈도를 구하면 빈도분포표를 만들 수 있다. 히스토그램의 가로축과 세로축에 각각 빈도분포표의 구간과 빈도가 들어

간다. [그림 6.5]의 공교육비 자료를 히스토그램으로 그리면 [그림 6.6]과 같다. 전체 24개 국가 중 15개 국가의 공교육비가 10,000달러 이상 15,000달러 미만 구간에 속한 것을 알 수 있다. 그 다음으로 빈도가 큰 구간은 5,000달러 이상 10,000달러 미만으로, 6개 국가가 이 구간에 해당된다.

히스토그램에서 막대도표에서와 비슷하게 빈도를 직사각형으로 표현하기 때문에 히스토그램과 막대도표를 혼동하는 경우가 있다. 히스토그램을 자세히 보면, 가로축이 연속형 변수의 구간이므로 막대가 서로 접해 있다. 앞서 막대도표에서는 가로축이 범주형 변수였기 때문에 막대가 서로 떨어져 있었다. 다시 정리하면, 히스토그램은 연속형 변수를 구간으로 나누어 그 빈도를 정리하는 도표이고, 막대도표는 범주형 변수의 범주에 따라 연속형 변수 값이 어떻게 다른지 비교할 때 활용하기 좋은 도표라 하겠다.

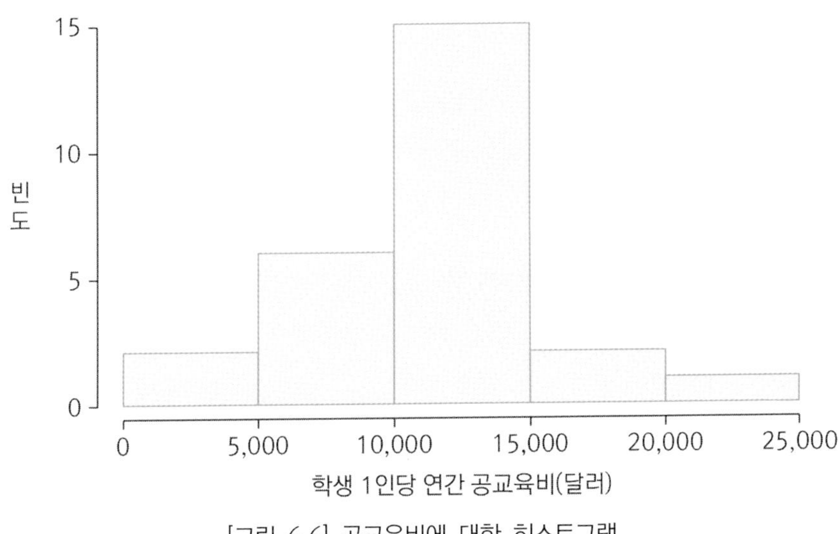

[그림 6.6] 공교육비에 대한 히스토그램

(4) 꺾은선도표

꺾은선도표(line chart, 선도표)는 보통 시간에 따른 변화를 파악하는 데 활용한다. 가로축에 시간을, 세로축에 연속형 변수를 넣는다. 이를테면 우리나라 학생의 PISA 수학성취도 점수의 변화 경향을 꺾은선도표로 확인할 수 있다. [그림 6.7]에서 2003년부터 3년 주기로 시행된 PISA 수학성취도검사의 만 15세 남녀 학생의 평균점수를 꺾은선도표로 그렸다. 2003년부터 2018년 사이에 실시된 PISA에서 남학생의 수학성취도가 전반적으로 더 높은 편이었는데, 2015년에만 여학생이 남학생을 역전하였다. 특히 2015년부터 성별무관 우리나라 학생의 수학성취도가 급격히 떨어진 것으로 보인다.

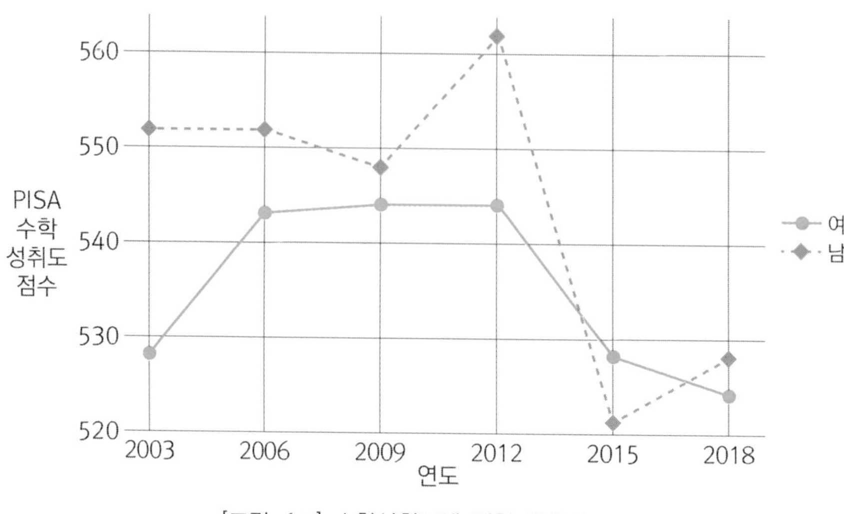

[그림 6.7] 수학성취도에 대한 꺾은선도표

4) 상관관계를 인과관계로 착각하지 않기

상관관계에 있는 두 변수를 인과관계가 있는 것처럼 착각하는 경우가 종종 있다. 그러나 상관관계와 인과관계는 서로 다른 개념이다([그림 6.8]). 상관관계는 어떤 변수와 다른 변수 사이에 관계가 있다는 것을 뜻한다. 변수 A가 증가할 때 변수 B가 같이 증가하거나 감소한다면, 두 변수 간 상관이 있다고 한다. 반면, 인과관계를 보이려면 변수 A가 원인이고 변수 B가 그 결과이어야 한다. 춥기 때문에 난방을 하는 것이지 난방을 하기 때문에 날이 추운 것은 아니다. 코로나 백신을 맞고 후유증이 생겼다고 주장하는 사람들이 있는데, 코로나 백신으로 인하여 후유증이 발생한다는 인과관계를 입증하는 것은 그리 간단한 문제가 아니다. 인과관계가 성립하기 위한 요건을 충족하는 것이 쉽지 않기 때문이다.

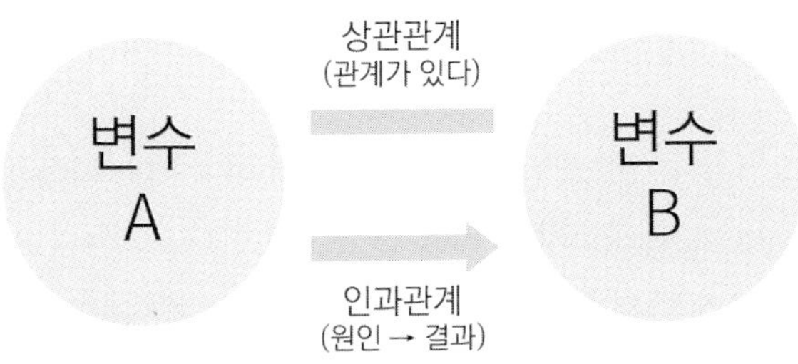

[그림 6.8] 상관관계와 인과관계

인과관계가 성립하기 위한 요건을 제4장에서 설명하였는데, 다시 정리하겠다. A로 인하여 B가 일어났다는 인과관계가 성립하려면, 세 가지 조건이 필요하다(Shadish et al., 2002). 첫째, A가 B보다 선행해야 한다. 둘째, A와 B 간 상관이 있어야 한다. 셋째, 오직 A만 B에 영향을 미쳐야 한다. 두 번째 조건은 상관관계에 대한 것이다. 즉, 상관관계는 인과관계의 필요조건이라는 것을 알 수 있다. 상관계수를 구하여 두 변수 간 상관관계가 있는지 확인하기는 쉽다. 그런데 첫 번째와 세 번째는 생각보다 충족하기 어려운 조건이다. 사회현상을 연구할 때 무엇이 먼저인지 선후관계가 분명하지 않은 경우가 많다. 이를테면 자기효능감이 높아서 학업성취도가 높은지, 학업성취도가 높아서 자기효능감이 높은지 알 수 없다. 만일 자기효능감이 먼저라고 하더라도, 자기효능감 외에 학습태도, 공부하는 시간, 학원 및 과외 횟수, 부모의 사회경제적 지위 등의 다양한 원인으로 인하여 학업성취도에 영향을 미쳤을 수 있다. 그런데 자기효능감과 학업성취도 간 인과관계를 말하려면 오로지 자기효능감만 학업성취도의 원인이 되어야 하는 것이다.

다시 강조하면, 상관관계를 보이는 두 변수를 인과관계가 있다고 해석하는 것은 잘못된 것이다. 인과관계의 성립 조건을 고려할 때, 한 시점에서 조사하는 조사연구로부터 선택한 변수 간 관계는 인과관계라고 보기 어렵다. 후향적 연구를 제외한 대부분의 조사연구에서는 독립변수와 종속변수의 선행 여부를 확인할 수 없고, 독립변수만 종속변수에 영향을 끼쳤다는 주장도 성립할 수 없다. 즉, 이러한 연구에서 통계모형의 유의성은 변수 간 상관관계를 보여 주는 것이지, 인과관계를 보여 준다고 하기 어려운 것이다. 따라서 실험연구 또는 종단연구가 아닌 경우, 'A가 B에 미치는 영향'이라든지, 'A가 B에 미치는 효과'와 같은 서술은 신중하게 사용할 필요가 있다.

5) 심슨의 역설

통계에서 유명한 역설 중 하나가 심슨의 역설(Simpson's paradox)이다. 이 현상을 처음으로 소개한 Edward Simpson의 이름을 붙였다고 한다. 심슨의 역설이란, 같은 자료인데도 집단 구성에 따라 다른 결과가 나타날 수 있다는 것이다. 학교 A와 학교 B의 시험 합격률이 각각 75%와 80%라면, 언뜻 보기에 학교 B의 합격률이 더 높아 보인다. 그러나 구성원의 학력을 기준으로 나누어 비교할 경우 두 학교의 합격률이 달라진다. 예를 들어, 학교 A는 기초 학력과 보통 이상 학력인 학생이 각각 50%인 학교이고, 학교 B는 기초 학력 10%, 보통 이상 학력이 90%인 학생들로 구성되었다고 하자(〈표 6.15〉).

학교 A의 보통 이상 학력 학생이 모두 합격했는데(보통 이상 학력의 합격률 100%), 기초 학력 학생 50명 중 25명만 합격할 경우(기초 학력의 합격률 50%) 전체 합격률은 75%이다. 반면, 학교 B의 경우 90명의 보통 이상 학력 중 80명이 합격하고(보통 이상 학력의 합격률 88.9%) 기초학력 10명 모두 불합격하였다고 하면(기초 학력의 합격률 0%), 전체 합격률은 80%가 된다. 즉, 학교 A는 전체 합격률로는 학교 B보다 못한 것처럼 보이지만 학력으로 구분하여 비교할 경우 학교 B보다 합격률이 높다. 이렇게 역설적인 결과가 나오는 이유는 학교 A의 기초 학력 학생이 많기 때문인데, 이를 무시하고 전체 합격률로만 비교할 경우 반대의 결과를 얻게 되므로 주의해야 한다.

〈표 6.15〉 심슨의 역설 예시

	보통 이상 학력		기초 학력		전체		합격률
	합격	불합격	합격	불합격	합격	불합격	
학교A (100명)	50	0	25	25	75	25	75%
학교B (100명)	80	10	0	10	80	20	80%

6) 통계 용어 정리

마지막으로 양적연구 논문을 쓸 때 몇 가지 주의사항을 첨언하겠다. 학술 연구에서는 일상적으로 쓰이는 용어 사용을 지양하는 것이 좋다. 일상적 용어가 가지는 뜻으로 인한 왜곡 또는 오개념 형성이 우려되기 때문이다. '통계적으로 유의한', '영가설을 기각하지 못한다', '통계적 가설검정', '정규분포'를 '통계적으로 유의미한', '영가설을 채택한다', '통계적 가설검증', '정상분포' 대신 쓸 것을 권한다. 마지막으로 %와 %p 간 차이를 설명하겠다.

(1) 통계적으로 '유의한' vs '유의미한'

통계 검정에서 '유의한(statistically significant)' 것을 '유의미(meaningful)'하다고 서술하는 경우를 종종 본다. '유의한'은 일상적으로 쓰이는 용어가 아닌데, '유의미'는 일상적 용어 그대로 '의미가 있다', 즉 통계분석 결과가 어떠한 실질적인 의미가 있는 것처럼 읽힌다. 그러나 '가설검정 결과 5% 유의수준하에서 통계적으로 유의하다'는 문장은, 어떠한 조건하에서 영가설이 참인데 기각할 확률이 5% 이하라는 것을 뜻할 뿐이다. 사례수가 크면 클수록 통계적으로 유의한 결과를 얻게 된다. 일례로, 대용량 자료분석에서 학생ID를 회귀분석에 잘못 투입시켰는데 이마저도 통계적으로 유의하다는 결과가 나왔던 경험이 있다.[7] 즉, 학생ID가 통계적으로 '유의한' 결과가 나오더라도, 이는 실제로 '유의미'할 수 없다.[8] 정리하면, 통계적 가설검정(statistical hypothesis testing) 맥락에서의 통계적 유의성(statistical significance)은 모두 '유의하다' 또는 '유의하지 않다'로 서술하는 것이 좋겠다.

(2) '영가설을 기각한다/기각하지 못한다'

통계학은 귀납법을 쓴다는 점을 명심해야 한다. 어떤 통계적 가설검정에서 영가설을 기각한다고 하여 반드시 대립가설을 수용하는 것은 아니다. 해당 조건하에서 잠정적으로 영가설을 기각하고 대립가설을 기각하지 못하는 것뿐이다. 통계학에서 기각역(rejection region), 채택역(acceptance region)과 같은 용어를 쓰기는 하나, 이것과 별개로 가설검정에 있어서는 수용 또는 채택과 같은 단어를 쓰지 않는다(영어로는 'reject' 또는 'cannot/do not reject'라고 한다). 즉, '영가설을 기각한다/기각하지 못한다'와 '대립가설을 기각한다/기각하지 못한다'로 가설검정 결과를 서술하는 것이 좋다.

---

7) 명명척도인 학생ID는 ID 부여 체계에 어떤 특별한 패턴이 있지 않다면(예: 학업성취도가 높은 지역일수록 ID가 크다), 그 변수 자체는 유의한 변수가 될 수가 없다. 분석 시 코딩이 잘못된 예시라 하겠다.

8) 실제적 유의성과 관련하여 효과크기(effect size)를 보고한다. 유진은(2022)의 제8장에서 효과크기에 대해 자세하게 설명하였다.

(3) 통계적 가설'검정'과 '정규'분포

영가설과 대립가설을 놓고 가설을 검정하는 통계적 '검정(testing)'을 '검증'으로 번역하는 경우가 있는데, '검증(validation)'은 타당화의 의미가 들어간다는 점을 주의할 필요가 있다. 맥락에 맞는 용어 활용을 권한다. 즉, 유의수준과의 비교가 들어가는 결과 해석에서는 '검정'으로 번역하는 것이 혼동을 줄일 수 있다. 마찬가지로 'normal distribution'은 정상분포가 아니라 '정규분포'로 번역한다. 분포가 정상인지 아닌지를 연상하게끔 하는 단어를 쓰는 것보다는 학술 용어인 '정규분포'를 써야 한다.

(4) %와 %p 구분하기

통계 수치를 나타낼 때 %(퍼센트)와 %p(퍼센트 포인트, 또는 %P)를 혼동하는 경우가 있는데, 이 둘은 서로 다른 개념이다. '%'가 백분율, 즉 비율을 뜻하는 반면, '%p'는 % 간 차이로 계산된다. 예를 들어, 2020년의 국민생활체육조사에서 생활체육 관련 강습 경험이 있는지 물어보는 질문에 그렇다고 답한 응답자가 20%였다. 국민생활체육조사는 9,000명의 국민을 대상으로 자료를 수집하므로, 20%라는 수치를 통하여 전체 응답자인 9,000명 중 1,800명이 생활체육 관련 강습 경험이 있다는 것을 알 수 있다. 이때의 백분율 계산식은 $\frac{1,800}{9,000} \times 100 = 20\%$와 같다.

2021년의 조사에서 같은 문항의 백분율이 25%로 증가했다고 하자. 그렇다면 2020년과 2021년의 생활체육 관련 강습 유경험자의 비율이 5%p 증가했다고 쓴다. 즉, '5%p'는 단순히 25%에서 20%를 뺀 값이며, 이렇게 %끼리 비교한 값은 %p로 표기해야 한다. 주의할 점으로, 이 비교에서 생활체육 관련 강습 유경험자 비율의 '증가율'은 25%가 된다. 2020년에 20%였는데 2021년에 25%로 증가했으므로 식으로는 $\frac{25-20}{20} \times 100 = 25\%$가 되는 것이다. 만약 2022년의 조사에서 같은 문항의 백분율이 다시 20%로 떨어진다면, 2021년과 2022년의 생활체육 관련 강습 유경험자의 비율은 5%p 감소했고, 이때의 감소율은 20%가 된다($\frac{20-25}{25} \times 100 = -20\%$).

제3부
질적연구와 혼합방법연구

제 7 장
질적연구 개관

주요 용어

의도적 표집, 관찰, 면담, FGI

학습목표

1. 양적연구의 특징과 대비하여 질적연구의 특징을 설명할 수 있다.
2. 질적연구에서 쓰는 의도적 표집의 특징 및 종류를 설명할 수 있다.
3. 질적연구에서의 자료수집법인 관찰과 면담의 종류, 특징, 절차, 장단점을 설명할 수 있다.

자연과학 연구에서 실험 또는 객관적인 관찰을 통해 일반적인 법칙을 발견하는 것이 오랜 전통이었다. 사회과학 연구에서도 자연과학 연구의 절차를 적용하는 양적연구가 19세기 이래 주류로 자리매김해 왔다.[1] 사회현상을 객관적이라 여겨지는 방식으로 수량화(quantification)하고, 통계 기법을 활용하여 연구가설이 참인지 거짓인지 검정하는 양적연구가 사회과학 분야에서 오랜 기간 득세해 온 것이다. 그런데 사회현상을 자연현상처럼 일원적으로 수량화하고 통계 기법으로 분석하는 것으로는 복잡다단한 우리 사회의 연구문제를 해결하기 어렵다는 인식이 생겨나기 시작하였다. 따라서 양적연구에 대한 대안으로 질적연구가 부상하게 되었다.[2]

양적연구가 객관적으로 존재한다고 여겨지는 사회현상을 실험 및 조사를 통해 수치로 측정하고 통계적으로 검정한다면, 질적연구는 사람들 간의 상호작용을 통해 구성된 주관적 실재를 언어를 통하여 다면적이며 총체적으로 이해하고자 하는 방법이라 할 수 있다. 질적연구가 언제, 누구로부터 시작되었는지는 뚜렷하지 않다. 그러나 질적연구의 역사는 대체로 문화기술지 연구와 함께 이야기된다. 현대적 의미의 첫 번째 실재론적 문화기술지 연구를 미국 필라델피아에 거주하는 아프리카계 흑인에 대한 연구(The Philadelphia Negro; DuBois, 1899)라 본다(Erickson, 2018, p. 92). 이후 이와 유사하게 노동자 계급 또는 이민자들의 삶에 대한 문화기술지 연구가 이루어졌으나, 이 연구들은 모두 외부자적(etic) 관점에서 연구대상의 삶을 기술한 것이다. 내부자적(emic) 관점에서 연구대상의 일상적 삶을 이해하려고 한 연구, 즉 인식주체(연구대상)가 인식하

---

1) 제1장에서 사회과학에서 양적연구의 기틀을 마련한 학자가 Comte라고 설명하였다. Comte는 사회현상도 자연현상과 마찬가지로 일반화하거나 법칙을 발견할 수 있다고 주장하였다.

2) 자연과학 연구와 달리 사회과학 연구에서는 사회현상의 본질을 어떻게 바라보아야 하는 것인지에 대하여 다양한 관점이 있다. 이는 이후 사회과학 연구에서의 패러다임 논쟁으로 연결된다.

는 세계를 이해하려는 해석학적 전환이 이루어진 질적연구는 바로 서태평양 원주민들의 문화에 대한 Malinowski(1922)의 문화기술지 연구라 하겠다(Erickson, 2018, pp. 90-93).

사회·문화 맥락 안에서 사람들이 형성하는 의미를 심층적으로 이해하고자 하는 질적연구는 양적연구가 득세하는 상황에서 환영과 비판을 동시에 받았다. 질적연구는 연구방법의 체계화를 위한 노력과 더불어 연구의 질 향상을 위한 풍부한 논의를 거치며 발전하였다. 그 결과, 현재 양적연구와 함께 사회과학 분야의 연구방법으로 자리매김하였다. 이 장에서는 사회과학 연구의 패러다임에 기반하여 질적연구의 특징을 논하고, 질적연구 표집법으로 쓰이는 의도적 표집법을 Patton(1990)의 분류에 따라 설명하겠다. 이어서 질적연구의 주요 자료수집 기법인 관찰과 면담의 종류, 특징, 절차, 고려사항 등을 설명하겠다.

1 사회과학 연구의 패러다임

질적연구는 양적연구라는 기존 실증주의 패러다임(paradigm)에 대한 비판 또는 의혹으로 출현하게 된 것이므로(〈심화 7.1〉 참고), 질적연구에 대해 설명하기 전에 사회과학 연구의 패러다임에 대해 정리할 필요가 있다. 우선, 패러다임이 무엇인지를 간략하게 설명하겠다. 패러다임이라는 용어는 Thomas Kuhn의 기념비적인 저서인 『과학혁명의 구조』(1962) 발간으로 대중적으로 통용되기 시작하였다. 패러다임은 어떤 문제를 이해하고 다루는 방법에 대하여 과학자들 간에 공유되는 신념과 합의의 집합이다(Khun, 1962). 쉽게 말하여 연구자가 세계를 바라보는 방식, 즉 연구자의 세계관을 총칭한다고 할 수 있다. Guba와 Lincoln(1994)은 탐구를 위한 패러다임을 존재론(ontology), 인식론(epistemology), 방법론(methodology)이라는 세 가지 탐구 영역에 대한 질문으로 구분하여 설명하였다. 존재론적 질문은 실재(reality)의 본질(nature)과 형식(form)이 무엇인지, 실재가 존재하는지에 대한 물음이다. 인식론적 질문은 진리와 우리의 관계가 어떠한지, 진리와 지식이 어떻게 생성·획득·전달되는지에 대한 질문이며, 방법론적 질문은 우리가 알 수 있다고 믿는 것을 어떻게 알아낼 수 있는지를 묻는다. 존재론적 관점의 차이는 인식론적 관점의 차이를 가져오고 여러 방법론이 사용되면서 다양한 패러다임이 생성된다.

대표적인 사회과학 분야의 패러다임으로 꼽히는 실증주의, 후기실증주의, 사회적 구성주의, 비판이론(Guba & Lincoln, 1994; Lather, 2006)을 존재론적 · 인식론적 관점에서 구분하여 설명하겠다. 실증주의(positivism)는 기본적으로 절대불변의 실재가 우리 외부에 존재한다고 가정하고 객관적 관찰 · 실험 등의 방법으로 실재를 파악하려고 한다. 사회과학 분야의 실증주의는 자연과학 분야를 지배하는 엄격한 실증주의가 아닌, 어느 정도의 우연성을 허용하는 후기 실증주의(post-positivism)라 하겠다. 사회적 구성주의와 비판이론은 절대적이고 객관적인 실재의 존재를 부인한다는 점에서 실증주의와 대비된다. 사회적 구성주의(social constructivism)는 다원적 존재론을 가정하며 실재가 주관적이며 사회적으로 구성된다고 보고, 사람들이 외부 세계에 부여하는 의미와 의미부여 과정을 이해하려고 한다. 비판이론(critical theory)은 실재를 사회적 · 문화적 · 정치적 · 경제적 맥락 안에서 형성되는 것으로 보고, 그것에 내재된 불평등 및 사회적 억압과 지배구조를 파헤침으로써 사람들을 해방시키려는 변화와 개선이 목적이다.

패러다임이 존재론적 · 인식론적으로 근본적인 면에서 연구자를 인도하므로 어떤 연구방법을 쓸지에 대한 고민은 어떤 패러다임을 가지고 갈 것인지에 대한 고민에 비하면 부차적이라 할 수 있다. 즉, 연구자가 실재 또는 진리를 어떻게 인식하느냐에 따라 양적연구가 될 수도 있고 질적연구가 될 수도 있다. 그렇다면 어떤 패러다임이 양적연구 또는 질적연구와 관련 있을까? 양적연구가 실증주의를 바탕으로 하는 연구방법이라면, 질적연구는 사회적 구성주의 또는 비판이론과 같은 반실증주의적 패러다임을 따르는 연구방법이다. 질적연구의 연구목적과 연구문제, 자료수집 및 분석 방법은 앞서 설명한 패러다임의 철학적 가정과 개념에 근거한다. 따라서 양적연구가 자연현상처럼 객관적으로 존재하는 사회현상을 실험, 조사를 통해 수치로 측정하고 기록할 때, 질적연구는 사람들 간의 상호작용을 통해 구성된 주관적 실재를 말과 글을 통하여 다면적이고 총체적으로 이해하려고 한다. 즉, 질적연구는 자연스러운 환경에서 대상을 관찰하고 현장노트, 면담, 대화, 사진 등의 다양한 자료를 분석함으로써 참여자의 관점에서 현상의 의미를 파악하고 심층적으로 이해하려고 하는 연구라고 할 수 있다(Denzin & Lincoln, 2018, p. 43).

〈심화 7.1〉 양적연구에 대한 비판

Guba와 Lincoln(1994, pp. 105-107)의 양적연구에 대한 비판을 다음과 같이 정리하였다. 첫째, 양적연구에서 사회현상을 양화할 때 엄격한 통제가 수반되는데, 이 과정에서 양적연구는 맥락(context)을 잃어버리게 된다. 그러나 사회현상은 자연현상과 달리 인간 행동에 의미를 부여해야 이해할 수 있다. 이를테면 비주류의 삶을 연구할 때 양적연구는 적절하지 않다. 사회현상을 내부자의(emic) 관점으로 이해해야 하므로 양적연구에서와 같이 맥락과 무관하게 연구할 수 없기 때문이다. 둘째, 객관성을 강조하는 양적연구는 생각처럼 객관적이지 못할 수 있다. 연구가설(이론)과 수집된 자료(사실)가 서로 독립적이어야 객관성이 유지되는데, 그 둘은 서로 의존하는 관계에 있기 때문이다. 즉, 양적연구에서의 사실은 어떤 이론적 틀 안에서만 사실이라 할 수 있다. 사실과 이론이 서로 독립적이지 않은 것과 마찬가지로 사실과 가치도 서로 독립적이지 않다. 사실을 이론뿐만 아니라 가치와 분리하여 생각할 수 없기 때문에 양적연구에서 주장하는 객관성이 훼손된다.

2 질적연구의 특징

질적연구는 모학문 및 철학적 가정에 따라 매우 다양한 양상을 띠므로 하나의 정의보다는 여러 유형의 질적연구가 갖는 공통적인 특성을 통하여 이해하는 것이 수월하다. Creswell(2013, pp. 45-47), Flick 등(2004, pp. 8-9), Howitt(2016, pp. 6-11), Merriam과 Tisdell(2016, pp. 14-18), Yin(2016, pp. 8-11)을 참고하여 질적연구의 특징을 다음과 같이 정리하였다.

첫째, 질적연구는 참여자의 삶이나 경험, 사회적 현상 등을 자연스러운 상황(natural setting)에서 심층적(in-depth)으로 이해하고자 한다. 연구목적이 연구대상에 대한 이해, 비판 · 해방, 또는 그 무엇이든 관계없이 질적연구는 기본적으로 연구대상에 대한 풍부하고 심층적인 기술에서부터 시작한다. 또한, 질적연구는 맥락의존적이다. 질적연구의 대상은 그 대상을 둘러싼 맥락과 상호작용하며 밀접한 관계를 맺고 있기 때문에 질적연구에서의 '심층적 이해'란 맥락에 대한 이해도 포함한다. 따라서 질적연구에서는 여러 방법으로 다양하게 자료를 수집한다. 질적연구에서는 주로 참여관찰과 심층면담을 통하여 자료를 수집하는데, 그 외에도 연구자의 현장노트, 참여자의 일기, 편지, 공문서 등의 문서 자료, 사진, 그림, 동영상 등의 시청각 자료 및 인공물(artifact)을 수집한다. 이러한 다양한 자료를 분석함으로써 연구대상을 심층적으로 이해하여 두터운 묘사(thick description)를 생성하는 것이 질적연구의 목적이다.

둘째, 참여자를 의미 형성의 주체로 인정하고 그들의 다양한 관점을 포착하려 한다. 질적연구는 사회적 현상과 행동이 관찰자의 관점에 따라 여러 가지 다른 실재를 갖는다고 가정한다. 따라서 최대한 참여자들의 관점에서 외부 세계 · 현상을 이해하려고 하며 그들의 생생한 목소리를 담으려고 노력한다. 이는 연구대상과 거리를 유지하며 객관적인 정보를 수집하려고 하는 양적연구와 상반되는 특징이다. 또한, 참여자로부터 정보를 얻는 것이 중요하기 때문에 질적연구에서는 참여자를 의도적으로 표집한다. 참여자는 연구자의 관심사, 연구문제에 대하여 풍부한 정보를 가지고 있는 사람이어야 하며, 연구자가 접근할 수 있는 사람이어야 한다. 정보 제공 의향이 있고, 정보를 전달할 수 있는 의사소통 능력도 충분하여야 한다. 구체적으로 이론적 표집(theoretical sampling), 세평적 사례 선택(reputational case selection), 눈덩이 표집(snowball sampling) 등을 활용할 수 있다. 질적연구 표집법에 대한 자세한 설명은 제3절을 참고하면 된다.

셋째, 참여자의 다양한 관점을 포착하려 할 때, 연구자는 연구도구로서 핵심적인 역할을 한다. 연구자는 언어적 의사소통뿐만 아니라 비언어적 의사소통을 이해할 수 있고 연구 상황에 즉각적으로 반응하고 적응할 수 있기 때문에 심층 이해를 목적으로 하는 질적연구에 매우 이상적인 연구도구다. 한편, 질적연구의 방향과 결과는 연구자가 참여자에게 언제 어떤 질문을 하는지, 참여자에게서 무엇을 관찰하는지, 참여자에게서 알아낸 것을 어떻게 해석하는지 등에 따라 크게 좌우된다. 따라서 질적연구에서는 연구자의 편향 가능성을 인정하며, 연구자의 성찰 및 반영성(reflexivity)을 강조한다.

넷째, 연구설계가 유연한 편이다(emergent design). 양적연구는 연구 시작 전에 연구문제와 연구가설을 명확하게 설정하고, 자료수집 및 분석 방법을 철저하게 계획하고 준수한다. 반면, 질적연구는 연구를 시작한 후에도 연구계획을 수정할 수 있다. 현장조사(fieldwork)를 하면서 연구문제를 정교화하거나 변경할 수 있고, 심층면담의 질문이나 일정을 수정하거나 기존에 계획하지 않았던 자료를 추가로 수집할 수도 있다.

3 질적연구의 표집

제1장에서 개관하였듯이, 질적연구는 해석적 연구다. 절대적 진리를 가정하지 않으며 외부세계에 대한 인식은 인식 주체에 따라 다른 의미를 가질 수 있다고 본다. 즉, 사람들 간의, 사람과 그를 둘러싼 세상과의 상호작용을 통해 구성되는 사회현상은 인식 주체에 따라 저마다 각기 다른 실재로 존재한다고 보는 것이다. 따라서 '이해'를 인식론적 원리(epistemological principle)로 삼는 질적연구(Flick et al., 2004, p. 8)는 의미 형성 과정과 인식 주체의 관점, 인식 주체와 연구자의 관계 등을 중요시 한다. 그렇기 때문에 질적연구에서도 표집은 양적연구에서와는 다른 의미로 매우 중요한 문제다. 누구로부터 자료를 수집하느냐에 따라 연구결과가 달라질 수 있기 때문이다.

연구주제와 관련되는 현상을 다면적이고 총체적으로 이해하는 것이 목적인 질적연구에서는 연구주제에 대한 정보를 풍부하게 제공해 줄 만한 사례를 표집해야 한다. 따라서 질적연구에서는 의도적 표집(purposive sampling, purposeful sampling)을 활용한다. 의도적 표집은 정보를 많이 줄 수 있을 것 같은 소수의 사례를 연구자의 판단하에 표집하는 방법으로, 확률론이 적용되지 않는 비확률적 표집법이다. 따라서 의도적 표집을 통해 분석한 연구결과를 모집단으로 일반화하는 것이 불가하다. 또한, 의도적 표집 시 연구자의 주관이 깊이 개입되므로 양적연구자의 관점에서는 연구의 객관성이 결여되는 표집법이라 할 수 있다. 그러나 양적연구와 달리 질적연구에서는 일반화나 객관화를 추구하지 않는다. 질적연구의 근본 목적은 맥락을 바탕으로 인간 행동에 의미를 부여하고 이해하는 것이다. 심지어 참여자가 한 명이라 하더라도 질적연구는 가능하다. 그 한 명을 면담하고 관찰함으로써 연구주제의 의미를 다면적이고 총체적으로 이해할 수 있다면 질적연구의 목적을 충족하는 것이다. 따라서 질적연구에서는 연구자의 판단하에 연구문제를 잘 조명해 줄 것으로 판단되는 사례를 뽑는 의도적 표집이 자연스러우며 적절하다.

이 책에서는 Patton(1990)의 분류에 따라 의도적 표집에 대하여 설명하겠다. 프로그램 평가의 권위자인 Patton은 질적 연구방법에도 많은 관심을 기울였다. 프로그램 평가를 잘하려면 양적연구뿐만 아니라 질적연구도 중요하기 때문이다. Patton은 의도적 표집법을 열여섯 가지로 분류하였다(pp. 169-183). 그중 가장 많이 쓰이는 일곱 가지 표집법인 극단적이거나 일탈적 사례 표집, 강렬한 사례 표집, 최대변량 표집, 결정적 사례 표집, 전형적 사례 표집, 눈덩이(체인) 표집, 준거 표집에 초점을 맞추어 설명하겠다. 참고로 Patton은 편의표집도 의도적 표집의 하나라고 보았다.

1) 극단적이거나 일탈적 사례 표집

어느 연구에서건 시간을 비롯한 제반 비용을 무한정으로 쓸 수 없기 때문에 사례로부터 가능한 한 많은 정보를 얻고자 노력한다. 극단적이거나 일탈적 사례 표집(extreme or deviant case sampling)은 극단적이거나 일탈적인 몇 가지 사례로부터 최대한의 정보를 얻으려는 방법이다. 이를테면 자퇴하는 학생(극단적인 실패 사례) 또는 큰 성공을 거둔 학생(엄청난 성공 사례)과 같이 특이하기 때문에 정보를 많이 줄 것 같은 사례를 선택하는 표집법이다. 수천 개의 회사 중 가장 수익이 좋은 회사 수십 개를 의도적으로 골라 연구하는 것도 극단적인 사례 표집의 예시가 될 수 있다. 물론, 이 경우 연구문제는 '어떤 회사가 가장 많은 이윤을 창출하는가'이지 '전체 회사의 평균 수익이 어떠한가'가 아닐 것이다. 양적연구에서 극단적인 사례는 보통 이상점(outlier)으로 취급하며 분석에서 제외하는데, 질적연구에서는 극단적이거나 일탈적인 사례를 다룸으로써 양적연구가 설명하지 못하는 부분을 보완할 수 있다.

2) 강렬한 사례 표집

강렬한 사례 표집(intensity sampling)은 앞서 설명한 극단적이거나 일탈적인 사례 표집보다 상대적으로 덜 극단적인 사례를 표집하는 방법이다. 극단적이거나 일탈적인 사례가 오히려 현상을 왜곡하여 보여 줄 수 있다고 여기는 경우 강렬한 사례 표집을 할 수 있다. 다시 말해, 엄청나게 성공한 사례 또는 악명 높은 실패 사례는 너무 극단적이거나 일탈적이라서 믿기 어려우므로, 그 정도로 극단적이거나 일탈적이지는 않으면서도 풍부한 정보를 줄 만한 강렬한 사례를 연구하는 것이다. 같은 맥락에서 가벼운 사례로부터는 풍부한 정보를 얻기 힘들기 때문에 극단적이거나 일탈적이지 않으면서도 가볍지는 않은 사례를 표집하려 한다. 따라서 강렬한 사례를 표집하기 위하여 연구자는 연구하려는 현상 및 맥락이 어디부터 어디까지의 범위에 있는지를 탐색하는 사전 작업이 필요하다.

3) 최대변량 표집

참여자 수는 적은데 서로 특징이 다를 때, 결과를 분석하여 연구결과를 도출하기란 쉽지 않다. 그런데 최대변량 표집(maximum variation sampling)에서는 이를 역이용한다. 다양한 특성을 보이는 집단으로부터 이를 관통하는 공통의 패턴을 포착할 수 있다는 아이디어에서 최대변량 표집이 시작된다. 따라서 최대변량 표집에서는 연구주제와 관련된 중요한 요소를 고려하며 최대한 다양한 특성을 포괄하도록 표집해야 한다. 초등학교 남교사의 학교에서의 경험과 인식을 연구할 때 최대변량 표집을 실시한다고 하자. 그렇다면 근무학교의 크기(대규모 학교, 소규모 학교), 담임 여부, 보직(예: 부장교사) 여부, 결혼 상태, 연령과 같은 중요한 요소가 고루 표집에 반영되도록 남교사를 표집하는 것이 좋다. 그러나 연구결과를 일반화하는 것이 최대변량 표집의 목적이 아니라는 점을 주의해야 한다. 어디까지나 다양한 특성을 보이는 대상으로부터 중요한 패턴과 핵심적인 요소를 파악하는 것이 최대변량 표집의 목적이다.

4) 결정적 사례 표집

'그 사례가 문제가 있다면 모두 다 문제가 있다', '그 집단이 한다면 다른 집단도 할 수 있다', 또는 반대로 '그 집단이 못한다면 다른 집단도 못한다'와 같은 결정적인 사례를 표집하는 방법이 있다. 시간과 자금이 부족할 경우 결정적 사례 표집(critical case sampling)이 특히 유용하다. 몇 안 되는 결정적 사례로부터 다른 사례로 논리적으로 추론하는 것이 가능하기 때문이다. 이를테면 Galileo의 중력 실험도 결정적 사례를 활용한 것으로 볼 수 있다(Patton, 1990). Galileo는 무중력 상태에서 낙하 속도가 같다는 것을 밝혔는데, 이때 깃털을 결정적 사례로 골라 실험함으로써 깃털보다 무거운 물체(예: 동전)로 실험결과를 논리적으로 추론할 수 있었다. 마찬가지로 지방자치단체에서 만든 법령에 대해 주민들이 이해할 수 있을지 알아보고자 한다면, 교육수준이 높은 주민이 결정적 사례가 될 수 있다. 즉, 교육수준이 높은 주민이 이해하지 못한다면 교육수준이 낮은 주민은 말할 것도 없다. 반대로 거의 교육을 받지 못한 주민을 결정적 사례로 뽑을 경우, 이들이 이해한다면 다른 사람들은 모두 이해할 수 있다고 추론할 수 있다.

5) 전형적 사례 표집

경우에 따라 전형적인 사례 표집(typical case sampling)을 실시할 필요가 있다. 이를테면 프로그램 참가자의 경험에 대한 질적연구를 수행하는데, 해당 프로그램에 대해 잘 알려져 있지 않다고 하자. 어느 개발도상국에서 시행되는 산모건강증진 프로그램 참여자에 대한 질적연구를 수행한다면, 특별할 것 없는 평범한 사례를 표집하여 연구하는 편이 극단적이거나 일탈적 사례 또는 강렬한 사례 표집보다 해당 프로그램에 대해 잘 모르는 사람들에게 정보를 더 잘 전달할 수 있다. 이때 어떤 참여자의 사례가 전형적인 사례가 될 만한지 알아보기 위하여 해당 프로그램 스태프와 같은 주요 정보원을 활용할 수 있고, 또는 설문결과의 인구통계학적 변수의 평균값을 활용할 수도 있다. 그러나 전형적 사례의 경험을 전체 사례의 경험으로 일반화하는 것은 적절치 않다. 앞서 설명한 예시에서 해당 프로그램의 전형적인 사례가 될 만한 프로그램 참여자 또는 스태프의 경험을 질적으로 묘사하여 그 프로그램에 대해 잘 모르는 사람도 이해시킬 목적으로 전형적 사례 표집을 실시하였다. 즉, 전형적 사례의 경험이라고 하여 이로부터 전체 사례의 경험을 유추할 수 있는 것은 아니라는 점을 명심해야 한다. 분석 단위가 참가자가 아니라 프로그램일 경우에도 전형적 사례 표집을 할 수 있다. 여러 프로그램이 있을 때, 그중 지극히 평범한 프로그램을 선택하는 것도 전형적 사례 표집에 해당된다.

6) 눈덩이(체인) 표집

눈덩이(체인) 표집(snowball or chain sampling)에서도 정보를 많이 줄 만한 사례 또는 결정적인 사례를 찾는다. 눈덩이 표집은 '누가 이 주제에 대하여 잘 알고 있나요? 누구와 이야기하면 좋을까요?'와 같은 질문으로부터 시작한다. 여러 사람에게 누가 잘 알고 있는지 물어보면서 정보를 얻고, 그로부터 또 다른 사람들을 소개받으며 눈덩이를 굴리듯이 점점 사례수를 늘려 나가는 것이다. 눈덩이 표집은 범죄자, 마약중독자, 성매매 종사자, AIDS 환자와 같이 접근하기 힘든 집단으로부터 표집할 때 주로 쓰이던 방법이다. 이러한 특수 집단은 서로는 잘 알고 연결되어 있기 때문에 처음 한두 명을 알게 되면 이들이 다른 사람들을 소개하며 연구에 대해서 설명해 주고 연구에서의 익명성에 대해서도 안심시켜 주게 된다. 표집 초기에는 가능한 한 많은 사람에게 물어보며 사례를 찾는데, 표집이 진행되는 과정에서 거론되는 이름이나 사건 몇 가지로 수렴된다는 특징이 있다. 이렇게 주로 거론되는 사람들 또는 사건이 질적연구에서의 주요한 정보원이 된다.

7) 준거 표집

다른 의도적 표집과 마찬가지로 준거 표집(criterion sampling)에서도 풍부한 정보를 제공하는 사례를 표집하는 것이 목적이다. 준거 표집에서는 미리 정해 놓은 준거(criterion)에 따라 표집한다. 즉, 미리 정해 놓은 몇 가지 구체적인 준거 또는 기준을 충족하는 참여자를 연구대상으로 표집하는 방법이다. 학교 부적응 학생에 대한 연구에서 결석률이 전체 출석일수의 2/3 이상이거나 벌점 30점 이상인 학생을 표집한다면 준거 표집을 쓴 것이다. 초등학교 수학수업에 관한 연구에서 교육대학을 졸업한 10년 이상 경력의 초등교사, 수석교사나 초등수학교육 전공 석사학위를 소지한 경력 5년 이상의 초등교사를 초등수학수업 전문가로 표집하는 것도 준거 표집의 예시가 된다. 또한, 혼합방법연구에서 양적연구에서의 설문이나 검사 결과를 질적연구에서의 표집에 활용할 때 준거 표집을 실시한다고 말할 수 있다.

4 질적연구의 자료수집

1) 관찰

관찰(observation)은 면담과 더불어 질적연구의 주요 자료수집 기법이다. 관찰은 관찰대상을 보고 들으며 정보를 수집하므로 관찰대상과 소통이 불가능해도 쓸 수 있다. 이를테면 말이 통하지 않는 영·유아나 외국인 또는 심지어 동물도 관찰로 정보를 수집할 수 있다. 질적연구에서 관찰법을 활용한 유명한 학자로 Malinowski가 있다. 후에 문화인류학자로 불리는 Malinowski는 어느 태평양 섬에 사는 원주민 부족의 삶을 장기간에 걸쳐 관찰하며 가족 관계와 혼인 · 제례 등에 대한 연구를 발표하였다. 오랜 기간 그 부족과 함께 생활하며 관찰을 한 결과, 나중에는 그 부족의 언어를 배워 원주민과 직접 소통까지 할 수 있었다고 한다. 이러한 자료수집법을 '참여관찰법'이라 부른다. 사회과학 연구 중에서는 말로 자신을 표현하기 어려운 영 · 유아를 대상으로 하는 연구에서 특히 관찰법을 많이 쓴다. 이 절에서는 참여관찰과 비참여관찰을 구분하여 설명한 후, 관찰기록법의 종류 및 관찰법의 절차를 다룰 것이다.

(1) 참여관찰과 비참여관찰

참여관찰(participant observation)을 통해 관찰대상을 일상생활에서 자연스럽게 관찰하면서 관찰대상의 거부감을 줄이고 더욱 깊고 풍부한 결과를 얻을 수 있다. 앞서 Malinowski의 태평양 원주민 부족에 대한 참여관찰 연구를 들었다. 다른 예시로 노숙자에 대한 연구가 있다. 사회학(사회복지학) 연구자인 관찰자는 노숙자와 같이 생활하고 상호작용하며 자료를 얻고 분석하여 노숙자의 삶을 깊이 있게 이해하게 된다. 즉, 참여관찰을 통해 관찰자(연구자)가 현장에 들어가서 관찰대상과 직접 상호작용함으로써 심층적이고 포괄적인 자료를 수집할 수 있다는 장점이 있다. 그러나 자료수집 및 분석 시간이 상대적으로 오래 걸리고, 관찰대상과 오랜 기간 함께 생활하다 보면 관찰대상에 동화되어 타당하고 객관적인 시각을 견지하지 못하게 될 위험도 있다.

관찰대상과의 상호작용을 최소화하며 관찰하는 것을 비참여관찰(non-participant observation)이라고 한다. 동물행동 연구와 같이 관찰대상과의 상호작용이 어렵거나 불필요할 때 비참여관찰 기법을 활용한다. 또는 관찰로 인하여 관찰장면이 바뀌거나, 관찰대상이 관찰당하는 것을 너무 의식해서 연구결과에 영향을 미칠 수 있다고 판단할 경우에도 비참여관찰이 바람직하다. 북한이탈학생이 우리나라 학교에서 어떻게 적응하고 있는지 알아보기 위하여 관찰법을 쓰기로 했는데, 북한이탈학생이 자신의 신분이 노출되는 것을 원하지 않아서 참여관찰 대상이 되는 것을 거부한다면 비참여관찰을 해야 한다(김미숙, 2005). 학교 부적응 학생이 되는 원인을 파악하고자 할 때에도 부적응 학생의 학교생활을 비참여관찰을 통하여 알아보는 편이 해당 학생의 부담을 줄일 수 있다. 보통 관찰장면과 멀리 떨어진 곳이나 바깥 또는 정해진 관찰장소에서 관찰하며, CCTV나 녹화된 비디오를 통하여 관찰할 수도 있다(김희태, 유진은, 2021). 비참여관찰에서는 관찰자가 관찰상황에 개입하지 않은 상태에서 관찰하기 때문에 관찰자의 존재나 관찰대상과의 상호작용으로 인하여 관찰자가 관찰대상과 동화되는 것과 같은 참여관찰에서의 문제가 최소화된다. 그러나 관찰로 얻을 수 있는 정보가 제한되며, 관찰 맥락과 관련한 변화를 심층적으로 이해하기 어렵다는 단점이 있다.

(2) 관찰기록법의 종류[3)]

관찰기록법의 종류를 일화기록법, 체크리스트법, 시간표집법, 사건표집법으로 나눌 수 있다. 리커트 척도와 같은 평정척도(rating scale)로도 관찰한 것을 기록할 수 있다. 양적연구의 설문지법에서 흔히 쓰이는 리커트 척도는 제2장 양적연구의 자료수집에서 설명하였기 때문에 여기에서는 생략하였다.

① 일화기록법

〈예 7.1〉 일화기록법 예시

관찰 아동	고준서(가명)
관찰 일시	2017. 10. 2. 수요일
장면	몰펀 활동이 끝나고 몰펀을 정리하는 시간
관찰내용	몰펀 선생님이 몰펀을 정리하라고 이야기하고 있음. 준서가 몰펀을 정리하지 않고 몰펀을 가지고 계속 놀이를 하고 있음. 준서 옆에 앉아 있는 친구가 함께 쓰는 몰펀을 정리하자 준서가 소리를 지르며 친구를 때림. 몰펀 선생님이 몰펀을 정리해야 한다고 준서에게 다시 한번 이야기함. 준서가 "아니!! 싫어!"라고 하며 몰펀을 던짐. 몰펀 선생님이 가려고 하자 몰펀 선생님이 들고 있는 몰펀 바구니를 잡고 놓지 않음. 몰펀 선생님이 몰펀 바구니를 준서에게 다른 반까지 옮겨 달라고 이야기하니 울음을 그치고 몰펀 바구니를 다른 반으로 옮김.

– 원계선 등(2015)에서 발췌 · 수정

일화기록(anecdotal records)은 짧은 기간에 일어나는 사건이나 행동을 관찰하여 구체적으로 기록하는 것이다(〈예 7.1〉). 일화기록을 질적연구에서의 사례연구(case studies)와 혼동하는 경우가 있는데, 사례연구는 어떤 특정 사례에 대해 초점을 맞추어 심층적

3) 김희태, 유진은(2021, pp. 267–302)의 제13장 관찰기록 방법을 수정 · 정리하였다.

으로 분석함으로써 주제를 추출해 내는 것이 근본 목적이다. 반면, 일화기록은 하나의 장면 또는 사건에 대한 일화를 누적하여 기록하는 것으로, 사례연구와 같은 질적연구에서의 자료수집 기법으로 활용할 수 있다. 일화기록에서는 주인공과 등장인물의 언어적 반응 및 행동을 육하원칙에 맞추어 기록한다. 관찰상황을 시간의 흐름에 따라 일화가 전개되는 순서로, 일화가 발생한 직후 즉시 기록하는 것이 좋다. 언어적 상호작용의 경우 직접화법으로 기록하며, 가능하다면 사진과 같은 관련 자료도 함께 제시하는 것을 추천한다.

일화기록은 특히 유아를 대상으로 하는 연구에 효과적으로 활용된다. 일화가 나타나는 상황이라면 어디서나 관찰하고 기록할 수 있으며, 예기치 않은 행동이나 사건을 기록할 때도 유용하다. 그러나 관찰 후 바로 기록하지 않는다면 기억의 오류가 발생할 수 있고, 사건이나 행동의 일부만 기록하기 때문에 일반화의 오류를 범할 수도 있다. 일화기록 시 관찰자의 판단이나 편견을 배제하고 사건 또는 행동을 있는 그대로 기록하는 것이 중요하다. 관찰내용과 관찰자의 해석을 구분하여 기록하는 것이 좋다. 관찰자의 해석이나 판단은 일화가 아니므로 일화기록에 포함하지 않고 따로 관찰자 일지로 구성할 수 있다.

② 체크리스트법

〈예 7.2〉 초등영재 행동특성 체크리스트 예시 일부

관찰대상	○○○			
작성 일시	20○○. ○. ○. ○요일			
하위요인				
		항목	예	아니요
호기심	1	의문이 해소될 때까지 끊임없이 질문한다.	√	
	2	질문하기를 두려워하지 않고 바로 질문한다.		√
	3	관심있는 영역과 관련된 각종 대회에 참가하려고 한다.	√	
	4	자신이 경험하지 못한 새로운 것에도 도전한다.		√
과제 집착력	5	이해가 되지 않는 것은 다양한 방법을 동원해서 해결한다.	√	
	6	어려운 과제일지라도 끝까지 수행하려는 태도가 있다.	√	
	7	쉬는 시간과 점심시간을 줄여 가며 과제를 해결하려 한다.	√	

– 이인호, 한기순(2015)에서 발췌 · 수정

체크리스트(checklist)는 관찰할 행동을 미리 목록으로 만들어 관찰 단계에서 해당 행동이 발생할 때 해당 항목에 '√'로 체크하는 것이다(〈예 7.2〉). 따라서 체크리스트법에서는 체크리스트에 들어가는 항목을 연구목적에 부합하는 행동에 대한 것으로 구성하는 것이 중요하다. 나중에 이 목록에 있는 행동만 관찰하여 체크하기 때문이다. 관찰행동 목록을 구성할 때의 주의사항은 다음과 같다. 첫째, 행동이 관찰 가능한 것인지, 혼동의 여지가 없는 것인지 검토하여 목록을 결정해야 한다. 둘째, 관찰할 행동이나 특성을 되도록 상세하게 작성하는 것이 좋다. 셋째, 한 항목이 한 가지 행동이나 특성을 나타내야 한다. 넷째, 관찰 항목이 서로 중복되지 않도록 목록을 구성해야 한다.

체크리스트법은 사용하기 쉽다는 장점이 있다. 목록을 보고 목록에 있는 행동 또는 특성이 있는지 없는지만 체크하면 되기 때문에 빠르게 기록할 수 있다. 예/아니요로 자료를 입력할 수 있으므로 관찰 후 자료를 수량화하기에 수월하며 분석도 쉽다. 일화기록에 비해 관찰자 훈련도 간단하다. 반면, 예/아니요로 기록하기 때문에 빈도나 정도를 파악하기 어렵다는 한계가 있고, 행동 목록 작성에 많은 시간이 걸리며, 목록에 없는 행동 또는 특성은 관찰할 수 없다.

③ 시간표집법

시간표집법(time sampling)은 자주 나타나는 행동 또는 특성을 일정 시간 간격에 따라 반복적으로 관찰하여 빈도를 파악하는 방법이다(〈예 7.3〉). 체크리스트법과 마찬가지로 관찰이 시작되기 전 어떤 행동을 관찰할지에 대한 목록을 만들어야 한다. 강의식 수업 중 학생의 집중도를 파악하기 위하여 시간표집법을 쓰기로 했다고 하자. 학생이 집중하지 않는 예시들을 미리 범주화하여 학생들 간 잡담을 A, 시계를 보는 행동을 B와 같이 표기하도록 목록을 만든다. 관찰자는 관찰이 시작되기 전 관찰행동 목록을 숙지하고 미리 해당 교실의 좌석표를 준비하고 각 학생의 성별, 이름 등을 파악한다. 관찰이 시작되면 모든 학생을 관찰할 수 있는 위치에 자리 잡고 5분 간격으로 학생들의 집중결여 행동을 목록표에 기록한다.

〈예 7.3〉 시간표집법 예시

	10:10	10:15	10:20	10:25	10:30	10:35	10:40	10:45	10:50	합계
A(잡담)	0	1	0	1	2	1	0	2	4	11
B(시계 보기)	0	0	1	0	0	1	3	4	5	14

시간표집법의 경우 관찰이 가능한 행동일 때만 활용 가능하다. 이를테면 머릿속으로 딴생각을 할 뿐, 눈은 강사나 교재를 보고 있는 식으로 겉으로 드러나는 행동을 하지 않는다고 하자. 이 경우 강의에 집중을 하고 있지 않아도 드러나지 않기 때문에 관찰할 수 없다. 또한, 시간표집법에서는 관찰행동에 대해 어떻게 조작적 정의를 하는지가 중요하다. 이를테면 잡담의 경우, 어디부터 어디까지를 잡담으로 볼 것인지를 정의해야 한다. 얼마나 오래 대화해야 잡담으로 간주할 것인지, 단답형으로 짧게 이야기해도 잡담으로 볼 것인지, 먼저 말을 거는 학생을 기록할 것인지, 아니면 말을 길게 이어 나가는 학생을 잡담을 했다고 기록할 것인지 등에 따라 관찰기록이 달라진다. 즉, 잡담에 대하여 미리 조작적으로 정의한 후 관찰해야 하는 것이다. 관찰 시간 간격을 어떻게 할 것인지도 정해야 한다. 앞의 예시에서 5분 간격으로 관찰한다고 했는데, 더 구체적으로 5분 간격으로 10초간 관찰하고 5초간 기록한다는 식으로 시간 간격을 정해 놓는 것이 좋다. 또한, 기록을 빈도(예/아니요)로 할 것인지, 빈도 세기표(예: 강, 중, 약)로 할 것인지, 부호로 쓸 것인지 등을 결정할 필요가 있다.

시간표집법은 조작적 정의를 통하여 미리 정해진 행동목록의 빈도를 관찰하기 때문에 관찰기록의 신뢰도와 객관도가 높은 편이다. 따라서 관찰 결과를 수량화하여 통계적으로 분석하기에 좋다. 한 번에 여러 명을 관찰하고 기록할 수 있어 상대적으로 짧은 시간에 많은 정보를 얻을 수 있으며, 관찰대상의 활동을 방해하지 않고 기록할 수 있다는 장점도 있다. 그러나 관찰행동에 대한 맥락을 고려하지 않기 때문에 왜 그러한 행동을 했는지를 파악할 수가 없다. 목록에 있는 행동에 국한하여 관찰하므로 관찰내용이 제한되며, 관찰행동 간 상호관계를 밝히기도 어렵다.

④ 사건표집법

앞서 설명한 시간표집법에서 시간 간격을 두고 행동을 관찰하였는데, 사건표집법

(event sampling)에서는 특정 사건이나 행동에 초점을 맞춰 관찰한다. 시간표집법에서 행동의 빈도가 관심사라면, 사건표집법에서는 행동의 전후 관계와 맥락이 어떠한지 파악하고 이해하는 것에 관심이 있다. 사건표집법 중 ABC 사건표집법(서술식 사건표집법)은 사건이나 행동이 일어나기 전(A: Antecedent event), 사건 혹은 행동(B: Behavior), 사건 후(C: Consequence)로 나누어 관찰하므로 행동 발생 과정 및 맥락을 파악하기에 좋다(〈예 7.4〉).

ABC 사건표집법에서도 어떤 사건 또는 행동을 관찰할지 미리 명확하게 정해야 한다. 관찰자의 주관적인 해석이나 추론을 배제하며 관찰행동을 객관적으로 기록해야 하며, 관찰대상의 언어적 반응은 큰따옴표를 활용하여 직접 인용한다. ABC 사건표집법은 특정 사건을 중심으로 전후 관계를 파악하기 좋은 방법이다. 그러나 경우에 따라 사건 전, 사건 발생, 사건 후로 일화를 분리하는 것이 쉽지 않다는 문제가 있다. 또한, 관찰행동의 원인과 결과 해석 시 관찰자의 주관이나 편견이 개입될 여지가 있으며, 관찰결과를 수량화하기가 쉽지 않기 때문에 통계적으로 분석하기도 어렵다. 관찰해야 하는 사건 또는 행동이 나타나지 않으면 오래 기다려야 하므로 관찰시간이 얼마나 걸릴지 예측하기 어렵다는 단점도 있다.

〈예 7.4〉 ABC 사건표집법 예시

관찰아동: 고준서(가명)
관찰자: O교사, S교사
관찰일: 2013년 10월 7일~10월 10일
관찰행동: 공격적인 행동

요일	사건 전(A)	사건(B)	사건 후(C)
10월 7일(월)	점심 먹기 전 손을 씻고 오라는 교사의 지시가 있었고, 화장실 앞에 지운이가 다른 아이들과 함께 줄을 선 채 순서를 기다리고 있음.	준서가 다가가 지운이를 때리고 화장실 안으로 먼저 들어감.	교사가 개입하여 준서를 화장실에서 나오게 하고 줄을 서서 기다려야 들어갈 수 있다고 충분히 설명한 후, 다시 줄을 서도록 지도하자 준서가 울며 줄 서기 거부.
10월 8일(화)	등원 후 자유롭게 자유선택 활동을 하고 있었음. 남현이가 공룡모형 놀잇감을 가지고 놀이하고 있음.	준서가 달려와 남현이를 때리며 "준서 꺼!!"라고 하며 공룡을 뺏음.	교사가 준서에게 가서 공룡은 남현이가 먼저 가지고 놀고 있었으니까 남현이에게 공룡을 돌려주라고 이야기하자 소리를 지르고 울며 "싫어!"라고 이야기해서 교사가 놀이를 중단시킴.
10월 10일(목)	바깥놀이가 끝나고 교실로 들어가자는 교사의 지시가 있었음. 모든 유아는 교실로 들어감.	준서가 팔짱을 끼고 붕붕카에 앉아 내리지 않음. 교사가 준서에게 교실로 들어가자고 이야기함. 바닥을 발로 차며 교실에 들어가지 않겠다고 울며 소리를 지름.	교사가 준서에게 점심시간이라고 충분히 이야기를 해 주었지만 계속 자신을 때리고 공격적인 행동을 보여 교사가 안고 교실로 들어옴.

– 원계선 등(2015)에서 발췌 · 수정

(3) 관찰법의 절차[4)]

관찰법의 절차를 관찰준비 단계, 관찰 단계, 관찰평가 단계의 세 단계로 나누어 설명하겠다.

① 관찰준비 단계

관찰준비 단계에서는 관찰목적이 무엇인지 확인하고, 그에 따라 관찰대상, 장소, 장면, 시간, 기록 방법, 보조도구 사용 여부, 보조관찰자 훈련 등을 결정하고 준비한다. 학교 부적응의 원인을 파악하기 위하여 학교 부적응 학생을 관찰한다고 하자. 학교 부적응 학생을 표집한 후, 이 학생의 학교생활 중 어느 장소의 어떤 장면을 어느 시간에 관찰하는 것이 연구목적에 부합할 것인지를 판단해야 한다. 이를테면 교실에서 수업 중 행동을 관찰할 것인지, 아니면 쉬는 시간에 교실 안팎에서 다른 학생들과의 상호작용을 관찰할 것인지 등을 결정하는 것이다. 또한, 관찰준비 단계에서 해당 학교를 사전방문하여 학교장과 교사에게 연구에 대한 개괄적인 설명과 더불어 관찰목적, 진행, 결과 활용 등을 밝힐 필요가 있다. 연구윤리 기준을 어떻게 충족할 것인지 해결하고, 연구자의 소속 기관으로부터 연구 승인도 받아야 한다. 연구윤리와 연구 승인에 대한 보다 상세한 내용은 제13장을 참고하기 바란다.

② 관찰 단계

먼저, 관찰 단계에서는 관찰자의 위치가 중요하다. 관찰자의 위치는 참여관찰이냐 비참여관찰이냐에 따라 달라진다. 참여관찰일 경우 관찰대상자와 상호작용하며 관찰하므로 관찰상황, 관찰시간, 관찰장면에 따라 관찰자의 위치는 융통성 있게 변화된다. 비참여관찰의 경우 관찰자는 멀리 떨어진 위치에서 또는 일방경(one-way mirror)으로 분리된 위치에서 관찰대상자를 관찰하게 된다.

시간이 흐르면서 변하는 관찰대상자의 행동 및 행동과 관련된 현상을 어떻게 기록할지도 결정해야 한다. 관찰기록 방법을 관찰과 기록의 시점에 따라 다음의 세 가지로 정리할 수 있다. 첫째, 관찰과 동시에 기록하는 방법이다. 이 방법에서는 보통 행동이나 현상을 간결하게 설명하는 주제어 또는 축약어로 기록한다. 따라서 주제어 또는 축약

4) 김희태, 유진은(2021, pp. 255-261)의 제3절 관찰법의 절차를 수정하였다.

어로 기록하는 훈련이 필요하며, 관찰이 끝난 이후 관찰기록 내용을 보충하여 정리하는 전사(transcription)를 반드시 실시해야 한다(김희태, 유진은, 2021, p. 257). 둘째, 관찰과 기록을 병행하는 방법이다. 이 방법에서는 일정 시간 동안 관찰한 후 관찰내용을 기록하고 이를 반복한다. 즉, 기록할 때는 관찰하지 않는다. 셋째, 관찰 종료 후 기록하는 방법이다. 관찰 종료 후 기록은 기억을 토대로 기록하므로 관찰내용과 그 순서를 제대로 회상하지 못하는 문제가 발생할 수 있다. 이 방법은 관찰시간이 짧거나 한 장소에서 한 가지 현상만 관찰할 경우 추천한다.

관찰기록은 기록 방식에 따라 서술적 관찰기록, 기호를 이용한 관찰기록, 매체를 이용한 관찰기록으로 나눌 수 있다(김희태, 유진은, 2021, pp. 258-259). 서술적 관찰기록은 관찰대상의 행동, 상황, 사건, 참여자, 분위기, 관찰시간 등을 글로 자세하고 구체적으로 기록하는 것이다. 일화기록법, 표본기록법, 사건표집법 등이 서술적 관찰기록에 해당된다. 기호를 이용한 관찰기록에서는 관찰 전에 관찰할 행동을 목록으로 만들고 이를 기호(예: √, ○, ◎, ☆)로 표기한다. 관찰단계에서 이러한 기호를 활용하여 해당 행동이 발생할 때 체크하는 것이다. 특히 체크리스트법이나 시간표집법에서 기호를 이용하여 기록한다. 매체를 이용한 관찰기록에서는 녹음기, 비디오 등과 같은 매체를 보조도구로 활용하여 정확하게 기록하려 한다. 녹음기나 비디오 기록 결과를 반복해서 보고 들으며 관찰만으로는 놓칠 수 있는 행동이나 사건을 기록할 수 있으므로, 전체 맥락을 파악할 수 있다는 장점이 있다. 같은 녹음기나 비디오 기록 결과도 관찰자에 따라 다르게 판단할 수 있기 때문에 관찰자 간 일치도를 구하여 관찰기록의 신뢰도를 높이려 한다(〈심화 7.2〉).

〈심화 7.2〉 관찰자 간 일치도

관찰방법 중 체크리스트법, 시간표집법, 평정척도법은 관찰 결과를 수량화하기 좋기 때문에 통계분석도 가능하다. 통계분석뿐만 아니라 관찰을 통한 연구의 질적 향상을 위하여 연구자는 채점자(관찰자) 간 신뢰도, 즉 객관도를 높이는 방안을 강구해야 한다(객관도는 제3장에서 설명하였다). 관찰 국면에서는 관찰자 간 일치도를 객관도라 볼 수 있다. 관찰자 간 일치도를 확보하기 위하여 두 명 이상의 관찰자를 훈련시킨 후 일정 수준에 도달한 관찰자만 실제 연구에 투입하는 방안이 있다. 즉, 관찰자를 훈련할 때 비디오로 녹화한 영상을 반복적으로 보고 들으며 관찰자들이 독립적으로 평정한 값으로 관찰자 간 일치도를 구한다. 만일 관찰자 간 일치도가 낮다면, 관찰자 훈련을 맡은 상위관찰자가 누구의 관찰이 옳은지 판단하고 어느 부분에서 관찰이 잘못되었는지를 파악하여 재훈련시킨다. 더 자세한 설명은 유진은(2019)의 제10장을 참고하면 된다.

③ 관찰평가 단계

관찰평가를 연구종료 전과 후의 두 단계로 나누어 실시할 수 있다. 연구종료 전 관찰평가 단계에서는 관찰이 연구목적과 부합하도록 진행되었는지, 관찰 과정에서 문제는 없었는지 등을 검토한다. 관찰을 한 번만 실시할 경우 관찰대상의 행동이나 관련 현상을 충분히 파악하기 어려우므로 관찰은 보통 여러 번 실시한다. 따라서 연구종료 전 관찰평가 결과를 다음 관찰을 개선할 목적으로 활용할 수 있다. 연구종료 후 관찰평가 단계에서는 관찰기록을 체계적으로 분석하여 관찰대상 행동의 원인, 목적, 동기 등을 파악하고 상황을 해석한다. 관찰평가 단계를 통해 얻은 결과를 바탕으로 그에 적합한 조치를 취할 필요가 있다. 이를테면 학습부진 연구에서 관찰을 통하여 학습부진의 원인이 될 만한 상황들을 파악했다면 그 고리를 끊기 위한 프로그램을 만들 수 있다. 즉, 관찰평가 단계에서의 결과를 연구목적에 맞게 활용하는 것이 중요하다.

2) 면담

질적연구에서의 대표적인 기법인 면담(interview)은 면담자와 면담대상자 간 대화를 통해 자료를 수집한다. 면담대상자, 즉 참여자로부터 직접 의견을 묻고 들을 수 있기 때문에 면담은 어떤 현상을 깊이 있게 이해하고 그 의미를 파악하기에 매우 좋은 방법이라 할 수 있다. 면담은 다양한 기준에 의해 분류될 수 있다. 일대일로 하는 개별면담, 여럿과 하는 집단면담의 형태가 있고, 매체에 따라 면대면 면담, 전화 면담, 인터넷/이메일 면담 등으로 나눌 수도 있다. 각각의 특징 및 장단점이 있으므로 본인의 연구에 맞는 방법을 선택하면 된다. 이 책에서는 면담 프로토콜(interview protocol, 또는 면담 가이드)의 구조화 정도에 따라 구조화 면담, 비구조화 면담, 반구조화 면담으로 구분하여 설명하고, 집단면담인 FGI를 예시와 함께 제시하겠다. 이어서 면담 시 고려사항, 그리고 면담 질문 유형과 순서를 정리하겠다.

(1) 면담의 종류

① 구조화 면담과 비구조화 면담

구조화 면담(structured interview)은 말 그대로 면담이 구조화된 것으로, 같은 질문들을 같은 순서로 모든 면담대상자에게 묻는다. 이미 만들어진 질문 목록을 활용하는데, 일부 개방형 문항을 제외하고는 대부분 폐쇄형 문항(예: 예/아니요, 또는 (전혀) 그렇지 않다/보통이다/(매우) 그렇다)으로 구성되므로 면담자가 누구냐에 따라 결과가 크게 다르지 않고 면담 결과가 일관적인 편이다. 따라서 면담 기법에 대하여 경험이 적은 연구자도 구조화 면담을 쓸 수 있다. 그러나 융통성이 없는 방법이므로 돌발 상황에 대처하기 힘들고, 새로운 사실을 발견할 가능성이 낮다는 문제가 있다. 즉, 질적연구로서의 장점을 충분히 활용하기 힘든 방법이다. 따라서 구조화 면담을 쓰는 질적연구는 찾아보기 어렵다. 구조화 면담은 임상 목적의 진단검사에서 주로 활용된다. 예를 들어, 정신장애 진단용 임상면담도구인 SCID[5]의 경우 순서대로 제시되는 문항에 대하여 면담대상자인 환자는 예/아니요로 응답하고, 면담자는 '정보 부족, 증상 없음, 역치 이하, 증상 있음' 중 하나로 평가하도록 한다(한오수 등, 2000).

반면, 비구조화 면담(unstructured interview)에서는 사전에 계획된 명확한 질문 목록이 없다. 보통 연구주제와 관련된 하나의 일반적인 질문으로 비구조화 면담을 시작하는데, 면담대상자의 답변에 따라 다음 질문은 완전히 달라질 수 있다. 면담 시 방향 및 내용을 거의 통제하지 않기 때문에 융통성을 발휘하기에 좋다. 따라서 비구조화 면담을 수행하는 면담자는 연구주제에 대한 지식 및 면담 기술뿐만 아니라 면담대상자로부터 자연스러운 대화를 이끌어 낼 수 있는 인간관계 기술까지 겸비해야 한다. 즉, 면담 기법 중 면담자의 다방면에서의 전문성이 가장 많이 요구되는 기법이다. 면담대상자에 따라 질문도 달라지고 질문 순서도 같지 않기 때문에 양적연구 관점에서의 신뢰도는 낮다. 그러나 전문성을 지닌 연구자가 비구조화 면담을 하게 된다면 구조화 면담으로는 불가능한 풍부한 정보를 얻을 수 있다는 장점이 더 크다. 비구조화 면담은 심층면담(in-depth interview)이라고도 불리며, 일대일로 실시되는 개별면담(individual interview) 방법을 이용한다. 비구조화 면담에서의 면담자의 역할, 면담 수행 단계, 그리고 비구조

5) 한국어판 SCID(Structured Clinical Interview for DSM-IV)는 개괄 질문과 정신증적 장애, 기분장애, 섭식장애 등에 대한 10개의 모듈로 구성된다. 면담자는 각 모듈을 순서대로 진행하되, 사용 목적에 따라 일부 모듈을 선택적으로 사용할 수 있다.

화 면담 시 맞닥뜨릴 수 있는 어려움 등 비구조화 면담에 대한 자세한 설명은 Corbin과 Morse(2003), Zhang과 Wildemuth(2017) 등을 참고하기 바란다.

② 반구조화 면담

반구조화(semi-structured) 면담은 구조화-비구조화 연속선상의 어느 가운데에 있는 방법으로, 구조화 면담과 비구조화 면담의 장점을 취합하는 방법이라 할 수 있다. 즉, 면담자에 따라 면담 결과가 달라지거나(비구조화 면담), 깊이 있는 결과를 얻기 어려워지는(구조화 면담) 문제를 줄이고자 하는 방법이다. 반구조화 면담에서는 큰 틀에서 질문 목록이 있고, 상황에 따라 질문이 추가되거나 제외되기도 한다. Kim(2016)은 한 탈북자가 영어를 배우면서 그의 사회적 정체성을 어떻게 형성시켜 나가는지를 사례연구를 통하여 살펴보았다. Kim은 참여자가 작성한 성찰일지를 읽으며 만든 질문으로 면담을 진행하되, 자연스럽게 떠오르는 문제나 아이디어를 추가적으로 질문하는 반구조화 면담을 수행하였다. 이렇듯 반구조화 면담은 사전에 준비한 질문 목록이 있다는 점에서 구조화 면담과 유사하고 비구조화 면담과 대비되나, 계획한 질문이 아니더라도 면담자의 반응에 따라 융통성 있게 질문을 할 수 있다는 점에서 비구조화 면담의 특징도 지니고 있다.

③ FGI 구성 및 질문 유형

FGI(Focus Group Interview: 초점집단면담)도 반구조화 면담의 일종이다. FGI는 집단면담(group interview)이기 때문에 심층면담에서는 다룰 수 없는 집단 역동성(group dynamics)까지 관찰하면서 풍부한 정보를 얻을 수 있다는 장점이 있다. 기업의 신상품 출시를 위한 의견 조사, 선거 이슈에 대한 여론 파악, 보건/사회복지 정책에 대한 이해관계자의 의견 수렴 등에 흔히 활용된다. FGI는 면담 주제에 대한 의견이 있을 만한 6~8명의 면담대상자와 한 명의 진행자(facilitator, moderator: 촉진자)로 구성된다. 면담대상자는 면담 주제와 관련이 있는 사람으로 하되, 자원자보다는 적합한 참여자를 선정하여 참여를 권하는 것이 낫다. 자원자의 경우 FGI의 연구주제에 대해 강한 의견이 있거나 또는 FGI에 참여하려는 다른 어떤 목적이나 의도가 있을 수 있는데, 이로 인하여 FGI가 제대로 실시되기 어려울 수 있기 때문이다(Bader & Rossi, 2002, pp. 13-14). FGI의 진행을 맡는 촉진자는 다양한 기술을 겸비해야 한다. 먼저, 참여자들이 적극적으로 면담에 참여할 수 있도록 활기차고 편안한 분위기를 조성하는 기술, 참여자들 간의 상호작용에 민첩하게 반응하는 기술, 정해진 시간 안에 면담 주제에 대한 다양한 의견을 이끌어 내고 정리하는 기술이 요구된다. 뿐만 아니라, 참여자를 경청하고 참여자의 반응을 이전 면담 또는 이전 발언과 연결할 수 있는 기억력, 주제와 관련된 풍부한 배경지식 및 면담 경험도 갖추고 있어야 한다(Bader & Rossi, 2002, p. 19).

FGI에서 사용하는 질문은 시작(opening), 도입(introductory), 전환(transition), 핵심(key), 마무리(ending) 질문으로 구분할 수 있다(Krueger, 1998, pp. 21-30). 먼저, 이름, 사는 곳 등을 서로 말하게 하는 시작 질문을 통해 참여자들이 서로 인사하며 친해지도록 한다. 시작 질문에서는 의견이 갈리거나 첨예하게 대립되는 질문을 하면 안 된다. 참여자들의 공통점을 부각할 수 있는 질문을 통해 참여자 간 공동체 의식을 형성함으로써 FGI가 성공적으로 수행될 수 있도록 한다. 다음으로 도입 질문에서 면담 주제에 대한 토론을 시작한다. 이 단계에서 FGI 주제와 관련된 경험 또는 상황을 회상하는 질문을 하기도 한다. 이후 핵심 질문으로 넘어가기 전에 전환 질문을 활용한다. 도입 질문이 주제를 표면적으로 다룬다면, 전환 질문부터는 해당 주제에 대해 좀 더 깊이 들어가게 된다. 다음으로 FGI 주제의 주요 사안에 대한 통찰을 얻기 위하여 핵심 질문을 활용한다. 핵심 질문 단계에서 실질적인 연구가 진행되기 때문에 연구자는 이 단계에 충분한 시간을 할애해야 한다. 마지막 마무리 질문 단계에서는 면담 내용 전반에 대한 요약 질문과 최종 질문을 한다. 요약 질문으로 '제가 요약한 것이 맞나요?', 최종 질문으로 '혹시 빠뜨리거나 놓친 부분이 있을까요? 더 말씀하고 싶으신 부분이 있으면 말씀해 주세요' 등이 있다.

〈표 7.1〉에서 FGI의 시작, 도입, 전환, 핵심, 마무리 단계로 나누어 질문 유형의 목적 및 예시를 제시하였다. 생활체육 동호회를 통한 생활체육 활성화 및 국민건강증진을 목적으로 실시하는 FGI 예시로, 이전에 생활체육 동호회에 참여한 적이 있으나 현재 생활체육 동호회 활동을 하지 않는 성인을 대상으로 동호회 활동의 제약 요건이 무엇인지 파악하는 것이 연구목적이다.

〈표 7.1〉 FGI 질문 유형의 목적과 예

질문 유형	목적과 예
시작	[목적] 참여자들이 친해지면서 서로 연결되어 있다고 느끼게 하기 [예] 성함과 사는 곳, 하는 일을 간단하게 말해 주세요.
도입	[목적] 면담 시작: 주제에 대한 토론 시작하기 [예] 여기 계신 분들은 모두 과거에 생활체육 동호회 활동을 한 적이 있으나 현재는 적극적으로 활동하지 않는 분들입니다. 과거에 참여했던 생활체육 종목에 대해 간단하게 말씀해 주세요.
전환	[목적] 핵심 질문으로 자연스럽고 부드럽게 넘어가기 [예] '생활체육 동호회'라는 말을 들었을 때 어떤 생각이 드나요? 무엇이 떠오르나요?
핵심	[목적] 주요 사안에 대한 통찰 얻기 [예] 과거에 생활체육 동호회를 시작하게 된 계기는 무엇이었나요? (친구, 가족, 이웃의 권유/시간적 여유/건강 상태의 변화) [예] 현재 생활체육 동호회 활동을 하지 않는 이유는 무엇인가요? (시간적 · 경제적 문제/생활체육 시설 접근성 문제/종목 특성으로 인한 경쟁적 분위기/동호회 구성원 간 갈등)
마무리	[목적] 강조할 부분을 확인하고 면담 마무리하기 [요약 질문 예] 생활체육 동호회에 관해서 관계자에게 1분 동안 말할 수 있다면, 어떤 말씀을 하시겠습니까? 생활체육 동호회를 한 문장으로 표현한다면 어떻게 정리할 수 있을까요? [최종 질문 예] 지금까지 다양한 의견 감사드립니다. 저희는 생활체육 동호회를 통한 생활체육 활성화 및 국민건강증진을 위하여 노력하고 있습니다. 이와 관련하여 혹시 마지막으로 추가하실 말씀이 있으실까요?

시작, 도입, 전환, 핵심, 마무리의 다섯 가지 질문 유형을 모두 FGI에서 사용해야 하는 것은 아니지만, FGI 질문 작성 시에 참고하는 것이 좋다. 특히 초보 연구자의 경우 너무 빨리 핵심 질문 단계로 들어가는 경향이 있는데, 그렇게 되지 않도록 주의를 요한다. FGI 집단 구성, 진행자 훈련, 자료분석 등에 대한 자세한 설명은 Krueger와 Casey(2015), Rabiee(2004) 등을 참고하기 바란다.

(2) 면담 시 고려사항[6)]

① 면담대상자와 라포 형성

면담에서는 면담대상자(참여자)와 대화를 통해 자료를 수집한다. 관찰과 달리 면담은 연구대상으로부터 생생한 정보를 얻을 수 있다는 점이 장점인데, 그렇지 못하다면 면담을 실시하는 의의가 퇴색된다. 따라서 면담대상자와 라포(rapport)를 형성하고 면담대상자가 자유로운 분위기에서 편하게 의견을 말할 수 있도록 관계를 만드는 것이 중요하다. 면담자는 면담을 시작할 때 날씨와 같은 가벼운 주제로 시작하여 면담대상자가 너무 긴장하거나 경계하지 않고 편안한 마음으로 면담에 참여할 수 있도록 분위기를 만든다. 면담이 시작된 다음에도 고개를 끄덕거리거나 눈을 맞추고 조용한 미소를 짓는다든지, 의견을 말해 줘서 고맙다는 식으로 칭찬을 하는 것이 좋다. 즉, 면담대상자로 하여금 면담자가 자신의 의견을 귀담아듣고 있으며 자신이 존중받고 있다고 인식하도록 여건을 조성할 필요가 있다. 그 결과, 면담대상자는 면담을 가치 있게 여기고 면담에 집중하게 된다.

② 연구목적/의의 설명

면담이 시작되기 전에 면담자는 면담대상자에게 연구목적/의의/중요성을 설명해야 한다. 면담대상자가 연구 의의 및 중요성을 충분히 이해하고 면담을 통해 자신이 기여할 수 있다고 생각한다면, 보람을 느끼며 더욱 적극적으로 면담에 참여하게 된다. 이와 관련하여 면담자는 자신이 해당 주제에 대해 충분히 전문적인 지식이 있다는 것을 면담대상자에게 너무 직접적이지는 않은 방향으로 피력할 필요도 있다. 면담자가 전문가가 아니라는 느낌을 받는 상황이 된다면 면담대상자는 면담에 진지하게 임하지 않을 수 있기 때문이다.

③ 면담 녹음/녹화

면담자는 될 수 있는 한 면담을 녹음/녹화하는 것이 좋다. 사람의 기억력에는 한계가 있으며, 면담 장면을 반복하여 듣거나 보면서 이전에 미처 파악하지 못했던 중요한 내용을 포착할 수 있기 때문이다. 당연히 면담이 시작되기 전에 면담대상자에게 면담 녹

---

6) 김영천(2016, pp. 320-325, 334-338)을 참고하였다.

음/녹화에 대한 동의를 구해야 한다. 면담대상자가 거부할 경우 노트 필기를 활용할 수 밖에 없다. 특히 면담 중 노트 필기는 면담대상자로 하여금 자신의 의견에 경청하고 있다는 신호를 주기 때문에 녹음/녹화 여부에 관계없이 면담자는 노트를 지참하고 중요한 내용은 필기하는 것이 좋다. 또한, 녹음/녹화된 면담 사료는 될 수 있는 한 같은 날 다시 들어보고 정리하는 시간을 가질 것을 권한다. 시간이 지날수록 생생한 기억과 느낌이 바래져 맥락 및 주제를 포착하기 어렵게 되기 때문이다.

④ 면담자의 태도

연구목적의 면담은 신변잡기 대화와 질적으로 다르다. 면담자는 연구목적을 염두에 두며 면담대상자의 말을 경청해야 한다. 어디까지나 면담대상자로부터 연구에 필요한 자료 또는 정보를 얻는 것이 면담의 목적이다. 즉, 면담자의 주된 역할은 면담대상자의 말을 경청하며 흐름에 맞는 질문을 적시에 하는 것이지, 재미로 면담대상자와 수다를 떨고 시간을 보내는 것이 아니다. 더군다나 어떠한 사안에 대하여 자신의 의견을 구체적으로 제시하면서 면담대상자를 훈계하거나 가르치는 것은 면담자가 자신의 역할을 잘못 설정한 것이다. 특히 면담자가 면담대상자보다 공부를 많이 했거나 사회적인 지위가 높은 경우, 면담자의 잘못된 태도로 인하여 면담대상자가 위축되어 제대로 의견을 피력하기 어렵게 되거나 면담에 흥미를 잃을 수 있다. 이 경우 면담이 제대로 진행될 수 없다는 것을 명심해야 한다. 그렇다고 하여 면담자가 면담대상자의 말을 무조건적으로 듣고만 있어야 하는 것은 아니다. 면담이 연구주제와 다른 방향으로 흘러갈 때, 면담자는 면담대상자의 기분을 상하지 않게 하는 선에서 다른 질문을 하면서 면담의 흐름을 바꿔야 한다.

⑤ 면담 관련 자료

면담 전 면담대상자에게 질문 목록 또는 면담 관련 자료를 보내어 면담이 원활하게 진행되도록 준비할 시간을 줄 수 있다. 특히 주제가 생소하거나 어려울 경우 면담 전 시간을 주고 미리 생각해 보게끔 하는 것이 좋다. 면담 중에도 사진, 동영상, 면담대상자의 기록물 등을 활용하여 면담 진행을 원활하게 할 수 있다. 생애사 연구에서 면담대상자의 사진 앨범을 활용한다고 해 보자. 면담대상자는 사진을 보면서 등장인물, 장소, 사건에 대하여 생생하게 기억하고 그때의 기분을 떠올릴 수 있고, 면담자 또한 사진 자료에 힘입어 보다 구체적으로 질문하며 필요한 정보를 수집할 수 있게 된다.

⑥ 면담 수행에 따른 윤리적 고려

면담자는 면담 자료를 명시된 연구목적 외에는 절대 사용하지 않아야 한다. 특히 면담대상자의 신분 및 신상이 공개되지 않도록 익명으로 기록하는 것이 좋다. 면담자는 면담내용의 비밀보장을 약속하며 면담대상자를 안심시켜야 한다. 혹시 면담 내용을 다른 사람들이 알게 된다고 생각할 경우, 면담대상자는 솔직하게 의견을 제시할 수가 없게 된다. 면담대상자가 면담 참여에 동의한다고 하더라도 녹음이나 녹화는 면담대상자의 허락이 있을 때에만 가능하며, 면담 진행 도중이라도 면담대상자가 기록 중단을 요구하면 이에 응하여야 한다. 또한, 면담자는 면담대상자에게 절대로 해를 끼치면 안 되고, 가급적이면 면담대상자에게 도움이 되는 방향으로 면담을 진행해야 한다. 예를 들어, 면담대상자가 성추행 경험이 있으며 그것을 아직까지 극복하지 못했다는 것을 면담 중 알게 되었다면, 면담자는 면담대상자에게 성추행 피해자 구제 법률 및 관련 단체를 알려 줄 수 있다. 면담대상자가 면담 과정에서 면담이 자신에게도 도움이 된다고 느낀다면 면담에 더욱 적극적으로 임하게 된다.

(3) 면담 질문 유형과 순서

면담 질문은 면담대상자로 하여금 어떠한 반응을 이끌어 내는 자극(stimulus)으로 작용한다. 질문 내용은 물론이고 워딩(wording)에 따라 반응이 달라질 수 있기 때문에 어떻게 질문하는 것이 좋은지 기술적으로 접근할 필요가 있다. 면담에서의 좋은 질문은 폐쇄형이 아니라 개방형이며, 가치 판단이 들어가 있지 않은 중립적인 질문이다(Patton, 2014). 즉, '예/아니요'로 답하는 질문보다는 '~에 대하여 어떻게 생각하십니까?' 또는 '~에서 가장 마음에 드는 점은 무엇입니까?'와 같은 개방형 질문으로 묻는 것이 좋다. 또한, '왜'라는 질문보다는 '무엇'에 대해 질문하는 것이 좋다(Krueger, 2002; Patton, 2014). 이를테면 '왜 그때 도움을 요청하지 않았나요?'와 같은 질문은 면담대상자를 책망하거나 면담대상자로 하여금 공격받는 느낌이 들게 할 수도 있고, 또는 '그냥 도움을 요청할 수 없었으니까요.'와 같은 단순한 대답이 나오는 질문이다. 면담자는 '무엇 때문에 그때 도움을 요청하지 않았을까요?'라는 식으로 질문을 바꾸는 것이 좋다. 면담 시 질문법에 대한 자세한 설명 및 예시 자료는 Patton(2014, pp. 655-669)을 참고하기 바란다. 이 책에서는 면담 질문 유형과 순서에 대하여 설명하겠다.

Patton(2014, pp. 651-653)은 면담 질문을, ① 경험과 행동, ② 의견과 가치, ③ 감정, ④ 지식, ⑤ 감각, ⑥ 인구통계학적 배경의 여섯 가지 유형으로 나누었다. '보통 하루 일과가 어떻게 되세요?'와 같은 질문은 첫 번째 유형인 경험과 행동을 물어보는 질문이다. '……에 대해 어떻게 생각하세요? ……에 대한 의견을 들어볼 수 있을까요?'와 같은 질문은 어떤 이슈나 경험에 대한 면담대상자의 생각 또는 의견을 구하는 질문이다. 이는 두 번째 유형인 의견과 가치에 해당된다. 세 번째 유형인 감정에 대한 질문은 '그때 어떤 기분이셨나요?'와 같이 느낌을 물어보는 것으로, 상담대상자가 자신의 감정을 '기뻤다, 재미있었다, 감동하였다, 당황스러웠다, 걱정스러웠다, 무서웠다' 등으로 답하는 것을 기대한다는 점에서 두 번째 유형과 다르다. 면담자가 면담대상자의 상황을 이해하려면 사실 관계가 어떠한지도 알아야 한다. 네 번째 유형인 지식은 사실 혹은 팩트(facts) 수집과 관련된다. 이를테면 '그 프로그램은 일주일에 몇 번 가도록 되어 있나요? 그 프로그램에 참여하기 위한 자격 조건이 있나요?'와 같은 질문이 그러하며, 이는 의견이나 감정을 물어보는 질문과 다르다. 다섯 번째 유형은 보고, 듣고, 냄새 맡고, 맛을 보고, 만져 보는 감각과 관련된다. 예를 들어, '그 건물 로비에 발을 들였을 때 처음 본 것이 무엇인가요? 어떤 소리가 들렸나요? 혹시 어떤 냄새도 맡을 수 있었나요?'와 같이 감각기관이 받아들이는 정보가 어떠했는지 물어보는 질문이다. 이 유형의 질문은 감각 관련 정보를 수집하는 것이 필요할 때만 물어본다. 여섯 번째 유형의 질문으로 연령, 학력, 직업, 가족 관계, 거주 유형과 같은 인구통계학적 배경 정보를 수집한다.

이 여섯 가지 유형의 질문이 과거, 현재, 미래의 세 가지 시제와 결합하면 총 18(=6×3)가지가 된다. 면담자는 이 중 일부를 선택하여 물어보게 되는데, 질문 순서에 있어서 정답은 없다. 특히 비구조화 면담의 경우에는 질문 순서를 미리 정해 놓는 것은 바람직하지도 않지만 가능하지도 않다. Patton(2014, p. 654)에 따르면 현재의 경험과 행동에 대해 물어보는 것으로 면담을 시작하는 것이 좋다고 한다. 이러한 질문은 일부러 기억하거나 해석해 내려고 노력할 필요가 없기 때문에 면담대상자 입장에서는 답하기 쉽고, 면담자 입장에서는 특정한 맥락 없이 물어보기에 좋은 질문이다. 특히 현재에 대해 물어보는 것이 과거에 대해 물어보는 것보다 답을 얻기가 쉽다. 반면, '앞으로 어떻게 행동하실 건가요?'와 같은 미래에 대한 질문은 면담대상자로서는 상당히 숙고해서 답해야 하는 질문인데, 그에 대한 답도 현재나 과거 질문에 대한 답처럼 신뢰하기가 어렵다. 현재에 대해 물어보고, 같은 질문을 시제를 바꾸어 과거에 대해 물어보는 것이 좋으며, 미래에 대한 질문은 필요할 때만 할 것을 권한다(Krueger, 2002; Patton, 2014).

또한 경험과 행동에 대한 질문 이후 의견과 감정에 대한 질문이 이어지며 면담대상자로 하여금 경험과 행동에 기반하여(즉, 특정 맥락하에서) 해석하도록 한다. 지식에 대한 질문은 어느 정도 라포가 형성된 후에 하는 것이 좋다. 지식 질문을 성급하게 할 경우 면담대상자 입장에서 취조당하는 것 같은 기분이 들 수도 있기 때문이다. 의견과 감정에 대한 질문과 마찬가지로 지식에 대한 질문도 맥락이 필요한 것이다. 배경에 대한 질문은 상담대상자에 따라 불편하게 받아들일 수도 있는 질문이므로 최소한으로 줄이고, 면담 과정에서 전략적이며 비간섭적으로 정보를 수집하는 것이 좋다. 절대로 면담을 배경 질문으로 시작하면 안 된다. 배경 정보를 통하여 면담 초기에 면담대상자 및 상황을 이해할 때 도움을 얻을 수는 있다. 그러나 앞서 설명한 이유로 간접적인 방식으로 배경 정보를 얻는 것에 그치고, 면담 마지막에 가족 관계, 거주 지역 및 형태와 같은 배경 정보를 물어보는 것이 좋다.

3) 관찰과 면담의 특징

관찰대상과 소통이 불가능해도 관찰법을 쓸 수 있는 점이 관찰법의 장점이다. 이를테면 말이 안 통하는 유아를 대상으로 하는 연구에서 관찰법은 유아의 성장 과정이나 변화에 대한 정보를 얻기에 매우 좋은 방법이다(김희태, 유진은, 2021, p. 261). 면담보다 상대적으로 자료수집이 쉽다는 점도 장점이다. 특히 체크리스트법, 일화기록법, 사건표집법 등은 간단한 관찰자 훈련을 통해 쉽게 실시할 수 있으며, 그 결과 또한 객관적인 편이다. 그러나 겉으로 드러나지 않는 특성은 관찰하기 힘들고, 관찰자에 의해 관찰상황이 변할 수도 있다는 문제가 있다. 또한, 관찰대상이 어떤 특정 행동을 사적인 영역이라고 생각하여 관찰당한다는 것에 거부감을 느낀다면 관찰 기간 동안 그 행동을 아예 안 하려고 할 수 있다. 또는 관찰당하고 있다는 사실을 인식할 경우 관찰대상이 의식적으로 특정 행동을 더 하거나 덜 할 수도 있다. 교사의 수업을 연구하기 위하여 관찰을 한다고 하자. 처음 보는 사람(관찰자)이 교실 뒤에서 자신을 관찰한다는 사실이 너무 좋아서 안 하던 발표를 하거나 돌발행동을 하는 학생이 있는가 하면, 반대로 누군가가 자신을 관찰한다는 것이 부끄러워서 평소에 잘하던 발표도 안 하고 소극적으로 임하는 학생도 있다. 이러한 관찰대상의 과잉/과소 반응 문제에 대한 해결 방안으로 관찰 기간을 늘리는 것이 있다. 초기에는 관찰당한다고 의식했던 관찰대상도, 시간이 지나면서 관찰자에게 익숙해져서 의식적인 과잉/과소 반응이 줄어들 수 있는 것이다.

면담의 경우 보통 얼굴을 보면서 이루어진다. 따라서 면담대상자의 반응을 보면서 사연스럽게 추가 질문을 통해 정보를 얻을 수 있고, 말로 설명을 해 줄 수 있기 때문에 복잡한 질문도 할 수 있으며, 답변을 듣다가 떠오른 어떤 주제에 대하여 자세히 캐묻기(probing)까지 가능하다는 점이 큰 장점이다. 특히 자기보고식 설문으로 자료를 수집할 때와 비교한다면, 면담은 글을 모르는 문맹자나 어린이에게도 실시할 수 있다는 장점이 있다. 그러나 고위직 정치인 또는 교도소 수감자와 같은 특수계층을 대상으로 하기는 쉽지 않다. 면담대상자에게 대면으로 면담을 하기 때문에 결과가 무기명으로 쓰일 것이라고 납득시키는 것도 어렵다. 이를테면 동성애와 같은 민감한 주제를 다루며 동성애자를 면담하는 경우 면담대상자인 동성애자들이 자신의 신분이 노출되는 것을 우려하며 면담에 협조적이지 않을 수 있다. 자료수집을 맡은 면담자가 본인의 편견으로 인하여 선입견을 가지게 되는 문제도 있다. 면담대상자가 허름하고 냄새나는 옷을 입은 것을 보니 게으르고 자기관리를 못 하는 사람일 것이라고 생각하며 면담대상자에 대해 마음속으로 폄하하게 된다면, 이후 면담 과정에서 옳은 정보를 수집할 수 없고 따라서 연구가 제대로 이루어질 수 없게 된다. 즉, 면담을 통해 자료를 수집하고 분석할 때는 면담자의 기술과 태도가 특히 중요하므로 충분한 훈련이 필요하다.

〈예 7.5〉 관찰 및 면담의 질을 높이기 위한 노력 예시

관찰 및 면담에서 수집한 자료의 질은 곧 연구의 질로 연결된다. 제주 해녀의 건강생활 관련 문화를 연구한 김필환(2016)은 관찰과 면담의 질을 높이기 위해 어떠한 노력을 기울였는지를 다음과 같이 자세하게 설명하였다. 먼저, 관찰 및 면담 기법을 배우고 익히기 위하여 지도교수뿐만 아니라 문화기술지 연구에 대한 지식과 경험이 풍부한 전문가와 정기적인 모임을 가지며 면담 시 주의사항과 질문 방법, 분위기 조성 방법 등을 배웠다. 그리고 관련 보수교육, 세미나 및 콜로키움에 지속적으로 참가하였으며, 학술대회에서 논문을 발표하며 연구기술을 숙련시켰다. 또한, 해녀들의 움직임을 처음부터 제대로 관찰하기 어려울 것이라 예상하고 지도교수의 지도하에 관찰 기술과 관찰지 작성법을 연습하였다. 이를테면 해녀들의 모습과 제주 해녀와 관련된 다양한 장소를 사진으로 찍고, 그 사진을 보면서 관찰 기술과 기술관찰지 작성법을 연습하는 식이었다.

김필환은 사전조사를 통하여 관찰과 면담이 참여자들의 일상을 방해하지 않으면서 원활하고 효과적으로 진행될 수 있도록 계획하였다. 사전 현장방문 결과, 현장조사 시 주의할 사항 두 가지를 발견하였다. 하나는 장기체류 시 자신의 생활패턴을 해녀들에게 맞추기가 쉽지 않다는 것, 다른 하나는 해녀들이 고된 작업과 밭일을 병행하기 때문에 피로도가 높아 면담 시간과 시각을 적절히 조절해야 할 필요가 있다는 것이었다. 예비면담은 집단면담으로 이루어졌는데, 이 과정에서 자료수집 시 생길 수 있는 문제도 파악할 수 있었다. 즉, 집단면담 중 경쟁하듯이 자신의 이야기를 많이 하려고 하는 일부 해녀들로 인해 주제가 초점을 벗어나기도 하였고 참여자 간 알력이 발생하였으며, 자신의 이야기보다는 타인의 이야기만 늘어놓는 참여자도 있었다. 따라서 김필환은 한 명의 연구자로는 관찰과 면담을 동시에 실시하기 어렵다고 판단하고 본조사에서는 개별면담만 실시하였다. 뿐만 아니라 연구자는 참여자들의 신뢰를 얻고 해녀들과 마을 사람들에게 자연스럽게 융화될 수 있도록 몸가짐과 마음가짐에도 신경을 썼다. 그는 연구에 참여하지 않는 마을 사람들에게도 항상 밝게 인사하였으며 옷차림과 머리모양을 단정하게 하고 지나치게 크게 웃거나 마을을 배회하는 행동을 삼갔다. 이렇게 연구자가 수행한 관찰과 면담의 준비과정과 진행방식에 대한 근거를 자세하게 설명하는 것은 독자가 수집된 자료의 질과 연구자가 도출한 연구결과를 신뢰할 수 있게 해 준다.

관찰과 면담을 통한 질적연구에서의 자료수집 및 분석이 양적연구를 보완하며 양적연구에서의 자료수집 및 분석과 다른 관점에서 연구에 기여할 수 있다. 관찰/면담을 통하여 현상에 대해 깊이 있게 이해하고 의미를 파악할 수 있는데, 이는 양적연구로는 가능하지 않다. 그러나 관찰자/면담자의 주관이나 선입견이 개입될 수 있으며, 이로 인하여 수집된 자료의 타당성이 훼손될 수 있다는 점이 관찰/면담의 문제점으로 지적된다. 관찰/면담 자료수집 시 양적 자료수집에 비하여 엄밀성이 떨어지며 연구의 객관성 확보가 어려워진다는 우려도 있다. 이를테면 충분한 관찰자 훈련 없이 관찰을 실시한다면 관찰기록의 일관성이 결여될 수밖에 없다. 이는 질적연구의 연구방법에 대해 주로 지적되어 왔던 비판으로 연결된다. 질적연구자들은 이와 관련해 여러 보완책을 강구해 왔다. 예를 들어, 긴 시간 동안 참여관찰을 통한 현장조사를 수행하며 자료를 수집하고, 수집한 자료를 반복하여 코딩하면서 일관성을 확보할 수 있다. 연구자가 분석한 내용에 대해 동료 연구자들의 검토를 받고, 참여자들로부터 확인받기도 한다. 관찰자와 면담자가 어떠한 훈련을 받았는지를 제시하는 것도 수집한 자료의 질과 분석결과의 타당성을 독자에게 설득하는 데 도움이 되는 방법이다(〈예 7.5〉). 질적연구의 질과 관련된 보다 자세한 설명은 제8장과 제9장을 참고하기 바란다.

제 8 장

질적연구의 다섯 가지 접근: 기본

주요 용어

내러티브 탐구, 현상학적 연구, 근거이론, 문화기술지, 사례연구, 질적연구의 진실성, 질적연구의 윤리적 고려사항

학습목표

1. 질적연구의 다섯 가지 질적접근의 특징을 이해하고 본인의 연구목적에 적합한 질적접근을 선택할 수 있다.
2. 질적연구의 진실성(trustwortihness)을 높이기 위한 방법을 설명할 수 있다.
3. 질적연구에서의 윤리적 고려사항 및 그에 따른 대응 방법을 설명할 수 있다.

질적연구에는 여러 철학 사조와 이론(현상학, 해석학, 상징적 상호작용이론, 구성주의, 비판이론, 페미니즘, 해체주의 등)을 바탕으로 하는 매우 다양한 접근이 있다. 학문적으로는 인류학, 사회학, 심리학, 교육학, 언어학 등에서 활발하게 연구되고 있다. 양적연구의 통계적 방법이 개발 · 개선되며 새로 생성되는 것과 마찬가지로 질적연구도 철학적 사조와 이론의 결합을 통해 지속적으로 분화하고 있다. 이를테면, 비판이론과 문화기술지가 결합하여 비판문화기술지 연구가 나타나는 식이다. 그러나 양적연구와 비교 시 질적연구 접근들의 위계나 포함관계는 뚜렷하지 않은 편이고 학자들의 분류도 상이하다.

질적연구의 패러다임이 다양한 만큼, 질적연구의 접근[1] 또한 다양하다. 다양한 질적 접근은 서로 다른 철학적 가정에 기반하며 각기 고유의 연구목적과 연구방법이 있다. 질적연구자라고 하여 모든 질적접근을 상세히 알아야 하는 것은 아니지만, 몇 가지 주요 질적접근에 대하여 알아 둘 필요는 있다. 각 질적접근의 특징과 연구절차를 알면, 연구자의 관심사를 연구 가능한 질적 연구문제로 바꾸고 연구문제에 맞는 질적접근을 선택하는 데 도움이 되기 때문이다.

제8장과 제9장에서는 각각 질적연구의 이론과 실제를 다룬다. 구체적으로 제8장에서는 Creswell과 Poth(2018)의 분류를 따라 다섯 가지 질적접근인 내러티브 탐구, 현상학적 연구, 문화기술지, 근거이론, 사례연구를 소개하며 특징 및 하위 유형을 제시하겠다. 그리고 질적연구의 진실성, 질적연구의 질을 높이는 방법을 설명하며, 질적연구에서 윤리적으로 고려해야 할 사항에 대해서도 다루겠다.

---

1) 접근(approach)은 "탐구 전략(strategies of inquiry)"(Denzin & Lincoln, 2005), "방법(methods)"(Morse & Richards, 2002)과 혼용된다(Creswell, 2013, p. 5).

1 다섯 가지 질적접근

1) 내러티브 탐구

세월호 침몰 사고가 일어난 2014년, 전문상담교사로 일하던 연구자는 사고 학교에서 상담사로 근무하게 되었다. 처음에 연구자는 끔찍한 재난을 겪은 이들을 도우려는 마음으로 학교에 머물렀다. 하지만 연구자는 점점 무력감과 자괴감을 느꼈고, 상담사로서의 역할 혼란마저 겪었다. 학교가 상담사의 전문성을 인정하지 않는 듯했고 연구자 자신도 내담자들이 진정 원하는 방식으로 그들을 돕지 못하고 있다고 생각했기 때문이다. 연구자는 학교를 떠나 시간이 흐른 후에도 부끄러움과 죄책감에 시달렸다. 그는 이러한 감정을 해소해 보려고 하였으나 당시의 경험을 스스로도 설명할 수 없었기 때문에 쉽지 않았다. 그러던 중 연구자는 재난사고 관련 상담 연구는 상담자의 대리외상에 대한 연구가 대부분이며, 상담자의 역할이나 경험 그 자체를 다룬 연구는 아직 수행되지 않았다는 것을 알게 되었다. 연구자는 세월호 사고 학교에서의 상담 경험을 연구하기로 마음먹고, 당시에 함께 근무했던 세 명의 동료 상담사들을 대상으로 내러티브 탐구를 수행하였다. 연구자는 내러티브 탐구를 통하여 그때의 경험이 상담사들에게 어떠한 의미를 갖는지 심층적으로 이해할 수 있었고, 이러한 이해를 바탕으로 재난 사건에서의 상담자의 역할과 상담 교육에 대한 시사점을 도출하였다.

– 구승영(2019)을 정리하여 제시

(1) 개관

내러티브 탐구(narrative inquiry)는 Clandinin과 Connelly(2000)가 오랜 교사 연구를 통하여 발전시킨 질적접근이다. 내러티브 탐구는 내러티브, 즉 이야기를 탐구한다. 사람들은 자신의 경험을 이야기할 때 자신이 겪은 모든 것을 이야기하지 않는다. 사람들이 이야기하는 것은 자신이 중요하다고 생각하는 것, 자신에게 의미가 있는 것, 그리고 이야기할 가치가 있다고 생각하는 것들이다. 그래서 우리는 어떤 사람의 이야기를 통해 그 사람이 전달하려는 내용뿐만 아니라 그 사람이 외부 세계와 어떤 관계를 맺고 있는지, 외부 세계가 그에게 어떠한 영향을 미치고 있는지, 그리고 이 모든 것을 통해서 그가 삶을 어떻게 인식하고 있는지 알 수 있다(Merriam & Tisdell, 2016, p. 33).

내러티브 탐구의 연구문제는 "내러티브를 통해 참여자와 참여자를 둘러싼 세계를 어떻게 해석할 수 있는가? 내러티브에 담긴 참여자의 삶과 경험의 의미는 무엇인가?"다

(Patton, 2014, p. 209).[2] 즉, 내러티브 탐구는 내러티브를 통해 개인의 경험을 삶이라는 맥락 안에서 해석하고 재구성하면서 심층적으로 이해하려는 작업이라고 할 수 있다 (Clandinin & Connelly, 2000, p. 189). 이 작업은 살아내기(living), 이야기하기(telling), 다시 이야기하기(retelling), 다시 살아내기(reliving)를 통하여 내러티브로 서술된다 (Clandinin & Connelly, 2000; Connelly & Clandinin, 2006). 내러티브는 단순히 참여자가 서술한 이야기(story)가 아니라 참여자가 부여한 의미와 연구자의 해석이 담긴 분석(analysis)이다(Patton, 2014, p. 209). 따라서 내러티브는 분석자료이면서 동시에 참여자와 연구자가 함께 만들어 가는 탐구의 결과물이기도 하다(Josselson, 2011).

(2) 특징

내러티브 탐구는 시간성(temporality), 사회성(sociality), 장소(place)라는 세 가지 요소로 구성된 탐구 공간에서 이루어진다(Connelly & Clandinin, 2006; Clandinin & Rosiek, 2007). 다음은 내러티브 탐구 공간의 세 요소에 대한 Connelly와 Clandinin(2006)과 Clandinin 등(2016)의 설명을 종합한 것이다. 먼저, 시간성은 Dewey의 경험의 연속성 개념에 근거한다. 모든 사건, 장소, 사람에는 과거, 현재, 미래가 있다. 연구자는 내러티브를 과거, 현재, 미래라는 시간의 흐름에 따라 분석하고 기술한다. 따라서 대부분의 내러티브 탐구는 연대기 순으로 구성된다(Creswell & Poth, 2018, p. 112).

사회성은 Dewey의 상호작용 개념에 근거하며, 내러티브가 개인적이면서도 동시에 사회적인 것임을 의미한다. 연구자는 내러티브를 탐구할 때 내러티브에 드러나는 개인적 조건과 사회적 조건을 고려해야 한다. 개인적 조건은 개인의 감정, 성격이나 도덕적 성향 등이며, 사회적 조건은 개인을 둘러싼 사람이나 관계, 환경 등이다. 사회성에는 연구자가 참여자와 맺는 관계도 포함된다. 내러티브 탐구에서의 내러티브는 연구자와 참여자가 함께 생성해 나가기 때문이다. 따라서 연구자는 연구자가 참여자와 어떻게 관계를 맺기 시작했고, 어떻게 관계를 유지했는지, 함께 연구하는 동안 어느 정도 친밀하고 협력적인 관계를 유지했는지를 밝혀야 한다.

장소는 Dewey의 상황(situation) 개념에 근거하며, 내러티브가 만들어지는 장소를 의미한다. 내러티브 탐구에서의 장소는 참여자의 경험이 일어난 장소와 내러티브가 만들

---

2) How can this narrative be interpreted to understand and illuminate the life and culture that created it? what does this narrative or story reveal about the person and world from which it came?

어지는 장소를 모두 포함한다. 장소의 물리적 · 상황적 특성이 내러티브에 영향을 미치므로 연구자는 내러티브를 탐구할 때 장소의 특성을 고려하여야 한다.

(3) 유형

내러티브 탐구의 하위 유형에는 전기연구, 생애사, 구술사 연구 등이 있다. 각각의 특징을 간단하게 설명하면 다음과 같다.

- 전기연구(biographical study): 전기연구는 연구자가 다른 사람의 삶과 경험에 대한 자료를 제3자의 입장에서 서술한 내러티브 탐구의 한 유형이다. 실제로 존재하였거나 현존하는 개인이나 집단의 현실을 역사적으로 조명한다. 이를테면, Isaacson (2012)은 Steve Jobs에 대한 전기연구를 통해 그의 사업전략과 리더십을 조명하고 열네 가지 성공전략을 제시하였다.
- 생애사(life history): 전기연구가 제3자의 입장에서 연구대상의 삶을 서술한다면, 생애사는 연구자와 참여자가 상호주관적으로 참여자의 전생애를 탐구하는 방법이다. 이동훈 등(2015)은 세월호 사건과 관련한 여성 상담자의 삶을 생애사적 관점에서 연구하였다. 참여자인 상담사는 지역민으로서, 상담사로서, 상담기관 행정 책임자로서, 자녀의 친구와 친구의 자녀를 세월호 사고로 잃은 간접피해자였다. 연구자들은 생애사 연구를 통해 재난 사고가 상담자의 삶에 미친 영향과 상담자의 내적 성장 과정을 보여 주었다.
- 구술사(oral history): 구술사는 한 명 또는 여러 명의 구술 자료, 즉 이야기를 바탕으로 어떤 사건과 그 사건과 관련된 원인과 결과를 탐구하는 연구방법이다. 문헌 기록이 부족하거나 비공식적 측면에서의 역사를 조명하고자 할 때 유용한 방법이다(윤택림, 2011). 국내 구술사 연구는 주로 지역사회, 여성, 역사와 관련된 주제를 다루고 있다(이재영, 정연경, 2018).

2) 현상학적 연구

우리나라의 고령인구 증가속도는 OECD 국가 중 1위로, 2025년에는 고령인구 비율이 20.3%에 이르러 초고령사회로 진입할 것으로 전망된다(고령자통계, 2020). 그런데 우리나라는 고령인구 증가속도 외에 노인빈곤율, 노인자살률도 OECD 국가 중 1위이다(보건복지부, 2019). 이제 우리는 신체적 · 정신적으로 건강하게 잘 살아가는 것(well-being)뿐만 아니라 '잘 늙어 감(aging-well)'에 대해서도 논해야 한다. 잘 늙어 가는 것이 무엇인지 알아야 이에 맞는 대책을 수립할 수 있기 때문이다. 잘 늙어 간다는 것은 과거와의 화해를 통해 성숙해지고, 가까이 다가온 죽음을 수용하며 현재의 삶에 만족하며 살아가는 것이다. 그런데 독거노인, 그중에서도 남성 독거노인은 여성 독거노인보다 더 외롭고 더 의존적이며 쓸모없는 존재로 인식되는 경향이 있다. 연구자는 65세 이상 남성 독거노인의 경험에서 '잘 늙어 감'의 본질적 구조와 의미를 찾아 성공적인 노화가 무엇인지 그들의 입장에서 이해하고자 하였다. 연구자는 연구를 통하여 남성 독거노인들이 인식하는 '잘 늙어 감'이 무엇인지 밝히고, 남성 독거노인에 대한 인식 개선과 지원 대책 수립을 위한 근거 자료를 마련하였다.

– 김서현(2018)을 정리하여 제시

(1) 개관

현상학적 연구는 Husserl의 현상학(phenomenology)에 기반을 둔 질적접근으로, 현상의 본질적 의미와 구조를 찾기 위하여 사람들의 체험(lived experience)을 연구한다. 현상학에서는 사람들의 성격, 선행 경험, 욕구 등이 저마다 다르기 때문에 외부 세계를 인식하고 받아들이는 경향 또한 다르다고 보며, 이것을 지향성(intentionality)이라고 칭한다. 즉, 현상학적 연구에서는 동일한 현상이나 사건이라고 하더라도 지향성으로 인하여 사람들이 저마다 다르게 인식할 수 있다고 전제하며, 여러 사람의 체험에서 공통적으로 발견되는 조건이나 특징, 즉 본질적 의미와 구조를 찾고자 한다(유혜령, 2015). 따라서 현상학적 연구는 여러 개인이 공유하는 경험, 현상의 의미를 이해하고자 하는 연구문제에 적합하다. 현상학적 연구의 연구문제는 "참여자가 경험한 현상, 즉 체험 의미와 본질적 구조는 무엇인가?"로 정리할 수 있다(Patton, 2014, p. 190).

현상학적 연구는 Husserl 이외에 Heidegger, Gadamer, Sartre 등 여러 학자에 의하여 존재론적 현상학, 실존적 현상학 등으로 분화되었다(유혜령, 2015). 현상학적 연구는 현상학 또는 해석학(hermeneutics)이라는 철학에 근거하므로 철학적 개념과 가정들을 내면화하고 있어야 한다. 그래야 자료를 단순히 나열하는 데 그치지 않고 체험의 본질 탐구라는 연구목적을 달성할 수 있기 때문이다. 현상학적 연구를 수행하기 위해서는 철학 전공자만큼은 아니어도 현상학 또는 해석학에 대하여 어느 정도 깊이 있는 이해를 갖추고 있어야 하기 때문에 연구 수행에 난이도가 있는 편이다(Creswell & Poth, 2018, p. 130).

(2) 특징

현상학적 연구의 연구주제는 단일한 개념 또는 현상이다. 이를테면 분노, 상실, 돌봄, 학업 중단, 직장 내 괴롭힘, 회복경험 등과 같이 일군의 개인들이 공통적으로 경험하는 것이 연구주제가 된다. 현상학적 연구는 판단중지, 현상학적 환원, 상상적 변형이라는 현상학적 방법을 통해 현상의 본질적 의미를 찾는다(Creswell & Poth, 2018, pp. 126-129). 이 세 가지 현상학적 방법은 철학적 개념이며, 실제로 어떻게 해야 하는지를 알려주는 분석방법이나 절차는 아니라는 것을 주의하여야 한다. 각각을 간단하게 설명하겠다.

- 판단중지(epoche, 에포케)는 평범하고 일상적인 방식으로 사물을 판단하는 것을 삼간다는 뜻의 그리스어(Moustakas, 1994, p. 24)로, 실재를 파악하기 전까지 연구자의 모든 가정과 선입견, 판단을 배제하는 것이다. 현상학적 연구에서는 연구자를 '괄호치기(bracketing)'한다고 말한다.
- 현상학적 환원(phenomenological reduction)은 판단중지를 통해 나타난 체험의 모습에서 본질적 의미의 구성 요소를 찾는 것이다. 연구자는 현상학적 환원을 통해 현상, 경험을 질감을 살려 기술(textural description)한다(Moustakas, 1994, p. 24). 질감을 살려 기술한다는 것은 참여자의 생각, 감정, 아이디어, 상황 등을 모두 포함하는 경험을 완전하게 기술(full description)한다는 뜻이다(Moustakas, 1994, p. 35).
- 현상학적 환원 후에 상상적 변형(imaginative variation)이 이루어진다(Moustakas, 1994, p. 72). 상상적 변형이란 다양한 각도와 관점에서 현상을 바라보며 구조적으로 기술하는 것(structural description)이다(Merriam & Tisdell, 2016, p. 227). 현상학적 연구자는 구조적 기술을 통해 참여자들이 어떠한 조건, 상황, 맥락의 관점에서 경험을 했는지 설명한다(Creswell & Poth, 2018, p. 126). 상상적 변형을 할 때는 경험, 지각, 기억뿐 아니라 자유로운 공상적 변형(free fantasy variation)을 이용할 수도 있다(Moustakas, 1994, p. 25).

현상학적 연구는 판단중지, 현상학적 환원, 상상적 변형을 통해 질감을 살려 구조적으로 기술함으로써 여러 사람의 체험으로부터 본질적인 의미 구조를 끌어낸다(Creswell

& Poth, 2018, p. 126). 현상학적 연구는 이렇게 동일한 현상에 대한 여러 사람의 경험에서 본질적 구조를 끌어냄으로써 동의된 주관성, 즉 지식의 간주관성(intersubjectivity)을 확보하게 된다(이윤경, 2017).

(3) 유형

현상학적 연구는 여러 사회과학 분야에서 사용되고 있다. 현상학적 연구를 크게 심리학적 현상학과 해석학적 현상학으로 구분하여 설명하겠다(Creswell & Poth, 2018, p. 126).

- 심리학적 현상학(psychological phenomenology): 심리학적 현상학은 연구자의 해석을 최소화하고 참가자의 경험을 있는 그대로 기술하는 데 초점을 맞춘다(Creswell & Poth, 2018, p. 126). 심리학적 현상학을 초월론적(transcendental) 현상학, 기술적(descriptive) 현상학이라고도 한다. 심리학적 현상학은 해석학적 현상학에 비하여 비교적 구체적이고 체계적인 분석 절차를 따른다. 심리학적 현상학 연구의 절차와 지침은 Colaizzi(1978), Giorgi(1985, 1994, 2009), Moustakas(1994) 등에 제시되어 있으며, 많은 현상학적 연구가 이를 따르고 있다.
- 해석학적 현상학(hermeneutical phenomenology): 해석학에서는 어떠한 현상에 대해 이해하는 것이 인식의 주체가 가진 이념이나 지식과 같은 선험적 이해와 상관없이 이루어질 수 없으므로 현상에 대한 이해가 객관적이거나 가치중립적일 수 없다고 본다(Reiners, 2012). 이러한 해석학적 접근을 취하는 현상학 연구를 해석학적 현상학이라고 하며, 연구자의 가정이나 선입견을 괄호치기하기보다는 해석 과정에 내재시키려고 한다(Laverty, 2003; Reiners, 2012). 해석학적 현상학 연구의 대표적인 학자는 van Manen이다. van Manen은 판단중지와 현상학적 환원 과정을 현상학적 반영(phenomenological reflection)으로 설명하면서 연구자가 자신의 선이해(pre-understanding)를 밝힐 것을 강조한다(Creswell & Poth, 2018, p. 124). 해석학적 현상학은 체험의 의미에 대한 기술일 뿐 아니라 이에 대한 연구자의 해석 과정이라고 할 수 있다(Creswell & Poth, 2018, p. 126).

3) 근거이론

'태움'으로 인하여 간호사가 자살한 사건이 뉴스에 보도되어 사회적 공분을 야기하였다. 태움은 '영혼이 재가 될 때까지 태운다'는 뜻으로 선배 간호사에 의한 직장 내 괴롭힘을 의미하는 은어다. 간호사의 직장 내 괴롭힘에 관한 연구가 수행되어 왔으나 문제를 예방하고 대처 전략을 세우기에는 부족하였다. 태움에 대한 양적연구에서는 괴롭힘을 단편적으로 다루거나 괴롭힘의 속성과 정의를 제안하는 데 그쳤고, 괴롭힘에 영향을 미치는 요인과 결과를 피해자의 입장에서만 기술하여 문제의 원인과 진행 양상을 확인할 수 없었기 때문이다. 따라서 연구자들은 피해자, 가해자, 관리자로부터 간호사의 직장 내 괴롭힘 양상과 대처 과정을 Corbin과 Strauss(2008)의 근거이론 접근을 통하여 연구할 필요가 있다고 판단하였다. 연구자들은 '애증의 가르침 속에서 살아남기'라는 핵심범주를 추출하고 간호사들의 괴롭힘 대처 과정을 설명하는 이론적 틀을 마련하였다. 그리고 이를 바탕으로 간호사들의 직장 내 괴롭힘을 줄이기 위한 방법을 제안하였다.

– 강지연과 윤선영(2016)을 정리하여 제시

(1) 개관

근거이론은 1967년에 사회학자인 Glaser와 Strauss가 개발한 질적접근이다. 당시 사회과학 분야를 지배하던 패러다임은 실증주의로, 대부분의 연구가 기존 이론에 기반한 가설을 세우고 자료를 수집하여 가설을 검정(hypothesis testing)하는 방식으로 이루어졌다. 그래서 Glaser와 Strauss가 제안한 근거이론은 당시에 매우 혁명적인 질적연구 접근이었다(Charmaz, 2000, p. 511). 질적연구가 인상주의적이고 비체계적인 방법이며 이론 개발보다는 특정 사례를 설명하는 데에만 사용할 수 있다는 고정관념을 거부하고, 엄격한 연구절차에 따라 질적연구를 수행하고 이를 통하여 이론을 개발할 수 있다는 것을 보여 주었기 때문이다. 근거이론은 연구주제에 대하여 알려진 것이 별로 없거나 관련 이론이 없는 경우, 또는 시간의 흐름에 따른 변화 과정을 연구하고자 하는 경우에 유용하다(Merriam & Tisdell, 2016, p. 32). 근거이론의 연구문제를 Patton(2014, p. 182)은 다음과 같이 정리하였다. "체계적인 비교분석으로부터 드러나는, 현장의 자료에 기반한 이론은 무엇인가?"

(2) 특징

근거이론을 다른 질적접근과 구분해 주는 가장 큰 특징은 바로 근거이론이 '이론'을 만들어 낸다는 점이다. 근거이론 접근을 선택하는 연구자는 심층 묘사와 개념 제공에 그치지 않고 이론을 만들어 내야 한다. 이론은 대상이나 특정 개념을 자세히 설명하는 기술(description)과 달리, 개념 간의 관계를 보여 주며 어떤 행동이나 사건, 현상의 발생 이유를 설명하는 구조 또는 틀이다(Corbin & Strauss, 2015, pp. 33–34). 또 다른 근거이론의 특징은 자료수집 및 자료분석 과정에 나타나는 '이론적 포화(theoretical saturation)' 개념으로 설명할 수 있다. 이론적 포화 상태란 자료를 더 수집하여도 더 이상 새로운 정보가 나타나지 않는 상태를 일컬으며, 근거이론에서의 자료수집 및 분석은 이론적 포화 상태에 이를 때까지 이루어진다. 이론적 포화의 여부는 각 범주가 속성과 차원 면에서 잘 정의되었는지, 범주 안에 충분히 다양한 변형이 포함되어 있는지를 살펴보면서 판단할 수 있다(Corbin & Strauss, 2015, p. 203).

근거이론에서는 자료를 지속적으로 비교분석(constant comparative analysis)한다(Birks & Mills, 2015; Glaser & Strauss, 1967, pp. 143–163). 연구자는 자료의 포화 여부를 판단하기 위하여 자료수집과 분석을 반복하며 새로운 참여자로부터 얻은 정보가 기존 정보와 중복되지 않는지 확인한다. 이는 곧 자료수집과 자료분석 과정이 동시에, 반복적으로 이루어지며 순환하는 것을 뜻한다(Birks & Mills, 2015; Corbin & Strauss, 1990). 즉, 연구자는 지속적인 비교분석을 통하여 개념과 범주를 심화시키고, 범주가 개념을 잘 대변하는지 확인한다. 그리고 범주들 간의 관계를 찾아 잠정적으로 가설과 이론을 만들고, 이를 다시 새로 수집한 자료를 통해 검증 · 수정하는 비교분석 과정을 거치면서 이론을 생성해 낸다.

(3) 유형

근거이론을 크게 Glaser의 고전적 근거이론(Glaser, 1998, 2005), Strauss와 Corbin의 근거이론(Strauss & Corbin, 1990), 그리고 Charmaz의 구성주의적(constructivist) 근거이론(Charmaz, 2006)으로 나눌 수 있다(Thronberg & Charmaz, 2014; Tie et al., 2019). 근거이론 연구의 세 유형은 연구자의 철학적 입장, 선행연구와 이론을 수용하는 정도, 체계적인 절차 유무에 있어 차이가 있다(Tie et al., 2019). 고전적 근거이론은 Strauss와 Corbin의 근거이론, 구성주의적 근거이론과 달리 연구자의 개입을 최소화하고자 하며, Strauss와 Corbin의 근거이론은 고전적 근거이론, 구성주의적 근거이론과 달리 체계적인 분석 절차와 방법을 제공한다. 반면, 구성주의적 근거이론에서는 이론을 생성하는

데 연구자의 직관과 주관성을 반영한다(Charmaz, 2011, p. 292). 세 유형의 근거이론을 간단히 설명하면 다음과 같다.

- 고전적 근거이론: 고전적 근거이론은 Glaser와 Strauss(1967)가 제안한 초기 근거이론으로 Glaser(1978, 1992)로 이어진다. 고전적 근거이론은 귀납적 추론을 강조하며, 기존 이론 및 분석틀을 사용하는 연역 과정을 최소화한다. 지속적인 비교분석만으로도 이론을 발견할 수 있다고 보며, Strauss와 Corbin의 근거이론에서 사용되는 용어나 패러다임 모형, 체계적인 분석 절차가 근거이론의 근본적인 의미를 해친다고 비판한다. 국내 연구 중 고전적 근거이론을 적용한 연구로 남순현(2017)이 있다. 21개월 동안 은퇴 후 근로 경험이 있는 65세 이상 남녀 노인 18명을 심층면담하고 Glaser의 근거이론 방법으로 노인의 은퇴 후 삶의 적응 과정에 대한 이론을 만들었다.
- Strauss와 Corbin의 근거이론: Glaser와 결별한 Strauss는 Corbin과 함께 새로운 근거이론을 분화시켰다. Strauss와 Corbin의 근거이론은 기존 이론의 개념을 어느 정도 수용할 수 있다는 입장을 취한다. 선행연구와 기존 이론을 전혀 참조하지 않고 면담에서 어떤 질문을 할지, 어떤 자료를 수집해야 할지 결정하는 것은 쉽지 않다고 보았기 때문이다. 또한, Strauss와 Corbin은 기존 근거이론보다 더 체계적인 분석 절차와 코딩 방법을 제시하였다(Strauss & Corbin, 1990, 1998). Strauss와 Corbin의 분석 절차는 연구자가 자료를 범주화하고 이론을 생성하는 단계를 체계적으로 안내하기 때문에 연구를 수행하는 데 도움을 준다. 특히 개방코딩, 축코딩, 선택코딩 등의 코딩 방법은 텍스트 자료분석에 유용하므로 근거이론이 아닌 다른 질적접근에서도 자료분석 방법으로 활용되고 있다.
- 구성주의적 근거이론: 사회적 구성주의 입장을 취하는 Charmaz(2006)는 근거이론에서의 이론이 단순히 자료에서 도출되는 것이 아니라 연구자의 해석과 참여자와 연구자 간의 상호작용을 통해 구성된다고 본다(Creswell & Poth, 2018, p. 136). 참여자들에게 할 질문을 만들어 그들의 진술에서 의미를 탐색하고, 주제를 찾아 범주를 형성하고 연결하여 이론을 만들어 내는 모든 연구과정이 연구자의 결정에 따른 것이기 때문이다. 따라서 구성주의적 근거이론은 Strauss와 Corbin의 근거이론이 갖는 실증주의적 측면을 비판하며 사회적 과정과 특징을 강조한다. 국내 근거이론 연

구는 대부분 Strauss와 Corbin을 따르고 있어 구성주의적 근거이론 접근을 선택한 연구는 아직 드문 편이다(김은정, 2018).

4) 문화기술지

0.5에서 1평 이하의 방을 뜻하는 쪽방에서 거주하는 사람들은 빈곤선 이하의 생활을 하고 있다. 쪽방 거주자들은 노숙인과 동일시될 때도 있으나, 일정한 주거 공간이 있고 주거비를 충당하기 위하여 일을 한다는 점에서 노숙인과 구분된다. 근로 및 자활의지가 있어도 현실적으로 쪽방 거주자가 쪽방 생활에서 벗어나기는 쉽지 않다.

사회복지 정책이 이들에게 포괄적이고 지속적인 서비스를 제공해야 함에도 불구하고, 실제 제도적 지원은 단편적이고 미미하다. 연구자가 쪽방 거주자들에게 주목한 이유가 바로 이것이다. 연구자는 쪽방 거주자들의 실제 생활에 대한 이해를 바탕으로 이들의 자활을 돕기 위한 정책이 실행되어야 한다고 보았다. 그러나 기존 연구들은 생애 사건이나 식사, 거주, 소득 등으로 분절된 생활 양태를 기술하는 수준에서 그쳐 쪽방 거주자들의 특정한 삶을 이해하는 데는 기여하지 못하였다. 연구자는 쪽방 거주자들의 일상생활과 구성원들의 상호작용과 그 구조, 그리고 그것들의 총체라 할 수 있는 문화를 파악하여야 그들을 제대로 이해할 수 있다고 보고, 문화기술지 연구를 수행하였다.

연구자는 쪽방 지역의 규모와 밀집도, 접근성을 고려하여 대전역 인근의 쪽방 지역을 선택하였다. 연구자는 1년 동안 쪽방과 인근 지역, 쪽방상담소, 50여명의 쪽방 거주자들을 참여관찰하고 거주자 및 이해관계자와의 심층면담을 통해 자료를 수집하였다. 연구자는 주체, 공간, 시간, 생활방식의 네 가지 차원을 기준으로 연구결과를 정리하였으며, 정책 · 행정 · 실천적 제언을 논하며 글을 마무리 지었다.

– 권지성(2008)을 정리하여 제시

(1) 개관

문화기술지(ethnography)는 19세기 서구의 인류학(anthropology)에 기반한 질적연구 접근으로 '문화'라고 일컬어지는, 사람들의 사회적 행동을 연구대상으로 삼는다. 민족지학은 Boas, Malinowski, Radcliffe-Brown, Mead와 같은 20세기 초 인류학자들의 비교문화인류학(comparative cultural anthropology)에서 시작되었다(Creswell & Poth, 2018, p. 144). 초기 인류학 연구는 주로 서구 출신의 연구자가 비서구 지역의 민족과 문화를 연구하였기 때문에 문화기술지는 일반적으로 민족학(ethnology)의 보완적 개념으로 다루어졌다(Hammersley & Atkinson, 2007, p. 1). 그러나 인류학 연구가 비서구 지역뿐만 아니라 다양한 타민족, 타문화로 연구대상이 확장되고 해당 접근이 다양한 학문 분야에 사용되면서 '민족지'보다는 '문화기술지'라는 용어가 더 많이 활용되고 있다(Hammersley & Atkinson, 2007, p. 1).

문화인류학에서는 문화를 집단의 고유한 산물로 간주하며, 겉으로 드러나는 사람들의 행동 및 생활양식뿐만 아니라 사람들의 언어, 사고방식, 가치와 신념 등을 모두 문화라고 본다. 문화기술지는 이러한 문화를 연구하는 질적연구 접근이다. 문화기술지의 연구문제는 "이 집단의 문화는 무엇인가? 이 집단의 문화는 구성원의 관점과 행동을 어떻게 설명하는가?"로 축약할 수 있다(Patton, 2014, p. 100).

(2) 특징

문화기술지에서 연구하는 '문화'는 어떤 문화공유집단(culture-sharing group)의 산물이다(Creswell & Poth, 2018, p. 143). 문화공유집단의 문화를 연구하기 위해서는 집단 안에 형성된 언어와 행동, 상호작용의 패턴을 파악할 수 있을 정도의 인원이 필요하다. 또한, 문화기술지는 문화를 내부자적(emic) 관점과 외부자적(etic) 관점을 결합한 총체적 관점에서 이해하려고 한다(Fetterman, 2009, p. 11). 집단의 문화를 그 집단이 속한 사회적 맥락 안에서 이해하고자 하는 것이다. 따라서 장기간의 현장조사(fieldwork)와 참여관찰을 수행하며 실험설계나 구조화 면담처럼 연구자가 통제하는 상황이 아닌 자연스러운 일상생활의 맥락 안에서 자료를 수집한다(Hammersley & Atkinson, 2007).

문화기술지 접근을 선택한 연구자는 연구문제와 대상에 적합한 이론을 선택하여 분석한다(Fetterman, 2009; Hammersley & Atkinson, 2007). 연구의 방향이나 틀의 바탕이 되는 이론을 선택하여 사용한다는 점은 기존 개념이나 이론의 개입을 최소화하려고 하는 현상학적 연구 또는 근거이론 연구와는 구별되는 특징이다. 단, 문화기술지 연구에서 이론을 선택할 때는 이론의 적절성, 용이성, 설명력을 고려해야 하며, 자료를 이론에 끼워 맞춰 억지로 설명하지 않도록 주의하여야 한다(Fetterman, 2009, p. 7). 문화기술지에서 주로 사용되는 이론으로 인지이론, 성격이론, 사회언어학, 상징적 상호작용주의와 같은 관념론적 이론과 신마르크스주의, 기술환경주의, 문화생태학 등의 유물론적 이론이 있다.

(3) 유형

문화기술지에는 다양한 유형이 있다. Creswell과 Poth(2018, p. 147), Fetterman(2009)을 참고하여 그중 상대적으로 많이 쓰이는 유형인 실재론적 문화기술지, 비판적 문화기술지, 제도적 문화기술지, 자문화기술지를 간단하게 소개하겠다.

- 실재론적 문화기술지(realist ethnography): 이 유형은 전통적 접근으로, 연구자가 제3자의 입장에서 참여자들을 관찰하며 보고 들은 것을 객관적으로 기술한다. 실재론적 문화기술지에서는 가정생활, 의사소통 체계, 지위 체계와 같은 범주를 통하여 문화를 기술하고, 참여자들의 말을 인용하여 문화가 어떻게 해석되고 존재하는지 보여 준다. 실재론적 문화기술지의 예로 권지성(2008), 최문호와 박승관(2018)을 들 수 있다. 권지성(2008)은 연구자의 목소리를 최대한 배제한 상태에서 주제, 시간, 공간, 생활방식이라는 축을 기준으로 쪽방 거주자의 일상생활을 심층적으로 기술하였다. 최문호와 박승관(2018)은 소명의식을 중심으로 한국 탐사보도 기자들의 신념과 행태를 면밀하게 살펴보았다.
- 비판적 문화기술지(critical ethnography): 최근 문화기술지 연구는 실재론적 접근보다 비판적 접근을 취한다. 비판이론은 사회 구조와 문화 속에 내재한 지배와 피지배, 억압과 피억압 등의 불평등한 권력관계를 밝히고 이를 개선하는 것을 목적으로 한다. 비판이론은 주로 인종, 계급, 성별, 종교, 장애와 같은 불평등한 권력관계를 다룬다. 비판적 문화기술지의 예로 한슬기 등(2013)과 손은애(2019)를 들 수 있다. 한슬기 등(2013)은 남성 중심의 승마 사회에서 여성 승마선수의 삶을 드러냄으로써 승마 사회의 여성 차별을 개선하고자 시도하였다. 손은애(2019)는 내성적인 남아들이 내성적인 여아들보다 더 문제시되는 실태에 주목하였다. 연구자에 따르면, 남아들의 내성적 특성은 실제로는 놀이에서 갈등을 줄이고 또래 관계에서 어울림과 공존을 생성하고 유지하는 데 중요한 특질이었다. 연구자는 이러한 차별은 성규범적 문화신념과 가치가 내포된 것이므로 이에 대한 비판적 검토가 필요하다고 주장하였다.
- 제도적 문화기술지(institutional ethnography): 제도적 문화기술지는 Smith(2005)가 개발한 방법으로 거시 체제인 제도나 사회 구조가 사람들에게 미치는 영향을 밝히는 연구다. 김인숙(2017)은 사회복지전담공무원의 일이 제도적 관계 안에서 어떻

게 조직화되는지 살펴보고, 현장을 지배하고 있는 신공공관리주의 담론의 작동 원리를 비판하였다. 또한, 제도적 문화기술지는 제도와 사회적 조직 안에서 연구자와 참여자가 처한 위치의 차이가 인식의 차이를 가져온다고 본다. 따라서 제도적 문화기술지 연구자는 어떠한 입장(standpoint)을 취하는지 밝히고 연구한다. 예를 들어, 최윤아와 김명희(2017)는 학교 재난안전 체계의 조직화 과정과 실행 양상을 교사의 입장에서 업무를 중심으로 분석하는 제도적 문화기술지 연구를 수행하였고, 이를 바탕으로 학교 안전교육과 관련된 교사의 역할과 전문성을 논하였다.

- 자문화기술지(autoethnography): 자문화기술지는 포스트모던 기반의 문화기술지다(Fetterman, 2009, p. 131). 다른 문화기술지가 한 집단이나 사회의 문화에 초점을 맞춘다면, 자문화기술지는 집단이나 사회가 가진 문제를 조명하는 것이 목적이다. 그리고 그러한 문제, 사회의 편견이나 사회화가 개인에게 미치는 영향을 밝히기 위하여 연구자 자신을 연구 자료로 사용한다. 개인의 이야기, 경험을 통하여 문화를 이해하려고 하는 특징 때문에 자문화기술지를 내러티브 탐구의 하위 유형으로 구분하는 학자(예: Creswell & Poth, 2018)도 있다.

5) 사례연구

학교폭력 사건의 근본적인 해결방안을 마련하려면 사회문화적 맥락 안에서 사건 이후의 해결과정을 고찰하고 갈등의 원인과 구조를 파악하는 것이 필요하다. 이를 목적으로 연구자가 사례연구 접근을 선택한 이유는 다음과 같다. 첫째, 학교폭력은 당사자인 피해자, 가해자 학생뿐만 아니라 그들의 부모를 포함한 가족, 학교, 경찰 등 다양한 관계자가 얽혀 있어 맥락에 대한 이해가 필수적이기 때문이다. 둘째, 학교폭력 사안이 처리되는 일정 기간 동안의 변화를 파악할 필요가 있기 때문이다.

연구자는 학교폭력 이후의 갈등 전개 특징, 양상 파악, 갈등의 구조 및 원인 탐색, 사안 처리 과정의 한계 및 해결과정의 교육적 의의 도출을 구체적인 연구문제로 설정하였다. 분석 사례는 학교폭력 사건 이후 합의를 보지 못하여 피해자-가해자 대화모임에 참여한 이들이었다. 세 가지 사례의 학교폭력 유형은 모두 폭행이었는데, 해결과정 단계는 각각 재판단계, 경찰조사단계, 법원조사단계로 상이하였다. 연구자는 피해자, 가해자, 각 부모와 학교교사, 학생폭력자치위원회 위원장 등 다양한 사람을 심층면담하고 공식문서, 개인적 수필, 참여자들의 경험담 발표 자료 등의 다양한 자료를 수집하였다.

학교폭력이 무엇인지 모르는 사람은 없으나, 자신이 학교폭력 당사자 또는 관련자가 되리라고 예상하는 사람은 없다. 연구자는 이러한 무방비 상태에서 받는 충격과 혼란, 정보 부재와 의사소통 실패, 폐쇄적 사안 처리, 사법적 해결, 응보주의로 인한 피해 회복 실패가 학교폭력 사안처리 과정에서의 구조적 문제 요소임을 보여 주었다.

– 서정기(2012)를 정리하여 제시

(1) 개관

사례연구는 연구대상인 사례를 심층적으로 분석하는 연구다. 대부분의 질적연구가 연구대상을 심층적으로 기술하므로 사례연구가 다른 질적접근과 구분되는 독립적인 연구방법으로 보는 것이 적절한지에 대한 의문을 가질 수 있다. 그러나 사례연구는 연구대상과 연구목적에서 다른 질적접근과 구분된다. 예를 들어, 내러티브 연구는 한 사람 또는 여러 사람의 경험과 삶의 의미를 이해하려고 하고, 현상학적 연구와 근거이론은 어떤 현상에 대한 본질적 구조나 이론을 만들며, 문화기술지는 어떤 문화에 대한 심층 기술을 통해 문화의 작동 방식을 밝혀내려고 한다. 이러한 질적접근과 달리 사례연구는 사례를 사람이나 현상, 경험에 한정하지 않는다. 또한, 사례를 상세하게 설명하는 데서 그치지 않고 이에 기반하여 주제를 추출해 내는 것이 사례연구의 목적이다(Creswell & Poth, 2018, p. 153).

(2) 특징

사례연구는 다음과 같은 특징을 가지고 있다(Creswell & Poth, 2018, p. 155). 첫째, 질적 연구의 연구대상이 대부분 사람 또는 현상인 반면, 사례연구의 연구대상인 사례는 "경계가 있는 체계(bounded system)"로(Creswell, 2013, p. 97) 사람들의 경험이나 사회적 현상뿐만 아니라 사건, 조직도 사례가 될 수 있다. 즉, 사례의 공간적 배경을 특정 장소로, 시간적 배경을 관찰 또는 조사 시간으로 한정할 수 있다면 개인이나 집단과 같은 사람, 기관, 프로그램, 정책, 사건 등 무엇이든 사례가 될 수 있다. 둘째, 사례연구는 사례에 대한 심층적 이해를 바탕으로 어떤 '주제'를 구성한다. 이를 Stake(1995)는 주장, Yin(2009)은 패턴이라고 하였으며, Creswell(2013)은 교훈이라고 부른다. 쉽게 말하여 사례연구에서의 주제는 사례 분석을 통해 연구자가 얻은 성찰과 반성이라고 할 수 있으며, 사례연구는 이렇게 새로운 의미를 발견하도록 하여 독자의 경험을 확장시키는 발견적 특징을 가진다(Merriam, 1998).

(3) 유형

사례연구는 사례의 특성과 사례의 수에 따라 다음과 같이 구분할 수 있다(Creswell & Poth, 2018, p. 158). 각각에 대하여 살펴보겠다.

- 도구적 사례연구와 본질적 사례연구: 사례의 목적성에 따른 구분이다. 도구적 사례연구의 사례는 연구자가 관심 있는 연구대상을 관찰하기에 적합한 대상으로서 많은 사례 중에서 선택된 것이다. 본질적 사례연구의 사례는 독특하고 특별한 사례로, 사례 그 자체로서 의미를 가진다. 비혼모 연구를 예로 들어 보자. 우리나라 비혼모의 과반이 20대이며 10대가 30% 정도를 차지하는데, 이들은 보통 비자발적 비혼모다. 반면, 40대 비혼모는 보통 자발적 비혼모로 경제적으로 독립하였고 자의식이 강하며 가족과 갈등 또는 화해 경험이 있다고 한다. 만약 연구자가 10대 또는 20대 비혼모들의 생활환경을 개선하고 양질의 양육 경험을 제공할 수 있도록 돕기 위한 정책을 마련할 목적으로 사례연구를 수행한다면 10대/20대 비혼모 중에서 사례를 선택할 것이다. 이는 도구적 사례연구의 예시가 된다. 또는 자발적 40대 비혼모를 연구하던 중 일반적인 40대 비혼모 특징과 일치하지 않는 사례를 발견하여 다양한 가족문화를 이해하고 정책적 접근을 마련하고자 특수한 사례를 연구할 수도 있다. 이는 본질적 사례연구라 할 수 있다.
- 단일 사례연구와 다중 사례연구: 사례 수에 따른 구분이다. Yin(2018, pp. 83-89)에 따르면, 단일 사례연구에서의 사례는 극단적이거나 독특한 사례 또는 계시적인(revelatory) 사례일 수 있으며 반대로 매우 일반적일 수도 있고, 여러 시점에서 연구하는 종단적 사례연구도 있다. 극단적이거나 독특한 사례는 질병이나 장애를 연구하는 임상심리학 연구에서 흔하게 찾아볼 수 있다. 계시적 사례는 이전까지 접근할 수 없어 연구가 불가능했던 사례를 연구하는 경우다. 단일 사례연구는 참여자가 거짓 진술을 하거나, 연구자가 선택한 사례가 예기치 못하게 연구목적에 적합하지 않은 사례인 것으로 밝혀지는 상황에 매우 취약하므로 사례 선택에 있어 매우 주의할 필요가 있다. 다중 사례연구는 사례 간 비교 · 대조가 연구의 초점이다. 여러 사례를 비교 · 대조하여 공통점과 차이점을 찾아보는 것은 일종의 삼각검증 방법으로 연구결과의 타당성과 신뢰성을 높이는 방법이기도 하다. 다중 사례연구는 비교사례연구(comparative case studies)라고도 불린다.

6) 다섯 가지 질적접근 비교

지금까지 내러티브 탐구, 현상학적 연구, 근거이론, 문화기술지, 사례연구에 대하여 간단하게 알아보았다. 지금까지 살펴본 다섯 가지 질적접근의 특징(Merriam & Tisdell, 2016, p. 42)을 정리하면 [그림 8.1]과 같다. 다섯 가지 질적접근 모두 참여자들로부터 참여관찰, 심층면담과 같은 방법으로 자료를 수집한다. 다섯 가지 질적접근 중 무엇을 선택하여 연구할지는 연구목적에 달려 있다. 내러티브 탐구는 개인 또는 몇몇 사람들의 내러티브를 통하여 그들의 경험과 삶을 이해하려고 한다. 현상학적 연구는 그보다 더 많은 사람의 체험을 분석하여 경험의 본질적 의미 구조를 밝히려고 한다. 근거이론은 사회적 맥락 안에서 현상 또는 경험에 대한 이론을 발견하거나 생성하고자 한다. 문화기술지는 집단의 문화가 작용하는 방식을 분석하고 사람들의 행동 양상을 문화라는 맥락 안에서 이해하고자 한다. 사례연구는 특별하거나 전형적인 어떤 사례를 심층적이고 종합적으로 이해하는 것이 목적이다.

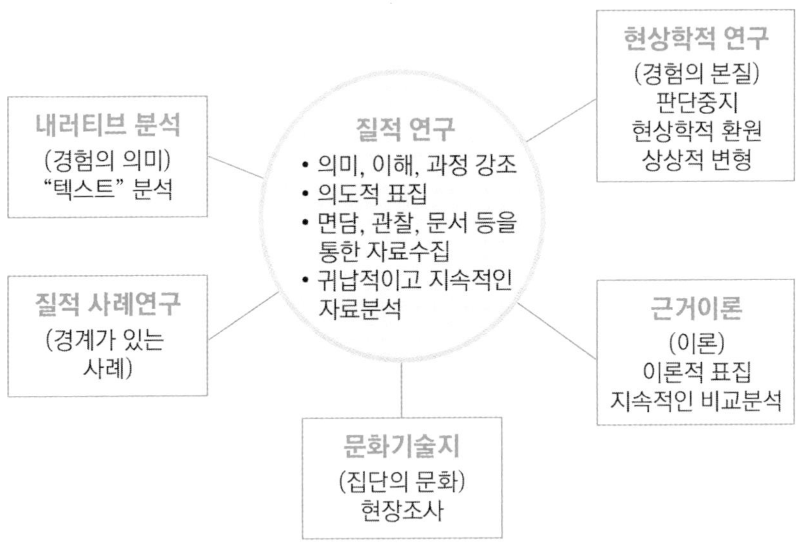

– Merriam와 Tisdell(2016, p. 42)을 수정하여 제시

[그림 8.1] 다섯 가지 질적접근의 연구목적과 특징

2 질적연구의 질

질적연구는 양적연구에 비하여 과학적 엄격성(rigor)이 낮다는 비판을 받아 왔다(Mays & Pope, 1995). 질적연구자들은 이러한 비판에 대응하면서 질적연구의 질을 높이기 위하여 관련 용어를 개발하거나 기준 · 지침을 만드는 등 많은 노력을 기울이고 있다. 이를테면, LeCompte와 Goetz(1982)는 양적연구의 '타당도(validity)'를 차용하여 질적연구의 질을 가늠하였고, Guba와 Lincoln(1981)은 양적연구의 타당도에 대응하는 대안적 용어를 고안하였다. Lather(1991)는 타당도를 질적연구의 차원에서 재개념화한 바 있으며, Morse(2015)는 엄격성이라는 개념을 들어 연구과정과 절차에 대한 연구자의 책임을 강조하였다. Creswell과 Poth(2018)는 질적연구의 타당성(validation)을 정확성(accuracy)을 측정하기 위한 시도로서 보고, 이를 향상시키기 위한 9개의 전략을 제시하였다(pp. 338-343). 이렇게 다양하게 진행되고 있는 질적연구의 질에 대한 논의 중 보편적으로 널리 활용되는 개념은 Lincoln과 Guba(1982, 1985)의 진실성이다(Merriam & Tisdell, 2016, p. 239). 이 절에서는 진실성의 개념과 더불어 질적연구의 질 향상 전략을 살펴보려고 한다.

1) 진실성

진실성(trustworthiness)은 Guba와 Lincoln(1981)이 질적연구의 질을 판단하는 기준으로 제안한 것이다. 진실성은 신뢰가능성, 확증가능성, 신빙성, 전이가능성으로 구성되며, 각각 양적연구의 신뢰도, 객관도, 내적타당도, 외적타당도에 해당된다고 할 수 있다(〈표 8.1〉). 그러나 질적연구에서의 진실성이 양적연구의 타당도 및 신뢰도와 완벽히 대응하지 않는다는 점을 주의해야 한다. 이를테면 양적연구의 신뢰도(reliability)를 그대로 질적연구에 적용하는 데는 무리가 있다. 질적연구에서는 사람들의 행동이 변함없이 고정되어 있다고 보지 않으며, 여러 사람이 어떠한 경험을 했다고 해서 그 경험이 한 사람이 경험한 것보다 반드시 신뢰도가 높다고 할 수 없기 때문이다(Merriam & Tisdell, 2016, p. 250). 따라서 질적연구에서는 양적연구에서의 신뢰도에 해당되는 결과의 일관성이 아니라 결과가 자료와 일치하는지를 뜻하는 신뢰가능성(dependability)을 평가한다.

확증가능성(confirmability)은 양적연구의 객관도에 대응하는 개념이다. 양적연구에서는 자료를 여러 명이 평정하고 그 결과가 얼마나 일관되는지를 통해 객관도를 추정한다. 그러나 질적연구에서는 그와 같은 방식으로 객관도를 판단할 수 없다. 질적연구에서는 분석결과에 대한 분석자 간 일치 정도를 보는 것이 아니라 연구결과가 분석자료로부터 도출된 것인지 확인하는 데 초점을 맞춘다. 즉, 질적연구자는 연구 결론과 해석이 자료에서 어떻게 파생되었는지 자세히 설명함으로써 확증가능성을 높일 수 있다(Cope, 2014).

신빙성(credibility)은 양적연구의 내적타당도에 대응하는 것으로, 자료의 진실성과 분석자료를 고려할 때 연구자의 결과와 해석이 얼마나 믿을 만한지를 의미한다(Guba & Lincoln, 1982, p. 376). 실험연구에서 내적타당도를 높이기 위하여 무선할당을 실시하고 사전검사와 사후검사의 도구 및 그 실시 간격을 세심하게 고려한다. 질적연구에서는 장기간의 현장조사와 참여관찰을 수행하며 자료를 수집하고, 자료분석 결과를 자료의 출처인 참여자들에게서 확인받음으로써 신빙성을 높인다.

양적연구의 외적타당도에 해당되는 전이가능성(transferability)은 연구결과를 다른 맥락이나 연구대상에게도 적용할 수 있는지를 기준으로 판단한다. 질적연구에서 연구결과의 적용가능성은 독자가 연구결과를 자신의 경험과 연관 짓거나 의미를 부여할 수 있을 때 획득된다(Cope, 2014). 독자가 연구결과를 충분히 이해할 수 있도록 두터운 묘사를 제공하거나 참여자에 대한 정보와 연구 맥락을 상세히 설명함으로써 전이가능성을 높일 수 있다(Guba & Lincoln, 1982, p. 377).

〈표 8.1〉 양적연구의 타당도 · 신뢰도와 Guba & Lincoln의 진실성

양적연구의 타당도 · 신뢰도	Guba & Lincoln의 진실성
reliability(신뢰도)	dependability(신뢰가능성)
objectivity(객관도)	confirmability(확증가능성)
internal validity(내적타당도)	credibility(신빙성)
external validity(외적타당도)	transferability(전이가능성)

2) 질적연구의 질을 높이는 방법

질적연구의 질을 높이는 전략을 자료수집, 자료분석, 보고서 작성 단계로 나누어 정리하였다(Creswell & Miller, 2000; Merriam & Tisdell, 2016; Padgett, 1998). 연구자는 질적연구의 질을 향상시키기 위하여 최대한 노력하고 그러한 노력을 보고서에 자세하게 기술함으로써 독자가 연구의 질을 판단하고 연구결과를 믿을 수 있도록 힘써야 한다.

(1) 자료수집 시

가급적 긴 시간 동안 충분히 현장조사를 하는 것이 좋다. 긴 시간 동안의 참여관찰과 현장조사는 연구자가 수집한 자료를 믿을 수 있게 하여 신빙성(credibility)을 높여 주는 방법이다(Guba & Lincoln, 1982, p. 377). 장기간의 참여관찰은 연구자의 반응성을 높여 민감하게 해 주고, 참여자에 대한 편견을 줄여 주기 때문이다. 뿐만 아니라, 현장에 오래 머무를수록 참여자들과 라포가 형성되어 참여자의 신뢰를 얻을 수 있고 민감한 정보를 얻기 쉬워진다.

(2) 자료분석 시

- 자료를 재코딩해 본다. 같은 자료를 일정 기간이 지난 후 다시 코딩하여 일치하는 정도를 살펴봄으로써 코딩 결과의 일관성을 확인할 수 있다.
- 삼각검증(triangulation)은 신빙성과 확증가능성을 높여 주는 방법이다(Guba & Lincoln, 1982, pp. 378–379). 삼각검증은 세 가지 이상의 자료수집 방법, 분석자, 자료원(data source), 또는 이론을 통하여 동일한 현상에 대한 자료를 수집하거나 분석하였을 때 서로 어떻게 같거나 다른지를 살펴보는 것이다. 이를테면 하나의 현상에 대한 질적 자료를 면담, 관찰, 개방형 설문지를 이용하여 수집한다면 이것은 자료수집 방법에서의 삼각검증을 시도한 것이다. 면담자/관찰자를 여러 명 활용하거나 다른 시간·장소에서 자료를 수집할 수 있고, 또는 다양한 이론적 관점을 통하여 동일한 현상이 나타나는지 분석하여 삼각검증을 시도할 수 있다. 더 자세한 내용은 Flick(2004)을 참고하면 된다.
- 반대 사례(negative case)를 분석해 본다. 연구 가정을 반증하거나 모호한 사례를 분석하면서 자료의 복합성이나 분석의 한계를 발견할 수 있기 때문이다. 그리고 이에

대한 그럴 듯한 대안적 설명(plausible alternative explanation)은 연구의 신뢰가능성(dependability)을 높여 준다.

- 연구과정과 분석결과를 동료 연구자에게 검토받는다. 연구자는 자신의 자료수집 방법, 분석 과정, 해석에 대하여 동료 연구자와 의견을 나누고 토론할 필요가 있다. 동료 연구자와의 토론을 통해 연구자의 성향과 편향을 파악할 수 있는 기회를 얻고, 다른 사람의 의견을 비판적으로 수용하면서 연구결과에 대한 신빙성을 높일 수 있다.
- 참여자 확인(member check)은 질적연구의 중요한 절차다. 참여자로부터 자료분석 및 결과 해석의 정확성과 적절성을 확인받는 것은 동료 연구자의 검토와 더불어 연구의 신빙성을 높일 수 있는 방법이다. 연구자는 참여자들에게 그들의 경험을 어떻게 해석하였는지 보여 주면서 참여자의 경험과 연구자의 해석이 불일치하는 지점이 어디인지, 누락이나 왜곡은 없는지 확인할 수 있다.
- 외부 감사(audit)를 받을 수도 있다. 외부 감사는 해당 연구와 아무런 관련이 없는 외부의 전문 자문가로부터 연구의 과정과 결과의 적절성을 평가받는 것이다. 연구자는 외부 감사를 통하여 질적연구의 신뢰가능성과 확증가능성을 높일 수 있다 (Guba & Lincoln, 1982, pp. 378–379).

(3) 보고서 작성 시

- 질적연구 보고서는 반영적이어야 한다. 반영성(reflexivity)은 자료수집 및 분석 과정에 연구자의 개인적 경험과 지적 편향이 영향을 미칠 수 있다는 것을 인정하고 드러내는 것을 의미한다. 연구자는 연구에 영향을 미칠 수 있는 연구자 자신의 과거 경험, 선입관, 학문적 배경 등을 제시한다.
- 연구자는 연구에 대한 구체적인 정보를 상세하게 제공한다. 연구에 대한 자세한 정보는 독자가 전이가능성을 판단할 수 있는 근거가 된다. 연구자는 연구의 맥락, 참여자의 인구사회학적 특성, 자료수집 방법 및 분석 절차 등 연구에 대한 세부사항을 자세하게 설명하여야 한다.

3) 학술연구로서의 질적연구

질적연구는 소수의 개인 또는 집단의 경험과 그들이 외부 세계에 부여하는 의미, 그리고 사회현상이나 체제를 사회적 맥락 안에서 심층적으로 이해하는 것을 목적으로 한다. 주로 참여관찰이나 면담을 통해 자료를 수집하며, 양적연구에서와 같이 엄격하고 체계화된 연구절차를 따르지 않고 자료를 분석하기 위한 통계적 지식이 요구되지도 않는다. 질적연구는 자료수집 및 분석 방법뿐만 아니라 보고서 서술 방식에 있어서도 양적연구에 비하여 자유로운 편이다. 이러한 질적연구의 특징으로 인하여, 특히 초보 연구자의 경우 질적연구가 양적연구에 비하여 수행하기 쉽다고 잘못 생각하는 경우가 종종 있다. 또는 연구자 개인의 관심 또는 경험을 나열하는 것에 그치며, 자신의 연구로부터 학술적 또는 실제적인 의의를 끌어낼 필요성을 인식하지 못하는 경우도 있다. 그러나 인간의 내밀한 경험을 연구대상으로 한다고 하여 연구목적과 문제가 연구자 개인의 관심사에 한정되어도 된다는 것은 아니다. 〈표 8.2〉는 사회과학 분야의 질적연구를 평가하는 기준(Richardson & St. Pierre, 2018, p. 1418)으로, 학술연구로서의 질적연구가 지향해야 하는 바를 보여 준다. 질적연구는 개인과 공동체, 사회에 학술적이면서 실질적인 기여하는 동시에 미학적이고 정직하고 타당하여야 하며, 독자에게 동기를 부여하고 향후 연구 방향을 제시할 수 있어야 한다.

〈표 8.2〉 사회과학 분야 질적연구 평가 기준

항목	내용
실질적 기여 (substantive contribution)	• 우리가 사회적 삶을 이해하는 데 기여하는가? • 연구자는 깊이 있는 사회과학적 관점을 보여 주는가? • 연구가 사실(true)인 것으로 보이는가? 실제(real)에 대한 문화적, 사회적, 개인적, 또는 공동체적 의미에 대한 설명을 신빙성(credible) 있게 설명하는가?
미학적 가치 (aesthetic merit)	• 연구가 미학적인가? • 창의적인 분석 기법을 활용함으로써 텍스트를 새롭게 해석할 수 있도록 유도하는가? • 텍스트가 예술적으로 짜여 있고, 만족스러우며, 복합적이고, 지루하지 않은가?

반영성 (reflexivity)	• 연구자의 주관성(subjectivity)이 이 텍스트를 생산하고 소비하는 데 어떠한 영향을 미쳤는가? • 텍스트에 자기인식(self-awareness)과 자기노출(self-exposure)이 충분하여 독자가 연구자의 관점을 판단할 수 있도록 하는가? • 연구자는 참여자에 대한 자신의 서술과 판단에 책임을 지는가?
영향 (impact)	• 이 연구는 정서적 또는 지적으로 영향력이 있는가? • 새로운 문제를 제기하는가? 내가 글을 쓰게끔 동기를 부여하는가? • 내가 새로운 연구를 시도하거나 행동을 취하도록 만드는가?

3 질적연구의 윤리적 고려사항

질적연구에서 윤리 문제는 참여자에게 동의를 얻는 과정에서부터 자료수집, 자료분석과 해석, 보고에 이르는 모든 단계에서 발생할 수 있으며(Creswell & Poth, 2018, p. 95), 연구마다 다른 양상으로 나타날 수 있다. 연구자는 참여자에게 연구참여와 관련하여 어떠한 물리적 · 심리적 · 사회적 압박을 가해서는 안 된다. 참여자는 연구참여에 동의하거나 거부할 권리가 있으며, 동의한 후에도 언제든지 자유롭게 결정을 철회할 권리가 있다.

기본적으로 연구는 참여자의 권리를 보호하며 참여자들에게 해를 끼치지 말아야 함은 물론이고 가능하다면 참여자에게 도움이 되며 정의로워야 한다(Orb et al., 2001). 이를테면 연구 중에 연구자가 의도하거나 예상치 못한 부작용이 발생할 경우 적절한 조치를 취해야 한다. 권지성(2008)의 쪽방 거주자들의 일상생활 연구에서 일부 참여자들은 생애사 자료수집 과정 중 슬픔과 분노를 느꼈다. 연구자는 해당 참여자들로부터 자료수집을 중단하고, 그러한 부정적인 정서적 상태가 지속되지는 않는지 살폈다. 아동양육에 관한 질적연구의 경우, 자료수집이 완료된 후 도움이 필요한 참여자들에게 양육 지원 관련 정보나 지원을 제공할 수 있다. 또는 특정 개념 또는 연구제목을 참여자로부터 직접 인용하는 경우, 해당 참여자에게 이를 알려 주며 참여자가 연구에 기여한 바를 인정해 주는 것이 좋다(Orb et al., 2001). 또한, 연구자는 참여자에게 상품권, 기념품과 같은 소정의 보상을 제공할 수도 있다. 단, 참여자에게 주어지는 보상이 연구참여를 유도하는 것은 아닌지 주의해야 한다.

참여자들의 정보 보호 및 익명성 보장 또한 매우 중요한 윤리적 문제다. 참여자들의 익명성은 자료가 수집되어 저장되는 순간부터 연구 완료 후까지 보장되어야 한다. 특정 지역의 특수한 학교 교장에 대한 연구와 같이 가명을 사용하는 정도로는 참여자의 신분 또는 정보 노출을 막기 어려운 경우가 있다. 그렇다면 참여자들이 모두 다른 학교로 전근가기 전까지 연구 보고를 미루는 것이 좋다. 물론 연구에 따라 예외도 있다. 최문호와 박승관(2018) 연구의 참여자는 홈페이지나 유튜브에서 실명을 확인할 수 있는 언론인들이었다. 따라서 연구자들은 익명 처리가 의미가 없다고 판단하고, 참여자들의 동의하에 실명을 사용하였다.

이 외에도 참여자와의 라포 형성, 연구결과가 참여자들에게 미치는 영향, 양심적인 연구결과 보고 등과 관련된 다양한 윤리적 문제가 발생할 수 있다. 질적연구자는 연구를 계획하고 수행하는 중 발생할 수 있는 윤리적 이슈를 어떻게 예방하고 대처하였는지 밝혀야 한다. 〈표 8.3〉은 Creswell과 Poth(2018, pp. 96-98)가 제시한 윤리적 문제상황과 그에 대한 대처 방안이다. 이 절에서 설명한 내용들이 질적연구를 윤리적으로 수행하는 데 도움이 되기를 기대한다.

〈표 8.3〉 질적연구의 윤리적 문제와 대처 방법

연구과정	윤리적 문제 유형	대처 방법
연구 시작 전	• 대학의 승인 얻기 • 해당 학회의 윤리 기준 검토하기 • 참여자에 대한 접근 승인 얻기 • 연구결과에 따른 이해관계가 얽혀 있지 않은 현장 선택하기 • 출판 시 저자 순서 협상하기 • 출판되지 않은 도구나 절차에 대한 사용 허가 얻기	• IRB 승인을 위해 서류 제출하기 • 전문적 윤리 기준 찾아보기 • 승인 담당자를 파악하고 협조를 요청하기 • 연구자와 알력이 없을 만한 현장을 선택하기 • 과제 기여도에 따른 저자 순서 정하기 • 소유권이 있는 자료에 대해 허락을 받아 인용하기

연구 초기	• 연구 목적 밝히기 • 참여자가 동의서에 서명하도록 압력가하지 않기 • 연구 현장의 규범 존중하기 • 취약한 집단(예: 아동)의 요구에 민감하게 반응하기	• 참여자에게 연구의 일반적인 목적을 알리기 • 참여자가 자발적으로 참여하는지 확인하기 • 문화 · 종교 · 성별과 같이 연구 시 고려해야 하는 차이점 파악하기 • 동의 얻기(아동의 경우 부모)
자료수집	• 연구 현장을 존중하고 방해를 최소화하기 • 참여자를 속이지 않기 • 참여자를 존중하기 – 연구자의 위치를 활용해 참여자를 악용하지 않기 • 자료를 모으고 보상 없이 현장을 떠나지 않기 • 적절한 보안 장치를 이용하여 데이터(예: 원자료) 저장하기	• 참여자와 신뢰를 형성하고 연구 진행 시 예상되는 혼란에 대해서 미리 설명하기 • 연구 자료의 목적 및 활용에 대해 설명하기 • 대답을 유도하거나 개인적인 느낌을 전하지 말고, 민감한 정보 노출을 피하기 • 참여에 따르는 보상을 제공하며 참여자와 연구자가 서로 윈윈하는 상황이 되도록 노력하기 • 연구 자료를 안전한 장소에서 5년간 보관하기(APA, 2010).
자료분석	• 특정 참여자의 편을 들거나 좋은 결과만 공유하지 않기 • 참여자의 사생활을 존중하기	• 다양한 관점으로 보고하고, 반대되는 결과도 보고하기 • 참여자가 누구인지 알아보기 어렵도록 가명을 부여하기
보고	• 저자 순위, 증거, 자료, 결과, 결론 등을 속이지 않기 • 참여자에게 해가 될 만한 정보를 드러내지 않기 • 분명하고 적합한 언어로 소통하기 • 표절하지 말기	• 정직하게 보고하기 • 참여자가 누구인지 추측하기 어렵게 쓰기 • 보고서를 읽는 대상에게 적합한 용어로 쓰기 • 타인의 저작을 재인용 또는 각색할 필요가 있는 경우 APA 지침을 참고하기

연구 출판	• 다른 사람과 보고서 공유하기 • 다양한 대상에게 보고할 수 있도록 보고서를 조정하기 • 출판물을 복제하지 않기 • 윤리적 이슈 및 상충되는 이해관계가 없다는 것을 밝히기	• 참여자와 이해관계자에게 보고서 사본을 제공하기 • 실제 결과를 공유하기(인터넷에 올리거나 다른 언어로 출판하는 것도 고려하기) • 한 자료를 둘 이상의 출판물에 쓰지 않기 • 연구결과로 인해 이득을 볼 수 있는 자금 제공자가 누구인지 밝히기

제 9 장
질적연구의 다섯 가지 접근: 실제

주요 용어

내러티브, 판단중지, 지속적인 비교분석, 개방코딩, 축코딩, 현장조사

학습목표

1. 다섯 가지 질적접근의 특징에 부합하는 연구문제를 작성할 수 있다.
2. 다섯 가지 질적접근의 연구절차와 연구 시 유의점을 설명할 수 있다.

대부분의 질적연구는 양적연구와 마찬가지로 연구문제 진술, 문헌 분석, 표집, 자료 수집, 자료분석, 결론 도출 단계를 거친다. 다만 질적연구는 참여자를 의도적으로 선택하고, 설문이나 검사가 아닌 관찰이나 면담을 통하여 자료를 수집하며, 숫자가 아닌 언어 자료를 분석한다는 점에서 양적연구와 차이가 있다. 이 장에서는 실제 질적연구 사례를 통하여 제8장에서 소개한 다섯 가지 질적접근이 어떻게 수행되는지 설명하고, 질적연구를 수행할 때 주의하여야 하는 여러 가지 윤리적 이슈를 살펴보려고 한다. 이 장에서 소개한 질적연구 사례 외에 다양한 질적연구 예시 또는 유형은 Creswell과 Poth(2018), Denzin과 Lincoln(2018), Patton(2014) 등을 참고하기를 바란다.

1 내러티브 탐구

내러티브 탐구의 목적은 이야기를 통하여 참여자의 경험을 이해하는 것이다. 내러티브 탐구는 개인 또는 여러 사람의 구체적인 이야기나 삶의 경험을 포착하는 데 적합한 질적접근이다(Creswell & Poth, 2018, p. 115). 내러티브 탐구를 선택하는 연구자는 어떤 경험의 본질적 의미나 현상에 내재된 이론을 발견하는 것이 아니라 경험 그 자체를 삶의 맥락 안에서 있는 그대로 이해하고 싶어 한다. 이 절에서는 내러티브 탐구 연구가 실제로 어떻게 수행되는지 살펴보았으며, 이해를 돕기 위하여 한 편의 내러티브 탐구 연구를 함께 소개하였다.

1) 연구의 필요성과 연구문제

다른 질적연구와 달리 내러티브 탐구에서의 연구의 필요성과 연구문제[1)]는 연구자의 내러티브에서 출발한다. 연구자의 내러티브로 논문의 첫 장이 시작되므로(홍영숙, 2020), 첫 장에서부터 매우 흥미로우면서도 인상적인 방법으로 내러티브 탐구의 색채를 인식하게 해 준다. 이를테면 구승영(2019)은 논문의 서론(첫 장)에서 '나의 내러티브: 연구의 출발'이라는 제목으로 연구주제와 관련된 연구자의 내러티브를 소개하였다. 이를 통해 독자는 연구자가 세월호 사건을 겪은 학교에서 상담사로 근무하게 된 경위와 그곳에서 했던 업무, 그리고 그로 인한 여러 가지 생각과 감정을 알 수 있다. 그리고 연구자가 어떠한 연유로 연구를 시작하게 되었는지, 경험과 감정의 특이성이 연구자에게 어떤 의미를 가지는지를 이해할 수 있다.

학위논문과 달리 학술지 논문은 분량 제한으로 인하여 독립적인 절에서 연구자의 내러티브를 소개하기 어렵다. 이 경우 연구자의 일기나 연구일지의 일부를 발췌하여 연구자의 내러티브 대신 제시하기도 한다. 이를테면 김창복과 이신영(2013)은 자녀의 초등학교 전이 및 적응에 대한 어머니들의 경험을 탐구하였는데 내러티브 대신 〈예 9.1〉과 같은 연구 일지 발췌본으로 논문을 시작하였다.

〈예 9.1〉 내러티브 탐구 연구의 도입 예시

11월 자녀의 취학통지서를 받아 든 순간 아들의 입영통지서를 받아 든 어머니들의 마음을 헤아리게 되었다는 A 어머니의 이야기가 마음속 깊이 다가온다. 첫 아이 어머니들이 갖게 되는 초등학교 전이에 대한 염려, 어느 정도는 공감하지만 초등학교 전이가 입영에 비유될 정도로 분리불안과 염려를 수반할 상황인가? 입영이라는 단어가 머릿속을 떠나지 않는다(2013. 5. 21. 연구일지).

– 김창복과 이신영(2013)에서 발췌

내러티브 탐구의 시작점이 연구자 개인의 내러티브라고 해서 연구의 필요성이 연구자의 개인적인 경험이나 의미만으로 충분하다는 뜻은 아니다. 내러티브 탐구 연구의 필요성과 의의는 연구자 개인의 지적 호기심과 갈증을 해소하는 데 그치지 않고, 한 편

1) 내러티브 탐구에서는 연구문제를 연구퍼즐(research puzzles)이라고 부르기도 한다.

의 학술연구로서 갖는 학술적이며 실제적인 의의까지 나아가야 한다. 즉, 새로운 지식을 발견하거나 이해를 심화시키고, 연구의 대상과 독자가 연구를 통하여 실제적인 이득을 얻을 수 있어야 한다. 예를 들어, 구승영(2019)은 재난 상황에서의 상담자에 관한 연구가 대리외상 연구에 치우쳐 있음을 지적하며 상담자의 역할 혼란에 대한 연구의 필요성을 제기하였다. 여기에 더하여 학교기반의 위기개입 상황의 특이성을 강조하였는데, 학교기반의 위기개입은 일반적인 위기개입 상황과 다르게 교사와 학부모, 관리자 등 다양한 관련자를 고려하여야 하기 때문이다. 이러한 필요성에 근거하여 연구자는 〈예 9.2〉와 같이 연구문제를 설정하였다.

〈예 9.2〉 내러티브 탐구의 연구문제 예시

첫째, 세월호 사건을 겪은 학교에서 상담사로 살아내기의 경험은 어떠한가?

둘째, 세월호 사건을 겪은 학교에서 상담사로 살아내기의 경험은 그들에게 어떠한 의미를 가지는가?

– 구승영(2019)에서 발췌

2) 연구절차

내러티브 탐구 연구는 다음과 같은 다섯 단계를 거친다(Clandinin & Connelly, 2002). '현장으로 들어가기(being in the field)', '현장에서 현장텍스트로 이동하기(from field to field text)', '현장텍스트 구성하기(composing field text)', '현장텍스트에서 연구텍스트로 이동하기(from field text to research text)', 그리고 '연구텍스트 작성하기(composing research text)'이다. 간단하게 정리하면, 내러티브 탐구는 현장에서 참여자와 소통하며 현장텍스트를 만들고, 중간 및 최종 연구텍스트를 작성하는 단계를 거쳐 연구목적을 달성해 간다(Clandinin & Caine, 2008). 그러나 이 단계들은 명확하게 구분되지 않으며 선형적이지도 않다(염지숙, 2001). 내러티브 탐구를 수행하는 연구자는 최종 연구텍스트를 작성하기까지 여러 단계를 거꾸로 되돌아가기도 하고, 동시에 진행하기도 한다. 이 절에서는 Creswell과 Poth(2018), 염지숙(2002)을 참고하여 내러티브 탐구 절차를 다섯 단계로 설명하겠다.

(1) 현장으로 들어가기

'현장으로 들어가기' 단계는 참여자와 관계를 맺고 현장에 익숙해지는 단계다(염지숙, 2002). 연구자는 연구문제에 적합한 현장을 선택하고 참여자들을 만나 라포를 형성하면서 연구목적과 연구문제, 그리고 대략적인 연구계획을 나누고 연구참여에 대한 동의를 얻는다. 내러티브 탐구에서 참여자들은 자신들의 이야기를 다양한 형태의 정보로 제공할 충분한 시간과 이야깃거리가 있는 사람들이어야 한다(Creswell & Poth, 2018, p. 115). 구승영(2019)은 연구 현장인 D 고등학교에서 근무했었기 때문에 현장에 대한 이해도가 높은 편이었다. 그래서 D 고등학교에 대한 개인적인 감상과 더불어 세월호 사건 발생 후 D 고등학교에서 일어난 일들을 내부자적 관점에서 세세하게 설명할 수 있었다. 세 명의 참여자는 모두 D 고등학교에서 세월호 사건을 함께 겪은 동료 상담사들로서 연구자와 유사한 심리적 소진과 간접 외상을 겪은 이들이었다. 이들은 연구의 필요성과 목적에 깊이 공감하였으며 연구에 적극적으로 참여하였다.

(2) 현장에서 현장텍스트로 이동하기

현장텍스트는 쉽게 말하자면 이야기다(Clandinin & Connelly, 2000). 연구자는 이 단계에서 참여자들로부터 다양한 자료를 수집함으로써 참여자들의 내러티브를 맥락 안에서 이해하려 한다(Czarniawska, 2004). 따라서 참여자들의 개인적 경험에 대한 자료뿐만 아니라 문화, 역사적 맥락 등에 대한 자료를 수집한다(Creswell & Poth, 2018, p. 115). 구술사, 면담 자료, 일기, 편지, 대화, 사진, 동영상 등 다양한 유형의 자료가 현장텍스트가 될 수 있다(Clandinin & Connelly, 1994). 대부분의 질적연구와 마찬가지로 내러티브 탐구도 주로 면담을 통하여 자료를 수집한다. 구승영(2019)의 주된 자료수집 방법도 면담이었다. 연구자는 참여자별로 6회씩 3시간 이내의 개별면담을 실시하였으며, 면담 자료 외에 연구 일지, 상담계획서나 공문 등의 문서, 사진 자료, 세월호와 관련된 기사를 수집하였다. 구승영(2019) 연구에서 면담 전사 자료 분량은 A4 용지 425매였다.

(3) 현장텍스트 구성하기

내러티브 탐구에서 현장텍스트는 곧 분석자료다. 현장텍스트를 구성할 때 염두에 두어야 하는 점은, 내러티브 탐구에서의 내러티브가 연구자와 참여자가 함께 구성한 공동의 것이라는 점이다(Clandinin & Caine, 2008). 다른 질적접근도 면담을 통해 참여자의 내러티브를 수집하지만, 연구자의 삶이나 경험, 개입이 내러티브 탐구에서처럼 중요하게 작용하지 않는다. 구승영(2019)의 연구에서 면담은 연구자가 질문하고 참여자가 대답하는 방식이 아닌 대화 형식으로 이루어졌다. 연구자와 참여자는 서로의 기억과 경험을 나누는 대화를 통하여 영향을 주고받으면서 각자의 경험을 되살렸다. 연구자는 면담 시에 참여자의 동의하에 면담 내용을 녹음하고, 내러티브 분석 시 내용의 뉘앙스를 파악하는 데 이용하였다.

(4) 현장텍스트에서 연구텍스트로 이동하기

이 단계는 현장텍스트를 해석하고 의미를 부여하면서 최종 연구결과물인 연구텍스트를 어떻게 구성할지 준비하는 단계다. 내러티브 탐구에서 현장텍스트는 연구자와 참여자가 이야기를 나누며 생성한 것으로, 연구자와 참여자 간 관계 안에서 해석되어야 한다(Clandinin & Caine, 2008). 내러티브 탐구에서 자료분석은 '다시 이야기하기(restorying)'와 같다. 연구 자료인 현장텍스트를 여러 번 반복하여 읽으면서 숨겨진 의미와 관계를 찾아내어 이야기를 다시 이야기한다. 이때, 연구자는 내러티브를 내러티브 탐구의 3차원 탐구 공간(시간, 사회성, 장소)을 고려하여 분석하거나, 이야기의 핵심 요소인 시간이나 장소, 줄거리에 따라 분석한 후 연대기 순으로 이야기를 다시 배치하는 방법을 사용할 수 있다(Ollerenshaw & Creswell, 2002). 구승영(2019)은 현장텍스트를 참여자들의 경험을 그들의 삶이라는 맥락 안에서 이해하기 위하여 그 의미를 드러내 줄 수 있는 주제를 찾고자 하였다. 연구자는 내러티브와 관련된 시간, 사회성, 장소를 고려하면서 현장텍스트를 반복하여 읽고, 재난현장에 들어오기 전의 경험, 재난현장에서의 경험, 그리고 이후 현재의 경험을 연대기적으로 정리하였다. 이러한 연대기적 구성을 통해 참여자인 '이미로', '신도전', '나성실'이 D 고등학교에서의 상담 경험에 대해 가지고 있던 생각, 경험에 부여했던 의미가 어떻게 변하는지 보여 주었다.

구승영(2019)의 참여자들은 연구자와 함께 내러티브를 만들어 갔으며, 이를 통해 '다시 살아내기'를 하였다고 할 수 있다. 이를테면, '이미로'는 연구자와의 면담이 진행될수록 떠올리고 싶지 않았던 기억을 떠올리게 되어 힘들어했다. 소명의식을 가지고 있던 '이미로'는 D 고등학교에서 힘들어하는 학생들을 돕고자 했으나, 당시 학교는 '이미로'가 원하는 상담을 할 수 없는 상태였다. 이로 인하여 '이미로'는 무력감을 느꼈으며,

내담자들에게 공감하면서 간접외상까지 겪었다. 그러나 '이미로'는 연구자와 면담을 계속하면서 재난 상황이라는 특수한 상황에서 상담자는 내담자에게 '안전한 사람'으로 '여기에 그냥 같이 있어 주는 것'만으로도 의미가 있다는 것을 깨달았다.

'신도전'이 D 고등학교에서 한 경험은 다른 상담사들과는 사뭇 달랐다. 행정경력이 있던 '신도전'은 교육과정 정상화를 원하는 학교에서 상담지원 예산을 집행하고자 하는 교육부의 요구에 부응하여야 했다. 당시 D 고등학교는 외부의 지나친 관심과 지원을 반기지 않았기 때문에 교사와 학생들을 대상으로 한 상담사들의 상담계획은 실행하기 어려웠다. 그러한 상황에서 '신도전'은 '그게 꼭 상담이 아니어도' 의미 있는 일을 하기 위하여 고군분투하였으며, 이 경험은 상담자의 역할에 대한 '신도전'의 인식을 변화시켰다. '신도전'은 상담자의 역할은 내담자의 문제를 해결하도록 돕는 것이므로 내담자와의 면담이 아니더라도 도움이 될 수 있다면, 예를 들어 행사를 기획하는 일이어도 상담자가 할 일이 될 수 있다고 생각하게 되었다. 연구 초반에 경험의 의미를 찾을 수 없다고 했던 '신도전'은 마지막 면담에 이르러 '그 경험을 겪어 낸 것 자체가 의미가 있는 것 같다'고 말하였다.

세 번째 상담사인 '나성실'은 상담사로서의 경력이 있던 '이미로', '신도전'과 달리 D 고등학교가 첫 근무지였다. 그래서 그는 자신이 D 고등학교 상담사로 뽑힌 것에 의구심을 가졌고, 이러한 의구심은 상담이 어려워지면서 열등감과 좌절감이 되었다. 당시 D 고등학교는 세월호 사건과 관련된 정치적 문제나 조력 집단 간의 갈등으로 상담이 어려운 상황이었는데, '나성실'은 상담을 제대로 할 수 없었던 이유를 자신에게서 찾은 것이다. 스스로 전문성이 부족하다고 여긴 '나성실'은 D 고등학교에서의 근무가 끝난 후, 전문성을 키우기 위하여 석사과정을 시작하고 일 년에 3개씩 자격증을 취득했다. 그런데 '나성실'은 연구자와 면담을 이어 나가면서 D 고등학교에서 내담자와 '닿았다'라고 느꼈던 활동이 놀이였다는 것을 떠올렸고, 본래 생각해 오던 전문성에 대한 자신의 생각을 바꾸었다. '나성실'은 상담자에게 필요한 전문성은 '유연한 전문성'이라고 말하였고, 연구자는 이것을 '내담자와 상담자의 진실한 만남에 필요한 유연성'이라는 의미로 재해석하였다.

(5) 연구텍스트 구성하기

현장텍스트는 연구자와 참여자가 협상하며 수정하고 공유하는 과정을 거쳐 연구텍스트로 바뀐다. 연구자는 연구텍스트를 구성할 때 내러티브 탐구 공간과 연구자 및 참여자의 목소리를 고려해야 한다(Clandinin & Connelly, 2000). 구승영의 연구에서 세 상담사들은 같은 공간에서 공통의 사건을 겪었으나, 서로 다른 방식으로 각자의 문제를 해결해 나갔고 경험에 서로 다른 의미를 부여하였다. 구승영은 자신이 쓴 글을 참여자와 공유하고 그들의 의견을 반영하면서 수정·보완하였고, 세 명의 참여자의 경험을 그들 각각의 삶의 맥락 안에서 참여자와 함께 다시 이야기해 나갔다.

내러티브 탐구의 연구텍스트에는 연구의 중요성이 드러나 있어야 한다. 즉, 이 연구가 실제로 학문 분야 또는 사회에 어떠한 기여를 할 수 있는지 연구자가 끊임없이 자문한 결과가 나타나야 한다. 구승영(2019)은 재난 상황에서 상담사로서의 역할을 수행한 이들의 내러티브를 분석한 후, 연구결과를 바탕으로 재난심리지원 시스템 구축, 상담사 교육 및 훈련 과정 개선, 재난 상황에 투입된 상담자들에 대한 지원 시스템 마련 등을 제언하며 연구의 학술적·실제적 의의를 논하였다.

3) 유의점

내러티브 탐구 수행 시 유의할 점은 다음과 같다. 첫째, 연구자는 경험의 여러 측면을 파악할 수 있도록 다양한 자료를 수집하여야 한다. 현장텍스트를 수집하는 방법은 살아내기(living)와 이야기하기(telling)다. 그러나 살아내기와 이야기하기가 항상 일치하는 것은 아니기 때문에 이 두 가지의 차이는 과거에 살았던 삶(말하기)과 현재 펼쳐지는 삶(살아내기) 간의 차이와 같다. 연구자는 이 두 가지에 대한 자료를 모두 수집해서 서로 보완하도록 할 필요가 있다(Connelly & Clandinin, 2006, pp. 3–15). 또한 개인의 삶의 맥락을 명확하게 파악하려면 광범위한 수집 자료와 함께 이를 식별할 수 있는 민감성도 필요하다(Creswell & Poth, 2018, p. 118).

둘째, 연구자는 연구 현장에 개입하는 정도나 참여자와의 거리에 따라 갈등을 겪을 수 있다(염지숙, 2002). 내러티브 탐구에서는 연구자와 연구 현장, 참여자가 밀접한 관계를 맺게 되는데, 이때 자칫 잘못하면 편견이나 편향이 발생할 수 있기 때문이다. 따라서 내러티브 탐구를 수행하는 연구자는 연구자와 참여자의 관계가 현장텍스트에 영향을 미칠 수 있다는 점을 주의하며 연구를 수행해야 한다(염지숙, 2001). 구승영(2019)의 경우 연구자가 참여자들과 함께 근무하며 경험을 공유하고 있긴 하나, 해당 경험으로부터 4년여의 시간이 흐른 후 연구가 시작되었고 연구 시작 전까지 관계가 계속 이어졌던 것이 아니었으므로 밀접함으로 인하여 발생하는 문제 가능성은 적은 편이었다.

2 현상학적 연구

앞서 제8장에서 현상학적 연구를 심리학적 현상학 연구와 해석학적 현상학 연구로 나누었다. 이 절에서는 각 연구의 단계를 Colaizzi와 van Manen을 인용하여 실제 연구 사례를 들어 소개할 것이다. Colaizzi의 자료분석 절차를 따른 연구의 예는 어린 아동을 둔 취업모의 양육부담감 경험을 연구한 김나현 등(2013), van Manen의 연구단계를 따른 연구의 예는 중환자실 간호사의 심리적 외상을 연구한 고미숙(2016)이다.

1) 연구절차

현상학적 연구는 연구문제 확인, 현상 확인 및 참여자 선택, 자료수집, 자료분석, 구조적 기술 개발(develop textural and structural descriptions), 현상의 본질 제시 단계를 거친다(Creswell & Poth, 2018, pp. 128-129). 다만 심리학적 현상학과 해석학적 현상학 간에 학문 분야와 철학적 기조에 의한 차이가 다소 존재한다. 심리학적 현상학 연구자인 Colaizzi는 자료분석을 강조하여 7단계로 세분화하여 설명한다. 반면 해석학적 현상학 연구자인 van Manen은 '태도변경을 이루어 가기', '다양한 출처로부터 자료수집하기', '자료분석하기', '글쓰기와 다시 쓰기'의 단계로 전반적인 연구절차를 설명한다(유혜령, 2015, p. 9). 이 절에서는 Creswell과 Poth(2018)를 중심으로 전반적인 연구절차를 설명하되, 두 방법 간의 차이를 조명하기 위하여 자료분석에 초점을 맞추었다. 연구의 마지막 단계인 '현상학적 글쓰기'는 생략하였다.

(1) 현상학적 연구 선택하기

먼저 연구자는 현상학적 접근이 연구문제 해결에 적합한 방법인지 확인한다. 현상학적 접근이 적합한 연구문제는 "여러 사람이 공통적으로 경험하는 개념이나 사건, 현상의 근본적인 의미는 무엇인가?"라 할 수 있다(Creswell & Poth, 2018, p. 128). 〈예 9.3〉과 〈예 9.4〉에 제시한 김나현 등(2013)과 고미숙(2016)의 연구목적과 연구문제에서 두 연구 모두 체험, 경험의 본질적 의미를 찾고 있다는 것을 알 수 있다.

〈예 9.3〉 현상학적 연구의 연구목적과 연구문제 예시 1

본 연구의 목적은 일과 양육을 병행하는 취업모가 자녀를 양육하면서 경험하는 부담감이 무엇인지 서술하여 그 경험에 대한 의미의 본질을 탐색하는 것이다. 따라서 본 연구의 연구 질문은 '어린 아동을 양육하면서 경험하는 취업모의 양육부담감의 본질은 무엇인가?'다.

– 김나현 등(2013)에서 발췌

〈예 9.4〉 현상학적 연구의 연구목적과 연구문제 예시 2

본 연구의 목적은 중환자실 간호사의 심리적 외상 체험의 의미와 본질을 탐색하고 이해하는 것이다. 본 연구에서 다루고자 하는 연구질문은 다음과 같다.

중환자실 간호사가 경험하는 심리적 외상은 무엇인가?

– 고미숙(2016)에서 발췌

현상학적 연구에서 판단중지와 현상학적 환원은 연구 전반에 걸쳐 적용되어야 한다. 특히 van Manen의 해석학적 현상학은 연구문제를 설정하는 첫 단계에서부터 현상학적인 태도로 문제를 발견할 것을 요구한다(유혜령, 2015). van Manen의 해석학적 현상학의 첫 단계는 '태도변경을 이루어 가기'다. 연구자는 이 단계에서 개인적으로 의미 있게 인식한 경험에 대해 현상학적 질문을 던지면서 연구문제를 만들고 연구문제와 관련된 연구자의 선이해를 밝힌다(유혜령, 2015). 선이해는 연구문제에 대하여 연구자가 이미 가지고 있는 선행 지식이나 가정, 사회적 통념과 가치관 등을 뜻한다. 예를 들어 보겠다. 약 20여년의 경력을 가진 임상 간호사이며 5년 동안 중환자실의 수간호사로 근무한 고미숙(2016)은 중환자실 간호사가 경험하는 심리적 외상을 현상학적 관점에서 이해하고자 van Manen의 분석방법을 적용하였다. 연구자는 현상학적으로 '태도변경을 이루어 가기' 위하여 노력한 점과 선이해를 논문에 제시하였다(〈예 9.5〉).

〈예 9.5〉 현상학적 연구에 제시된 연구자의 선이해 예시

연구기간 내내 '나는 이 연구를 통하여 무엇을 알고자 하는가?', '내가 중환자실 간호사의 심리적 외상에 대해 알고 있는 것은 무엇인가?', '내가 알고 있는 것은 나의 연구에 어떠한 영향을 끼칠 것인가?'라는 질문을 항상 떠올리면서 판단을 중지하고자 노력하였다.

……(중략)……

본 연구에 대한 연구자의 가정과 선이해는 다음과 같다.

1) 중환자실 간호사는 심리적 외상에 대한 이해가 부족할 것이다.
2) 중환자실 간호사는 심리적 외상으로 인하여 정서적인 어려움을 느낄 것이다.
3) 중환자실 간호사는 심리적 외상을 겪은 후 자신의 직업에 회의를 느끼게 될 것이다.
4) 중환자실 간호사의 심리적 외상 체험에 대한 개인의 가치와 의미는 다양할 것이다.
5) 중환자실 간호사는 심리적 외상으로 인한 어려움을 해결하기 위해 노력할 것이다.

– 고미숙(2016)에서 발췌

(2) 현상 확인 및 참여자 표집

연구문제에 따라 현상학적 접근을 선택한 연구자는 관심 현상을 확인하고, 현상을 충분히 기술할 수 있는 참여자들을 의도적으로 표집한다. 김나현 등(2013)은 어린 아동을 양육하고 있는 취업모 중에서 본인이 느끼는 양육부담감을 충분히 표현할 수 있는 8명의 참여자를 표집하였다(〈예 9.6〉). 고미숙(2016) 역시 연구하고 있는 현상을 경험하였고, 경험을 있는 그대로 이야기할 수 있는 사람으로 12명의 간호사를 선정하였다(〈예 9.7〉).

〈예 9.6〉 현상학적 연구의 참여자 선정 예시 1

참여자는 생후 12개월 이상 6세 이하의 어린 아동을 양육하고 있는 여성 중에서 하루 8시간 이상 근무하는 직장에 5년 이상 다니고 있으며, 의사소통이 가능하고 본 연구의 목적을 이해하고 면담에 참여할 것을 동의한 8명을 대상으로 하였다.

……(중략)……

본 연구에서 어린 아동을 둔 취업모를 선정한 이유는 이 시기가 아동에게 자율성과 독립성을 발달시키는 데 매우 중요하지만(Shin et al., 2009), 경험과 판단이 미숙하기 때문에 돌보는 시간과 에너지가 지속적으로 요구되므로 부모의 역할긴장이 높고 양육 스트레스가 증가하여(Hill et al., 2001) 양육부담감 또한 클 것으로 보았기 때문이다.

– 김나현 등(2013)에서 발췌

 〈예 9.7〉 현상학적 연구의 참여자 선정 예시2

본 연구의 참여자는 중환자실에서 직접간호를 수행하는 간호사를 대상으로 하였다. 간호 관리 업무가 주된 업무인 수간호사와 중환자실 간호사로 훈련받는 중에 있는 1년 이하의 간호사는 참여자에서 제외하였다.

본 연구에서 연구참여자는 경험의 깊이를 이해하기 위하여 다양한 간호사의 경력을 고려하여 선정하였으며, 병원 및 중환자실 고유의 조직문화로 인한 해석의 편중을 막기 위하여 4개 병원을 대상으로 참여자를 선정하였다. 해당 병원의 지인을 통하여 참여자를 소개받는 목적적 표본추출(purposive sampling)을 사용하였으며, 그 참여자의 소개를 통하여 눈덩이 굴리기 방법으로 적절성과 충분성의 기준에 따라 선정하였다.

– 고미숙(2016)에서 발췌

(3) 자료수집

현상학적 연구는 주로 심층면담을 통하여 자료를 수집하며, 관찰, 일지 등을 사용하기도 한다(Moustakas, 1994; van Manen, 2016). 현상학적 연구에서 심층면담은 비구조화 또는 반구조화 형식을 띠고, 가벼운 잡담이나 간단한 명상 활동으로 편안한 분위기에서 면담이 시작된다(Moustakas, 1994, p. 85). 심층면담에서는 적절한 개방형 질문을 사용하여 참여자로부터 깊이 있고 중요한 진술을 이끌어 내는 것이 중요하다. Moustakas(1994, p. 86)는 다음과 같이 현상학적 연구 수행 시 심층면담에서 사용할 수 있는 몇 가지 질문을 제시하였다.

- 그 경험과 밀접하게 관련된 사건이나 사람 중 눈에 띄는 것은 무엇입니까?
- 그 경험이 당신에게 어떤 영향을 미쳤습니까? 경험과 관련하여 어떤 변화가 있었습니까?
- 그 경험이 당신의 소중한 사람들에게 어떤 영향을 미쳤습니까?
- 그 경험에서 어떤 감정을 느꼈습니까?
- 당시에 어떤 생각이 떠올랐습니까?
- 당시에 신체나 심리 상태의 변화를 느꼈습니까?

van Manen(2016, p. 298) 역시 참여자가 경험한 현상에 대하여 질문할 때 참여자의 관점, 의견, 생각을 묻지 말고 현상에 대하여 질문할 것을 강조하였다. 이를테면, '그 현상이나 사건에 대하여 어떻게 생각하십니까?'가 아닌 '그 현상이나 사건은 무엇입니까?'

라고 물어야 한다는 것이다. 다음은 van Manen(2016, p. 298)이 제시한 질문 예시의 일부다.

- 그 현상이나 사건과 관련된 가장 처음의 경험은 무엇입니까?
- 그 현상이나 사건과 관련된 가장 최근의 경험은 무엇입니까?
- 그 현상이나 사건과 관련하여 가장 기억에 남는 순간은 언제입니까?
- 당시에 어떤 행동, 무슨 말, 무슨 생각을 했습니까?

현상학적 연구의 예로 든 두 연구 역시 심층면담을 통하여 자료를 수집하였다. 김나현 등(2013)은 약 3개월에 걸쳐 각 참여자마다 2~3회의 심층면담을 실시하였다. 면담은 최소 40분에서 최대 2시간 동안 이루어졌으며, '일을 하면서 아이를 양육하는 데 있어서 어려움은 무엇인가요?'와 같은 개방형 질문이 사용되었다. 두 연구 모두 참여자가 요청한 장소, 또는 참여자가 편안하게 느끼는 장소에서 심층면담을 진행하였으며, 면담 내용은 참여자의 동의하에 녹음되었다. 연구자들은 녹음자료 및 면담 중 작성한 연구자의 메모를 면담이 끝난 후 바로 전사하였으며, 모호하거나 함축적인 내용은 추가 질문 또는 확인 과정을 거쳐 명료화하였다. 고미숙(2016)은 참여자별로 회별 1시간 30분에서 2시간 30분에 걸친 비구조화 면담을 참여자별로 1~3회에 실시하였다. 연구자는 면담에서 '중환자실 간호사로서 경험한 심리적 외상사건은 무엇입니까?', '그 사건을 심리적 외상이라고 생각하는 이유는 무엇입니까?', '심리적 외상 체험은 어떠하였습니까?' 등의 질문을 하였다. 이 외에도 고미숙(2016)은 간호사 및 심리적 외상의 어원과 관련 속담, 관용어구를 조사하였다. 또한 심리적 외상과 관련된 여러 편의 시, 소설, 수필, 수기, 회화 등 다양한 문학 및 예술 작품을 수집·조사하였다.

(4) 자료분석 및 구조적 기술 개발

① Colaizzi의 분석 절차

Colaizzi(1978)의 자료분석 단계는 7단계로 이루어진다(Morrow et al., 2015). Colaizzi는 1단계에서 수집한 자료를 여러 번 반복하여 읽으면서 자료에 익숙해질 것을 권한다. 2단계에서 현상과 관련된 의미 있는 진술(significant statements)을 식별하고, 3단계에서 이를 현상과 밀접한 관련이 있는 의미로 재진술한다. 4단계에서는 전 단계에서 만든 의미를 모든 참여자의 진술에서 공통적으로 나타나는 주제로 묶는다. Colaizzi는 3단계와 4단계에서 연구자 자신의 선입견(pre-suppositions)을 반영적으로(reflexively) 괄호치기할 것을 강조하였다. 특히 4단계에서는 기존 이론이 주제 범주화에 미칠 수 있는 잠재적 영향력에 주의해야 한다고 말하였다. 여기에서 Colaizzi가 반영적으로 괄호치기해야 한다고 하는 이유는 완전한 괄호치기가 결코 가능하지 않다고 보았기 때문이다(Morrow et al., 2015). 5단계에서는 4단계에서 생성한 주제들을 모두 사용하여 현상을 완전하고 포괄적으로 기술한다. 6단계에서는 전 단계에서 작성한 포괄적인 기술(exhaustive description)을 짧고 핵심적인 내용만 남아 있도록 압축하여 현상의 의미에 대한 본질적 구조(fundamental structure)를 생성한다. 마지막 7단계에서는 연구자가 구성한 현상의 의미에 대한 본질적 구조를 참여자로부터 확인받으며, 피드백에 따라 이전 단계로 돌아가 의미 구조를 수정한다.[2] 〈표 9.1〉에서 Colaizzi의 현상학적 자료분석 단계와 김나현 등(2013)의 자료분석 과정을 정리하였다.

〈표 9.1〉 Colaizzi의 현상학적 자료분석 단계 및 적용 예시

	Colaizzi의 현상학적 자료분석 단계	김나현 등(2013)의 자료분석 과정
1	친숙화(familiarisation): 모든 참여자의 면담 전사자료를 여러 번 읽으면서 내용에 익숙해짐	심층면담 자료를 반복해서 읽으며, 참여자가 진술한 생생한 느낌을 이해하고, 통찰력을 얻음
2	의미 있는 진술 확인하기: 연구하는 현상과 직접적인 관련 있는 모든 진술을 식별함	양육부담감 현상과 관련 있는 구절이나 문장에 밑줄을 그어 가며 176개의 의미 있는 구절 또는 문장을 추출함
3	의미 형성하기(meaning formulating): 이전 단계에서 식별한 의미 있는 진술을 현상과 관련된 의미로 재진술함	176개의 진술을 구절이나 문장의 맥락을 숙고하며 연구자의 언어로 재구성하여 75개의 의미(formulated meaning)를 도출함
4	주제 모으기(clustering themes): 형성한 의미를 모든 참여자의 진술에서 나타나는 공통 주제로 묶음	재구성한 의미를 유사한 것끼리 분류하여 17개의 주제(theme)를 생성하고, 이를 더욱 추상적인 수준으로 통합하여 7개의 주제모음(theme cluster)을 조직함

2) 마지막 단계는 논쟁의 여지가 있다. 현상을 바라볼 때 연구자는 현상학적 입장을 취하는 반면 참여자는 자연적 관점을 취하기 때문에 연구자와 참여자의 해석이 일치하지 않을 수 있기 때문이다(Giorgi, 2006).

5	포괄적인 기술 생성하기: 4단계에서 만든 주제를 모두 사용하여 현상을 완전하고 포괄적으로 설명함	7개의 주제모음을 이용하여 어린 아동을 둔 취업모의 양육부담감 경험에 대한 본질적 구조를 기술함
6	본질적 구조(fundamental structure) 생성: 5단계의 기술을 짧고 조밀한(dense) 설명으로 압축함	
7	본질적 구조 확인받기: 모든 참여자(대규모 표본인 경우 그중 일부를 표집할 수 있음)를 대상으로 연구자가 구성한 본질적 구조가 경험을 잘 포착하는지 물음	참여자들로부터 연구자가 도출한 본질적 구조를 구성하는 주제모음이 그들의 경험과 일치하는지 확인받음

김나현 등(2013)은 Colaizzi의 현상학적 자료분석 단계를 따라 자료를 분석하였다. 연구자들은 〈표 9.2〉와 같이, 어린 아동을 둔 취업모의 양육부담감 경험에 대한 심층면담 자료로부터 176개의 의미 있는 구절과 문장을 추출하고, 이를 재구성하여 75개의 의미로 정리하였다. 그리고 다시 17개의 주제를 도출한 후, 이를 통합하여 7개의 주제모음을 조직하였다. 7개의 주제모음은 '끊임없이 갈등하는 삶', '죄책감', '아이교육에 관한 정보와 시간 부족으로 불안함', '부족한 엄마로 낙인찍힘', '소원해진 가족관계', '지쳐가는 삶', '하루하루 버텨 나감'이었다. 7개의 주제모음 중 2개의 주제모음을 구성하는 주제 5개와 재구성한 의미 15개를 〈표 9.2〉에 제시하였다.

〈표 9.2〉 Colaizzi의 현상학적 자료분석 단계를 따른 결과 예시

재구성한 의미(formulated meaning)	주제(theme)	주제 모음 (theme clusters)
아이의 미래를 위하여 일함	일을 하는 것은 아이를 위한 헌신이지만 지지를 받지 못함	끊임없이 갈등하는 삶
아이를 위하여 재정적 자원 준비		
신체적 · 정신적 지원 시스템의 부족		
이해받지 못함		
일은 삶에 활력을 주고 목표 설정을 촉진함	육아로 인해 일과 관련되어 충분한 시간투자를 못하는 것에 대해 갈증이 있음	
양육자로서의 능력을 인정받아야 함		
일에만 전념하기 어려움		

<table>
<tr><td>육아와 일 사이의 갈등 상황</td><td rowspan="3">육아와 일을 병행하고 있는 자신의 선택에 확신을 갖지 못하여 늘 갈등 속에 있음</td><td rowspan="3"></td></tr>
<tr><td>일이 아이에게 끼칠지도 모르는 부정적 영향에 대한 걱정</td></tr>
<tr><td>육아와 일 중 어느 것을 우선해야 할지 결정하지 못함</td></tr>
<tr><td>다른 전업주부들과 단절되어 있다고 느낌</td><td rowspan="3">아이교육에 대한 또래 엄마들과의 정보공유가 어려워 뒤처지고 있다고 생각함</td><td rowspan="5">교육에 관한 정보와 시간 부족으로 불안함</td></tr>
<tr><td>교육 정보를 얻지 못해 답답함</td></tr>
<tr><td>자신의 아이가 낙오될지도 모른다는 불안함</td></tr>
<tr><td>피곤해서 아이를 돌볼 힘이 부족함</td><td rowspan="2">피곤함과 시간 부족으로 인해 아이교육에 제대로 참여하지 못함</td></tr>
<tr><td>아이의 학습을 봐줄 절대적 시간이 부족함</td></tr>
</table>

김나현 등(2013)은 양육부담감의 본질적 구조를 기술하기 전에 먼저 7개의 주제모음이 참여자들의 체험을 제대로 반영하고 있는지 당사자들로부터 확인받았다. 그 다음 최종적으로 '양육부담감'이라는 경험의 본질을 기술하였다(〈예 9.8〉).

〈예 9.8〉 현상학적 연구 논문에 제시된 경험의 본질적 의미 예시 1

취업모들은 가족뿐만 아니라 직장에서도 인정받고 싶지만 주변의 부정적인 시선과 일과 가사 어느 한쪽에 무게를 두기 어려운 현실로 인해 끊임없이 갈등하고 있었다. 늘 시간이 부족하여 아이에게 충분한 보살핌과 사랑을 주지 못하고 재촉하거나 자주 짜증을 내게 되어 미안함과 죄책감을 느끼며, 이러한 미안함을 잦은 애정표현이나 선물 등으로 보상하면서 자신의 마음을 전하고자 노력하였다. 어린아이를 둔 취업모들은 자신의 취업을 인해 아이교육이 충분하지 않은 것에 크게 불안해하였다. 또래 전업주부들과 어울리지 못하면서 교육에 대한 정보를 얻기가 어려울 뿐만 아니라 퇴근 후에는 신체적 피로로 인해 아이 교육에 제대로 참여할 수 없는 현실에 큰 스트레스를 받고 있었다. 일, 가사, 육아를 감당하여 전쟁 같은 하루하루를 보내지만 조금의 실수에도 '부족한 엄마'라는 비난에 속상해하며, 양육방식에 대한 가치관의 차이로 대리 양육자인 가족과도 갈등을 겪으면서 대화는 점차 줄어들고 관계도 소원해져 갔다. 양육에 관한 모든 책임을 감당해야 하는 과중한 부담과 육아와 일 사이에서의 반복되는 갈등과 고민 속에서 삶은 점점 지쳐 가지만, 지금 자신의 노고를 언젠가는 아이들이 알아줄 것이라는 희망으로 하루하루를 버텨 나가고 있었다.

– 김나현 등(2013)에서 발췌

② van Manen의 해석학적 현상학 성찰을 통한 주제화 작업

유혜령(2015)은 van Manen의 해석학적 현상학의 자료분석은 '자료 속에서 현상을 이루는 의식의 지향작용과 의미가 구성되는 모습을 분석하고 주제화하는 과정'으로서, 사건의 전개나 인과관계, 맥락을 중요시하는 분화기술지나 근거이론의 자료분석과 구별된다고 설명한다. van Manen은 주제를 분석하는 방법으로 전체적 방법, 선택적 조명법, 세분법을 제시하였으나, 이러한 방법들은 순차적으로 진행되지도 않고, 반드시 모두 사용하여야 하는 것도 아니다. 주제 분석 과정에서 중요한 것은 어떠한 방법을 사용하는지가 아니라 현상적 특성을 포착해 내는 연구자의 교육학적 감각, 사유 능력이라 할 수 있다. 어떠한 현상으로부터 현상학적 연구주제와 질문을 끌어낼 때 연구자의 지향성이 반영되는 것처럼 자료분석도 연구자의 지향성에서 자유로울 수 없다. 주제화 작업 또한 가치중립적일 수 없기 때문에 연구자가 해석학적 현상학에 대한 기본적인 이해를 바탕으로 동료 연구자들과 공동으로 분석하며 상호주관적 합의를 모색해 나가는 것이 바람직하다.

고미숙(2016)은 전체적인 글 읽기를 하면서 면담 자료와 연구자의 경험, 어원, 문학 및 예술 작품에서 어떤 핵심어구가 의미를 가지는지 찾았다. 그리고 선택적 읽기를 통해 특별히 본질적으로 보이는 부분에 밑줄을 긋거나 강조 표시를 하며 집중 분석하였다. 그 다음 문장 혹은 문장 다발을 하나하나 살펴보면서 세부적인 의미를 살펴보았다. 이렇게 자료 분류와 해석을 여러 차례 반복한 후, 중환자실 간호사의 심리적 외상 체험에 대한 네 개의 본질적 주제를 찾아내었다(〈표 9.3〉). 그리고 중환자실 간호사의 심리적 외상 경험에 대한 본질적 의미를 제시하였다(〈예 9.9〉).

〈표 9.3〉 현상학적 연구의 자료분석 결과 예시

주제	본질적 주제
조절할 수 없는 신체반응이 나타남	억눌린 억울함을 표출함
원망과 억울함이 치밀어 오름	
감정을 추스를 여유도 없음	
성격이 거칠게 변함	
두려움에 정신이 나감	내재된 두려움으로 위축됨
제 역할을 다하지 못한 자신을 자책함	
안으로 움츠러들게 됨	
비슷한 상황에서 아픈 기억이 되살아남	

부당한 대우에 자존감을 잃어 감	체념한 상태에서 억압함
혼자만의 일로 묻어 두려 함	
체념하고 받아들임	
다시 실수하지 않기 위해 강박행동을 함	
외상사건을 되돌아봄	자기반추를 통해 수용함
가슴을 열고 의지할 내 편을 만들어 감	
상처를 주는 대상을 이해함	
다양한 방법으로 자기관리를 함	
자신이 하는 일에 가치를 부여함	

〈예 9.9〉 현상학적 연구 논문에 제시된 경험의 본질적 의미 예시 2

본 연구를 통해 도출된 중환자실 간호사의 외상 체험의 본질적 의미는 '억눌린 억울함을 표출함', '내재된 두려움으로 위축됨', '체념한 상태에서 억압함', '자기반추를 통해 수용함'으로 van Manen이 강조한 체험된 시간, 체험된 공간, 체험된 신체와 체험된 관계성을 통해서 확인할 수 있었다.

본 연구에서 중환자실 간호사가 체험하는 심리적 외상은 위협적이며 부정적인 영향을 미치는 고통스러운 상처로 남기도 하지만, 내 편이 되어 주는 존재의 도움과 지지 속에서 자기반추를 통해 중환자실 간호사로서의 삶에 피할 수 없는 숙명과 긍정적인 영향을 주는 기회로 수용되기도 하였다.

– 고미숙(2016)에서 발췌

2) 유의점

현상학적 연구는 참여자의 경험으로부터 현상의 본질적 의미를 찾아낸다. 참여자의 경험이 연구문제와 직결되는 중요한 연구 자료이므로 연구자는 참여자를 주의 깊게 선택하여야 한다. 어떤 주제의 경우 연구자가 연구하려고 하는 현상을 모두 경험한 개인들을 특정하기 어려울 수도 있다(Creswell & Poth, 2018, p. 130). 따라서 현상학적 연구는 다른 연구에 비하여 참여자를 선택하는 표집 전략이 제한되는 편이다. 동일한 현상을 경험한 사람들로 표본을 구성해야 하기 때문에 현상학적 연구에서는 준거 표집을 사용할 것을 추천한다(Creswell & Poth, 2018, p. 223).[3)]

또한 현상학적 연구를 수행하는 연구자는 현상학의 철학적 가정들을 이해하고 이를 연구에 적용할 수 있어야 한다. 현상학적 연구자는 연구자의 경험과 판단을 배제하는 판단중지, 괄호치기를 가능한 한 많이 하여야 하는데, 자료 해석이 어느 정도 연구자의 가정과 관점에 근거할 수밖에 없기 때문에 쉽지는 않은 일이다(van Manen, 1990). 현상학적 연구자는 연구 시작부터 자료분석, 결론 도출에 이르기까지 끊임없이 괄호치기를 하고, 연구의 반영성을 높이기 위하여 부단히 노력할 수밖에 없다.

3 근거이론

이 절의 목적은 실제 근거이론 연구가 어떻게 수행되는지 살펴보는 것이다. 근거이론은 [그림 9.1]과 같이 표집, 자료 생성 및 수집, 초기 코딩, 중급 코딩, 고급 코딩 단계를 거치며, 경험적 자료에 근거하여 이론을 생성해 낸다(Tie et al., 2019). 근거이론 연구자는 연구의 모든 단계에서 이론적 민감성을 발휘하며, 수시로 떠오르는 연구자의 느낌과 생각을 메모하여 이론 생성에 활용한다.

제8장에서 근거이론의 특징으로 설명한 바와 같이, 근거이론에서 자료수집과 분석은 거의 동시에 이루어진다. 연구자는 코딩 과정 동안 수집한 자료를 지속적으로 비교 · 분석하는데, 이전 단계의 자료분석이 다음 단계의 자료수집을 유도하면서 수집과 분석이 순환한다. [그림 9.1]에서 볼 수 있듯이, 근거이론에서는 다른 질적접근과 같이 의도적 표집으로 첫 번째 참여자를 선정한 후, 이론적 표집(theoretical sampling)을 수행한다. 이론적 표집의 목적은 이론 형성에 필요한 개념을 추출하는 것으로, 자료가 포화상태에 이를 때까지 계속된다(Corbin & Strauss, 2015, pp. 147-148). 이론적 표집에서는 먼저 연구자가 의도적 표집을 통해 선정한 동질적인 표본으로부터 자료를 수집하여 초기 이론을 개발한다. 그 다음 코딩을 진행하면서 새로운 범주가 발견되고 이에 대한 추가 정보 수집이 필요하다고 판단될 경우, 해당 정보를 보유한 새로운 참여자를 표집한다. 연구자는 이론적 표집을 통해 맥락 조건과 중재 조건을 입증하거나 반박하는 이질

3) 준거 표집을 비롯한 질적연구에서의 표집법에 대한 설명은 제7장을 참고하면 된다.

적인 표본을 추가하면서 모형을 정교화해 나간다(Creswell & Poth, 2018, p. 223).[4] 이렇듯 자료를 분석한 후에야 어떤 참여자를 추가로 표집해야 할지 결정할 수 있으므로 이론적 표집은 사전에 계획하기 어려운 편이다(Corbin & Strauss, 2015, pp. 147-148).

– Tie 등(2019)에서 발췌

[그림 9.1] 일반적인 근거이론 연구의 흐름과 주요 개념

세 가지 유형의 근거이론 연구는 〈표 9.4〉와 같이 코딩 과정에서 차이가 있다(Tie et al., 2019). Creswell과 Poth(2018)에 따르면 Strauss와 Corbin의 근거이론과 Charmaz의 구성주의적 근거이론이 인기 있는 근거이론 기법이다(p. 136). 이 절에서는 그중에서도 체계적인 절차와 분석 도구를 제시하며, 국내 연구에서도 많이 사용되고 있는 Strauss와 Corbin의 연구절차를 설명하겠다. 이론적 코딩에 대한 내용은 Glaser와 Holton(2005) 또는 Thornberg와 Charmaz(2014)를 참고하기 바란다.

4) The rationale for studying this heterogeneous sample is to confirm or disconfirm the conditions, both contextual and intervening, under which the model holds.

〈표 9.4〉 세 가지 근거이론 유형의 코딩 과정(명)

근거이론 \ 코딩	초기(initial) 코딩	중급(intermediate) 코딩	고급(advanced) 코딩
Glaser(1992)	개방코딩 (open coding)	선택코딩 (selective coding)	이론적 코딩 (theoretical coding)
Corbin & Strauss (2015)[5]	개방코딩	축코딩 (axial coding)	
Charmaz(2006)	초기코딩	초점코딩 (focused coding)	이론적 코딩

– Tie 등(2019)에서 발췌 및 수정

1) 연구절차

(1) 연구문제

근거이론은 관심 현상을 설명할 수 있는 적절한 이론이 없을 때, 또는 관심 현상에 대한 연구가 체계화되어 있지 않은 경우에 주로 사용된다. 근거이론의 연구문제는 어떤 현상의 발생 또는 진행 과정을 탐색하는 것이다. 예를 들어, 강지연과 윤선영(2016)의 연구문제는 "간호사의 직장 내 괴롭힘 경험 과정은 어떠한가?"였다(p. 227).

(2) 참여자 표집 및 자료수집

근거이론 접근을 연구방법으로 선택한 연구자는 의도적 표집법으로 첫 번째 자료수집을 시작한다(Corbin & Strauss, 2015, p. 147; Tie et al., 2019). 자료는 설문, 면담, 문서 등 다양한 출처를 통해 수집한다. 그 다음 처음 수집한 자료를 분석하면서 개념이나 범주를 만들고 이를 확장 또는 심화시킬 수 있는 질문을 만들면서 두 번째 자료수집과 분석을 이어 간다. 이러한 이론적 표집은 자료가 포화 상태에 이를 때까지 계속된다(Corbin & Strauss, 2015, p. 147). 이론적 표집 시 주의할 점은 표집의 단위가 어떤 사람이나 시간이 아니라 개념 또는 개념의 속성과 차원이어야 한다는 것이다(Corbin & Strauss, 2015, p. 147).

5) Strauss와 Corbin은 1990년에 출판한 저서 『Basics of qualitative research』에서 개방코딩, 축코딩, 선택코딩으로 구성된 분석절차를 제시하였다. 이후 지나치게 체계적인 분석절차가 근거이론 고유의 특성을 저해한다는 비판을 수용하여 Corbin과 Strauss(2008)부터는 '선택코딩'을 제시하지 않고 있다.

강지연과 윤선영(2016)은 이론적 표집을 통해 총 20명의 간호사를 면담하여 포화에 도달하였다. 연구자들은 괴롭힘을 겪고 이직한 경험이 있는 간호사 한 명을 소개받은 후, 눈덩이 표집을 통하여 1차 집단을 선정하였다. 1차 자료를 분석한 후, 괴롭힘을 당한 후의 대처 과정이 사람마다 다르고, 소속 병동의 분위기에 따라 괴롭힘의 수준이 달라지는 것을 알게 되었다. 위계적이고 엄격한 분위기를 가진 병동도 있고, 인간적이고 협력적인 분위기를 가진 병동도 있었다. 연구자들은 이러한 차이를 보여 줄 수 있는 정보가 추가되어야 한다고 판단하고, 괴롭힘을 당한 후에도 계속 근무 중인 간호사들을 분위기가 다른 여러 병동으로부터 선택하고 2차 자료수집 및 분석을 진행하였다. 1 · 2차 자료분석을 통해 괴롭힘의 원인이 업무 미숙과 관련되어 있음을 파악한 후, 5년 이상의 경력을 가진 간호사들을 대상으로 3차 자료수집을 진행하였다. 3차 자료분석 결과, 간호사들 간의 괴롭힘은 피해자와 가해자의 구분이 모호하고 반복되는 경향이 있는 것으로 나타났다. 이러한 특성과 괴롭힘의 과정에 대한 충분한 정보를 수집하기 위하여 규모가 다른 병원, 또는 다른 지역에 있는 간호사들을 대상으로 4차 자료수집이 이루어졌다. 4차 자료분석 결과, 중재적 · 맥락적 조건에 대한 정보가 더 필요하다고 판단하여 수간호사 4명을 선택하여 마지막 5차 자료수집을 진행하였다. 연구자들은 5차 자료분석 결과 더 이상 새로운 정보가 나타나지 않는 포화 상태에 이르렀음을 확인하고 자료수집 과정을 종료하였다.

(3) 자료분석 및 이론 생성

앞서 제8장에서 근거이론의 특징으로 제시한 바와 같이, 근거이론에서 자료수집과 자료분석은 동시에 이루어지며 순환한다. 특히 Strauss와 Corbin의 근거이론에서 자료분석은 개방코딩, 축코딩, 선택코딩 단계를 거친다. 각 코딩에 대하여 간단히 설명하겠다.

① 개방코딩

개방코딩은 수집한 자료를 한 줄 한 줄, 단어 하나하나를 면밀히 살펴보며 중요해 보이는 단어와 구를 식별하고 개념을 추출한다(Strauss, 1987, p. 28). 그리고 이론적 표집 및 지속적인 비교분석을 통하여 공통점과 차이점을 찾고 개념을 발전시키면서 하위범주와 범주를 생성한다(Corbin & Strauss, 1990; Tie et al., 2019). 이를테면 강지연과 윤선영(2016)은 개방코딩을 통하여 110개의 개념, 48개의 하위범주, 17개의 범주를 추출하였다.

② 축코딩

축코딩 단계에서는 개방코딩 단계에서 추출한 범주들을 서로 연관 지으면서 발전시킨다. 범주들을 연결할 때에는 중심현상(core phenomenon), 조건(conditions), 작용-상호작용(action-interactions), 결과(consequence)로 구성된 코딩 패러다임을 활용할 수 있다(Corbin & Strauss, 2015, p. 166). 조건은 중심 현상이 왜, 언제, 어떻게 발생했는가를 설명하며, 인과조건(causal condition), 맥락조건(context condition), 중재조건(intervening condition)으로 세분화된다(Strauss & Corbin, 1990). 작용-상호작용은 문제 상황에서 사람들이 실제로 취하는 행동을 의미하며, 결과는 작용-상호작용의 결과로서 나타났거나 또는 예상되는 일이나 현상, 효과다.

강지연과 윤선영(2016)은 패러다임 모형을 바탕으로 축코딩을 하면서 17개의 범주를 '갈굼이 되어 버린 가르침'이라는 중심현상을 중심으로 인과 · 맥락 · 중재조건, 작용-상호작용, 결과로 연결하였다. 인과조건은 '기대에 못 미치는 업무 능력'과 '어긋나는 의사소통'이었으며, 맥락조건은 '간호업무의 특성', '병동의 조직문화', '개인의 성향', 중재조건은 '상급자의 보호막', '동료의 지지', '간호부서의 노력'이었다. 작용-상호작용은 '현실 직면하기', '시행착오 거듭하기', '관계 형성하기'였으며, 결과는 '몸과 마음의 상처', '포기', '해소', '대물림의 굴레', '변화에 대한 기대'였다. 패러다임 요소를 모형화하여 제시하면 [그림 9.2]와 같다.

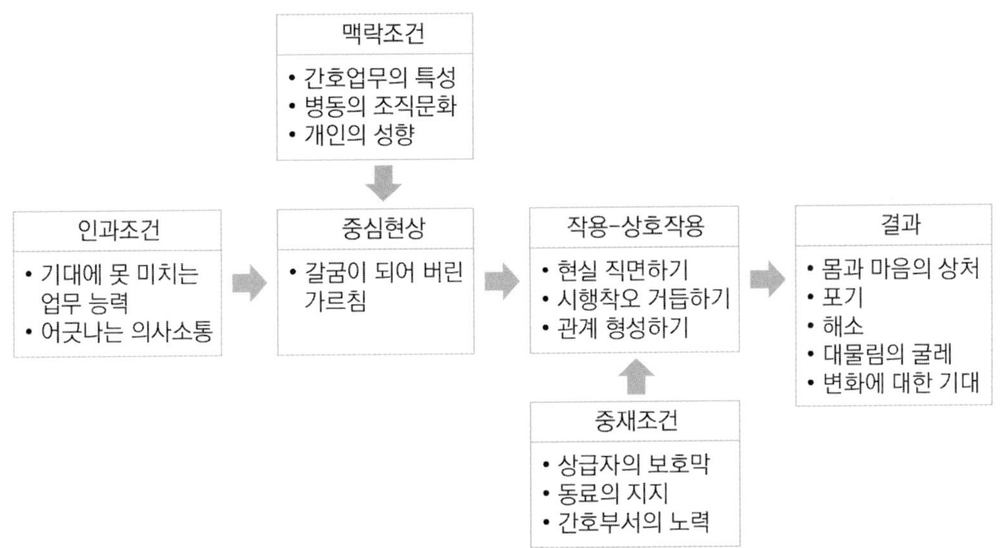

– 강지연과 윤선영(2016)을 바탕으로 작성

[그림 9.2] 축코딩에서 생성한 범주로 구성한 패러다임 모형 예시

③ 선택코딩

선택코딩 단계에서는 핵심범주(core category)를 선택하고, 이 핵심범주를 중심으로 모든 범주를 통합한다(Corbin & Strauss, 1990, 2015). 핵심범주는 몇 개의 단어로 표현되는, 연구의 전체 내용을 아우르는 광범위하고 추상적인 개념이다(Corbin & Strauss, 2015, p. 193). 핵심범주를 찾아내고 범주를 통합하는 데 사용하는 기법에는 줄거리(storyline) 쓰기, 도표 작성하기, 메모 검토하기 등이 있다. 이 중 줄거리는 "현장에서 무슨 일이 일어나고 있는 것 같습니까?"라는 질문에 대한 연구자의 답변이자(Strauss & Corbin, 1998, p. 148), 연구에서 생성된 이론에 대한 해설(explication)이다(Tie et al., 2019).

강지연과 윤선영(2016)은 줄거리를 쓰지 않았으나,[6] '애증의 가르침 속에서 살아남기'라는 핵심범주를 중심으로 간호사들이 괴롭힘에 대처하는 과정을 [그림 9.3]과 같이 도표로 나타내었다. 근거이론 연구에서 '과정(process)'은 구조적 조건이 달라지며 변화되는 일련의 작용–상호작용 순서를 의미한다(Strauss & Corbin, 1998, p. 163). 과정분석

6) 핵심범주를 도출하는 데 사용한 줄거리를 제시한 국내 논문으로 허준영 등(2015), 배귀희와 강여진(2018) 등이 있다.

은 이론을 만드는 데 있어 매우 중요한 부분이며 근거이론 연구결과에 생동감을 부여하고 사람들의 행동 패턴을 발견하는 데에도 도움을 준다(Corbin & Strauss, 2015, p. 184). 이를테면, 중심현상인 '갈굼이 되어버린 가르침'을 맞닥뜨린 간호사들은 현실을 직면한 후 시행착오를 거치는데, 이때 신체 및 심리적 어려움을 견뎌내지 못한 간호사들은 간호사직을 포기하게 되었다. 그러나 시행착오기에서 관계형성기로 나아간 간호사들은 이후 괴롭힘의 대상에서 벗어나 해소기를 맞이하였다. 이를 바탕으로 국내 간호사의 직장 내 괴롭힘 경험을 분석한 연구자들의 결론은 〈예 9.10〉과 같다.

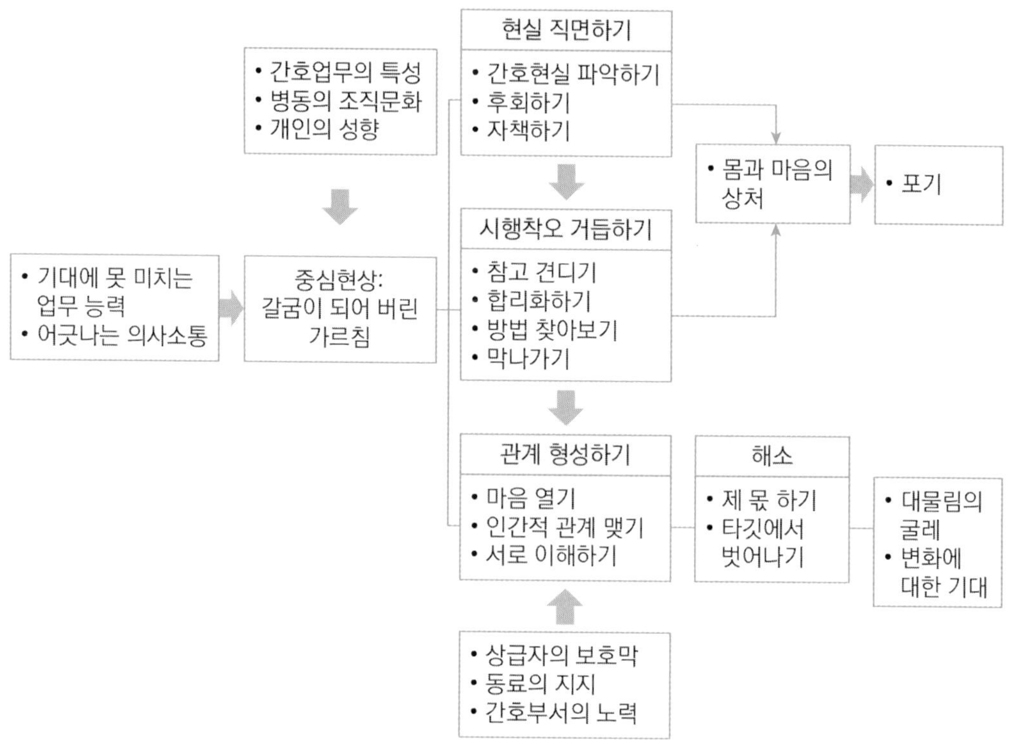

– 강지연과 윤선영(2016)에서 발췌

[그림 9.3] 근거이론의 연구의 과정분석 예시

〈예 9.10〉 근거이론 연구의 결론 예시

간호사의 직장 내 괴롭힘 경험에 대한 총체적 과정을 심층적으로 탐색한 결과, '애증의 가르침 속에서 살아남기'라는 핵심범주를 도출하였다. 간호사의 직장 내 괴롭힘은 단순한 개인 간의 다툼이나 갈등이 아니라 업무 환경과 개인의 성향 등 복잡한 맥락적 조건 속에서 발생하였으며, 특히 병동의 조직문화와 간호업무의 특성은 괴롭힘의 피해자가 가해자로 전환되거나, 병동 내에서 괴롭힘이 대물림되는 상황에 영향을 미치고 있음을 알 수 있었다. ……(중략)…… 간호사의 직장 내 괴롭힘 경험의 대처과정은 현실직면기–시행착오기–관계형성기–해소기의 네 단계로 구분되었으며, 시간적 흐름에 따라 순차적으로 진행되었다. 간호사들이 괴롭힘에 잘 대처하고 제 몫을 다하기 위해서는 시행착오기에서 관계형성기로의 이행이 중요하다.

– 강지연과 윤선영(2016)에서 발췌

2) 유의점

근거이론 연구 수행 시 유의하여야 할 점은 다음과 같다. 첫째, 근거이론 연구자는 이론적 민감성(theoretical sensitivity)을 갖추고 있어야 한다(Corbin & Strauss, 1990, 2015; Tie et al., 2019). 이론적 민감성은 근거이론 연구 전반에 걸쳐 영향을 미치는 요소로, 자료로부터 이론을 생성하는 데 필요한, 의미 있고 중요한 개념과 범주를 추출하거나 발견하는 통찰력이다(Corbin & Strauss, 2015). 둘째, 코딩 패러다임에 지나치게 몰두하는 것을 경계하여야 한다. Corbin과 Strauss(2015)는 코딩 패러다임에 지나치게 몰두하게 될 경우 세부사항에만 치중하게 되면서 현상을 전체적으로 파악할 수 없어 분석 과정이 경직될 수 있다고 경고하며, 코딩 패러다임을 어떤 지침이 아닌 하나의 분석 도구로서 사용할 것을 당부하였다(p. 167). 셋째, 다이어그램을 그리고 메모하는 습관을 지녀야 한다(Corbin & Strauss, 2015, p. 132). Corbin과 Strauss(2015)는 메모를 하고 다이어그램을 그리는 것 자체가 자료분석임을 강조하였다. 연구자는 메모와 다이어그램을 통해 개념과 범주를 발전시켜 이론을 만들어 나간다. 또한, 근거이론에서는 연구의 신뢰성(credibility)과 전이가능성(transferability)을 높이기 위하여 연구의 전 과정을 상세하게 기록하여야 하는데(Chiovitti & Piran, 2003), 이때 메모가 유용하게 사용될 수 있다.

4 문화기술지

문화기술지 연구의 목적은 한 집단의 문화를 심층적으로 이해하는 것이다. 문화기술지 연구도 다른 질적접근과 마찬가지로 연구문제 설정, 참여자 표집, 자료수집 및 분석, 그리고 결과 해석 단계를 거친다. 그러나 이러한 단계가 선형적으로 진행되거나 명확하게 구분되지는 않는다. 이를테면, 문화기술지 연구는 명시화되어 있는 연구설계를 따르지 않고 연구문제를 연구 시작 전에 명확하게 설정하지 않는다(Hammersley & Atkinson, 2007, p. 20). 문화기술지 연구를 수행하는 방법에는 여러 가지가 있는데, 이 절에서는 Creswell과 Poth(2018, pp. 148-149)를 바탕으로 보고서 작성 전 단계인 자료분석까지의 연구절차를 살펴보려 한다. 문화기술지 연구의 결과를 작성하는 마지막 단계에 대한 설명은 Fetterman(2009)을 참고하기 바란다. 예시로 든 연구는 쪽방 거주자의 일상생활에 대한 문화기술지 연구(권지성, 2008)와 한국 탐사보도 기자들의 소명의식에 관한 문화기술지 연구(최문호, 박승관, 2018)다.

1) 연구절차

(1) 연구방법으로 문화기술지 선택하기

첫 번째 단계는 문화기술지 연구가 연구문제를 해결하는 데 적합한 방법인지 확인하는 것이다. 문화기술지 연구는 한 집단의 문화가 어떻게 작동하는지 설명하려고 할 때, 신념이나 언어, 행동, 권력, 저항, 지배와 같이 집단이 직면한 문제를 탐구해야 하는 경우에 적합하다(Creswell & Poth, 2018, p. 148). 권지성(2008)은 쪽방 거주자들의 문화, 즉 일상생활 및 상호작용과 구조를 파악하기 위하여 문화기술지를 연구방법으로 선택하였다. 쪽방 거주자들이 오랫동안 쪽방지역이라는 공간에서 함께 생활하며 그들만의 문화를 형성하고 있었기 때문이다(권지성, 2008). 최문호와 박승관(2018)은 한국 탐사보도 기자들의 소명의식을 파악하기 위하여 문화기술지 연구를 수행하였다. 탐사보도 언론인들의 내부세계는 탐사보도라는 본연의 특성으로 인하여 대중에게 잘 드러나 있지 않은 편이다(최문호, 박승관, 2018). 연구자들은 심층면담이나 문헌 자료수집은 탐사보도 언론인들이 가진 신념과 신념의 발현 양상을 파악하기에 충분치 않다고 판단하고, 오랜 시간의 참여관찰을 수행하는 문화기술지를 연구방법으로 선택하였다.

(2) 문화공유집단 선정하기

연구목적에 따라 문화기술지를 연구방법으로 선택한 연구자는 대략적인 연구문제를 작성한 후, 연구문제를 바탕으로 문화공유집단과 현장을 선택한다(Fetterman, 2009, p. 35). 일반적으로 문화공유집단은 구성원들이 오랜 기간 동안 함께하면서 다른 집단과 구별되는 언어나 행동 패턴, 태도를 공유하는 집단을 말하며, 현장은 문화공유집단이 생활하는 곳으로 집단의 문화가 형성되어 있는 물리적 · 사회적 공간을 뜻한다(Creswell & Poth, 2018, p. 145). 문화공유집단을 선택한 후에는 사전 현장조사(pre-fieldwork)를 통하여 연구문제를 구체화하고 현장에 접근할 수 있는지, 수집할 수 있는 자료에는 무엇이 있는지 확인한다(Hammersley & Atkinson, 2007, p. 24). 연구자가 선택한 현장이 접근할 수 없는 곳일 수도 있고 자료수집이 제한적일 수도 있기 때문에 사전 현장조사를 통하여 현장의 환경과 지리를 탐색하고 접근 허가를 얻으며, 방문 일정을 짜면서 현장조사(fieldwork)를 준비하는 것이다. 만약 연구문제에 적합한 현장에 접근할 수 없다면 연구자는 초기 연구문제를 수정하거나 아니면 아예 새로운 연구문제를 설정해야 할 수도 있다(Fetterman, 2009, p. 35).

권지성(2008)은 대전역 인근의 쪽방지역을 연구 현장으로 선택하고, 그 지역에서 생활하는 쪽방 거주자들을 문화공유집단으로 선택하였다. 연구자가 대전역 인근 쪽방지역을 현장으로 선택한 이유는 해당 지역이 전국적으로 비교적 큰 규모를 가진 쪽방 밀집 지역이어서 특정 집단의 문화를 탐구하는 데 유리하였고, 연구자에게 접근성이 높았기 때문이었다. 최문호와 박승관(2018)의 문화공유집단은 뉴스타파 팀이었으며, 회의 및 탐사 등 탐사보도 팀이 머무는 장소가 곧 현장이었다. 연구자는 뉴스타파로부터 연구 동의를 얻은 후, 일정 기간 동안 예비 관찰을 하며 현장에서 적절한 자료를 수집할 수 있는지, 뉴스타파 팀이 연구대상으로 적합한지 확인한 후 연구대상으로 확정하였다. 제주해녀의 건강생활에 대한 문화기술지 연구를 수행한 김필환과 김영경(2016)에서도 사전 현장조사의 역할을 파악할 수 있다. 김필환과 김영경(2016)은 연구 기간 동안 사전 현장조사를 3일 또는 5일씩 수행하였는데 연구자들이 회차별 현장조사 기간을 이렇게 한정한 것은 7일 이상 제주해녀와 기거할 때 제주해녀의 생활리듬에 혼란을 준다는 것을 사전 현장조사에서 발견하였기 때문이다.

(3) 문화적 주제, 문제 또는 이론 선택하기

문화공유집단과 현장을 선택한 후에는 연구의 방향과 분석의 틀을 제공하는 문화적 주제나 문제, 또는 이론을 선택한다. 권지성(2008)은 선행연구 고찰을 통하여 쪽방과 쪽방 거주자, 쪽방지역의 의미를 살펴보았다. 쪽방 거주자들의 생활을 주거와 식사, 일과 소득, 그리고 관계 측면에서 조사하고, 수집한 자료를 주체, 공간, 시간, 생활방식으로 나누어 분석하였다. 주체는 나, 우리, 그들이라는 이름으로 쪽방 거주자들과 주변인들의 관계를 중심으로 구성하였다. 공간은 과거, 현재, 미래라는 세 개의 시간, 생존, 생계, 생활이라는 세 가지 생활방식으로 분석하였다. 최문호와 박승관(2018)은 한국 탐사보도 기자들의 소명의식과 실천을 파악하는 데 Weber의 '소명(Beruf)' 개념을 이용하였다.

(4) 문화기술지 유형 선택하기

연구자는 연구목적에 따라 문화기술지 유형을 선택한다. 문화기술지 연구는 크게 실재론적 문화기술지, 비판적 문화기술지, 자문화기술지, 제도적 문화기술지로 구분할 수 있다. 각 유형에 대한 설명은 제8장을 참고하면 된다. 권지성(2008)은 비판이론의 입장을 취하거나 제도의 구조가 쪽방 거주자들의 문화에 미치는 영향을 분석하지 않았다. 내부자적 관점에서 문화에 대한 자료를 수집한 후 외부자적 관점에서 문화를 해석한 권지성(2008)의 연구는 실재론적 문화기술지라고 볼 수 있다. 같은 이유에서 최문호와 박승관(2018)의 연구 역시 실재론적 문화기술지라고 볼 수 있다.

(5) 자료수집하기

문화기술지 연구는 참여자들 간의 의사소통과 상호작용, 그리고 문화공유집단이 속한 환경의 사회·문화적 맥락에 대한 정보를 얻기 위하여 다양한 자료를 수집한다. 비구조화 면담 자료가 주를 이루며 현장노트, 오디오나 비디오 파일, 문서 등을 함께 사용한다. 예를 들어, 권지성(2008)은 쪽방 거주자들과 공무원, 경찰, 의료인, 사회복지사, 지역주민 등의 이해당사자들을 개별 면담한 자료, 쪽방지역 거주자들의 일상을 참여관찰한 자료뿐만 아니라, 주요 정보제공자들의 생애사 자료, 쪽방지역 및 참여자들과 관련된 공식 문서 등의 기록물을 사용하였다(〈예 9.11〉).

〈예 9.11〉 문화기술지 연구의 자료수집 과정 예시

연구자는 처음에 가졌던 연구문제를 끊임없이 던지고 발전시키면서 쪽방 거주자들의 일상생활에 나타나는 패턴들을 파악하고자 하였다. 처음에는 쪽방지역을 어슬렁거리면서 여기저기 기웃거리는 데서 시작하였고, 쪽방지역 전체에 대한 그림을 얻기 위해 사방을 돌아다니며 사진을 찍기도 하였으며, 인근지역 주민들에게 물어보기도 하였다. 이후에는 일주일에 한 번 정도 현장을 방문하였으며, 겨울과 여름에는 훈련된 조사원들을 활용하여 집중적인 면접을 진행하였다.

– 권지성(2008)에서 발췌

문화기술지 연구는 동일한 문화를 공유하는 구성원, 즉 내부자의 시각에서 그들의 일상생활과 문화를 설명하여야 하므로 현장조사(fieldwork)가 필수적이다(Creswell & Poth, 2018, p. 148; Fetterman, 2009; Hammersley & Atkinson, 2007; Patton, 2014, p. 500). 연구자는 현장조사를 통하여 참여자들이 그들의 활동과 삶을 공유하는 맥락을 더 잘 이해할 수 있고, 참여자 또는 관련자가 공개하기 꺼릴 수 있는 사항을 포착할 수 있으며, 참여자의 생각이나 의견이 아닌 활동을 직접 관찰하여 의미를 추론할 수 있다(Hammersley & Atkinson, 2007; Patton, 2014, pp. 499–501). 보통 문화기술지 연구자들은 6개월에서 1년 이상 거주하며 집단의 문화를 연구한다(Fetterman, 2009, p. 37). 예를 들어, 김필환과 김영경(2016)은 17개월 동안 몇 차례에 걸쳐 단기간의 현지조사를 수행하였다. 연구자들은 해녀들이 물질을 나갈 때 동행하였고, 해녀들이 매일 모이는 마을공동어장 앞을 찾아가서 관찰하거나 그들과 함께 성게를 고르는 작업을 하였으며, 제주해녀와 관련된 마을 행사에 참여하였다. 최문호와 박승관(2018)의 연구자 1인은 뉴스타파 구성원으로 합류하여 약 1년 3개월 동안 현장조사를 수행하였다.

문화기술지 연구에서 자료수집은 사전에 설정된 자료수집 계획을 따르기보다 자연스럽게 이루어진다. 자료를 수집하여 살펴보기 전까지는 사람들의 말과 행동, 문화를 설명하는 범주를 예상할 수 없기 때문이다(Hammersley & Atkinson, 2007, p. 20). 이러한 맥락에서 문화기술지 연구의 자료수집과 자료분석은 반복되고 순환한다. 김필환과 김영경(2016)은 현장조사를 두 단계로 나누어 자료수집 · 분석을 반복하였다. 첫 번째 단계에서는 세 차례, 두 번째 단계에서는 두 차례 실시하여 총 다섯 번의 현장조사를 수행하였다(〈예 9.12〉).

〈예 9.12〉 문화기술지 연구의 자료수집 및 자료분석 과정 예시

현장조사가 진행되는 동안 매일 조사가 끝나면 의미 있다고 생각되는 자료에 대해 다음에 관찰할 사항과 참여자, 질문방향 등을 결정하고 메모하였다. ……(중략)…… 1차 자료수집이 끝나고 분석을 하면서 한 달에 한 번 이 마을을 방문하여 계절의 변화에 따른 제주해녀의 건강생활을 파악하고자 하였다. 또 자료를 분석하면서 의미 있다고 생각되는 영역에 대한 집중관찰과 면담, 선별관찰과 면담을 시행하였다. ……(중략)…… 두 번째 단계는 2015년 5월에 3일간, 8월에 5일간 두 차례에 걸쳐 자료를 분석하는 과정에서 발견된 불분명한 내용에 대한 확인과 추가로 조사해야 할 자료의 수집을 위하여 전에 머물렀던 주 참여자의 집에 머물면서 시행하였다.

– 김필환과 김영경(2016)에서 발췌

(6) 문화공유집단에 대한 문화적 해석 생성하기

문화기술지 연구의 자료분석은 Strauss와 Corbin의 근거이론이나 심리학적 현상학 연구와 비교할 때 분석절차나 방법이 비교적 자유로운 편이다. 이를테면, 문화기술지 연구를 수행한 권지성(2008)은 공식화된 연구절차를 따르지 않았다고 밝혔다. 그는 1년 동안 현장에서 지속적으로 관찰하고, 이해관계자 및 조사원들과 대화하며, 녹음된 면담 자료와 축어록을 반복하여 듣고 읽으면서, 통찰을 얻기 위하여 끊임없이 생각하면서, 글을 쓰고 다듬으면서, 쪽방 거주자들의 일상생활에 담긴 패턴을 찾고 그들의 문화를 그려 나갔다.

문화기술지 연구는 결과적으로 집단의 문화가 어떻게 작동하는지를 설명하는 패턴이나 주제를 만들어 낸다(Creswell & Poth, 2018, p. 145). 그리고 이 패턴이나 주제가 어떻게 도출되었는지 독자가 충분히 이해할 수 있도록 집단에 대한 자세한 설명과 문화적 개념이 반영된 축어적 인용문을 함께 제시한다. 최문호와 박승관(2018)의 연구결과는 장장 스물여섯 쪽에 걸쳐 제시되어 있다. 연구자들은 참여자와의 면담 내용을 인용하고, 이에 대한 연구자의 자세한 설명과 해석을 곁들여 독자의 이해를 도왔다.

2) 유의점

문화기술지를 사용하는 연구자는 다음과 같은 점에 유의하여야 한다(Creswell & Poth, 2018; Fetterman, 2009). 첫째, 문화기술지 접근을 선택한 연구자는 본인이 탐색하는 개념뿐만 아니라 문화인류학의 이론과 개념들, 사회문화적 체계 이론에 대한 이해를 갖추고 있어야 한다. 이론은 연구문제와 자료수집 및 분석, 해석과 결론 도출의 지침이 되기 때문이다. 둘째, 문화기술지 연구는 자료수집 기간이 다른 질적연구 접근에 비하여 긴 편이며, 현장에서 장기간을 머물러야 하기 때문에 어려움이 있을 수 있다. 셋째, 문화기술지 연구는 명료하고 적당한 길이로 작성되어야 한다. 한 문화를 온전히 기술하기 위해서는 방대한 분량의 자료와 기술이 필요하다. 집단의 역사, 지리적 위치의 특징, 상징, 정치 및 경제 체계, 교육 또는 사회화 체계, 연구한 집단의 문화와 주류 문화 간의 접촉 정도 등의 내용을 기술하여야 하기 때문이다. 그러나 학술지의 경우 보통 분량 제한으로 인하여 지면이 충분하지 않다. 권지성(2008)은 연구결과의 핵심을 최대한 집약하고, 참가자의 말을 직접 인용하는 대신 문화에 대한 기술과 해석 부분에 간접인용하며 논문의 분량을 조절하였다.

5 사례연구

사례연구의 목적은 사례를 심층적으로 기술하고 이해하는 것이다. 이 절에서는 Creswell과 Poth(2018, pp. 159–160)를 바탕으로 사례연구의 연구절차를 간략하게 살펴보려고 한다. 이해를 돕기 위하여 예로 든 연구는 학교폭력 이후의 해결과정에서 발생하는 갈등의 구조적 요인을 살펴본 서정기(2012)의 연구다.

1) 연구절차

(1) 사례연구가 연구문제에 적절한 접근인지 확인하기

사례연구는 사례를 심층적으로 이해하거나 여러 사례를 비교하고자 할 때 적합한 질적접근이다. 서정기(2012)의 연구목적은 학교폭력 사안처리 과정에서 어떠한 갈등이 왜 발생하는지 파악하여 학교폭력 사건의 근본적인 해결방안을 탐색하는 것이었다(〈예 9.13〉).

〈예 9.13〉 사례연구의 연구목적과 연구문제 예시

본 연구에서는 학교폭력 사건의 근본적인 해결방안의 탐색을 위해 사건 이후의 해결과정을 고찰하며, 그 안에 존재하는 갈등의 원인과 구조를 질적 연구방법을 통해 사회문화적 맥락을 고려해 종합적으로 살펴볼 것이다. ……(중략)…… 현재 학교폭력 대책과 그 한계를 살펴보고 이들 학교폭력 대책의 교육적 의의를 성찰하고자 한다. 이를 위해 본 연구는 다음과 같은 연구문제에 답하고자 하였다.

첫째, 학교폭력 이후의 갈등 전개의 특징과 양상은 무엇인가?
둘째, 학교폭력 이후 사안처리 과정에서 드러나는 갈등 구조와 원인은 무엇인가?
셋째, 현재 학교폭력에 대한 대책과 사안처리 과정의 한계는 무엇인가?
넷째, 학교폭력 대책과 해결과정의 교육적 의의는 무엇인가?

– 서정기(2012)에서 발췌

(2) 연구의도에 맞는 사례 선택하기

사례연구에서 분석하는 사례는 한 사람 또는 여러 명의 사람, 기관이나 조직, 프로그램, 또는 사건 등으로 다양하다. 사례연구의 사례는 시간 또는 공간적 경계를 가진다는 특징이 있다(Creswell & Poth, 2018, p. 155). 다른 질적연구와 마찬가지로 사례연구에서도 의도적 표집을 통해 사례를 선택하는데(Creswell & Poth, 2018, p. 159), 이때 연구자는 연구의도와 사례의 유형을 함께 고려해야 한다.

서정기(2012)의 사례는 학교폭력 사건이었다. 구체적으로, 당사자 간 합의가 이루어지지 않아 2009년 7월부터 2011년 1월 사이에 대화모임이 진행되었던 학교폭력 사건들이었다. 당시 합의를 통해 해결되지 않은 학교폭력 사건은 경찰조사, 검찰송치, 법원조사 및 판결의 세 단계를 거쳤다.[7] 연구자는 준거 표집을 활용하여 각 단계에 있는 사건들을 표집하였다. 먼저, 연구자는 합의가 이루어지지 않아 학교폭력 당사자들이 피해자–가해자 대화모임에 참가하고 있는 사건을 1차 선별하였다. 그 다음 절차상 단계를 기준으로 경찰조사 단계의 사건, 검찰송치 단계의 사건, 법원조사 및 판결 단계의 사건을 선별하였다. 마지막으로 당사자들이 대화모임에 적극적으로 참여하고 있으며 갈

7) 현재 학교폭력 사안 처리 과정 및 절차는 서정기(2012) 연구와 다르다. 2020년 3월 1일부터 학교폭력예방 및 대책에 관한 법률 개정에 따라 각 교육지원청 단위에 학교폭력대책심의위원회가 설치되어 학교장 재량으로 자체 해결되지 않는 학교폭력 사안의 처리를 맡고 있다.

등해결의 의지를 가지고 있는지를 세 번째 기준으로 하여 최종적으로 3개의 사례를 선택하였다. 사례 유형에 따라 구분하자면, 서정기(2012) 연구의 사례는 복합 사례이자 도구적 사례라고 할 수 있다.

(3) 다각도로 광범위하게 자료를 수집하기 위한 절차 개발하기

사례연구를 수행하는 연구자는 사례를 심층적으로 이해하기 위하여 다양한 출처에서, 다양한 자료를, 다각도로 수집하여야 한다(Yin, 2018). 사례연구의 자료원은 크게 여섯 가지로 문서, 보관 기록(archival records), 면담, 직접 관찰, 참여관찰, 인공물(physical artifacts)이다(Yin, 2018). 사례연구자는 사례와 관련된 개인이나 집단이 가진 독특하면서 서로 다른 관점들을 포착하기 위하여 면담뿐만 아니라, 문서나 기록물 같은 실제 사건과 행동에 대한 객관적 자료도 수집한다. 동일한 내용을 확인하기 위하여 다른 자료원을 사용할 수도 있는데, 만약 다른 자료원에서 수집된 자료가 동일한 결과로 수렴한다는 것을 확인한다면, 이는 연구결과의 타당도를 높이는 근거가 된다.

서정기(2012)는 관찰과 심층면담, 문서 자료를 통하여 자료를 수집하였다. 연구자는 대화모임 주조정자의 진행을 돕는 협력조정자로서 대화모임에 참여했다. 연구자는 대화모임 안에서 각 사례의 피해자와 가해자의 입장과 서로의 갈등을 관찰하였고, 대화모임이 종료된 이후에는 별도의 모임을 통해 면담하였다. 또한 피해자와 가해자뿐만 아니라 학교관계자로서 갈등 해결과정과 연관된 학생주임, 자치위원장과도 면담하였다. 연구자가 수집한 문서 자료는 공적기록, 수필, 비구조화된 대화 메모, 참여자들의 경험담 발표 자료였다.

(4) 사례 기술이 분석 주제와 맥락 정보를 통합하도록 분석 기법 정하기

사례연구에서 자료를 분석할 때에는 자료를 반복적으로 읽으면서 의미 있는 패턴이나 개념, 주제를 찾고자 노력해야 한다(Yin, 2018). 사례 분석은 사례 전체를 총체적으로, 또는 각각의 사례를 구체적 측면에 초점을 맞추어 분석할 수 있다. 일반적으로 여러 개의 사례를 분석할 때에는 각 사례를 상세하게 기술하며 주제를 찾고, 그 다음 여러 사례를 관통하는 공통 주제를 찾아간다(Creswell & Poth, 2018, p. 159; Yin, 2018). 서정기(2012)는 세 개의 사례를 각각 분석한 후, '당사자 간의 오해와 대립', '학교를 위한 폐쇄적 사안처리', '사법제도에서 당사자들의 소외'라는 공통주제를 찾았다(〈예 9.14〉).

〈예 9.14〉 사례연구에서 찾아낸 공통주제 예시

학교폭력 이후 사안처리 과정에서의 갈등은 학교, 피해자와 가해자, 그리고 사법제도라는 세 가지 축의 복잡한 상호작용과 역동 속에서 전개되고 확대된다. 이를 종합적으로 정리하면 학교는 일정한 거리를 두고서 조용한 해결을 위해 당사자의 신속한 합의를 요청하지만 이는 가해자로 하여금 성급한 합의를 시도하게 만들고 치료조차 완료되지 않은 피해자는 이에 분노하며 상호 간에 불신을 가지게 한다. 이 과정에서 당사자들은 충격과 혼란 등으로 인해 의사소통의 어려움을 겪는 등 미숙한 대처를 하면서 갈등은 커지게 된다. 그리고 이러한 과정에서 가지게 되는 가해자 태도에 대한 불신은 고소로 이어지면서 갈등은 확산된다. 사법적 해결과정에 들어가서도 학교폭력 사건의 당사자들은 학교폭력 사안이 가지는 불명확성, 이에 따른 법적 공방, 그리고 학교폭력대책법과 함께 소년법에 의한 이중적 처벌 속에서 정신적으로 어려움을 겪으면서 갈등도 깊어지게 된다. 이처럼 각 요인들은 긴밀하게 연결되어 상호작용하며 복잡한 맥락의 갈등을 지속적으로 확대 재생산하고 있는 것이다.

– 서정기(2012)에서 발췌

(5) 연구 교훈 보고하기

사례연구의 목적은 사례를 심층적으로 이해하는 데 있다. 사례연구를 수행하는 연구자는 사례를 자세하게 기술하는 데서 그치지 않고, 사례에 대한 새로운 시각과 연구자 본인의 고유한 견해를 드러내야 한다. 즉, 흥미로운 예시를 통해 사례를 자세하고 풍부하게 기술할 뿐만 아니라, 사례와 관련된 전형적인 증거와 함께 일반적인 관점이나 시각을 반증하는 증거를 발견하고, 이를 바탕으로 주장(assertions; Stake, 1995), 또는 패턴(patterns; Yin, 2009)이나 설명(explanation; Yin, 2009), 교훈(lessons; Creswell & Poth, 2018) 등을 제시하여야 한다. 서정기(2012)는 학생과 학부모인 개인, 학교체계인 기관, 사법제도인 제도적 차원에서 학교폭력 이후 사안처리 과정에서 발생하는 갈등의 구조적 요인을 제시하였다. 그리고 사례에 대한 상세한 설명을 바탕으로 교육적 반성을 이끌어 내었다. 연구자는 학교폭력 사안처리 과정이 응보주의를 따르고 있어 교육적이지 않으며, 학교폭력 사안처리를 교육적인 선도와 교정으로 이어 가기 위하여 교육공동체의 역할을 강화하고 응보주의에서 벗어나야 한다고 주장하였다.

2) 유의점

사례연구를 수행할 때는 사례 선택에 주의하여야 한다(Creswell & Poth, 2018, p, 161). 연구자는 분석하고자 하는 연구대상이 사례연구의 '사례'로서 적합한지, 연구할 가치가 있는지 판단하여야 하고, 사례의 경계를 어디까지 어떻게 규정할지, 몇 개의 사례를 사용할지 결정하여야 한다. 사례는 연구목적에 적합한 표집 전략에 근거하여 선택하여야 한다. 또한, 일반적으로 사례의 수가 많아질수록 다양한 자료원으로부터 심층적인 자료를 수집하기 어렵다는 점을 명심해야 한다. 정해진 기준은 없으나, 사례연구자들은 보통 4~5개 이상의 사례를 선택하지 않는 편이다.

제 10 장
혼합방법연구: 기본

주요 용어

혼합방법연구 설계도식, 수렴적 설계, 설명적 순차 설계, 탐색적 순차 설계, 혼합방법 실험 설계, 혼합방법 사례연구 설계, 통합

학습목표

1. 혼합방법연구의 정의와 특징을 설명할 수 있다.
2. 혼합방법 연구설계의 표기와 설계도식을 읽고 설명할 수 있다.
3. 혼합방법 연구설계별 연구목적과 절차 및 특징을 설명할 수 있다.

혼합방법연구(Mixed Methods Research: MMR)는 실용주의 패러다임에 기반한 연구로, 단순하게 설명하면 하나의 연구 안에서 양적 연구요소와 질적 연구요소를 동시에 사용하는 연구를 일컫는다. 혼합방법연구는 다면적이고 복합적인 인간의 활동과 사회 현상을 더 완전하고 철저하게 이해하는 것을 목적으로, 질적요소와 양적요소[1)]를 통합(integration)하는 것이 핵심이다(Creswell & Plano Clark, 2018). 혼합방법연구는 양적 연구방법이나 질적 연구방법에 비하여 역사가 짧으나, 교육학, 심리학, 보건학, 행정학 등의 사회과학 분야에서 그 활용도가 빠르게 증가하고 있다. 특히 프로그램 평가 연구에서의 활용도가 두드러진다. 프로그램 평가 연구 자체가 매우 실용적 특성을 지니고 있으며, 프로그램이나 제도의 개선이나 유지 여부를 결정하는 데 다양한 양적·질적 자료분석 결과가 요구되기 때문이다(Johnson et al., 2007). 이 장에서는 Creswell과 Plano Clark(2018)에 기반하여 혼합방법연구의 정의와 더불어 혼합방법연구가 적합한 연구 상황, 그리고 여러 가지 혼합방법 연구설계에 대하여 살펴본다. 다음 장인 제11장에서는 혼합방법연구의 실제를 예시와 함께 설명하겠다.

1) 질적 또는 양적요소는 연구에 접근하는 관점(viewpoints), 자료수집과 분석 방법, 결과 해석과 추론 기술 등을 뜻한다.

1 개관

1) 정의

앞서 혼합방법연구를 양적 연구방법과 질적 연구방법을 함께 사용한 연구라고 설명하였으나, 이 정의가 혼합방법연구를 충분히 설명한다고 볼 수는 없다. 초기에는 양적 연구요소와 질적 연구요소를 최소 한 가지 이상 포함하는 연구를 혼합방법연구라고 불렀다(Greene et al., 1989). 이후 여러 학자들(예: Creswell, 2014; Creswell & Plano Clark, 2007; Greene, 2007; Johnson et al., 2007; Tashakkori & Teddlie, 1998, 2003)이 혼합방법연구를 방법론적으로 체계화시키면서 혼합방법연구에 대한 정의를 제안하였는데, 단순히 양적·질적 연구요소가 들어간다고 하여 혼합방법연구라고 부르기는 어렵다는 데 학자들의 공감대가 형성되고 있다. 이를테면, Johnson 등(2007)은 혼합방법연구에 대한 19개의 정의를 종합하여 혼합방법연구를 "넓고 깊게 이해하고 확증(corroboration)할 목적으로 단일 연구 내에서 양적연구와 질적접근의 요소를 결합한 연구"라고 정의한 바 있다(p. 123). 즉, 혼합방법연구에서는 연구방법을 혼합하고자 하는 연구목적과 연구의도가 핵심적인 부분이 된다(Creswell & Plano Clark, 2018).

2) 연구목적과 연구의도

어떤 연구방법을 선택할지는 연구의도 및 목적에 달려 있다. 즉, 연구방법을 결정할 때는 연구의도와 목적을 우선적으로 고려하여야 한다. 연구목적이 참여자의 다양한 관점을 파악하여 현상을 심층적으로 이해하는 것일 때는 질적연구를 선택한다. 변수 간의 상관관계를 알아보거나 집단 간 차이를 비교하고 연구결과를 일반화하는 것이 목적일 때는 양적연구가 적합하다. 두 연구요소를 모두 사용하는 혼합방법연구의 연구목적은 삼각검증(triangulation), 양적/질적분석의 결과 보완, 도구개발, 새로운 연구의 시작(initiation), 또는 기존 연구의 확장(expansion)이다(Greene, 2007, pp. 100-103). 연구의 의도나 연구문제가 혼합방법에 적합한 경우를 다음과 같이 정리하였다(Creswell & Plano Clark, 2018, pp. 7-13).

- 동일한 현상에 대해 양적 연구결과와 질적 연구결과가 일치하는지 확인하고, 연구대상을 다각도에서 더 깊이 이해하고 싶다.
- 양적 또는 질적 연구결과를 더 자세히 설명하기 위하여 다른 유형의 분석을 추가하고 싶다.
- 연구문제에 적합한 검사도구가 없거나, 어떤 검사도구를 선택하여야 할지 결정하기 어려운 상황에서 질적으로 탐색하고 싶다.
- 질적방법을 통하여 실험연구를 개선하고, 양적 연구결과 해석 시 연구대상의 특징이나 연구 맥락을 반영하고 싶다.
- 질적연구에 양적 연구요소를 추가하여 사례에 대한 이해나 비교 분석을 더 풍성하게 하고 싶다.
- 장기간에 걸쳐 대규모 프로그램이나 프로젝트를 개발, 실행, 평가하는 연구를 수행하려 한다.

3) 표기법과 설계도식

혼합방법연구는 양적 연구요소와 질적 연구요소를 함께 사용하기 때문에 단일 연구방법을 사용하는 연구에 비해 설계가 복잡한 편이다. 따라서 고유한 표기법과 설계도식을 이용하여 설계를 시각화한다. 혼합방법연구의 표기법은 Morse(1991)에 의해 처음 제안되었으며 이후 혼합방법연구 설계도식에 사용되고 있다(Creswell & Plano Clark, 2018). 표기법 일부를 〈표 10.1〉에 제시하였다.

〈표 10.1〉 혼합방법연구 표기법

표기	설명
QUAN/quan	양적연구(quantitative research) 요소(strand)를 의미하는 약자
QUAL/qual	질적연구(qualitative research) 요소를 의미하는 약자
+	양적 연구방법과 질적 연구방법이 동시에 수행됨
→	양적 연구방법과 질적 연구방법이 순차적으로 수행됨
→←	양적 연구방법과 질적 연구방법이 순환함
( )	연구요소가 실험 처치(intervention) 연구 안에 내재되어 있음
[ ]	[ ]안의 핵심 혼합방법연구가 일련의 연구 안에서 사용되었음

〈표 10.1〉의 'QUAN/quan'과 'QUAL/qual'은 각각 양적 연구요소와 질적 연구요소를 의미한다. 혼합방법연구에서 양적 연구요소와 질적 연구요소는 연구목적에 따라 연구에서 차지하는 비중이 다를 수 있는데, 이때 우선순위가 있는 연구요소를 알파벳 대문자로, 차순위의 연구요소를 소문자로 표시한다. '+'와 화살표는 양적·질적자료의 수집이나 분석이 이루어지는 시점을 표현한다. '+'는 양적 연구요소와 질적 연구요소가 동시에 실행되는 것을 의미하고, 화살표는 두 요소가 순차적으로 실행됨을 의미한다. 예를 들어, 'QUAN + QUAL'은 양적 연구요소와 질적 연구요소가 동등한 비중을 가지고 있으며, 양적 및 질적 자료수집 및 분석이 동시에 이루어지는 설계를 의미한다. 'qual → QUAN'은 질적 연구요소를 진행한 후, 양적 연구요소를 진행하며 양적 연구요소가 연구에서 더 중요한 위치를 차지하는 설계임을 뜻한다.

혼합방법연구에서는 연구설계를 표현하기 위하여 표기법과 함께 설계도식을 사용한다. 표기법이 문자와 기호로 설계를 표현한다면, 설계도식은 도형과 화살표를 이용하여 연구절차를 표현한다. 설계도식은 연구단계(phase)와 연구과정(process), 결과물(products)로 구성된다. 사각형은 자료수집 및 분석을, 타원형은 두 연구요소의 통합 시점을 보여 준다. [그림 10.1]은 조수호와 유진은(2019)에 제시된 설계도식을 일부 수정하여 제시한 것이다. 설계도식을 통하여 질적 및 양적단계에서 어떠한 자료를 수집하여 어떤 방법으로 분석하였고, 어떠한 결과물이 생산되었는지 확인할 수 있다. 이 연구는 양적단계에 중점을 둔 2단계 연구로, 질적단계 후 양적단계를 수행하였다. 또한, 질적단계가 끝나고 양적단계가 시작되기 전인 도구개발 단계와 마지막 해석 단계에서 두 연구요소의 통합이 이루어졌다.

설계도식을 그릴 때에는 다음과 같은 사항에 주의하여야 한다(Creswell & Plano Clark, 2018). 먼저, 설계도식에는 제목이 있어야 한다. 연구의 흐름을 나타내는 방향은 위에서 아래로 또는 왼쪽에서 오른쪽과 같이 한 방향으로 설정한다. 표기법을 정확하게 사용하고, 절차와 결과물을 간단하고 명료하게 제시한다. 설계도식은 복잡하지 않아야 하며 한 번에 볼 수 있도록 한 쪽(page)으로 제시하는 것이 좋다.

〈탐색적 순차 설계 중 도구개발을 위한 연구의 절차〉

	연구단계 (Study Phase)	연구과정 (Process)	결과물 (Products)
qual 질적 단계	질적 자료수집 qual data collection	• 선행연구분석 • 의도적 표집(n=5) • 초점집단면접 실시	• 전사 자료
	질적 자료분석 qual data analysis	• 개방코딩, 범주화 (Nvivo 10)	• 80개의 개념, 18개의 하위 범주, 9개의 범주
	도구개발 Instrument Development	• 질적단계 결과에 근거하여 80개의 예비 문항 구성 • 타당도 검증 • 리커트 척도(5점 척도) 설문지 구성	• 8개의 범주와 51개의 문항으로 구성된 설문
QUAN 양적 단계	양적 자료수집 QUAN data collection	• 유층표집(n=420) • 개발한 설문지 실시	• 400명의 설문 응답 자료 (결측 사례 20명)
	양적 자료분석 QUAN data analysis	• 탐색적 요인분석 실시 • 확인적 요인분석 실시 • 구인타당도 검증	• 최종 설문 도출 (8개 요인, 41개 문항)
	해석 Interpretation	• 질적 연구결과와 양적 연구결과의 통합 및 일반화	• 타당화 과정을 거친 측정도구

– 조수호와 유진은(2019)에서 발췌 · 수정

[그림 10.1] 도구개발을 위한 탐색적 순차 설계 연구의 설계도식 예시

2 연구설계

혼합방법연구의 연구설계(design)는 자료를 수집, 분석, 해석하는 절차를 의미한다. 혼합방법 연구설계의 단계별 지침 및 고려사항(Johnson & Onwegbuzie, 2004; Teddlie & Tashakkori, 2006; Teddlie & Yu, 2007)은 연구의 투명성(transparency)을 높이고 의미 있는 통합을 생성하도록 하는 수단이다(Guetterman & Fetters, 2018; Levitt et al., 2018). 혼합방법 연구설계와 지침은 연구자가 자신의 연구문제를 해결하기 위하여 혼합방법연구를 어떻게 진행해야 하는지 알려 주는 지도이자 안내판으로, 혼합방법연구가 양적 및 질적 단일 연구와 구별되는 특징을 잃지 않도록 한다. 따라서 연구자는 여러 혼합방법 연구설계를 이해하고 이를 바탕으로 연구목적과 연구문제에 적합한 연구설계를 선택하여 사용할 필요가 있다.

혼합방법연구를 사용하기로 결정한 연구자는 자신의 연구목적이나 문제에 맞는 연구설계를 선택하여야 한다. 혼합방법연구의 설계 유형은 양적 또는 질적요소를 혼합하는 목적이나 의도, 시점, 우선순위, 통합 수준 등의 기준에 따라 다양하게 분류할 수 있다. 이 책에서는 연구의도와 시점을 기준으로 혼합방법연구를 분류한 Creswell과 Plano Clark(2018)을 따랐다. Creswell과 Plano Clark(2018)은 세 가지 핵심설계(core design)와 네 가지 복합설계(complex design)를 제안하였다. 구체적으로 핵심설계에는 수렴적 설계(convergent design), 설명적 순차 설계(explanatory sequential design), 탐색적 순차 설계(exploratory sequential design)가 있다. 복합설계에는 혼합방법 실험 설계(mixed methods experimental design), 혼합방법 사례연구 설계(mixed methods case study design), 혼합방법 참여적-사회정의 설계(mixed methods participatory-social justice design), 혼합방법 평가 설계(mixed methods evaluation design)가 포함된다.

이 책에서는 국내 혼합방법연구에서 자주 사용되는 세 가지 핵심설계와 복합설계 중 혼합방법 실험 설계와 혼합방법 사례연구 설계를 선택하여 사용 목적과 특징, 설계도식과 절차, 사용 시 고려사항을 살펴보겠다. 참고로 Creswell과 Plano Clark(2018)에 제시된 혼합방법 연구설계 유형으로 모든 혼합방법연구를 완벽하게 분류할 수는 없다는 것을 주의해야 한다. Creswell과 Plano Clark(2018)이 분류한 설계가 자신의 연구문제에 부합하지 않을 경우 Leech와 Onwuegbuzie(2009), Teddlie와 Tashakkori(2006) 등에 설명된 다른 설계를 찾아보기를 권한다.

1) 수렴적 설계

(1) 목적

대표적인 혼합방법 연구설계 중 하나인 수렴적 설계(convergent design)는 양적·질적 연구방법의 제한점을 보완하여 하나의 연구문제를 서로 다르지만 상호보완적인 방법으로 더 철저하고 완전하게 이해하는 것이 목적이다(Creswell & Plano Clark, 2018; Morse, 1991, p. 122). 수렴적 설계는 양적 연구결과와 질적 연구결과가 수렴하는지, 불일치하는지, 또는 모순되는지를 밝혀낸다. 즉, 수렴적 설계는 연구자가 관심 현상을 더 철저하게 이해하고 싶은데 양적접근 또는 질적접근 한 가지 방법만으로는 그러한 목적을 이룰 수 없다고 판단될 때 사용된다.

(2) 특징

수렴적 설계는 삼각검증에서 착안한 설계로, 삼각검증의 특징을 그대로 반영하고 있다. 따라서 다양한 양적 및 질적 자료원을 사용하며, 연구에서 양적 및 질적 연구요소가 동일한 비중을 가진다. 양적 및 질적 자료수집도 동시에 독립적으로 이루어진다.

수렴적 설계의 장점은 다음과 같다(Creswell & Plano Clark, 2018, pp. 71-72). 첫째, 수렴적 설계는 자료수집 및 분석에서 양적 연구요소와 질적 연구요소가 독립적으로 진행되기 때문에 직관적인 편이다. 따라서 혼합방법연구를 처음 시도하는 연구자에게 선호되며, 여러 명의 연구원이 함께 연구할 수 있는 경우에 주로 사용된다. 둘째, 두 종류의 자료를 한 번에 수집하기 때문에 효율적인 편이다. 이를테면 양적 자료수집 후 자료를 수집한 장소에 다시 방문하거나 연구대상으로부터 다시 자료를 수집할 수 없을 때 수렴적 설계가 유용하다.

(3) 설계도식과 절차

[그림 10.2]에 수렴적 설계의 절차를 제시하였다. 수렴적 설계에서 자료수집과 분석은 독립적으로 이루어진다. 즉, 한 종류의 자료수집이 다른 종류의 자료수집과 분석에 영향을 미치지 않는다. 그 다음 단계에서 서로 다른 유형의 자료를 변환하여 분석결과

를 통합한다. 이를테면 텍스트로 이루어진 질적자료를 질적분석을 통해 추출한 주제의 빈도수로 변환하여 양적 분석결과와 나란히(side-by-side) 놓고 비교하는 것이다. 통합된 결과를 제시할 때 합동전시표(joint display table)를 활용하기도 한다. 마지막 단계에서 통합한 결과를 해석하며, 통합한 결과가 수렴하는지, 불일치하는지, 혹은 서로 모순되는지를 밝히고 어느 정도로 수렴 · 불일치 · 모순이 일어나는지를 설명한다. 양적 연구결과와 질적 연구결과가 수렴하지 않을 때 연구자는 불일치 또는 모순이 발생하는 이유를 분석한다. 이를테면 양적 연구단계에서 표집이 잘못되었거나, 질적 연구단계에서 주제 개발이 잘 안 되었을 수 있다. 이러한 경우 연구자는 두 연구결과 중 연구자가 더 신뢰할 수 있는 연구결과가 무엇인지 밝히고 연구의 제한점으로 제시할 수 있다. 또는 불일치를 해결하는 데 도움이 되는 자료를 추가하고 분석하는 방법도 있다(Creswell & Plano Clark, 2018, p. 233). 질적연구와 양적연구가 같은 비중으로 중요하며 동시에 실시되므로 수렴적 설계는 QUAN + QUAL로 표기한다.

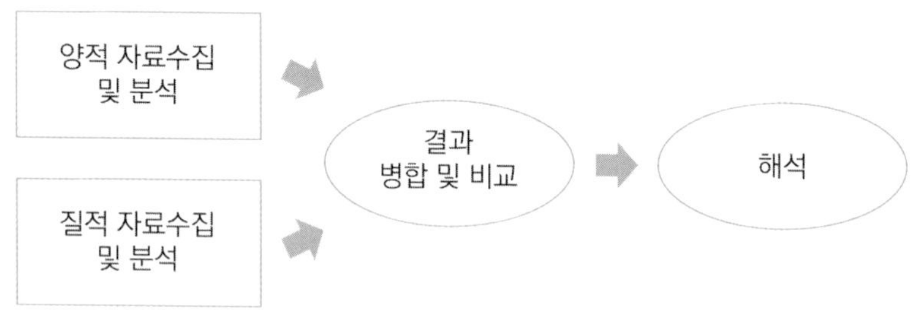

– Creswell과 Plano Clark(2011)에서 발췌

[그림 10.2] 수렴적 설계 절차

(4) 고려사항

수렴적 설계에서 고려해야 할 사항을 정리하면 다음과 같다(Creswell & Plano Clark, 2018, pp. 187-188). 첫째, 서로 다른 두 연구요소의 표본을 어떻게 확보해야 할 것인지 결정해야 한다. 수렴적 설계에서 양적연구와 질적연구의 표본은 크기가 같을 수도 있고 다를 수도 있다. 두 종류의 표본크기가 동일할 경우 결과 병합이 수월해진다는 장점이 있는가 하면, 질적 또는 양적요소 중 한 요소의 엄격성(rigor)을 저해시킨다는 단점도 있다. 수렴적 설계를 선택한 이유가 서로 다른 결과를 비교하거나 현상을 전체적으로 파악하는 것이라면 두 종류의 표본크기를 다르게 할 수도 있다. 이때, 질적연구의 소규

모 표본으로부터 심층적인 질적자료를 수집할 수 있고, 양적연구의 대규모 표본으로 검정력을 높일 수 있다는 장점이 있다. 그러나 표본크기가 상이하기 때문에 이로부터 추출한 자료를 어떻게 의미 있게 병합할 수 있을지가 문제가 된다.

둘째, 서로 다른 두 유형의 자료를 병합하여 의미 있는 통합을 이루도록 자료를 변환할 수 있어야 한다. 두 종류의 분석결과가 일치 또는 불일치하는지 알아보려면 자료가 서로 비교 가능한 형태로 존재하여야 한다. 그러나 양적연구와 질적연구의 자료 및 분석결과는 각각 숫자와 문자라는 완전히 다른 형태로 표현되기 때문에 비교하기가 쉽지 않다. 또한, 수렴적 설계에서는 양적연구와 질적연구의 표본 수를 똑같이 할 것인지 아니면 다르게 할 것인지에 대해서도 숙고할 필요가 있다. 이에 대한 자세한 설명은 〈심화 10.1〉을 참고하기 바란다. 서로 다른 종류의 분석결과를 비교 · 병합하는 방법에 대한 자세한 설명은 제11장 혼합방법연구의 실제에서 다룰 것이다.

셋째, 수렴적 설계는 두 유형의 자료가 서로에게 영향을 미치지 않는 상태에서 동시에 수집되므로 일견 다른 핵심설계에 비하여 단순해 보일 수 있다. 그러나 자료분석과 통합이 순차적으로 이어지지 않기 때문에 예상치 못한 통합 결과가 나타날 수 있다. 이를테면 양적 · 질적 연구결과가 불일치하는 경우, 연구결과를 통합하여 해석하는 것이 어려워진다. 연구자는 분석결과가 수렴하지 않고 서로 모순되는 경우에는 후속 분석을 실행할 필요가 있다는 점을 염두에 두어야 한다.

〈심화 10.1〉 수렴적 설계에서의 표본크기

연구결과를 모집단으로 일반화하는 것이 목적인 양적연구에서는 많은 사람을 대상으로 자료를 수집하고 분석한다. 반면, 질적연구는 참여자로부터 깊이 있는 정보를 얻는 것이 목적이기 때문에 상대적으로 표본크기가 작다. 양적 자료수집과 질적 자료수집이 거의 동시에 이루어지는 수렴적 설계에서는 양적 · 질적자료의 표본크기가 같을 수도 있고 다를 수도 있는데, 각기 장단점이 있다. 표본크기를 양적 · 질적 연구방법에 맞게 달리 할 경우 각 방법에서 추구하는 엄격성을 충족할 수 있으나 이후 병합 과정이 어려워질 수 있다.

반대로 양적 · 질적 방법에서 같은 크기의 표본을 쓸 경우 병합은 상대적으로 순탄하겠으나, 각 방법에서 추구하는 엄격성은 충족하지 못하게 될 수 있다(Creswell & Plano Clark, 2018, p. 184). 같은 참여자를 대상으로 설문으로 양적자료를 수집하고 면담으로 질적자료를 수집한 후 각기 분석하여 그 결과를 통합하는 연구가 있다고 하자. 이 경우 면담이 병행되는 관계로 참여자의 수를 20명에서 30명 내외로 할 수밖에 없다. 그런데 20명에서 30명 내외의 표본 수는 양적연구의 관점에서는 검정력 문제가 발생할 수 있는 적은 수이고 질적연구의 관점에서는 깊고 풍부한 질적자료를 얻기에 너무 많은 수라고 하겠다.

Creswell과 Plano Clark(2018)에 따르면, 양적 · 질적 자료를 병합하는 목적이 양적 · 질적 결과를 비교하거나 두 가지 자료를 모두 분석함으로써 해석을 보완하고 보다 완전한 그림을 만드는 것일 때 수렴적 설계에서의 표본 수가 달라도 된다. 반면, 연구자가 같은 참여자로부터 얻은 양적 · 질적 자료를 병합하며 비교할 필요가 있다고 판단한다면, 같은 표본을 대상으로 수렴적 설계를 실시할 수 있다.

2) 설명적 순차 설계

(1) 목적

설명적 순차 설계는 그 이름에서 알 수 있듯이 '설명'하는 것이 설계의 목적이며, 두 종류의 연구요소가 순서대로(순차) 진행된다. 첫 번째 단계에서 양적자료를 수집 · 분석하여 양적 결과를 도출한다. 그리고 첫 번째 단계에서의 양적 결과를 토대로 두 번째 단계의 질적 자료수집 및 분석을 계획한다. 이 설계의 두 번째 단계인 질적 연구단계에의 목적은 이전 단계에서 도출한 양적 연구요소의 분석결과를 더 풍부하게 설명하고 확장하는 근거를 마련하는 것이다.

(2) 특징

설명적 순차 설계는 수렴적 설계와 달리 연구목적 또는 문제에 따라 양적 연구요소와 질적 연구요소의 비중이 달라진다. 첫 번째 단계인 양적 연구요소가 더 중요할 수 있고, 두 번째 단계인 질적 연구요소가 더 중요할 수 있다. 전자는 가장 일반적인 형태의 설명적 순차 설계로 후속설명형(follow-up explanations variants)이고, 후자는 사례선택형(case-selection variants)이다(Creswell & Plano Clark, 2018, p. 82).

양적 연구요소를 강조하는 후속설명형 설계는 양적 연구대상 또는 결과를 질적연구에서 다시 분석해야 하는 경우 활용한다. 양적 연구결과가 통계적으로 유의하든 유의하지 않든 질적연구를 후속할 수 있다. 검정 결과가 통계적으로 유의할 때는 결과에 대한 해석을 보강하기 위하여 질적분석을 수행하고, 통계적으로 유의하지 않을 때에는 그러한 결과를 설명하기 위하여 질적분석을 추가하게 된다. 예를 들어, 황경모와 유진은(2017)은 실험연구에서 공식적 · 비공식적 멘토링 집단과 강의식 수업 집단을 비교한 후, 양적 연구결과를 심층적으로 이해하기 위하여 공식적 · 비공식적 멘토링 집단 학생들을 면담하였다. 그 결과, 비공식적 멘토링이 학생들의 학습동기와 몰입을 유발하였다고 분석하였다. 또한 통계적 유의성과 별개로 극단적인 값이 있거나 양적 분석결과가 기존 연구와 상반되거나 연구자가 예상치 못한 방향으로 나타났을 때에도 추가적인 질적연구를 수행할 수 있다.

사례선택형 설계는 양적 연구요소보다 질적 연구요소를 강조한다. 첫 번째 단계에서의 양적 연구결과를 두 번째 단계인 질적단계에서 활용한다. 양적 연구결과를 이를테면 참여자 선택 기준을 만들거나 또는 면담 질문을 구성할 때 활용하는 것이다. Ivankova와 Stick(2007)은 온라인 병행 박사학위 과정에서 어떤 학생들이 공부를 끝마치는지 또는 중도탈락하는지 알아보기 위하여 설명적 순차 설계를 활용하였다. 첫 번째 단계인 양적 연구단계에서 278명의 대학원생을 대상으로 설문조사를 실시한 후, 요인분석과 판별분석을 통하여 연구대상을 '시작 집단', '재학생 집단', '졸업 집단', '자퇴 및 휴학 집단'의 네 개의 집단으로 구분하였다. 그리고 통계분석 결과를 바탕으로 각 집단에서 전형적인 특성을 보이는 연구대상을 질적단계의 참여자로 선정하였다. 양적 연구결과는 면담 프로토콜 작성에도 사용되었다. 학생의 졸업 또는 중도탈락과 관련된 설명변수가 어떤 이유로 집단마다 다르게 작용하는지 확인하고 싶었기 때문이다.

설명적 순차 설계는 연구에서 중요한 변수가 무엇인지 알고 해당 변수를 측정할 수 있는 적합한 측정도구가 존재할 때 사용할 수 있다. 또한 양적 · 질적연구가 동시에 진행되지 않기 때문에 연구팀이 아닌 1인 연구자도 이 설계를 사용할 수 있다는 장점이 있다. 단, 1인 연구자라도 양적 · 질적연구 모두에 숙달되어 있어야 한다.

(3) 절차

설명적 순차 설계는 양적단계 이후에 질적단계가 이어지는 방식으로 양적 연구요소와 질적 연구요소가 순차적으로 진행된다([그림 10.3]). 첫 번째 단계에서는 양적자료를 수집하고 분석한 후 추가 설명이 필요한 부분을 확인한다. 이를 바탕으로 두 번째 단계의 질적 연구요소를 계획하는데, 이때 양적연구와 질적연구 간 첫 번째 통합이 이루어진다. 예를 들면, 양적 연구결과를 보고 질적 연구단계의 참여자를 선정하는 의도적 표집 절차 또는 면담 프로토콜을 만들 수 있다. 두 번째 단계에서는 질적자료를 수집하고 분석한다. 그 결과를 첫 번째 단계의 양적 연구결과와 통합하며 질적 연구결과가 양적

연구결과를 어떻게 보충 · 보완하거나 확장하는지 설명한다. 이 부분에서 설명적 순차 설계의 두 번째 통합이 이루어진다. 설명적 순차 설계는 양적 · 질적요소 중 무엇을 더 강조하느냐에 따라 QUAN → qual, 또는 quan → QUAL로 표기한다.

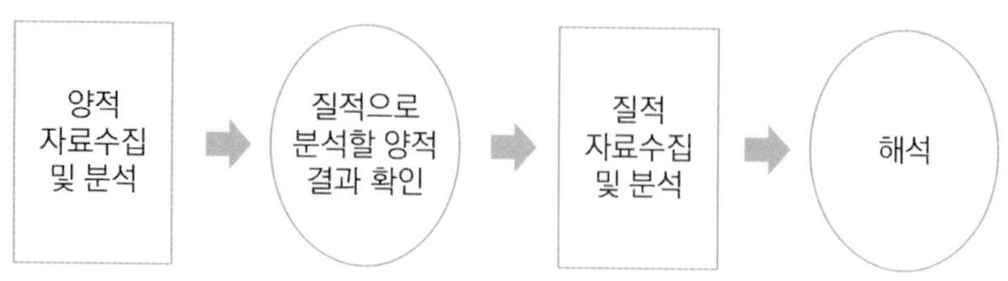

– Creswell과 Plano Clark(2011)에서 발췌

[그림 10.3] 설명적 순차 설계 절차

(4) 고려사항

설명적 순차 설계 수행 시 고려해야 할 점은 시간이다. 이 설계는 양적 연구요소가 완료된 후 질적 연구요소가 새롭게 시작되기 때문에 양적연구와 질적연구를 동시에 수행하는 수렴적 설계보다 시간이 더 많이 소요되는 편이다. 수렴적 설계와 달리 이전 단계의 연구가 완료되어야 이후 단계를 계획할 수 있으며, 일반적으로 면담이나 관찰을 통한 질적 자료수집이 양적 자료수집보다 더 시간이 많이 걸리기 때문이다. 또한, IRB 승인 시 필요한 질적단계의 표본과 수집할 자료의 내용을 사전에 명확히 하기도 어렵다.

두 번째 고려사항은 연구 여건이다. 즉, 첫 번째 양적 연구단계의 연구대상자를 다시 만나 질적자료를 수집할 수 있는 시간적 · 물리적 조건 등이 갖추어져 있어야 한다. 동일한 연구대상에게서 동시에 자료를 수집하는 수렴적 설계와 다르게 설명적 순차 설계는 양적 연구결과를 바탕으로 질적연구 참여자를 선택한다. 따라서 일정 시간이 흐른 후에도 동일한 연구대상자에게 접촉할 수 있어야 한다. 양적 분석결과를 바탕으로 전형적 사례 또는 극단적인 사례를 표집하였는데 예상치 못한 사정으로 참여자가 연구에 참여하지 못할 수 있고, 민감한 연구문제인 경우 대상자가 연구참여에 동의하지 않을 수도 있다는 점도 주의해야 한다.

3) 탐색적 순차 설계

(1) 목적

탐색적 순차 설계에서는 주제와 현상을 질적으로 탐색한 후 양적연구를 이어 간다. 도구개발 설계(Creswell et al., 2004) 또는 양적 추적 설계(Morgan, 1998)라고도 부른다. 탐색적 순차 설계는 한 번에 한 가지 종류의 자료를 수집하고 분석하기 때문에 혼란이 적으며, 연구팀이 아닌 1인 연구자도 연구를 수행할 수 있다는 점에서 설명적 순차 설계와 유사하다. 두 연구요소가 순서대로 진행된다는 점도 설명적 순차 설계와 같은데, 질적 연구요소가 선행하고 양적 연구요소가 후행한다는 점이 설명적 순차 설계와 다른 점이다.

이 설계는 질적 측면을 강조하기는 하지만, 주된 목적은 양적 연구요소를 통하여 질적 연구결과를 일반화하는 것이다. 관심 변수/현상을 측정할 도구가 없거나 기존 도구가 연구자의 연구문제에는 부적합하여 새로운 검사도구를 개발하거나 검증하려 할 때, 또는 양적연구 시 연구자의 관심 주제에 부합하는 변수가 존재하지 않을 때 사용할 수 있다. 질적 연구결과를 다른 집단에 적용하려 할 때, 아니면 어떤 현상에 대한 질적 연구결과에서 차원을 추출하여 이론을 만들고 싶을 때에도 사용할 수 있다. 이 책에서는 검사도구 개발 목적으로 쓰이는 탐색적 순차 설계에 초점을 맞추었다.

(2) 특징

탐색적 순차 설계를 이용한 도구개발 연구는 참여자들의 다양한 관점과 의견을 반영한 도구를 개발할 수 있다는 점에서 양적 연구방법만을 사용하는 도구개발 연구와 구별된다. 일반적인 양적 도구개발 연구는 문헌연구를 통하여 검사 문항을 구성하고, 전문가로부터 타당도를 검증하는 절차를 거친다. 반면, 탐색적 순차 설계를 사용한 도구개발 연구는 문헌연구와 더불어 실제 도구를 적용할 대상(예: 교사)의 인식과 관점을 도구개발에 반영할 수 있다. 즉, 사회적 또는 문화적 맥락 및 요구에 부합하는 검사도구를 개발할 수 있다는 장점이 있다.

(3) 절차

탐색적 순차 설계는 앞서 설명한 수렴적 설계 또는 설명적 순차 설계에 비하여 상대적으로 절차가 복잡한 편이다. 질적 연구단계에서의 탐색이 중요하며, 도구개발 단계에서 타당도와 신뢰도를 확보하기 위한 절차가 엄격하기 때문이다. 탐색적 순차 설계는 질적 연구단계, 도구개발 단계, 양적 연구단계의 세 가지 단계로 구성되며([그림 10.4]), qual → QUAN으로 표기한다.

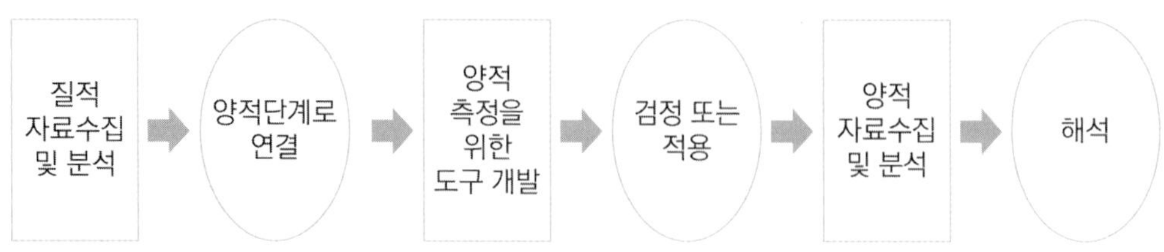

– Creswell과 Plano Clark(2011)에서 발췌

[그림 10.4] 탐색적 순차 설계 절차

첫 번째 단계인 질적단계는 관심 현상을 질적으로 탐색하는 단계다. 즉, 질적 연구문제를 확인하고, 어떤 질적접근을 활용할지 결정한다. 이를테면 관찰, 면담, 설문, 문헌분석 등의 다양한 방법으로 참여자들의 관점을 심도 있게 파악할 수 있다. 질적 연구단계의 결과를 다음 단계인 도구개발 단계로 연결시키며 양적요소와 질적요소의 첫 번째 통합이 이루어진다.

도구개발 단계에서는 질적분석을 통하여 얻은 참여자들의 진술, 어구, 주제 등을 바탕으로 양적 연구단계에서 활용할 검사도구를 설계한다. 이를테면 검사도구의 구인, 하위 영역 및 문항을 구성하며 수정하는데, 이 과정에서 양적 연구문제 또는 혼합방법 연구 가설을 정교화한다. 즉, 첫 번째 단계의 질적 연구결과와 예비연구결과를 사용하여 검사도구(양적요소)를 작성 · 수정하며, 이때 양적요소와 질적요소의 두 번째 통합이 이루어진다. 또한, 예비연구를 실시하며 양적 연구단계에서의 표집법을 결정한다.

마지막 단계인 양적 연구단계에서는 도구개발 단계에서 개발된 도구를 본연구의 대규모 표본에 적용하며 타당화와 일반화를 꾀한다. 즉, 신뢰도를 산출하고, 전문가를 활용하여 내용타당도나 준거관련타당도(공인타당도) 등을 구하거나 확인적 요인 분석을 통하여 요인 구조를 확인하는 것이다. 또한, 각 단계에 걸쳐 표본이 재활용되어서는 안 된다는 것을 주의할 필요가 있다. 이를테면, 질적 연구단계의 참여자를 양적 연구단계의 예비조사 및 대규모 본조사에 참여시키지 않는 것이다. 마찬가지로 예비조사의 응답자를 본조사의 표본에 포함시키지 않는다.

양적 자료수집 및 분석이 끝난 후, 질적 연구결과와 양적 연구결과를 요약하고 해석하며 질적연구에서 얻은 결과가 얼마나 일반화가 가능한지 논한다. 질적 연구결과가 양적 연구요소에 어떻게, 그리고 어느 정도 반영되었는지 논하며 양적요소와 질적요소의 세 번째 통합이 이루어진다. 이 과정에서 연구자는 양적 연구방법만으로 도구를 개발하는 연구와 차별화되는 혼합방법연구의 특징을 강조하여 제시할 수 있다.

(4) 고려사항

이 설계를 수행할 때 고려해야 할 사항은 다음과 같다. 첫째, 연구에 필요한 시간이다. 탐색적 순차 설계는 설명적 순차 설계와 마찬가지로 양적 연구요소와 질적 연구요소가 순차적으로 진행되기 때문에 상당한 시간이 필요하다. 또한, 도구와 척도를 개발하는 양적 연구요소가 예비연구와 본연구로 두 번 시행되기 때문에 다른 핵심설계에 비하여 많은 시간이 소요될 수 있다.

둘째, 양적연구를 위한 IRB 승인을 사전에 받을 수 없다는 점을 고려해야 한다. 양적연구를 위한 IRB를 승인받기 위해서는 양적 연구대상뿐만 아니라 어떤 자료를 수집하고 어떻게 분석할지에 관한 구체적인 내용도 필요하다. 그런데 탐색적 순차 설계에서는 질적 분석결과를 바탕으로 양적요소를 개발해야 하기 때문에 양적 연구요소의 내용을 사전에 계획하는 것이 쉽지 않다.

셋째, 연구자의 연구 기술이다. 물론, 혼합방법을 사용하는 연구자는 기본적으로 양적연구와 질적연구에 모두 능숙하여야 하나, 세 가지의 핵심설계 각각이 요구하는 양적 또는 질적연구 기술 수준은 상이하다. 세 가지 핵심설계 중에서도 탐색적 순차 설계는 연구자에게 질적자료에서 의미 있는 주제와 해석을 도출할 수 있는 질적연구 수행 능력과 함께 엄격한 도구개발 연구를 수행할 수 있는 양적연구 수행 능력을 요구한다. 즉, 다른 설계에 비하여 연구 수행을 위해 필요한 연구기술의 수준이 높다고 할 수 있다.

4) 혼합방법 실험 설계

(1) 목적

지금까지 혼합방법연구의 세 가지 핵심설계를 살펴보았다. 다음 설명할 두 가지 설계는 복합설계(complex design)로 분류된다. 복합설계는 설계 이름으로부터 설계를 사용하는 목적과 우선순위를 가진 연구요소를 직관적으로 파악할 수 있다. 복합설계 중 혼합방법 실험 설계의 기본은 양적 실험연구로, 연구대상, 사회적 맥락, 물리적 상황 등에 질적요소를 추가하여 실험연구를 향상시키는 것이 이 설계의 목적이다.

(2) 특징

이 설계의 핵심은 양적 연구요소이며, 질적 연구요소는 실험 또는 처치 기준 전·중·후 시점에 따라 보조적인 역할을 수행한다(Creswell & Plano Clark, 2018). 실험 또는 처치 시작 전의 질적 연구요소는 연구대상자를 선발하는 기준, 그리고 실험 또는 처치를 연구 맥락에 더 적합하도록 개선하는 방법과 같이 실험 효과 촉진에 필요한 정보를 제공하는 역할을 한다. 실험 처치 중의 질적 연구요소는 실험이 연구자의 의도대로 진행되고 있는지, 연구대상자가 실험에 어떻게 반응하고 있는지, 그리고 독립변수 외에 종속변수에 영향을 미치거나 또는 미칠 가능성이 있는 혼재변수(confounding variable)가 있는지 등에 대한 정보를 제공한다. 실험 처치가 끝난 후의 질적 연구요소는 양적 연구결과를 연구 상황과 관련지을 수 있도록 연구결과 해석에 맥락을 부여하고 논리적 설득력을 높여 준다. 이 설계에서 통합은 질적 연구요소가 실험 처치나 분석결과와 연결되거나 병합될 때 일어난다.

(3) 절차

혼합방법 실험 설계의 설계도식에서 질적 연구요소가 양적 연구요소 안에 내재(embedded)되어 있다([그림 10.5]). 이 설계는 내재를 의미하는 '( )'를 이용하여 QUAN(qual)으로 표기한다.

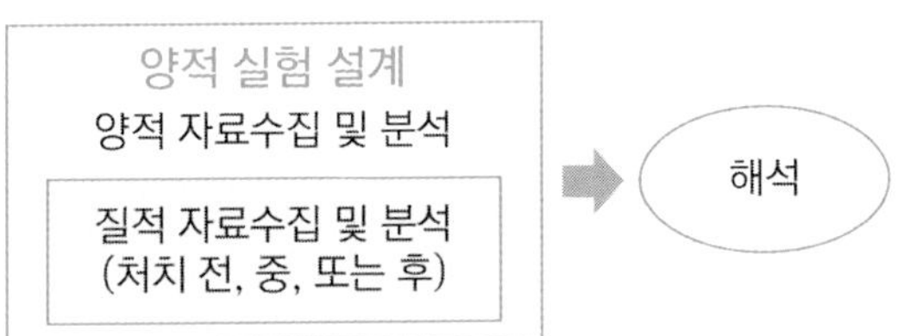

– Creswell과 Plano Clark(2018)에서 발췌

[그림 10.5] 혼합방법 실험 설계 절차

이 설계를 질적 연구요소가 투입된 시점별로 구분하여 해당 시점만 보면 각각이 핵심설계가 될 수 있다. 이를테면, 질적 연구요소를 실험 처치 전에 사용하면 탐색적 순차 설계이고 실험 처치 중에 사용하면 수렴적 설계, 실험 처치를 종료한 후 사용하면 설명적 순차 설계가 된다. 그러나 연구에서 우선순위가 실험연구에 있으며, 질적요소는 처치 전 · 중 · 후에 또는 두 시점 이상에서 사용될 수 있다는 점이 차이점이다.

(4) 고려사항

혼합방법 실험 설계를 사용할 때 고려해야 할 사항은 다음과 같다. 첫째, 질적자료를 수집하는 이유와 목적을 분명히 하고, 목적에 따라 적절한 시점을 선택해야 한다. 각 시점에서 질적 연구요소를 투입하는 이유는 다음과 같다(Creswell & Plano Clark, 2018, p. 198).

- 실험 전
  - 연구대상, 맥락, 환경을 파악하여 처치 효과를 촉진하려고 할 때
  - 실험의 필요성을 진술하기 위하여
  - 실험 전 참여자의 기본 상태를 종합적으로 평가하고 싶을 때

- 실험 중
  - 연구대상자의 관점에서 양적 결과를 타당화(validate)하고 싶을 때
  - 실험이 절차에 따라 잘 구현되고 있는지 확인하고 싶을 때
  - 실험이 연구대상에게 미치는 영향을 이해하고 싶을 때
  - 실험을 방해하거나 촉진하는 요소가 무엇인지 알고 싶을 때

- 예상하지 못한 연구대상자의 처치 경험을 이해하고 싶을 때
- 실험 집단이 실험을 어떻게 경험하고 있는지 그 과정을 묘사하고 싶을 때
- 실험 결과에 잠재적인 영향을 미칠 수 있는 사회문화적 환경과 같은 핵심 구인을 확인하고 싶을 때
- 잠재적인 매개변수 또는 조절변수가 무엇인지 확인하고 싶을 때

• 실험 후
- 연구결과에 대한 연구대상자들의 생각을 알고 싶을 때
- 연구대상자들로부터 피드백을 받아 실험을 개선하고 싶을 때
- 실험의 실행 양상 또는 작동 방식을 이해하고 싶을 때
- 실험 후 처치의 장기적인 지속 효과를 확인하고 싶을 때
- 연구결과를 연구 맥락 및 상황과 관련지어 이해하고, 연구결과를 깊이 있게 해석하고 싶을 때

둘째, 어떤 질적자료를 언제, 어떻게 수집하여 사용할지 결정해야 한다. 질적자료 유형은 자료수집 목적에 따라 달라진다. 양적 연구결과를 설명하거나 보완하려는 목적이라면 일대일 면접, 관찰, 문서, 시청각자료 등 무엇이든 가능하다. 그중에서도 초점집단면접을 쓴다면 짧은 시간 동안 다각도에서 참여자를 파악할 수 있다는 장점이 있다.

셋째, 실험 중 수집하는 질적자료는 비간섭적(unobtrusive)이어야 한다. 즉, 질적 자료수집이 실험에 영향을 미쳐서는 안 된다. 실험 진행 중 실험집단을 대상으로 실시한 면접으로 인해 연구대상자의 생각이나 태도가 바뀔 경우 실험 결과에 영향을 미치게 되는 편향이 발생할 수 있다. 따라서 질적자료는 연구자와 연구대상자 또는 연구 상황과의 상호작용을 최소화하는 방식으로 수집되어야 한다. 예를 들어, 참여자들에게 일기를 쓰게 한다든지, 실험 처치 상황을 녹화하거나 녹음하는 것이다. 이러한 자료를 통제집단에서도 똑같이 수집할 수 있다면 비교 자료로 사용할 수도 있다. 만약 비간섭적인 자료수집이 불가능하다면 실험 중에는 자료를 수집하지 않고 실험 처치가 완료된 후에 자료를 수집하는 방법도 있다.

넷째, 질적 연구요소가 이 설계에서 보조적인 역할을 수행한다고 하여 그 가치가 축소되는 것은 아니다. 연구자는 질적 자료수집과 분석에 소홀하여서는 안 되며, 질적 연

구요소의 타당도를 보장하기 위한 절차와 수칙을 준수하여야 한다.

5) 혼합방법 사례연구 설계

(1) 사용 목적

혼합방법 사례연구 역시 이름에서 유추할 수 있듯이 질적연구 접근인 사례연구와 양적 연구요소를 결합한 설계다. 이 설계의 목적은 다양한 질적 및 양적 자료원을 사용하여 사례에 대한 깊은 이해를 도출하는 것이다. 혼합방법 사례연구 설계는 특히 학생 집단이나 학교처럼 사례가 다양한 양상을 띠고 있거나, 정책 결정 또는 시스템 분석 평가와 같이 복합적이어서 관찰이나 면담과 같은 전통적인 질적 자료수집 방법만으로는 충분한 자료를 얻을 수 없다고 판단될 때 사용할 수 있다.

(2) 특징

사례연구는 이전부터 질적자료와 함께 양적자료를 수집 · 분석할 것을 강조해 왔었다. Yin(2018)은 사례연구에 양적 연구요소를 병행하는 혼합방법연구를 적용하면 관심현상과 사례의 복합적이고 다면적 특성을 더 잘 포착하여 깊이 있게 이해할 수 있다고 주장한다. 혼합방법 사례연구의 양적 연구요소가 매우 엄격하고 설득력 있는 자료수집 및 분석 절차를 따른다는 점이 질적 사례연구와 혼합방법 사례연구의 차이점이라 하겠다(Gutterman & Fetters, 2018).

(3) 절차

혼합방법 사례연구는 양적자료와 질적자료를 동시에 수집하고 분석한 후 결과를 병합한다. 그리고 여러 사례의 공통점과 차이점을 중심으로 사례를 비교 · 분석하며 사례를 심층적으로 이해한다([그림 10.6]). 세 가지 핵심설계 모두 혼합방법 사례연구에서 사용할 수 있는데(Creswell & Plano Clark, 2018), 동일한 단계에서 사례를 확인하고 분석하는 수렴적 설계가 주로 사용되는 편이다(Curry & Nunez-Smith, 2015). 따라서 혼합방법 사례연구의 연구절차를 (quan+QUAL)→QUAL로 표기할 수 있다.

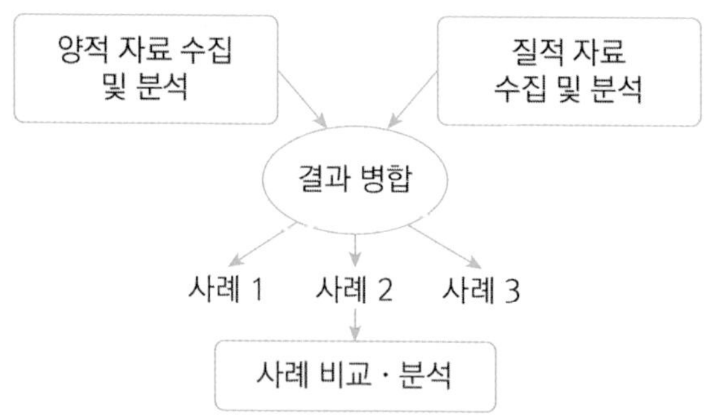

– Creswell과 Plano Clark(2018)에서 발췌

[그림 10.6] 혼합방법 사례연구절차

(4) 고려사항

혼합방법 사례연구에서의 고려사항은 다음과 같다(Creswell & Plano Clark, 2018). 첫째, 사례를 신중히 선택하여야 한다. 사례연구에서는 어떤 사례를 선택하느냐에 따라 연구가 달라지므로 사례 선택 기준을 고심해야 하는 것이다. 그리고 연구문제 해결에 필요한 사례가 본질적 사례인지 또는 도구적 사례인지, 그리고 시 · 공간적으로 한정할 수 있는 사례인지를 생각해 보아야 한다. 현실적인 연구 여건 또한 무시할 수 없는 문제이므로 혼합방법 사례연구를 선택할 경우 풍부한 자료를 충분히 수집할 수 있는지도 염두에 두어야 한다. 몇 개의 사례를 선택할 것인지도 중요한 부분이다. 사례 수가 너무 많으면 사례에 대한 심층적인 질적 자료수집이 어렵고 시간과 비용이 많이 소요될 수 있다. 따라서 사례는 연구문제를 해결하기에 충분하면서도 너무 많지 않아야 한다.

둘째, 양적자료를 수집할 수 있어야 한다. 혼합방법 사례연구에서 병합은 양적 및 질적자료를 모두 사용하여 사례를 기술하거나 여러 사례를 비교할 때 일어난다. 따라서 이 설계를 선택한 연구자는 질적자료 외에 질적자료를 보완할 수 있는 양적자료, 예를 들어 수행 빈도 또는 검사 결과와 같이 양적으로 측정된 자료에 접근할 수 있는지를 확인하여야 한다.

셋째, 연구자는 질적연구에 특히 능숙하여야 한다. 이 복합설계는 사례연구가 중심이 되므로 연구자의 질적연구 수행 능력이 연구에서 핵심적인 역할을 한다. 같은 맥락에서 혼합방법 사례연구 설계는 연구 분야의 방법론적 기반이 사례연구와 같은 질적연구인 연구자에게 더 수월하게 수용되는 편이다.

3 혼합방법연구의 질

제4장과 제8장에서 각각 양적연구의 타당도와 위협요인, 그리고 질적연구의 질 평가 기준과 질 향상 방법에 대하여 설명하였다. 혼합방법연구의 경우 다양한 용어와 기준으로 연구의 질을 평가하고 있는데(〈심화 10.2〉), 최근 논의의 공통점으로 혼합방법연구의 고유한 특성인 통합에 초점을 맞추고 있다는 점을 들 수 있다(Creswell & Plano Clark, 2018, p. 250). 즉, 혼합방법연구에서는 각 연구요소의 타당도와 질을 확보함과 동시에 혼합방법의 목적인 '통합(integration)'이 이루어지도록 함으로써 연구의 질을 보장하려 한다. 〈표 10.2〉에서 Creswell과 Plano Clark(2018, pp. 251-253)이 제시한 혼합방법 연구설계에서 통합의 질을 높이기 위한 전략을 정리하였다.

〈표 10.2〉 혼합방법 연구설계 유형별 통합 전략

혼합방법 연구설계	통합의 질 향상 전략
수렴적 설계	• 동일한 개념을 양적으로 측정하고 질적으로 조사하는 병렬적 질문 사용하기 • 양적 · 질적 자료 분석결과를 비교하는 것이 목적일 경우, 두 연구단계의 표본크기를 비슷하게 하기(〈심화 10.1〉 참고) • 자료분석 및 결과 제시에서 합동전시표를 사용하거나 양적 연구결과와 질적 연구결과를 나란히 제시하기 • 두 연구요소의 결과가 불일치할 경우, 자료 및 분석 절차를 재확인하거나 새로운 자료분석하기
설명적 순차 설계	• 결과를 설명할 때 통계적 유의성과 관계없이 모든 가능성 고려하기 • 예상치 못한 결과나 극단적인 양적 연구결과에 대해 질적 자료수집하기 • 양적 연구결과를 질적단계의 의도적 표집에 활용하여 연구문제 해결에 적합한 질적단계 표본을 표집하기
탐색적 순차 설계	• 질적 연구결과가 어떻게 양적요소 개발에 사용되었는지 명시하기 • 체계적인 양적요소 개발 절차 따르기 • 양적단계에서 대규모 표본을 사용하고, 질적단계 표본구성원과 중복되지 않도록 하기

혼합방법 실험 설계	• 선행연구에서 언급된 실험설계의 내적 · 외적타당도 위협요인을 고려하여 설계하기 • 질적 자료수집 근거를 제시하기 • 실험 결과에 영향을 미칠 수 있는 편향을 줄이기 위하여 비간섭적 자료수집 방법 고려하기
혼합방법 사례연구 설계	• 사례의 경계를 지정하고, 각 사례에 대해 자세하게 설명하기 • 핵심설계 유형을 설정하고, 해당 핵심설계에 대한 근거(rationale) 제시하기 • 각 사례에 대한 양적 · 질적자료를 명시적으로 병합하기 • 여러 사례의 양적 · 질적 결과를 교차-사례(cross-case)분석하여 통합하기

〈심화 10.2〉 혼합방법연구의 질에 대한 논의

질적연구에서와 마찬가지로 혼합방법연구의 평가 기준에 있어서도 합의가 이루어졌다고 하기는 어려운 형국이다. 특히 용어부터 그러하다. 이를테면 Onwuegbuzie와 Johnson(2006)은 'legitimation'이라는 용어로 혼합방법연구의 질을 평가하고, Fetters(2019)는 'integrity'라는 용어를 쓰기도 한다. Creswell과 Plano Clark(2018) 그리고 Teddlie와 Tashakkori (2009)는 양적연구와 질적연구에서 모두 통용되는 용어인 'validity'(타당도)를 차용한다. 특히 Teddlie와 Tashakkori (2009)의 'validity'는 연구의 질과 해석의 엄격성과 관련된다. 즉, 혼합방법 연구설계가 연구문제에 적합한지, 연구절차 및 수행이 엄격하고 일관되는지, 연구결과와 해석이 일치하는지를 평가한다.

제 11 장

혼합방법연구: 실제

주요 용어

수렴적 설계, 설명적 순차 설계, 탐색적 순차 설계, 혼합방법 실험 설계, 혼합방법 사례연구 설계, 통합

학습목표

1. 자신의 연구목적과 연구의도에 맞는 혼합방법 연구설계를 선택할 수 있다.
2. 자신의 연구문제를 혼합방법 연구설계 유형에 맞게 진술할 수 있다.
3. 혼합방법연구에서 표집 및 자료수집 시 고려사항을 설명할 수 있다.
4. 혼합방법연구에서 양적 및 질적 연구결과의 통합(integration) 방법을 설명할 수 있다.

제10장에서 혼합방법연구의 정의와 특징, 그리고 세 가지 핵심설계와 두 가지 복합설계에 대하여 살펴보았다. 이 장에서는 혼합방법연구를 실제로 수행할 때 고려할 점에 대하여 알아보려 한다. 혼합방법연구 역시 연구문제 설정, 자료수집 및 분석, 결론도출과 같은 일반적인 연구단계를 거친다. 다만, 하나의 연구에서 두 연구요소를 모두 사용하기 때문에 한 가지 연구방법을 사용할 때와는 달리 추가적으로 고려해야 할 점들이 있다. 예를 들어, 양적 또는 질적 자료를 같은 사람 혹은 다른 사람으로부터 수집할 것인지, 그리고 그것이 연구 상황상 가능한지, 어떤 자료를 어떻게 수집 · 분석하여 통합할지 등이다. 앞선 장에서 양적 · 질적연구의 실제를 살펴보며 기본적으로 각 연구단계에서 해야 할 일들을 설명하였기 때문에 이 장에서는 일반적인 연구절차의 흐름을 따르되, 혼합방법 연구설계를 선택하는 방법, 연구문제를 진술하는 방법, 자료수집 및 분석을 계획하는 방법, 연구결과를 통합하는 방법과 같이 혼합방법연구의 특징이 되는 부분을 설명하려고 한다. 이 장의 내용은 Creswell과 Plano Clark(2018)을 바탕으로 하며, 이해를 돕기 위하여 국내 · 외 혼합방법연구 논문을 예로 들었다.

1 연구목적에 적합한 혼합방법 연구설계 선택하기

혼합방법을 사용하려는 연구자는 혼합방법연구를 해야 하는 연구목적 또는 연구의도가 있을 것이다(Creswell & Plano Clark, 2018). 제10장에서 설명하였듯이, 혼합방법연구는 삼각검증, 연구결과의 보완, 도구개발, 새로운 연구의 시작, 또는 확장이 목적이다

(Greene, 2007, pp. 100-103). 연구자가 연구목적에 맞는 혼합방법연구의 설계를 선택하려면 먼저 여러 가지 설계 유형의 특징을 이해하고 있어야 한다(Teddlie & Tashakkori, 2009). 각 설계의 통합 목적이 무엇이고, 연구결과로 산출되는 것이 무엇인지에 대한 개념이 머릿속에 있어야 본인의 연구목적에 맞는 설계를 선택할 수 있기 때문이다. 이를테면 수렴적 설계가 양적 · 질적자료를 동시에 수집하여 독립적으로 분석하는 반면, 설명적/탐색적 순차 설계는 양적 · 질적자료의 수집과 분석이 순차적으로 진행된다. 즉, 연구하고자 하는 양적/질적 연구문제가 독립적이지 않고 다른 한 쪽의 연구문제에 기반한다면 순차 설계가 적절할 것이다. 질적연구를 통하여 양적 연구결과를 더 심도 있게 이해하는 것이 목적이라면, 연구자는 순차 설계 중에서도 설명적 순차 설계를 선택할 것이다.

연구목적 또는 연구의도는 연구자 개인의 관심사나 사회적 문제 해결 또는 학문적 또는 실질적인 요구 등 다양한 방면에 근거한다. Creswell과 Plano Clark(2018)은 그중에서도 선행연구 분석을 통하여 발견한 기존 연구의 결핍 또는 격차와 연결지어 설명하였다. 각 설계의 연구목적 또는 연구의도를 예시와 함께 간단히 설명하겠다.

1) 수렴적 설계

한 연구자가 선행연구를 분석하였는데 기존 연구가 양적 또는 질적 접근 중 한 가지 종류의 연구방법만 사용하고 있음을 확인하였다고 하자. 연구자는 양적 관점과 질적 관점을 비교 · 병합하여 더 종합적인 이해를 끌어낼 필요가 있다고 생각할 수 있다. 이러한 연구목적과 연구의도에 적합한 혼합방법 연구설계는 수렴적 설계다. 수렴적 설계를 사용한 혼합방법연구의 예로 중환자실 간호사들이 겪고 있는 임종간호의 어려움을 연구한 김현숙 등(2019)이 있다. 김현숙 등(2019)은 지속적으로 증가하는 임종간호 사례에 대비하여 적절한 임종간호 교육을 마련하여야 하며, 이를 위하여 임종간호 중인 간호사들이 어떠한 어려움을 겪고 있는지 파악할 필요가 있다고 판단하였다. 그런데 임종간호에 대한 선행연구는 대부분 양적인 방법으로 임종간호의 수행 정도나 태도, 스트레스 등을 측정해 왔다. 따라서 연구자들은 간호사들이 임종간호 시 겪는 어려움을 질적인 관점에서 이해해 보는 한편, 질적 연구결과를 양적 연구결과와 통합함으로써 전체적인 이해에 도달하고자 하였다(〈예 11.1〉).

 **〈예 11.1〉 수렴적 설계 연구의 연구목적 예시**

……(전략) 임종간호 제공 시 중환자실 간호사가 느끼는 어려움의 정도를 양적 연구방법으로 검증하고, 질적 연구방법을 통하여 중환자실 간호사가 느끼는 어려움에 대한 연구참여자들의 관점을 재확인하고 임종간호 교육요구의 내용을 파악하는 혼합 연구방법을 사용하고자 한다. 본 연구를 기초로 중환자실 간호사를 대상으로 하는 임종간호교육 프로그램을 개발하여 중환자실 간호사의 임종간호의 어려움을 감소시키고자 한다.

– 김현숙 등(2019)에서 발췌

2) 설명적 순차 설계

설명적 순차 설계와 탐색적 순차 설계는 양적 · 질적요소를 순차적으로 사용한다. 설명적 순차 설계를 선택하는 경우는 양적 연구결과를 연구 맥락과 연결지어 자세하게 설명하거나 심층적으로 이해하고 싶을 때, 양적연구로 미처 파악하지 못한 메커니즘이나 맥락을 파악하고 싶을 때 등이다. 대학생의 학업지연을 연구한 서미옥(2014)은 수동적 지연과 능동적 지연이라는 학업지연의 두 가지 유형을 중심으로 관련 변인들과의 관계를 확인하고, 근본적인 원인을 파악하고자 하였다. 연구자는 학업지연과 관련된 요인이 매우 다양하고 복합적이며 표면적으로 드러난 것 이외의 원인이 있을 수 있으므로 양적 연구방법만으로는 연구목적을 충분히 달성할 수 없다고 판단하였다. 따라서 연구자는 근본적인 학업지연의 원인을 찾기 위하여 양적연구를 실시한 후, 양적 연구결과를 보완하는 질적연구를 추가하는 혼합방법연구를 수행하였다(〈예 11.2〉).

 **〈예 11.2〉 설명적 순차 설계 연구의 연구목적 예시**

본 연구는 대학생을 대상으로 학업지연 유형의 원인과 이와 관련된 연구변인들의 관계를 규명하고자 하였다. 이런 연구목적의 수행을 위해서 양적연구 이외에 연구대상자와의 심층면담을 통한 질적연구가 수행되었다. 그 이유는 학업지연이라는 현상이 워낙 복잡하기 때문에, 표면적으로 드러난 현상 이외에 더 심층적으로 연구대상자들을 이해하기 위함이었다. 학습상황에서 대학생들이 어떤 고민과 갈등을 경험하는가를 파악하기 위해서는 양적연구를 보완하는 질적연구가 수행되는 것이 타당하다고 판단되어서 혼합설계가 본 연구에서 적용되었다.

– 서미옥(2014)에서 발췌

3) 탐색적 순차 설계

탐색적 순차 설계는 기존 연구에서 발견하지 못했거나 아직 정의되지 못한 구인이 있을 때, 사회·문화적 맥락이 반영된 검사도구나 척도를 개발할 필요가 있을 때, 또는 질적 연구결과의 일반화 가능성을 평가하려고 할 때 사용할 수 있다. Enosh 등(2015)은 사회복지사에게 가해지는 고객폭력을 측정하는 척도(Client Violent Questionnaire: CVQ)를 개발하고 타당화한 연구다. 선행연구 분석결과, 공공 및 비영리 기관의 사회복지사들은 사립 기관에 소속된 사회복지사들보다 더 높은 수준의 고객폭력에 시달리고 있으며, 특히 정신건강과 아동복지 부문의 고객폭력이 매우 높은 편이었다. 연구자들은 사회복지사에게 가해지는 고객폭력은 맥락과 분리하여 이해할 수 없다고 보았다. 분야가 달라지면 맥락도 달라지므로 각 분야에서 '고객폭력'이 뜻하는 의미가 다른 것이라고 본 것이다. 따라서 사회복지사들이 처한 맥락을 반영하지 못한 현재의 측정도구는 사회복지사의 고객폭력 연구에 적절하지 않다고 판단하고, 해당 분야의 상황과 맥락을 반영한 측정 도구를 개발하기 위하여 혼합방법연구 중 탐색적 순차 설계를 수행하였다(〈예 11.3〉).

〈예 11.3〉 탐색적 순차 설계 연구의 연구목적 예시

이 연구의 목적은 다양한 유형의 직장, 서비스(보건, 관광), 부문(공공, 민간), 직업(사회복지사, 간호사, 은행원, 호텔 종사원)을 비교할 수 있는 행동기반 도구를 개발하는 것이었다. 본 연구에서는 '사회복지사'라는 특정 모집단을 대상으로 도구를 개발하고 검증했다.

– Enosh 등(2015)에서 발췌

4) 혼합방법 실험 설계

혼합방법 실험 설계는 양적요소인 실험 연구가 중심인 혼합방법이다. 제10장에서 설명한 것과 같이 혼합방법 실험 설계는 기존 연구의 처치나 개입을 참여자의 관점, 연구상황, 또는 맥락을 반영하여 개선하고 싶을 때, 실험의 실제 진행 양상을 파악하고 싶을 때, 실험 결과를 참여자의 견해나 연구 맥락과 연관지어 해석하고 싶을 때 사용한다. 김희순 등(2013)은 비만아동이 건강한 생활습관을 체득하려면 정서적 자기조절 능력을 강화할 필요가 있다는 판단하에 프로그램을 개발하였다. 실험 설계로 프로그램을 실시한 후, 프로그램의 효과를 확인하고 이해할 목적으로 FGI를 통하여 혼합방법연구를 수행하였다(〈예 11.4〉).

〈예 11.4〉 혼합방법 실험 설계의 연구목적 예시

본 연구에서는 비만아동의 정서적 자기조절 능력을 강화하기 위한 이론기반 중재 프로그램을 개발하고 운영하여 프로그램의 효과에 대해 평가하고자 한다. 특히 Creswell과 Plano Clark (2007)이 제시한 대표적인 혼합방법(mixed methods) 중 실험연구를 위한 끼워 넣기 모형[1]을 활용하여 정서적 자기조절 프로그램이 비만아동의 우울, 식습관, 체질량지수에 미치는 효과를 평가하고 질적자료를 통해 프로그램의 효과에 대한 이해를 돕고자 하였다.

– 김희순 등(2013)에서 발췌

5) 혼합방법 사례연구 설계

혼합방법 사례연구 설계는 기존 연구가 연구대상인 사례를 다양한 측면에서 적절하고 풍부하게 파악하지 못했거나, 하나 또는 여러 개의 사례를 양적 및 질적 측면에서 심도 있게 비교·분석할 필요가 있다고 판단할 때 사용할 수 있다. Guetterman과 Mitchell(2016)은 혼합방법 사례연구를 통하여 의미 있는 학생 평가에 필요한 교수 리더십의 역할과 평가 문화를 연구하였다. 혼합방법 사례연구 설계를 선택한 이유는, 문화와 같은 조직 특성과 평가의 관계를 연구한 선행연구가 대부분 자기보고식 설문만을 사용하며 여러 문화적 특성을 경험적으로 비교하지 못하였기 때문이다. 연구자들은 조직 특성과 문화적 맥락 안에서 교수진의 리더십과 평가자료 사용이 어떠한 관계를 맺고 있는지 더 완전하게 이해할 목적으로 양적·질적자료를 통합하는 혼합방법연구를 수행하였다(〈예 11.5〉).

1) 혼합방법 연구설계는 많은 학자에 의하여 다양한 명칭으로 유형화되어 왔다. Creswell 역시 지속적으로 설계 유형을 수정하고 재범주화하고 있다. 이 연구의 '끼워 넣기 모형'은 Creswell과 Plano Clark(2007, 2011)의 저서 1판과 2판의 '내재설계(embedded design)'를 뜻한다. 같은 저자의 3판(2018)에서는 혼합방법 실험 설계(mixed methods experimental design)로 재명명되었다.

〈예 11.5〉 혼합방법 사례연구 설계의 연구목적 예시

평가(assessment)의 구성 및 진행은 복합적이고 미묘한 방식(nuanced manner)으로 이루어지기 때문에 단순히 검사도구를 통해서는 충분히 진단하기 어렵다. 검사도구를 통한 양적자료뿐만 아니라 질적자료를 수집하고 분석하여 통합한다면, 어떻게 평가를 구성하는 것이 가장 좋은지를 더 잘 이해할 수 있게 된다. 본 연구의 목적은 교수진이 평가자료를 어떻게 사용하는지, 그리고 의미 있는 평가 실천에 어떤 요소가 기여하는지 탐색하는 것이다.

– Guetterman과 Mitchell(2016)에서 발췌 · 수정

2 연구문제 진술하기

연구문제는 연구방법에 따라 다르게 진술된다. 양적 또는 질적 연구방법 한 가지만을 사용할 때에는 각 연구방법에 맞게 연구문제를 진술하면 된다. 반면, 혼합방법연구의 연구문제를 진술할 때는 하나의 연구방법을 사용할 때와는 다른 어려움이 있다. 서로 다른 두 연구방법이 동시적으로, 순차적으로 또는 다시점에서 수행되고, 서로 다른 성질의 연구문제가 연관되어 있기 때문이다. 혼합방법연구의 연구문제를 진술할 때 다음 사항을 고려하는 것이 좋다(Creswsell & Plano Clark, 2018, pp. 164–165). 첫째, 양적 연구문제, 질적 연구문제, 혼합방법 연구문제를 모두 진술한다. 혼합방법연구에서는 양적 및 질적요소가 모두 중요하며, 두 종류의 자료가 통합될 것임을 안내할 필요가 있기 때문이다. 둘째, 연구문제는 연구방법과 내용이 모두 드러나도록 진술한다. 예를 들어, 부모의 양육태도와 자녀의 자아탄력성 간의 관계를 설명적 순차 설계를 이용하여 연구한다고 할 때, "질적자료는 양적 분석결과를 해석하는 데 어떻게 도움이 되는가?"는 연구방법에 초점을 맞춘 것이고, "부모의 양육태도에 대한 학생의 인식은 부모의 양육태도와 자녀의 자아탄력성 간의 관계를 어떻게 설명하는가?"는 연구내용에 초점을 맞춘 연구문제다. 반면, "부모의 양육태도에 대한 학생의 인식을 조사한 면담 결과는 부모의 양육태도와 자녀의 자아탄력성 간의 상관관계를 어떻게 설명하는가?"는 연구방법과 연구내용이 모두 포함된 연구문제라고 할 수 있다. 셋째, 연구문제를 나열하는

순서는 연구의 흐름을 따르면 된다. 예를 들어, 설명적 순차 설계에서는 양적 연구문제 다음에 질적 연구문제를 제시하고, 탐색적 순차 설계에서는 질적 연구문제 다음에 양적 연구문제를 제시하는 식이다.

앞서 소개한 다섯 가지 연구의 연구문제를 〈표 11.1〉에 정리하였다. 먼저, 핵심설계의 연구문제 예시다. 수렴적 설계를 사용한 김현숙 등(2019)은 양적 연구문제와 질적 연구문제를 제시한 후, 두 연구결과의 통합을 세 번째 연구문제로 진술하였다. 설명적 순차 설계를 사용한 서미옥(2014)은 양적인 방법으로 관심 변수와 관련 변인들의 관계를 확인한 후, 양적 연구결과를 심층적으로 이해하는 심층면담을 실시하여 학업지연의 근본적인 원인을 밝히고자 하였다. 설명적 순차 설계에서 연구 순서와 동일하게 양적 연구문제 다음에 질적 연구문제를 제시한다. 마찬가지로 탐색적 순차 설계에서도 순서대로 질적 연구문제를 먼저 제시한 이후에 연구에서 개발한 양적요소의 일반화 가능성과 타당성을 확인하는 양적 연구문제를 서술한다. 탐색적 순차 설계를 사용한 Enosh 등(2015)의 연구문제는 참여자들이 겪은 고객폭력 경험을 질적으로 파악하고, 이를 바탕으로 고객폭력 척도를 개발하는 것이다.

다음은 복합설계의 연구문제 예시다. 제10장에서 설명한 바와 같이 혼합방법 실험설계는 양적 실험연구에 질적 자료수집 및 분석이 추가된 설계다. 양적연구 문제는 실험연구를 통해 해결하려는 바를 설명한다. 질적연구 문제는 실험설계의 기획과 시행을 개선하거나 참여자들의 경험을 깊이 있게 파악하는 것과 같이 질적단계를 추가하려는 목적이 드러나도록 서술한다. 김희순 등(2013)의 연구문제에서도 양적 연구문제에서 연구자들이 개발한 프로그램의 효과를 확인하려 한다. 혼합방법 실험 설계에서 질적 연구문제는 질적 자료수집 및 분석을 통해 양적 연구결과를 풍부하게 해석하는 것이 목적이다. 마지막으로 혼합방법 사례연구 설계는 하나 또는 여러 개의 사례를 다각도에서 심층적으로 이해하고자 한다. 혼합방법 사례연구 설계를 사용한 Guetterman과 Mitchell(2016)은 평가를 구성·조직하는 방식에 따라 교수진의 학습결과 평가가 어떻게 달라지는지 살펴보는 것을 중심 연구문제로 하고, 세 가지 하위 연구문제를 설정하였다. Guetterman과 Mitchell이 설정한 세 가지 하위 연구문제는 각각 양적·질적·혼합방법 연구문제였다.

〈표 11.1〉 혼합방법 연구설계 유형별 연구문제 예시

설계 유형	예시 연구	연구문제 예시
수렴적 설계	김현숙 등 (2019)[2]	1. 임종간호 제공 시 중환자실 간호사가 느끼는 어려움의 정도는 어떠한가? (양적 연구문제) 2. 중환자실 간호사들이 요구하는 임종간호 교육은 무엇인가? (질적 연구문제) 3. 임종간호 제공 시 중환자실 간호사가 느끼는 어려움에 대한 양적 · 질적 자료는 어떻게 통합되는가? (혼합방법 연구문제)
설명적 순차 설계	서미옥 (2014)	1. 학업지연 유형과 연구변인의 관계는 어떠한가? (양적 연구문제) 2. 대학생들이 경험한 학업지연의 근본적인 원인은 무엇인가? (질적 연구문제)
탐색적 순차 설계	Enosh 등 (2015)[3]	1. 사회복지사들에게 가해지는 고객폭력은 어떠한 양상으로 나타나는가? (질적 연구문제) 2. 사회복지사 고객폭력 척도의 요인은 무엇인가? (양적 연구문제)
혼합방법 실험 설계	김희순 등 (2013)[4]	1. 비만아동을 위한 정서적 자기조절 프로그램은 비만아동의 우울, 식습관, 체질량지수 개선에 효과가 있는가? (양적 연구문제) 2. 비만아동은 프로그램을 어떻게 경험하였으며, 그들의 경험과 인식은 프로그램의 효과와 관련하여 어떠한 의미를 가지는가? (질적 연구문제)
혼합방법 사례연구 설계	Guetterman과 Mitchell (2016)	1. 리더십, 문화, 그리고 교수진이 학습결과 평가를 받아들이고 실행하는 정책 · 실천 · 구조는 서로 어떠한 관계에 있는가? (양적 연구문제) 2. 교수진이 평가 자료를 활용하도록 독려하는 가장 좋은 실천 전략은 무엇인가? (질적 연구문제) 3. 질적 분석결과와 (조직 맥락, 평가에 대한 지식, 평가 실행도를 측정한) 양적 분석결과의 비교를 통해 어떠한 결과가 도출되는가? (혼합방법 연구문제)

2) 김현숙 등(2019)의 연구목적을 수정하여 제시하였다.

3) Enosh 등(2015)을 바탕으로 연구문제를 제시하였다.

4) 김희순 등(2013)의 연구목적을 수정하여 제시하였다.

3 연구대상 표집 및 자료수집

혼합방법 연구설계 유형을 선택하고 연구문제를 설정한 후에는 자료수집을 계획한다. 어떤 대상으로부터 어떤 자료를 수집하는지에 따라 연구결과가 달라지므로 표집과 자료수집을 신중하게 고려해야 한다. 그런데 양적·질적 연구방법의 표집 및 자료수집은 서로 다르다. 양적연구에서는 확률적 표집을 선호하며, 자료수집 및 분석 전반을 연구계획 단계에서 철저하게 기획한다. 반면, 의도적 표집으로 참여자를 선택하고 다양한 자료를 다양한 방법으로 수집하는 질적연구에서는 그 특성상 철저한 사전 계획은 불가능하다. 이렇게 특징이 다른 두 갈래의 연구를 통합해야 하는 혼합방법연구에서는 표집 및 자료수집 시 특별히 고려해야 할 사항이 있다. Creswell과 Plano Clark (2018, pp. 187-200)을 참고하여 다음과 같이 정리하였다.

1) 수렴적 설계

수렴적 설계의 목적은 양적 연구결과와 질적 연구결과를 비교하거나 통합하여 대상을 더 완전하게 이해하는 것, 또는 양적방법과 질적방법을 통한 삼각검증(triangulation, 제8장 참고)으로 연구결과를 타당화하는 것이다. 수렴적 설계에서는 서로 다른 방법을 통해 도출한 연구결과를 동시에 비교·통합하여야 하므로 표본구성원의 동일성, 표본의 크기, 자료원의 동일성, 자료수집의 순서와 내용 등의 측면에서 방법론적 충돌이 발생하기도 한다.

(1) 표본구성원

먼저 표본구성원에 관한 문제를 생각해 보자. 수렴적 설계에서는 양적 및 질적단계의 표본구성원을 같게 할 것인지 또는 다르게 할 것인지 결정해야 한다. 양적단계에서 사용한 표본을 질적단계에서 그대로 사용한다면 두 표본의 구성원은 같다. 두 표본의 구성원이 다를 때는 동일한 모집단으로부터 서로 다른 사람들을 표집하는 경우다. 김현숙 등(2019)[5]은 검사도구를 통해 임종간호 제공 시 중환자실 간호사가 느끼는 어려

---

5) 김현숙 등(2019)은 본인들의 연구를 수렴적 설계로 분류하였다.

움을 조사하고, 중환자실 간호사의 임종간호 경험 내용과 임종간호 교육에 대한 요구를 FGI[6])를 통해 파악하였다. 양적 및 질적단계의 표본은 서로 다른 사람들이었으나, 모집단은 '중환자실에서 근무하고 있으며, 임종간호 경험이 있는 간호사'로 동일하였다. 수렴적 설계에서 두 표본의 구성원을 다르게 하면 다양한 사람으로부터 다양한 정보를 얻을 수 있다는 장점이 있다. 그러나 그만큼 불필요한 자료가 수집될 수도 있고, 동일한 사람을 대상으로 한 것이 아니기 때문에 연구결과를 수렴하는 것이 어려울 수 있다. 양적단계의 표본과 질적단계의 표본구성원이 다를 때는 '서로 다른 사람으로부터 수집한 자료를 비교·병합하는 것이 타당한가?'라는 의문이 생길 수 있다.

(2) 표본크기

양적단계와 질적단계의 표본크기도 수렴적 설계의 주요 고려사항이다. 양적연구는 연구결과의 일반화를 위하여 표본의 모집단 대표성을 중시하므로 일반적으로 대규모 표본을 지향한다. 심층적인 이해를 얻고자 하는 질적연구는 소규모 표본을 추구하는 편이다. 그런데 혼합방법연구의 양적 및 질적단계에서 각각 대규모 표본과 소규모 표본을 사용하면 연구결과의 질을 높일 수 있으나, 두 표본의 크기가 매우 다를 때 '두 표본으로부터 도출한 결과를 비교하거나 통합하는 것이 합당한가?'라는 의문이 제기될 수 있다.

두 표본의 크기가 같으면 보통 그 구성원까지 동일하다. 이 경우 분석결과를 비교하거나 병합하는 것은 쉬울 수 있으나, 각 연구방법의 절차적 엄격성을 저해할 수 있다. 양적단계에서 표집한 대규모 표본을 질적단계에서 동일하게 활용하는 경우를 생각해보자. 대규모 표본을 활용할 경우 양적 연구결과의 일반화 가능성은 높아지겠지만, 대규모 표본은 질적 연구문제 해결에 적합한 자료라 하기 어렵다. 반대로 질적연구에서의 의도적 표집을 통하여 선택한 소수의 참여자들을 양적단계에서 동일하게 사용할 경우, 질적 연구문제는 해결할 수 있겠으나 양적연구의 검정력이 심각하게 떨어질 것이다. 수렴적 설계의 경우 Creswell과 Plano Clark(2018)은 표본크기가 양적·질적 연구결과에 미치는 영향을 고려하여 표집할 것을 권하며, 두 표본의 구성원이 동일하거나 질적 표본이 양적 표본의 하위 집단인 것을 추천한다. 수렴적 설계의 양적·질적 표본크기에 관한 보다 자세한 사항은 〈심화 10.1〉에서 다루었다.

---

6) FGI(Focus Group Interview)에 대한 내용은 제7장을 참고하기 바란다.

(3) 자료수집

수렴적 설계에서는 양적 및 질적단계에서 어떤 자료를 어떤 순서로 수집할지 사전에 계획할 필요가 있다. 양적자료원과 질적자료원이 같도록 설계할 수도 있고 다르도록 설계할 수도 있다. 양적단계에서 설문조사를 하고 질적단계에서 면담이나 관찰을 하는 식으로 독립적으로 자료를 수집하는 경우 자료원이 서로 다르다. 하나의 자료원에서 양적자료와 질적자료를 모두 수집할 경우 자료원이 같다고 한다. 이를테면 개방형 문항과 폐쇄형 문항이 모두 수록된 설문지를 이용하여 자료를 수집할 때 자료원이 같다. 참여자와 여러 번 접촉할 수 없어 자료수집 기회가 제한되는 경우에 유용하나, 질적 연구결과의 타당성이 크게 저하될 수도 있다. 특히 연구주제에 대한 확증을 얻고자 수렴적 설계를 사용한다면 서로 다른 독립적인 자료원으로부터 자료를 수집하는 것이 낫다.

양적 · 질적 분석결과를 수렴하여 비교하거나 통합할 때, 양적연구에서 자료를 수집할 때 사용한 질문을 질적연구에서도 동일하게 사용하는 것이 효율적일 수 있다. 설문조사든 면담이든 형식은 다르더라도 같은 내용을 질문하고 그 결과를 비교하는 것이 수월하기 때문이다. 또한, 수렴적 설계에서 자료수집이 동시에 일어난다고 하지만 어느 정도의 시간차는 발생 가능하다는 점도 주의해야 한다. 특히 한 종류의 자료수집이 다른 종류의 자료수집에 영향을 미치게 될 수도 있으므로 자료의 수집 순서도 고려할 필요가 있다.

2) 설명적 순차 설계

설명적 순차 설계는 양적 연구결과를 보완하거나 맥락 속에서 양적 연구결과를 더 심도 있게 이해하고자 할 경우에 사용한다. 일반적으로 양적단계가 더 강조되는 설계이므로 양적 자료수집을 위한 표본 구성과 자료수집 방법을 엄격하게 준수하여 양적단계의 신뢰도와 타당도를 높이는 것이 중요하다. 설명적 순차 설계에서 통합은 양적 연구결과를 바탕으로 질적단계를 설계할 때, 그리고 양적 연구결과를 질적 연구결과와 연결지어 설명할 때 일어난다. 설명적 순차 설계에서 통합이 의미 있으려면 다음과 같은 세 가지를 고려하는 것이 좋다. 첫째, 어떤 양적 연구결과를 질적단계를 통하여 설명할 것인지, 둘째, 질적단계의 참여자를 어떻게 구성할 것인지, 셋째, 질적단계의 표본을 몇 명으로 정할 것인지다.

먼저, 질적단계를 통해 설명하는 양적 연구결과는 연구자가 예상치 못했던 결과나 흥미로운 결과 등으로 연구자가 보기에 추가 분석이 필요하다고 판단되는 것들이다. 통계적으로 유의하거나 유의하지 않은 결과, 선행연구와 일치하지 않는 결과, 이상치, 극단적인 값, 또는 대표성을 띠는 사례 등에 대해 추가 분석을 할 수 있다. 또한, 설명적 순차 설계의 목적은 첫 번째 단계인 양적 연구단계의 결과를 설명하는 것이므로 후속하는 질적단계의 참여자들은 양적 자료수집에 참여했던 사람들로 구성하는 것이 좋다. 즉, 양적단계의 표본 중 일부를 질적단계에 참여시킨다. 양적 연구단계에 참여하지 않은 사람을 질적단계의 참여자로 표집하는 것은 양적 연구결과를 깊이 이해하고 설명하려는 설명적 순차 설계에는 적절하지 않다. 질적연구의 특성상 소수의 인원을 대상으로 할 때 더욱 풍성하고 심층적인 자료수집이 가능하므로 양적단계에서보다 훨씬 작은 수를 질적단계 표본으로 활용한다. 설명적 순차 설계를 사용하여 대학생의 학업지연을 연구한 서미옥(2014)은 먼저 317명의 대학생으로부터 학업지연의 유형과 이유, 학습몰입, 학업지연에 대한 초인지적 신념에 대한 양적자료를 수집하고 분석하였다. 연구자는 설문 분석결과를 중심으로 평소 수업 태도와 간단한 문답 내용을 반영하여 5명의 질적연구 참여자를 선정하였다. 이들로부터 수집한 질적자료는 출석 및 과제물 제출 현황과 같은 기록, 조 활동과 수업 중 나타나는 지연행동 관찰 기록, 심층면담자료 등이었다.

3) 탐색적 순차 설계

탐색적 순차 설계의 목적은 연구대상의 관점 또는 사회·환경적 특성과 맥락이 반영된 구인, 변수, 검사도구와 같은 양적요소를 개발하는 것이다. 탐색적 순차 설계는 설명적 순차 설계와 순서가 반대다. 즉, 질적단계를 먼저 수행한 후, 질적 연구결과를 바탕으로 양적요소를 개발하고 개발한 양적요소를 타당화하는 식으로 연구가 진행된다. 탐색적 순차 설계에서의 통합은 두 번에 걸쳐 이루어진다. 첫 번째 통합은 질적 연구결과로 양적요소를 개발할 때, 그리고 두 번째 통합은 양적단계가 끝난 후 질적단계가 양적단계에 어떠한 기여를 했는지 밝히고 설명할 때 이루어진다.

탐색적 순차 설계의 대표적인 적용 사례는 검사도구 개발이다. 검사도구를 개발하는 과정은 다음과 같은 엄격한 양적연구 절차를 따른다. 먼저, 비교적 작은 규모의 예비조사를 실시하고, 이를 바탕으로 검사도구를 수정한다. 다음으로 대규모 표본을 대상으로 본조사를 시행하고 수정한 검사도구를 타당화한다. 질적단계의 연구결과를 양적단계에서 일반화하는 것이 목적인 탐색적 순차 설계에서는 질적단계의 표본과 양적단계의 표본이 서로 달라야 하며, 예비조사와 본조사의 표본 역시 구성원이 중복되지 않아야 한다. 탐색적 순차 설계를 사용한 Enosh 등(2015)은 첫 번째 단계인 질적단계에서 의도적 표집법으로 사회서비스, 정신건강, 마약 중독, 장애 등의 업무를 담당하고 있는 38명의 사회복지사를 표집하였다. 그리고 그들이 경험한 고객폭력에 대한 질적자료를 수집하였다. 두 번째 단계에서는 첫 번째 단계의 면담 자료를 바탕으로 고객폭력 측정도구를 개발하고 43명의 내용전문가로부터 내용타당도와 객관도를 확인받았다. 세 번째 단계에서 다양한 직책의 사회복지사 189명을 대상으로 예비조사를 실시한 후 측정도구의 신뢰도, 내용타당도, 수렴타당도를 확인하고 도구를 수정하였다. 마지막 단계인 네 번째 단계에서 645명의 사회복지사를 대상으로 본조사를 실시하고 도구 개발 및 타당화를 완료하였다. 각 단계에서 표집된 사례들은 모두 다른 사람들이었다.

4) 혼합방법 실험 설계

혼합방법 실험 설계에서는 양적연구인 실험 설계 연구가 핵심이며, 질적연구는 실험연구를 개선하는 목적으로 추가된다. 구체적으로 질적자료는 실험 처치 과정이나 실험에 영향을 미칠 수 있는 환경이나 맥락을 파악하고, 실험 결과를 심층적으로 이해하는 데 사용된다. 질적 자료수집은 실험 처치 전 · 중 · 후 언제든 가능하며, 표집법과 표본의 특성, 질적 자료수집 시점은 연구목적과 연구문제에 따라 달라진다. 예를 들어, 김희순 등(2013)은 프로그램의 효과를 통계적으로 분석한 후, 양적결과를 이해하고자 질적자료를 수집하였다. 연구자들은 비만아동을 위한 정서적 자기조절 프로그램 처치 후, 우울, 식습관 점수, 체질량지수 세 가지를 측정하였고, 총 6회기의 소그룹 활동이 끝난 후 실험군을 대상으로 집단별로 FGI를 실시하여 프로그램에 참여한 감상을 물었다. 질적자료에서는 '자신감 고취', '충동 조절', '또래와의 친밀감', '행복감', '체중감소를 위한 노력 및 경험'이라는 다섯 가지 주제가 도출되었다. 이 연구에서 통계적으로 유의한 차이를 보인 변수는 우울뿐이었으나, '충동 조절'과 '체중감소를 위한 노력 및 경험'은 선행연구에서 체질량지수와 밀접한 관계가 있다고 알려진 요인이었다. 연구자들은 이렇게 양적으로 확인할 수 없었던 프로그램의 효과를 질적분석을 통해 유추할 수 있었다고 밝혔다.

혼합방법 실험 설계에서 주의할 점은 질적 사료수집의 목적을 명확히 하는 것과 질적 자료수집으로 편향이 발생하여 실험연구의 내적타당도가 저하되지 않도록 하는 것이다. 실험 처치 중 실시한 면담이 참여자의 인식이나 감정 상태를 변화시켜 실험 처치 효과에 영향을 미칠 수 있기 때문이다. 따라서 연구자는 질적 자료수집으로 인하여 잠재적 편향이 발생하지 않도록 방안을 마련하여야 한다. 이를테면, 실험 상황을 녹음・녹화하여 관찰하거나 참여자들의 일기를 수집하는 식으로 연구대상과의 접촉을 최소화할 수 있다.

5) 혼합방법 사례연구 설계

혼합방법 사례연구 설계의 목적은 하나 또는 여러 개의 사례를 심층적으로 이해하는 것이며, 이러한 목적을 달성하기 위하여 양적・질적 자료를 다각도로 수집한다. 사례연구의 특징이 '사례' 그 자체에 있는 것처럼 혼합방법 사례연구 역시 사례 선택 기준이 중요하다. 사례는 개인이나 집단, 사건, 조직, 프로그램 등이 될 수 있으며, 하나의 연구 안에서 수준이나 유형이 다른 대상을 표본으로 사용할 수도 있다. 혼합방법 사례연구에서는 연구의 중심이 되는 핵심설계를 설정하는 것이 좋은데 이는 양적 또는 질적 표본의 수준이나 크기가 연구목적과 연구문제에 따라 달라질 수 있기 때문이다. 즉, 수렴적 설계 또는 순차적 설계 중 하나를 선택하고 해당 설계의 특징을 따라 표본을 설정하는 것이다. 혼합방법 사례연구 설계는 복합설계이므로 핵심설계를 두 개 이상 사용하여 여러 단계로 구성할 수도 있다.

Guetterman과 Mitchell(2016)은 수렴적 설계를 중심으로 한 혼합방법 사례연구를 설계하였다. Guetterman과 Mitchell이 선택한 사례는 통합학습과 관련된 학생 학습성과를 평가하는 ACE(Achievement-Centered Education) 프로젝트다. ACE 프로젝트는 Nebraska-Lincoln의 8개 학부의 교수진 대표(faculty leaders) 및 행정직 총 26명으로 구성되었으며, 2013년부터 2014년까지 매달 회의를 통해 ACE 코스의 모범 평가 사례를 공유하면서 평가 방법 및 과정에 대한 의견을 나누었다. Guetteramn과 Mtichell은 핵심설계로 수렴적 설계를 사용하며 양적자료와 질적자료를 동시에 수집하였다. 조직 및 개인 특성, 평가 관련 지식이나 태도는 프로젝트의 첫 모임과 마지막 모임에서 검사도구를 이용하여 양적으로 수집하였다. 질적자료는 프로젝트 워크숍이나 평가자료 사용에 관한 개방형 질문지, 평가 과정에 대한 추후조사에서의 개방형 질문지, 그리고 ACE 프로젝트의 최종 결과물인 포스터를 통해 수집하였다.

6) 혼합방법의 연구계획 전략: 실행표

지금까지 다섯 가지 혼합방법 연구설계의 표집과 자료수집 시 고려해야 할 점들을 살펴보았다. 혼합방법연구에서는 양적연구를 위한 표본과 질적연구를 위한 표본을 모두 구성해야 하는 데다 설계 유형에 따라 표집 시점이 한 번이 아니라 여러 번일 수도 있고, 한 유형의 표본이 다른 유형의 표본 구성에 영향을 미치기도 하므로 단일 연구방법을 사용하는 연구보다 표집 절차와 수행이 복잡하다. 표집과 자료수집이 연구문제와 일관되도록 하는 데 유용한 방법은 연구문제를 나열하고 각 질문에 답하는 데 사용할 표본과 자료원, 분석방법을 짝지은 실행표(implementation matrix)를 만들어 보는 것이다(Creswell & Plano Clark, 2018, p. 182).

실행표는 혼합연구의 연구계획을 간결하게 요약하여 보여 주는 표다. 연구문제 및 연구에 필요한 자료수집 및 분석 방법과 결과물로 구성되며, 연구 구상 단계부터 마지막 결과 보고 단계까지 여러 단계에서 유용하게 사용된다(Fetters, 2019). 실행표는 특히 연구계획서 작성 시 연구목적을 중심으로 방향을 잃지 않고 표집, 자료수집, 분석 등 여러 연구 수행 절차를 계획하는 것을 도와준다(Creswell & Plano Clark, 2018). 혼합연구의 흐름을 한눈에 파악할 수 있기 때문에 연구계획서를 심사하는 심사위원들에게도 유용하다. 같은 맥락에서 연구결과 보고서에 실행표를 제시하면 독자가 연구를 이해하는 데도 도움이 된다. 마지막으로 연구자가 자신의 연구를 실제로 수행할 때도 참고할 수 있다. 즉, 돌발적으로 발생하는 여러 상황으로 인하여 연구계획을 초기와 다르게 수정해야 할 경우가 발생하는데, 이러한 경우에도 실행표를 유용하게 사용할 수 있다.

실행표를 제10장에서 설명한 설계도식(diagram)과 비교하여 설명하겠다. 설계도식은 실행표보다 간결하고, 화살표를 사용하여 연구요소들의 관계를 더 역동적으로 표현할 수 있어 일종의 '조감도(bird's eye perspective)'라 불린다(Fetters, 2019, p. 187). 반면,

실행표는 현장에서 실제 연구를 어떻게 수행하여야 하는지를 구체화하여 제시한 것이다(Fetters, 2019, p. 187). 〈표 11.2〉는 혼합방법 실험 설계 연구의 실행표의 예시다. 첫 번째 열에서 연구문제(RQ1, RQ2, RQ3)를, 두 번째 열부터 차례대로 전략과 표본 구성, 자료수집 시기 및 분석방법을 제시하였다(Leiler et al., 2020). 이 연구의 주제는 스트레스 수치가 높은데도 심리상담이나 치료를 받을 수 없는 망명자들의 정신건강이었다. 스웨덴 망명 수용 센터의 심리-교육 집단 프로그램(psycho-educational group intervention)을 실시하며 사전 · 사후 검사 사이사이에 참가자와 프로그램 관련자(staff)들로부터 질적자료를 수집하고 프로그램의 잠재적 효과 및 가능성을 평가하였다.

〈표 11.2〉 실행표 예시

연구문제	전략	표본	자료수집 시기	분석
RQ1: 잠재적 효과성	[양적] 자가 평가 척도: 난민 건강 검진자(RHS) 불면증 심각도 지수(ISI) 세계보건기구 삶의 질-간략한 버전(WHOQOL-BREF) 사회 및 환경 삶의 질 증상 파국 척도(SCS)	스웨덴의 망명 수용 센터에 거주하며 처치에 참여하는 25명	첫 번째 처치 회기 시 사전 측정 마지막 회기 시 사후 측정	Wilcoxon 순위 검정 상관계수로 효과크기 계산
	[질적] 참가자 면담, 주제: "개입 후 정신건강", "그룹에 있는 것의 장단점", "복지에 영향을 미치는 상황적 요인"	처치에 참여한 다리어(Dari)[7] 사용자 5명 편의표집	1~6개월 사후 처치	주제분석
	[질적] 직원 면담 하위 주제: "결과에 영향을 미치는 맥락 요인", "이전 및 현재의 어려움에 대해 이야기할 필요성", "단순한 예방이 아닌 적절한 치료의 필요", "고난을 공유하기", "인간적 만남"과 "참가자와 스태프 간의 관계 성장"	전임직원 5명 편의표집	6개월에서 2년 사후 처치	주제분석

7) 다리어(Dari)는 아프가니스탄의 두 가지 공용어 중 하나로, 아프가니스탄에서 제일 많이 사용되는 언어다.

RQ2: 수용 가능성	[양적] WHOQOL-BREF; 물리적 및 심리적 삶의 질	스웨덴의 망명 수용 센터에 거주하며 처치에 참여하는 25명	처치 중 수집	Wilcoxon 순위 검정 상관계수로 효과크기 계산
	[질적] 참가자 면담 주제: "전반적으로 긍정적인 인상", "지속적인 전략 사용"	처치에 참여한 다리어(Dari) 사용자 5명 편의표집	1~6개월 사후 처치	주제분석
	[질적] 직원 면담 하위 주제: "이질적인 그룹", "구체에서 추상으로"	전임직원 5명 편의표집	6개월에서 2년 사후 처치	주제분석
RQ3: 실현 가능성	[질적] 직원 면담 하위 주제: "맥락적 요인이 결과에 영향 미침", "인내와 융통성", "이전 경험과 교육"		6개월에서 2년 사후 처치	주제분석
	[양적] 탈락 및 출석률	첫 번째 미팅 참석자 52명 vs. 마지막 미팅 25명 참석, 참여자별 방문 회기	회기의 첫 번째와 마지막	기술통계분석

– Leiler 등(2020)에서 발췌

4 자료분석과 결과 통합

1) 핵심설계의 분석결과 통합

혼합방법연구에서 가장 중요한 것은 질적 및 양적 요소의 통합이다(Creswell & Plano Clark, 2018). 혼합방법연구는 단순히 양적자료와 질적자료를 모두 수집하여 분석하는 것으로 이루어지지 않는다. 통계적 분석결과와 참여자의 경험이 결합되어 현상을 더 완전하게 이해하는 시야를 제공할 때, 또는 참여자의 경험이 통계적 분석결과를 보완하고 해석을 보충할 때, 양적도구 개발에 맥락을 부여할 때, 하나의 연구요소가 다른 종류의 연구요소와 결합하여 이해를 확장시킬 때 혼합방법연구를 수행했다고 할 수 있다. 이 절에서는 혼합방법의 핵심설계에서 양적 · 질적 연구결과를 통합하는 방법을 간단하게 설명하려고 한다. 양적자료나 질적자료의 분석방법은 각각의 연구방법론 책을 참고하기 바란다.

수렴적 설계는 양적 · 질적자료를 독립적으로 분석한 후, 두 종류의 연구결과를 비교 · 합병하여 통합한다. 수렴적 설계에서 연구결과를 통합하기 위해서는 먼저 양적 분석결과와 질적 분석결과에서 공통적으로 발견되는 개념을 찾는다. 그리고 공통개념을 중심으로 양적 · 질적자료를 비교하면서 연구결과를 확인, 반증 또는 확장한다. 수렴적 설계는 서로 다른 형태의 양적 · 질적 연구결과를 직접 비교하고 합병하기 위해서 양적자료를 질적자료로 또는 질적자료를 양적자료로 변환한다. 예를 들어, 양적자료를 내러티브로 말하면서 질적자료로 바꿀 수 있고, 질적자료는 반복되는 개념이나 주제의 출현 횟수를 세면서 어떤 주제를 지지하거나 공유하는 사람들의 수를 세는 식으로 수량화할 수 있다(Onwuegbuzie & Teddlie, 2003). 양적 자료분석 결과를 질적인 형태로 변환하는 것보다 질적 자료분석 결과를 양적인 형태로 변환하는 경우가 많다. 양적 · 질적 연구결과가 일치하지 않을 경우에는 새로운 자료를 추가 수집하여 분석하거나 자료수집 및 분석 과정을 점검하면서 결과가 일치하지 않는 이유를 제시하여야 한다.

설명적 또는 탐색적 순차 설계에서의 통합은 양적 또는 질적 연구결과를 이용하여 질적 또는 양적단계를 계획 · 구성하고 해석할 때 일어난다. 설명적 순차 설계에서의 통합은 질적으로 탐색할 양적 연구결과를 선택한 후, 선택한 양적 연구결과를 바탕으로 질적단계의 표집 및 자료수집, 자료분석 등을 계획하고 질적 연구결과를 양적 연구결과와 연결하여 설명할 때 일어난다. 양적 연구결과를 바탕으로 질적단계의 참여자를 선택할 때는 전형적이거나 극단적인 사례, 또는 이상치로 보이는 사례 등을 선택하는데, 이때 Z-점수와 같은 표준점수를 사용할 수 있다. 양적 연구결과를 바탕으로 집단을 분류한 후, 각 집단에서 대표성을 띤 사례를 선택하여 면담하면서 각 집단을 구별해 주는 요소를 탐색하기도 한다. 질적단계의 참여자 선정 기준을 질적 연구결과가 양적 연구결과의 해석을 향상시키는 것을 보여 주는 합동전시표 등을 작성할 수 있다(합동전시표는 다음 항에 설명하였다). 설명적 순차 설계에서 중요한 것은 양적 연구결과가 질적 단계의 참여자와 수집할 자료의 내용을 결정한다는 것이다.

탐색적 순차 설계에서의 통합은 질적 연구결과를 이용하여 검사도구나 프로그램, 변수 등의 양적요소를 개발할 때 일어난다. 질적자료에서 추출한 주요 코드나 주제, 인용문 등은 양적요소 개발에 사용된다. 즉, 참여자들을 면담한 자료에서 빈번하게 나타나는 단어나 개념을 검사도구의 하위 영역명 구성에 사용할 수 있고, 주요 인용문을 검사도구 문항 작성 시 사용할 수도 있다. 개발한 양적요소를 타당화한 후에는 질적 연구결과가 양적요소 개발에 어떻게, 얼마나 기여하였는지, 두 연구요소를 연결지어 설명하면서 두 번째 통합이 이루어진다.

2) 혼합방법연구의 통합 전략: 합동전시표

혼합방법연구에서 사용할 수 있는 유용한 통합 전략 중 하나는 합동전시표(joint display table)를 사용하는 것이다(Creswell & Plano Clark, 2018; Fetters, 2019). 합동전시표는 공통된 개념이나 주제를 기준으로 양적 자료분석 결과를 제시하고, 이와 동일한 주제를 가진 질적자료를 인용 형식으로 연결하여 나란히 나열해 놓은 표다. 합동전시표는 각 설계의 의도와 특징에 따라 여러 단계에서 다양한 목적으로 사용할 수 있다. 수렴적 설계는 분석결과를 비교 · 병합하여 통합을 이끌어 낸다. 수렴적 설계를 사용하는 연구자는 합동전시표를 보면서 양적 · 질적 연구결과가 연구주제를 확증하는지, 반증하는지, 또는 확장하는지 판단할 수 있다.

수렴적 설계를 사용한 김현숙 등(2019)은 임종간호를 제공하는 중환자실 간호사가 느끼는 어려움의 정도를 검사도구를 이용하여 측정하였다. 검사도구는 '임종장소로서의 중환자실의 한계', '임종간호를 위한 자원 부족', '임종간호제공에 대한 심리적 부담', '환자 및 환자 가족에 대한 임종간호의 어려움', '임종기 환자의 적극적 치료에 대한 갈등'의 5개 범주로 구성되어 있었다. 양적 분석결과, 자녀의 유무, 연령, 부서와 직위 등에 따라 어려움의 영역에서 집단별로 차이가 있는 것으로 나타났다. 이를테면, 자녀가 있는 간호사가 자녀가 없는 간호사보다 중환자실이 임종장소로서 적합하지 않다고 느끼고 있었으며, 40세 이상에 비하여 20～29세 연령의 간호사들이 임종간호에 두려움이나 죄책감을 느끼고 회피하고 싶어 했다. 또한, 소아중환자실 간호사가 성인중환자실 간호사에 비하여 더 큰 심리적 부담을 느끼고 있는 것으로 나타났고, 책임간호사가 일반간호사에 비하여 연명치료나 치료를 위한 면회 제한 등과 관련한 갈등을 더 많이 겪고 있었다.

연구자들은 19명의 간호사를 경력에 따라 4개의 집단(집단1부터 집단4까지)으로 나누어 FGI를 실시하였고, 면담 자료를 분석하여 14개의 하위 주제를 확인하였다(〈표 11.3〉). 14개의 하위 주제를 검사도구의 5개 범주와 부합하도록 다섯 가지 주제로 분류하였다.[8] 연구자들은 수렴한 양적 · 질적 연구결과를 합동전시표로 제시하며(〈표 11.4〉), 5개의 주제 중 4개의 주제는 확장하고 1개의 주제는 확인하였다고 밝혔다.

〈표 11.3〉 질적연구로 도출된 주제와 하위 주제 예시

5개 주제	14개의 하위 주제
(1) 임종 장소로서의 중환자실의 한계	① 임종을 준비할 수 있는 공간 조성이 안 됨
	② 가족과 함께 있을 수 없는 환경
	③ 주변 환자 동요에 대한 고려
(2) 임종간호를 위한 자원 부족	① 임종기 행정 업무로 임종간호 시간 부족
	② 임종 직전 높은 중증도로 인한 업무 과다
	③ 다른 환자 간호 업무로 인한 임종간호 시간 부족
	④ 환자 및 환자 가족에 대한 임종 관련 교육 및 상담 부족
(3) 임종간호 제공에 대한 심리적 부담	① 임종상황에 대해 간호사가 느끼는 힘든 감정
	② 환자와 환자 가족에 대한 간호사의 마음 쓰임
(4) 환자 및 환자 가족에 대한 임종간호의 어려움	① 준비되지 않은 갑작스러운 죽음 시 가족에 대한 임종간호의 어려움
	② 임종기 가족에 대한 임종간호의 어려움
	③ 불만스럽고 비협조적인 가족에 대한 임종간호의 어려움
(5) 임종기 환자의 적극적 치료에 대한 갈등	① 연명치료에 대한 회의
	② 중환자 면회 제한에 대한 갈등

8) 김현숙 등(2019)에서는 '범주'와 '하부주제'라는 용어를 사용하였다.

〈표 11.4〉 합동전시표 예시 1[9]

범주/주제	양적 연구결과	질적 인용문	통합
임종장소로서의 중환자실의 한계	1. 죽음이 불가피하다면, 중환자실에서 빨리 퇴원하는 것이 낫다(M±SD=3.93±0.81). 2. 환자들은 ICU(Intensive Care Unit)에서 죽는 것을 원하지 않는다고 생각한다(M±SD=3.84±0.81).	1. 환자가 편안하게 죽음을 준비할 수 있는 공간이 있어야 한다(집단3). 2. 임종기 환자와 가족, 보건의료인들이 한자리에 모여 따뜻한 대화를 나누는 분위기를 만들고 싶다(집단3). 3. 환자의 병상은 대개 열린 공간에 있기 때문에 주변 환자도 동요할 수 있다. 개선될 수 있기를 바란다(집단1).	[확장] 격리실의 흔하지 않은 환경에서는 주변 환자들의 감정적 측면도 고려해야 한다.
임종간호를 위한 자원 부족	1. 임종 간호를 제공하는 역할 모델 간호사가 없다(M±SD=3.80±0.7). 2. 죽어 가는 환자를 돌볼 시간이 없다(M±SD=3.25±0.97).	1. 나는 그러한 상황에서 어떤 문서가 필요한지 찾는 데 너무 많은 시간을 보내기 때문에 적절한 임종 치료를 제공할 시간이 충분하지 않다(집단2). 2. 일반 중환자실 환자에 비해 중증도가 너무 높기 때문에 임종기 환자를 돌보는 것이 어렵다(집단2). 3. 가족들에게 주어지는 시간이 부족하다. 간호사들도 환자가 돌아가시자마자 새 환자를 받느라 바빠서 고인을 돌볼 수가 없다. 슬퍼할 시간조차 없다(집단1).	[확장] 중환자실의 많은 간호사는 임종기 환자들이 중증도가 높고 필요한 행정 업무가 증가해서 임종 간호를 위한 시간이 부족하다.

9) 행 제목 중 범주/주제와 통합은 김현숙 등(2019)의 원문에서는 각각 영역(domain), 추론(inference)이었다.

임종간호 제공에 대한 심리적 부담	1. 환자의 상태가 악화되고 있다는 사실을 가족에게 알리기가 두렵다(M±SD=3.59±0.95). 2. 나는 환자의 죽음에 직면했을 때 죄책감을 자주 느낀다(M±SD=3.060±0.98). 3. 가능하면 죽어 가는 환자를 돌보는 일은 피하고 싶다(M±SD=3.12±1.00).	1. 그냥 평범한 행동인데 갑자기 잘못되면(집단1)? 2. 죽는 것은 항상 힘든 것 같다. 경험을 많이 한다고 해서 죽음에 둔감해지지는 않는 것 같다(집단4). 3. 유가족들에게 위로가 되지는 않겠지만 조의를 표하고 싶었다(집단1). 4. 고인에게 너무 미안해서 고인이 내 부모라면 어떨까 하는 생각이 계속 든다(집단2).	[확장] 양적연구에서는 심리적 부담이 가장 낮은 점수로 측정되었으나 질적 연구결과 심리적 부담이 내용분석 자료의 37.1%를 차지하는 것으로 나타났다.
환자 및 환자 가족에 대한 임종간호의 어려움	1. 환자의 소원을 들어주는 것이 어렵다(M±SD=3.78±0.69). 2. ICU에서 가족을 돌보는 것이 어렵다(M±SD=3.72±0.81).	1. 고인이 된 환자의 가족들에게 공감이 필요하다는 것은 알지만, 임종을 앞둔 환자들과 가족들이 있을 때 그들을 어떻게 대해야 할지, 어떻게 간호해야 할지 모르겠다. 아무 생각이 안 난다(집단3). 2. 나는 준비되지 않은 죽음을 맞이할 때 특히 조심한다(집단1). 3. 화를 내는 사람이 있다. 보호자를 상대하기 어렵다. 보호자가 극도로 예민해지는 것 같다(집단1).	[확장] 질적연구에 따르면 간호사들은 임종기 환자를 돌보는 것보다 그의 가족을 위한 임종간호를 더 어려워한다. 특히 유가족이 갑자기 세상을 떴거나 간호를 불만족하는 경우를 더 어려워하는 것으로 보인다.
임종기 환자의 적극적 치료에 대한 갈등	1. 연명의료가 과도할 때가 많다(M±SD=3.90±0.82). 2. 수명이 다한 단계라도 면회시간과 인원을 제한하는 것은 불가피하다(M±SD=3.43±1.03).	1. 치료적 한계를 넘었을 때 포기하는 것이 맞다고 느낀다(집단1). 2. 환자는 죽는 순간을 혼자 겪고 싶어 하지 않는다고 생각한다. 하지만 가족들을 계속 들여보낼 수 없어서 힘들다(집단1).	[확인] 임종 중에도 과도한 치료와 가족 방문 제한에 대해 갈등을 느꼈다고 한다.

– 김현숙 등(2019)에서 발췌

Berman(2017)은 데이터 관리 서비스 개발을 위한 UVM의 데이터 관리 사례를 탐색적 순차 설계로 연구하였다. 해당 연구의 합동전시표 예시를 〈표 11.5〉에서 정리하였다. 합동전시표의 행은 연구문제이며, 열은 개인면담 결과, DMP(Data Management Plan, 자료관리계획) 문서분석, 설문조사 결과로 구성된다. 즉, 각 연구문제에 대한 결과를 개인면담, 문서분석, 설문조사로 나누어 한눈에 들어오도록 표를 구성하였다는 것을 확인할 수 있다. Bergman 연구에 대한 추가 설명을 〈심화 11.1〉에 제시하였다.

〈표 11.5〉 합동전시표 예시 2

주제	개인면담 (In-Person Interviews)	DMP 문서분석 (DMP Document Analysis)	설문조사 (Survey)
RQ1a. 데이터 관리 활동: 메타 데이터	"메타 데이터? 데이터를 효율적으로 관리할 수 있도록 대학원생에게 몇 가지를 알려 준 바 있다. 이를테면 기준이라든가 파일이 기준에 부합하는지 확인할 수 있는 스크립트와 같은 것들 말이다. 그런데 이런 것들은 그다지 형식이 있지는 않다."	DMP의 25.7%가 특정 메타 데이터 기준을 언급함	• 응답자의 28.1%가 메타 데이터를 만듦 • 3.9%은 기존의 메타 데이터 기준을 사용함
RQ1b. 데이터 관리 활동: 자료 공유	"나는 가능하다면 데이터를 공유하는 것이 좋다고 생각한다. NDA(비공개 계약) 데이터가 있기는 하지만 논문을 출판하면서 데이터를 공유할 수 있다면 좋을 것 같다."	• DMP의 20.0%가 데이터 공유 제한으로 인하여 데이터를 공유하지 않음 • DMP의 94.3%가 출판물이나 프레젠테이션을 통해 데이터를 공유함	• 응답자의 4.0%는 '언제나' 또는 '자주' 데이터를 공유하지 않음 • 응답자의 25.6%는 기밀 문제로 인해 데이터 공유가 '상당히 제한'된다고 함
RQ1c. 데이터 관리 활동: 장기 데이터 보존	"우리는 [외장 하드 드라이브에] [데이터]를 보유하고 싶지만 업데이트가 잘 안 될 것 같다."	• DMP의 48.6%가 데이터를 저장소(repository)에 보관함 • DMP의 91.4%가 데이터를 장기간 저장하기 위해 하드 드라이브 또는 외부 미디어를 사용함	• 응답자의 7.7%가 데이터를 저장소(repository)에 보관함 • 응답자의 64.7%가 데이터를 장기간 저장하기 위해 외장형 하드 드라이브 또는 외부 미디어를 사용함
RQ2. 데이터 관리의 어려움/장벽	"연구비 측면에서 실제로 무엇을 얻는가? 이렇게 큰 지원을 받을 때 내가 항상 궁금했던 것 중에 하나는 내 간접비가 정확히 어디에 쓰이느냐는 것이다. 간접비로 내 책상이나 컴퓨터나 체육관에 있는 멋진 가구를 살 수는 없다. 그렇다면 ETS로부터 어떤 인프라와 지원을 받게 되는 것인가?"	Not Applicable	• 응답자의 68.6%는 데이터를 단기간(5년 이하) 저장하는 것이 '쉽다' 또는 '다소 쉽다'고 함 ……(중략)…… • 응답자의 18.0%는 데이터 관리에 어려움이 없다고 응답함

– Bergman(2017)에서 발췌 및 번역

〈심화 11.1〉 Berman 연구에 대한 추가 설명

Berman(2017)은 연구 데이터 서비스 개발의 기초자료를 마련하기 위하여 대학 교수들의 데이터 관리 관행 및 관리 시 어려움을 분석한 혼합방법연구다. 질적단계 참여자는 2011~2014년에 NSF(National Science Foundation) 자금 지원을 받고 DMP(Data Management Plan)를 제출한 35명의 UVM 소속 교수들이며, 이 중 6명이 반구조화 면담에 참여하였다. 양적단계에서 사용된 설문은 질적 연구결과를 바탕으로 작성되었으며, 설문 응답자는 총 319명이었다.

연구문제는 다음과 같다. 첫 번째 연구문제인 'UVM 교수진은 연구 데이터를 어떻게 관리하는가? 특히 장기적인 관점에서 어떻게 데이터를 공유하고 보관하는가?'를 알아보기 위하여 메타 데이터, 데이터 공유, 장기(long-term) 관리라는 세 측면으로 구분하여 분석하였다. 두 번째부터 네 번째 연구문제는 '연구데이터를 효과적으로 관리하는 데 어떤 어려움이 있습니까?', '특정 기관 데이터 관리 지원이나 서비스에 관심이 있습니까?', '데이터 관리 계획 프로세스에 대한 연구자의 태도와 신념은 데이터 관리 행동, 특히 데이터를 공유하고 보존하는 방식에 어떤 영향을 줍니까?'였다. 〈표 11.5〉에서는 첫 번째와 두 번째 연구문제를 정리하였다.

수렴적 설계뿐만 아니라 설명적/탐색적 순차 설계, 복합설계에서도 합동전시표를 유용하게 사용할 수 있다. 설명적 순차 설계에서는 질적으로 분석하고자 하는 양적 연구결과를 표시하고, 그 값을 가진 연구대상자의 질적 정보를 나란히 나열하는 합동전시표를 구성한다. 이러한 합동전시표를 통하여 질적 분석결과가 양적 분석결과 해석에 어떻게, 얼마나 기여하는지 파악하기 좋다. 탐색적 순차 설계에서는 질적 분석결과를 이용하여 양적도구를 개발할 때 활용 가능하다. 질적단계에서 추출한 범주나 주제를 인용문과 함께 제시하고 이를 반영하여 만든 양적도구의 특성을 연결하여 보여 주는 합동전시표를 작성할 수 있다. 복합설계는 세 가지 핵심설계를 하나 이상 사용하거나 다른 방법론이나 이론과 교차시키는 설계다. 따라서 세 가지 핵심설계의 통합 방법을 연구목적과 의도에 맞게 적절하게 혼용하여 사용하면 된다.

제 4 부

연구계획서 쓰기

제 12 장
연구계획서 작성

주요 용어

연구문제, 선행연구, 연구 제한점, 용어 정의

학습목표

1. 양적 · 질적 · 혼합방법연구에 맞는 연구계획서 요건을 이해한다.
2. 서술 및 표기 사항을 준수하며 연구계획서(논문)를 작성할 수 있다.
3. 연구방법에 맞게 연구계획서를 작성할 수 있다.

이 장에서는 학위논문을 위한 연구계획서 작성 방법을 설명할 것이다. 연구계획서(research proposal)에는 세 가지 기능이 있다(Locke et al., 2007, pp. 3-4). 첫째, 의사소통(communication)의 수단이다. 연구자는 '연구계획서'라는 문서를 통하여 자신의 연구계획을 주위의 연구자들과 심사위원에게 설명하고 조언을 얻는다. 둘째, 계획(plan)으로서의 기능이다. 양적 또는 질적연구 중 어떤 연구방법을 선택하는지에 따라 사전 계획의 정도가 다를 수 있으나, 기본적으로 실증연구는 연구주제와 관련된 변수 또는 현상에 대한 자료를 수집하고 분석한다. 실증연구의 결과가 얼마나 믿을만하고 타당한지는 자료를 수집 · 분석하고 해석하는 데 사용된 기법과 절차의 적절성으로 가늠할 수 있다. 엉성한 연구계획으로는 치밀하고 탄탄한 논리를 가진 연구결과를 끌어낼 수 없으므로 연구자는 사전에 연구의 각 단계를 최대한 구체적으로 계획하여야 한다. 셋째, 계약서의 기능을 한다. 계약서는 양자 간의 권리와 의무, 조건의 이행과 준수에 대한 약속을 문서화한 것이다. 승인받은 최종 연구계획서는 연구를 실행해도 좋다는 허락을 의미함과 동시에 계획대로 실행하겠다는 약속이기도 하다. 따라서 연구자는 계획서대로 연구를 수행하여야 하고, 변경 사항이 있을 시에는 심사위원으로부터 동의를 받아야 한다.

연구계획서 작성에 앞서 연구자는 "모든 연구에 딱 들어맞는 전천후의 연구계획서 양식은 없다"(Locke et al., 2007, p. 7)는 점을 알고 있어야 한다. 연구계획서는 연구문제 또는 연구방법, 그리고 학문분야에 따라 그 양식이 다를 수 있다. 따라서 연구자는 본인의 연구목적과 사용하려고 하는 연구방법에 적합한 연구계획서 양식을 사용해야 한다. 특히 학위논문 계획서의 경우 각 대학이 고유의 양식을 제공하므로 그에 맞게 연구계획서를 준비하면 된다. 학위논문의 구성과 장의 제목은 연구방법에 따라 달라질 수 있는데, 일반적으로 서론, 이론적 배경, 연구방법, 연구결과, 논의 및 제언의 다섯 개 장으로 구성된다. 연구계획서는 그중 앞의 세 개의 장인 서론, 이론적 배경, 연구방법을 포함한다(Terrell, 2016). 단, 참고문헌은 학위논문과 연구계획서 모두에 반드시 포함되어야 하고,[1] 참고문헌 뒤에 수록되는 부록은 선택 사항이다.

요약하면, 이 장에서는 서론, 이론적 배경, 연구방법이라는 연구계획서의 각 장을 작성하고 제목을 정할 때 알아두어야 할 사항을 다룬다. 시제, 문단과 문장, 표와 그림, 숫자 표기 등과 같은 서술 및 표기에 관한 작성 방법 또한 설명할 것이다. 마지막으로 연구계획서 작성 시 점검 사항 또한 정리하였다.

1 서론

서론은 연구계획서의 첫 장으로, 독자의 흥미와 관심을 불러일으키고 해당 연구가 어떤 연구인지 설명하는 부분이다. 연구자는 서론에서 독자에게 이 연구가 왜 필요한지, 연구의 목적은 무엇인지, 연구목적을 달성하기 위하여 구체적으로 어떠한 연구문제를 설정했는지, 그리고 어떤 방법으로 연구문제를 해결해 나갈지 전체적인 계획을 밝힌다. 서론의 목적과 내용 구성은 [그림 12.1]처럼 역삼각형으로 표현할 수 있다(Creswell & Poth, 2018; Roberts & Hyatt, 2019). 그림에서 강조하는 것은 서론의 내용 전개가 일반적인 것에서 시작하여 연구주제와 관련된 구체적인 내용으로 초점을 좁히며 전개된다는 점이다.

1) 참고문헌 작성 방법은 제13장에서 자세하게 설명하였다.

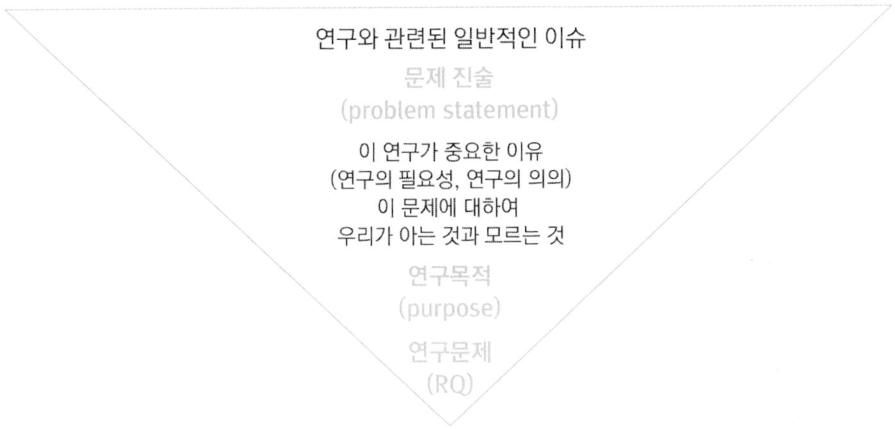

연구와 관련된 일반적인 이슈
문제 진술
(problem statement)
이 연구가 중요한 이유
(연구의 필요성, 연구의 의의)
이 문제에 대하여
우리가 아는 것과 모르는 것
연구목적
(purpose)
연구문제
(RQ)

– Creswell과 Poth(2018), Roberts와 Hyatt(2019)을 재구성하여 인용

[그림 12.1] 서론의 내용 구성

서론의 첫 문장은 연구계획서의 첫 문장으로, 계획서의 인상을 좌우하는 중요한 역할을 맡는다. 서론의 첫 문장과 첫 문단은 연구주제에 대한 관심을 불러일으키는 내용으로 시작하는 것이 좋다. 단, 지나치게 거시적이거나 추상적인 내용보다는 연구주제의 중요성을 환기할 수 있는 소재를 추천한다. 연구계획서의 서론에서 연구문제를 내포한 도입 문단을 작성할 때 고려할 사항은 다음과 같다(Creswell & Creswell, 2018, p. 168).

- 연구문제의 중요성을 정당화할 수 있도록 다수의 선행연구 인용하기
- 통계나 구체적인 수치 활용하기
- 직접인용 지양하기(논지를 흐리거나 오해의 소지가 될 수 있음)[2)]
- 관용어나 진부한 표현 지양하기

서론의 내용 구성은 연구방법에 따라 크게 다르지 않다. 앞서 설명한 것처럼 서론의 목적은 연구에 대한 사전 지식이 없는 독자에게 연구를 소개하고, 연구의 필요성과 연구문제의 중요성을 설득하는 것이다. 따라서 서론은 크게 연구의 필요성과 연구목적 및 연구문제로 구성되며, 양적연구의 경우 연구의 한계점과 용어 정의도 포함된다. 각각에 대하여 알아보겠다.

2) 질적연구에서는 직접인용을 활용하여 독자의 흥미를 유발하는 경우도 있다.

1) 연구의 필요성

연구의 필요성은 해당 연구를 해야 하는 이유를 설명하는 부분으로, 보통 연구문제와 관련된 연구 배경, 연구문제, 그리고 연구의 의의로 구성된다. 연구의 필요성은 연구주제가 가지는 학문적 또는 실세적인 중요성을 중심으로 전개한다. 주로 사회적 이슈나 관련 정책 또는 제도의 시행, 학문 분야에서 해당 연구주제의 중요성, 이론과 실제의 괴리, 선행연구의 개선점 등에서 도출할 수 있다. 특히 선행연구의 개선점의 경우 연구방법을 중심으로 생각해 볼 수 있다. 예를 들어, 중요한 변수임에도 선행연구에서 분석되지 않아 후속연구가 필요하다든지, 최근에 발견된 영향력 있는 새로운 변수를 투입해 볼 필요성이 있다든지, 연구대상이나 설정을 확장할 필요가 있다든지, 또는 방법론적으로 다른 관점에서 문제를 조명해 볼 필요가 있다든지 등이다. 이러한 개선점은 연구자가 스스로 발견할 수도 있고, 선행연구에 언급된 후속연구에 대한 제언으로부터 발전시킬 수도 있다. 질적연구의 경우 연구자 개인의 경험을 바탕으로 연구의 필요성을 전개할 수도 있다. 객관적인 논조를 유지해야 하는 양적연구에서는 연구자 개인의 경험이나 의견을 직접적으로 드러내지 않는 것이 좋다.

연구의 의의는 연구가 실제로 누구에게 혜택을 주는지, 또는 어떤 부분에 기여할 수 있는지 생각하여 작성한다. 앞서 연구주제 자체의 중요성과 함께 선행연구에서 보완되어야 할 점을 연구의 필요성에 대한 근거로 삼을 수 있다고 하였다. 이때 주의할 점은, 선행연구에 어떤 결핍이나 격차가 있다고 해서 그것이 모두 연구의 필요성을 뒷받침하는 근거가 될 수 있는 것은 아니라는 점이다. 선행연구와 실제와의 괴리가 보완되고 해소되어야 할 이유가 필요하며, 그 이유는 학문적 · 실제적으로 가치로 연결될 수 있어야 한다. 연구자는 자신의 연구를 통해 선행연구가 어떻게 보완될 수 있으며 자신의 연구가 실제로 어떤 의미가 있는지를, 즉 연구의 학문적 · 실제적 기여 가능성을 연구의 의의로 진술하면 된다.

혼합방법연구의 서론 역시 양적 · 질적연구와 마찬가지로 연구의 필요성을 논하는데, 양적 · 질적연구와 다르게 한 가지를 더 설명한다. 바로, 혼합방법을 연구방법으로 선택한 이유다(Creswell & Plano Clark, 2018). 보통 연구에서 사용하는 연구방법에 대한 설명은 연구계획서의 세 번째 장에서 다룬다. 하지만 양적 · 질적방법을 모두 활용하는 혼합방법연구에서만큼은 왜 양적자료와 질적자료를 함께 사용하려고 하는지, 두 종류의 연구결과를 통합함으로써 어떠한 이점이 있는지를 서론에서 밝히는 것이 좋다.

2) 연구목적과 연구문제

연구의 필요성 다음 순서는 연구목적으로, 주요 변수나 연구하려는 현상, 연구대상/참여자, 분석기법과 같은 연구방법 등이 드러나도록 서술한다. 연구문제는 연구목적으로부터 도출되는 것으로, 연구목적을 더 명확하게 진술한 것이라고 보아도 무방하다. 연구문제는 중심 연구문제와 몇 개의 하위 연구문제로 구성할 수 있다. 중심 연구문제는 여러 개의 하위 연구문제를 포괄하는 연구문제이고, 하위 연구문제는 보통 한 개에서 세 개 이하로 작성한다. 다음은 각 연구방법에 맞는 연구문제 작성 방법(Creswell & Creswell, 2018, pp. 179-193; Creswell & Plano Clark, 2018, pp. 143-170)을 요약한 것이다.

양적연구와 질적연구의 연구문제 작성 방법 요약

양적연구의 연구목적은 주로 어떤 결과(종속변수)에 영향을 미치는 변수(독립변수)나 실험 처치의 효과를 확인하거나, 변수들의 관계를 파악하는 것이다. 양적 연구문제에서는 연구대상과 더불어 독립변수와 종속변수 간 관계를 어떤 자료수집 및 분석 기법을 통하여 보여 줄 것인지를 구체적으로 진술한다. 따라서 양적 연구문제에서는 주로 '검정한다', '분석한다'와 같은 동사나 '관계', '비교', '효과'나 '영향'과 같은 단어를 사용한다. 참고로, 연구가설은 연구문제에 변수 간 관계에 대한 방향성이 추가된 것으로 상황에 따라 생략할 수 있다. 관련 내용은 제5장과 제6장을 참고하기 바란다.

질적연구의 연구목적은 관심 현상을 심층적으로 이해하는 것이다. 더 구체적으로, 질적연구는 특정 연구 상황에서 참여자와 관련된 관심 현상을 탐색하거나 이해하고, 관련 지식이나 이론을 발견 또는 발전시키는 것이 목적이다(Creswell, 2013). 따라서 질적 연구문제를 설정할 때는 분석의 의미를 갖는 동사보다 '발견하다', '찾다', '알리다', '생성하다' 등의 탐색하는 의미의 동사를 사용한다. 특히 '왜'라는 단어를 사용할 경우, 어떠한 현상이 발생한 원인을 찾아 인과관계를 파악하려고 하는 양적 연구문제처럼 비칠 수 있으므로 지양하는 것이 좋다. 질적연구의 다섯 가지 질적접근에 따른 구체적인 연구목적과 연구문제는 제8장과 제9장 질적연구의 기본과 실제를 참고하기 바란다.

제11장에서 설명한 바와 같이 혼합방법연구에서는 양적 연구문제, 질적 연구문제, 혼합방법 연구문제를 모두 설정하는 것이 좋다. 양적 · 질적 · 혼합방법 연구문제는 각각의 연구방법으로 수집해야 하는 자료와 분석방법을 알려 주고, 서로 다른 종류의 연구결과를 어떻게 통합할 것인지를 보여 주기 때문이다. 자세한 내용은 제11장에서 소개한 혼합방법 연구설계별 연구문제 예시를 참고하면 된다.

3) 연구 제한점

영문 문헌에서는 연구 제한점을 'limitation'과 'delimitation'으로 구분하는데 전자는 방법론적인 문제 또는 결함을, 후자는 연구자가 제한한 연구범위를 의미한다(유진은, 2019). 국문 문헌의 경우 방법론적 문제와 연구의 범위를 구분하지 않고 사용하는 편이다. 연구의 방법론적 문제 또는 제한점이란 연구에서 사용한 표집, 검사도구나 연구설계 등의 측면에서 연구의 타당도와 관련한 연구결과의 해석 또는 일반화가 제한된다는 것을 뜻한다. 예를 들어, 비확률적 표집법을 사용하여 연구결과의 일반화가 저해된다든지, 사전 · 사후 검사도구가 같지 않다든지, 연구자와 실험자(처치자)가 동일하여 실험자 기대 효과가 발생할 수 있다든지 하는 점을 연구 제한점으로 기술할 수 있다. 그러나 이러한 내적 · 외적 · 구인 타당도 위협요인이 언제나 연구 제한점이 되는 것은 아니다. 연구범위를 연구목적에 맞게 구체화한다면, 즉 적절하게 제한(delimitation)한다면 연구대상이나 설정의 일반화 문제는 더 이상 연구 제한점이 되지 않는다.

초보 연구자의 경우 연구 제한점을 연구를 수행할 때 발생할 수 있는 어려움으로 오해하는 경우가 종종 있다. 이를테면 '자료수집에 시간이 많이 필요하다', '표집이 어렵다' 등을 연구 제한점으로 여기는 것인데 이것은 방법론적 측면의 문제가 아니므로 연구 제한점에 기술하기에는 적절치 않다. 양적 · 질적연구에서의 연구 제한점을 사례를 통해 살펴보자. 신은혜(2022)는 과학 교수학습 시 클라우드 앱의 사용 효과를 분석하고 효과적인 사용전략을 탐색하였다. 연구자는 온라인 과학 수업 중 클라우드 앱을 사용한 경험에 대한 교사와 학생의 인식을 설문을 통해 조사하였고, 연구결과 해석 시 고려해야 할 점을 〈예 12.1〉과 같이 설명하였다. 조사 대상인 교사와 학생의 특성으로 인하여 연구결과 일반화에 제약이 발생하는 것을 확인할 수 있다.

 **〈예 12.1〉 연구 제한점 예시 1**

(전략)……

다섯째, 사전 연구와 연구 II 에 참여한 교사들은 모두 테크놀로지 활용에 익숙한 교사들이기에 인식 조사 결과가 편향될 수 있다.

여섯째, 연구 II 의 온라인 과학수업에서 클라우드 앱 활용 인식 조사에 참여한 학생들은 영재고에 재학 중인 학생들이다. 국내에서 영재고에 입학하기 위해서는 상당히 높은 과학 개념 수준과 인지 능력을 갖춰야 하는 경향이 있다는 점을 고려하였을 때, 인식 조사 결과를 일반화하는 데에 한계가 있다.

– 신은혜(2022)에서 발췌

질적연구에서도 연구범위와 한계를 밝힌다. 질적연구에서의 연구범위와 한계는 양적연구의 내적 · 외적타당도 위협요인과 다르다. 연구문제가 다루려고 하는 현상의 시 · 공간적 범위, 자료수집 시 제한되는 자료 유형이나 물리적 또는 비용의 한계, 참여자 선정의 제한점 등을 포괄한다. 질적연구에서 연구의 목적이 일반화가 아님에도 외적타당도 위협요인을 연구 제한점, 또는 범위와 한계로 잘못 기술하지 않도록 유의하자. 예를 들어, 질적연구를 계획하면서 '서울 지역 고등학생을 대상으로 한 연구이므로 일반화가 제한된다'와 같이 연구 제한점을 쓰는 것은 부적절하다. 한국어 학습자의 정체성을 내러티브 탐구 기법으로 연구한 김가연(2018)은 '정체성'과 '한국어 학습자'에 대한 범위를 밝히며 연구방법을 설명하였다(〈예 12.2〉).

〈예 12.2〉 연구 제한점 예시 2

1.3 연구의 범위 및 방법

먼저, 본고에서 다루고자 하는 정체성 또한 이러한 맥락에서 후기구조주의적 논의(Block, 2007a; Duff, 2012; Norton, 2000)에 따르는 것으로, 본고는 기본적으로 학습자가 하나의 고정된 정체성이 아니라 시공간에 따라 역동적으로, 때로는 모순적으로 변화하는 다수의 정체성을 지닌다는 입장을 취하고자 한다.

……(중략)……

또한 본 연구에서는 한국어 학습자 정체성 연구의 대상을 외국어로서의 한국어 학습자로 제한하며, 이를 위해 한국 대학에서 유학 중인 외국인 유학생에 초점을 두고자 한다. ……(중략)…… 따라서 한국 대학에 정규 등록된 외국인 학부생을 대상으로 연구를 진행하였다.

– 김가연(2018)에서 발췌

4) 용어 정의

양적연구에서 용어 정의는 크게 개념적 정의(conceptual definition)와 조작적 정의(operational definition)의 두 가지로 나뉜다. 개념적 정의는 사전적 정의와 비슷하다. 연구자는 개념적 정의를 통하여 연구하고자 하는 바를 설명한다. 사회과학 연구에서 주로 다루는 학업성취도, 자아존중감과 같은 추상적 개념에 대한 정의가 학자마다 다를 수 있다. 따라서 연구자가 자신의 연구에서 연구하고자 추상적 대상을 어떻게 정의했는지를 개념적 정의에서 명확하게 밝히는 것이 좋다. 학위논문에서 개념적 정의는 보통 서론에서 '용어 정의'와 같은 하위 제목을 두고 소개된다. 반면, 학술지 논문의 경우 현실적으로 논문 분량의 제한도 있고, 학술지 논문을 읽는 독자들은 관련 분야의 전문가이므로 해당 용어에 대하여 잘 알 것이라고 가정하므로 개념적 정의를 따로 다루지 않는 편이다.

개념적 정의와 달리 조작적 정의는 양적연구에서 필수적이다. 즉, 학위논문이든 학술지 논문이든 상관없이 조작적 정의는 연구방법 부분에서 반드시 명시해야 한다. 특히 연구가설 또는 연구문제에서 다룬 변수는 모두 조작적으로 정의해야 한다. 〈예 12.3〉에서 양적연구에서의 개념적 정의와 조작적 정의의 예를 들었다. 초등학생의 학습된 무기력 감소를 위한 놀이중심 집단상담 프로그램을 개발하고 그 효과를 검정하는 유지영(2014)의 연구에서 학습된 무기력과 부모 애착을 어떻게 개념적으로, 그리고 조작적으로 정의하였는지를 보여 준다.

〈예 12.3〉 용어 정의 예시 1

1) 학습된 무기력

학습된 무기력(learned helplessness)은 '실패 경험만을 반복하였던 학생들이 스스로 문제해결을 할 수 없다는 신념이 생겨 후속되는 과제를 수행할 때 문제해결 능력이 현저히 떨어지는 것'으로 정의된다(Dweck & Ruppucci, 1973). 본 연구에서 학습된 무기력은 문은식, 배정희(2010)가 수정한 척도를 사용하여 자신감 결여, 우울 및 부정인지, 수동성, 통제력 결여, 과시욕 결여, 책임성 결여의 28문항의 총점을 의미한다.

2) 부모애착

부모애착(parent attachment)은 '한 개인이 자신과 가장 가까운 사람에 대해서 느끼는 강한 정서적 유대관계'로 정의되며(Bowlby, 1958), 본 연구에서는 유성경, 박승리, 황매향(2010)

이 수정하고 타당화한 한국형 청소년 부모애착척도에서 신뢰감, 의사소통, 소외감 25문항의 총점을 의미한다.

– 유지영(2014)에서 발췌 · 수정

연구계획서 단계에서부터 명확하게 개념적 · 조작적 정의를 내리는 양적연구와 달리, 질적연구는 연구를 진행하면서 연구주제 및 개념을 구체화시키기 때문에 연구 시작 전에 용어를 정의하기가 쉽지 않다. 그래서 질적연구의 연구계획서에서는 보통 용어 정의를 생략하거나 잠정적인 정의를 대신 사용하는 편이다(Creswell & Creswell, 2018, p. 80). 김신회(2022)는 경력 체육교사의 수업정체성을 내러티브를 통해 탐구하였다. 연구자는 '경력 체육교사의 수업정체성 형성요인이 무엇이고, 내러티브는 어떠한가?'라는 연구문제를 설정하였고, '경력교사'와 '수업정체성'에 대해 정의를 내렸다(〈예 12.4〉). 양적연구에서의 용어 정의와 달리 여러 학자의 정의, 실제 용례 등을 확인한 후, 연구목적에 부합하는 정의를 내리고 있다는 것을 알 수 있다.

〈예 12.4〉 용어 정의 예시 2

가. 경력교사

경력교사의 시기와 관점은 연구자들의 연구특성에 따라 서로 다른 의견을 보인다. Berliner (1987)는 5년 이상의 경력을 가진 교사를 경력교사로 보았고, ……(중략)…… 한편, 우리나라 교직 문화에서는 1급 정교사 연수를 저경력 교사와 경력교사의 경계로 보는 경향이 있다(김욱, 김지태, 2017). 이처럼, 경력교사의 자격과 시기는 정해진 규정이 없으며, 연구목적 또는 관점에 따라 상이하게 나타난다고 볼 수 있다. 본 연구에서는 참여자의 첫 학교와 둘째 학교까지 8년간의 경력을 저경력 기간으로 간주하였고 이후의 교육 삶을 경력교사의 삶으로 보았다.

나. 수업정체성

본 연구에서 다루고자 하는 수업정체성은 체육수업과 수업을 둘러싼 주변 환경 속에서 교사와 학생, 또는 교사와 수업 환경과의 상호작용을 통해 형성되는 교사의 두터운(thickening) 정체성이라 본다(Holland, Lachicotte, Skinner & Cain, 1998; Holland & Lave, 2001). 이를 이해하기 위하여 교사의 '교육 생애', '교육과정', '수업 경험', '신념과 가치관' 등을 포함하는, 수업을 둘러싸고 형성되는 관념으로서의 교사 정체성을 수업정체성으로 정의하였다.

– 김신회(2022)에서 발췌 · 수정

2 이론적 배경: 선행연구 분석

1) 선행연구 분석의 중요성

과학적 연구는 기존 지식을 바탕으로 새로운 지식을 창출하거나 또는 기존 지식을 보는 새로운 관점을 제시하는 과학적 전통을 따르는 연구다(Locke et al., 2007). 과학적 전통을 따르는 연구인 실증연구는 선행연구 분석에서 시작한다고 해도 과언이 아니다. 무에서 시작하는 완전히 새로운 연구는 없다(Terrell, 2016, p. 46; Zeegers & Barron, 2015, p. 50). 즉, 선행연구 분석을 통해서 연구문제와 관련된 연구 이론의 역사라든지, 최신 연구 동향, 핵심 이론과 연구자를 파악할 수 있고, 연구 아이디어를 얻을 수 있다. 뿐만 아니라, 연구문제를 해결하기 위하여 어떠한 연구방법론과 접근을 선택해야 할지, 변수와 도구, 분석방법은 무엇으로 할지, 어떠한 절차를 따라 자료를 수집하고 분석해야 할지, 연구 수행 중 발생할 수 있는 문제를 어떻게 해결해야 할지에 대한 정보도 얻을 수 있다. 단, 선택한 질적접근이 귀납적으로 연구결과를 도출하므로 풍부한 문헌적 기초를 요하지 않는 질적연구의 경우, 연구계획서에서 선행연구 분석 부분이 상대적으로 줄어들게 된다(Creswell & Creswell, 2018, p. 69).

2) 내용 및 구성

연구계획서의 두 번째 장인 이론적 배경은 독자가 연구문제의 중요성과 타당성을 수용하고, 관련 내용을 더욱 자세히 이해하는 데 필요한 내용으로 구성된다. 이론적 배경은 연구문제를 이해하는 데 필요한 핵심 이론이나 최신 연구 동향, 연구문제와 관련된 주요 연구의 결과나 시사점, 제한점 등을 소개하는 장이라고 할 수 있다. 더 쉽게 말하면, 이론적 배경 장은 독자에게 연구를 이해하는 데 필요한 사전 지식을 제공하는 장이라고 생각하면 된다.

물론, 연구방법에 따라 연구에서 기존 이론이 차지하는 비중은 다를 수 있다. 양적연구는 기존 이론과 선행연구를 바탕으로 형성한 가설을 통계적으로 검정하는 것이기 때문에 기존 이론이 매우 중요하다. 반면, 질적연구는 접근에 따라 기존 이론이나 선행연구 분석결과를 사용하는 목적이 다를 수 있다. 예를 들어, 문화기술지 연구가 기존 이론의 개념을 빌어 문화를 설명하려고 한다면, 근거이론은 기존 이론이 새로운 이론 개발에 편향된 영향을 미치지는 않는지 경계한다. 그러나 질적접근에 따라 기존 이론이나 선행연구를 수용하는 정도가 다르다고 해서 기존 이론에 대한 이해가 중요하지 않다거나 선행연구 분석을 생략해도 된다는 뜻은 아니다. 질적연구에서 선행연구 분석은 연구문제를 명확히 하고, 연구설계를 강화하며, 논의를 심화시키는 역할을 한다(Creswell & Creswell, 2018; Marshall & Rossman, 2016, p. 182).

선행연구를 정리할 때, 개별 연구를 단순 나열하는 방식을 피하고, 재구조(재구성)화할 것을 권한다(Terrell, 2016, pp. 56–63). 선행연구를 서론에서 인용할 때도 마찬가지다(Creswell & Creswell, 2018, pp. 169–170). 단, 연구자가 몇 편의 핵심 연구를 강조하여 부각시키고자 하는 경우는 예외로 둘 수 있다. 재구조화 기준은 보통 연구문제와 연구의도를 따른다. 예를 들어, 선행연구에서의 공통점과 차이점, 연구방법의 종류, 연구 동향 변화 등이 기준이 될 수 있다. 특히 양적연구인 경우 변수의 유형이나 범주, 연구결과의 방향성(+, −, 유의하지 않음)을 사용할 수 있고, 질적연구인 경우 학문 분야의 패러다임에 따라 선행연구를 정리할 수 있다. 재구조화가 쉬운 작업이 아니기 때문에 연구자가 선행연구를 읽으면서 문헌연구 지도(literature map)를 그리는 것을 추천한다(Creswell & Creswell, 2018; Terrell, 2016).

3) 선행연구 분석 시 참고사항

선행연구를 분석할 때에는 연구주제와 관련하여 최근에 출판된 양질의 주요 선행연구들을 최대한 많이, 비판적으로, 그리고 원문으로 직접 읽을 것을 권한다. 그렇다면 어떤 연구가 양질의 연구인가? 선행연구를 선택하는 방법과 기준에는 여러 가지가 있으나, 학술지 논문을 우선적으로 검색하여 사용할 것을 추천한다. 학술지 논문은 보통 동료 검토(peer review)를 거쳤기 때문에 어느 정도의 질이 보장된다. 반면, 학위논문의 경우 저자가 학술지 논문의 저자보다 연구 경험이 풍부하지 않으며, 그 분량이 학술지 논문보다 방대하여 내용 파악에 시간이 많이 소요되는 관계로 상대적으로 우선순위가 낮다고 하겠다. 특히 석사학위논문은 인용하지 않을 것을 권한다.

학술지 논문 선별 시 학술지의 SCI(E)/SSCI/SCOUPS/KCI 등재 여부 및 IF(Impact Factor, 영향력 지수), 또는 인용 횟수 등이 기준이 될 수 있다. 〈심화 12.1〉, 〈심화 12.2〉,

〈심화 12.3〉에 차례대로 등재지, IF, 인용 횟수에 대한 설명 및 예시를 추가하였다. 선행연구를 검색하고 분석할 때 참고사항을 다음과 같이 종합하여 정리하였다(Creswell & Creswell, 2018, Locke et al., 2007; Terrell, 2016, Zeegers & Barron, 2015).

선행연구 검색 및 분석 시 참고사항

〈선행연구를 읽을 때〉

- 양적, 질적, 또는 혼합방법연구를 포괄적으로 살펴본다. 특별히 언급할 가치가 있는 중요한 연구가 아닌 이상, 10년 이내의 최근 연구를 인용하는 것이 좋다.
- 선행연구를 읽을 때는 비판적으로 읽는다. 출판된 학술지라고 해서 모두 가치 있고 타당한 것은 아니다. 연구결과의 정확성, 진실성(trustworthiness), 타당도(validity)를 평가하며 읽는 습관을 가지는 것이 좋다.

〈선행연구를 검색할 때〉

- 선행연구 검색 시 가장 추천하는 자료는 학술지 논문이고, (석사)학위논문의 우선순위가 가장 낮다. 책과 학술대회 논문의 경우 연구 분야에 따라 우선순위에 차이가 있을 수 있으나, 사회과학 연구에서는 보통 책, 학술대회 논문 순이다.
- 선행연구를 검색할 때 관련 이론의 주요 핵심 연구자를 확인한다. 연구주제와 관련하여 많이 인용된 연구자와 논문이 있을 것이다. 핵심 연구자를 인용하지 않을 경우, 해당 학문 분야에 종사하고 있는 독자가 보았을 때 연구자가 선행연구를 철저하게 분석하여 관련 이론이나 연구결과를 충분히 이해하고 있는지에 대해 의문을 가질 수 있다.

〈심화 12.1〉 SCI(E), SSCI, SCOPUS, KCI 등재지

선행연구 분석 시 분석 대상으로 삼으면 좋은 연구는 SCI(E)급 또는 SSCI급 학술지라고 불리는 학술지에 게재된 논문들이다. 이를테면 대중적으로 널리 알려진 『Nature』 학술지 역시 대표적인 SCI 학술지다. 사회과학 분야에서 세계적으로 인정받는 학술지인지 판단할 때는 SSCI급 논문인지, 해당 학술지의 IF가 어느 정도인지를 확인하면 된다. 일반적으로 IF가 높을수록 우수한 학술지라 한다.

SCI는 과학기술논문인용색인(Science Citation Index)의 약자로, 미국의 Clarivate Analytics라는 학술정보기업의 국제학술논문 데이터베이스를 바탕으로 한다. WOS(Web of Science Group) 홈페이지에서 학술지 정보를 자세하게 확인할 수 있다.[3] SCIE(Science Citation Index Expanded)는 SCI를 온라인 버전으로 확장한 것이다. 사회과학 분야의 학술지의 경우 SSCI(Social Science Citation Index)를, 예술 및 인문과학 분야의 학술지는

A&HCI(Arts & Humanities Citation Index)라는 지수를 사용한다.

SCI/SSCI 외에 SCOPUS와 KCI(한국학술지인용색인: Korea Citation Index)도 있다. SCOPUS는 네덜란드의 Elsevier 출판사가 2004년에 만든 우수학술논문 인용지수로, SCI에 비하여 비영어권 국가의 학술지를 더 다양하게 포함한다. KCI는 우리나라의 학술지인용색인이다. 2022년 6월 기준 국내 사회과학 분야의 학술지는 총 1,586종에 달하며, 이 중 우수등재지가 23종, KCI 등재지는 855종, KCI 등재후보지는 93종이다.[4] 이 중 401종이 SCOPUS에도 등재되어 있다.[5]

〈심화 12.2〉 IF 예시

IF(impact factor)는 학술지가 해당 학문 분야에 미치는 영향력을 수치화한 것이다. 2년간 해당 학술지에 게재된 논문 중 인용된 논문의 편수를 동일 기간에 해당 학술지에 게재된 전체 논문 편수로 나누어 얻은 값이다.

google(www.google.com) 검색창에 학술지 이름과 'impact factor'를 입력된다. 다음 예시는 『Multivariate Behavioral Research』 학술지의 IF를 검색한 결과로, 2017년 기준 해당 학술지의 IF가 3.691이었다. 즉, 2017년 기준 지난 2년간 해당 학술지에 게재된 논문은 평균 3.691번 인용되었다는 것을 간편하게 확인할 수 있다.

Google multivariate behavioral research impact factor

전체 이미지 뉴스 동영상 쇼핑 더보기 도구

검색결과 약 36,500,000개 (0.53초)

도움말: **한국어** 검색결과만 검색합니다. 환경설정에서 검색 언어를 지정할 수 있습니다.

multivariate behavioral research impact factor에 대한 학술자료

... additional thoughts on components, **factors**, and **factor** ... - Steiger - 136회 인용

Common **factor** analysis versus component analysis: ... - Gorsuch - 580회 인용

Sample size in **factor** analysis: The role of model error - MacCallum - 1235회 인용

3.691

Multivariate Behavioral Research

Publication details	
History	1966–present
Publisher	Taylor & Francis (United States of America)
Frequency	Bimonthly
Impact factor	**3.691 (2017)**

3) https://mjl.clarivate.com/home

4) https://www.kci.go.kr/kciportal/po/statistics/poStatisticsMain.kci#

5) https://www.kci.go.kr/kciportal/ss-mng/bbs/bbsSCIList.kci?boardBean.boarSequ=000000000606

가장 최신의 IF를 확인하고 싶다면 학술지 웹사이트를 직접 찾아볼 것을 권한다. 『Multivariate Behavioral Research』 학술지 웹사이트(https://www.tandfonline.com/toc/hmbr20/current)를 들어가면 'About this journal' 탭이 있다. 이 탭에서 'Journal metrics'를 클릭하면 IF를 포함한 다양한 기준의 metrics가 제시된다. 이를테면 2020년 기준 해당 학술지의 IF가 3.085이고, 이 학술지는 비슷한 주제의 학술지 중 상위 25%에 속하며(Q1), 5년 기준 IF가 4.936으로 상당히 높다.

단, 이러한 metrics는 산술적인 인용 횟수에 기반하여 산출된 것이므로 그 자체가 해당 학술지의 질을 담보하지는 못한다는 점을 주의해야 한다. 질적인 측면을 함께 고려하여 학술지의 질을 평가할 필요가 있다.

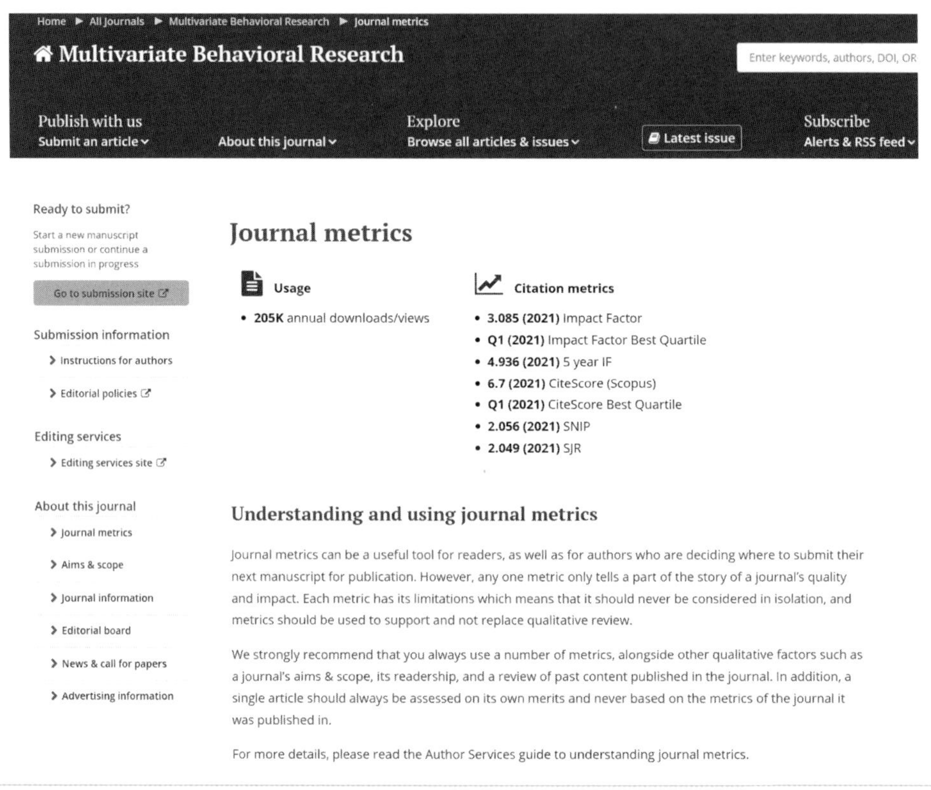

〈심화 12.3〉 인용 횟수 예시

Google 학술검색 "랜덤포레스트"

학술자료 검색결과 약 2,690개 (0.03초)

모든 날짜
2022 년부터
2021 년부터
2018 년부터
기간 설정...

관련도별 정렬
날짜별 정렬

모든 언어
한국어 웹

모든 유형
검토 자료

특허 포함
서지정보 포함

랜덤 포레스트
유진은 - 교육평가연구, 2015 - scholar.dkyobobook.co.kr
... **랜덤 포레스트**는 최근 관심의 대상이 되고 있는 데이터 마이닝 기법으로, 의사결정나무 모형을 기저로 하며 무작위성을 최대로 부여함으로써 예측오차를 ... **랜덤 포레스트** ... · **랜덤 포레스트** ...
☆ 저장 인용 33회 인용 관련 학술자료

기업신용등급 예측을 위한 **랜덤 포레스트**의 응용
김성진 , 안현철 - 산업혁신연구, 2016 - dbpia.co.kr
... 이러한 기존 기법들의 한계를 극복하기 위한 대안으로 본 연구는 **랜덤 포레스트**(Random ... 본 연구에서는 기업신용등급 예측에 **랜덤 포레스트** 기법을 적용해 보고, 그 성과를 전통적으로 사용...
☆ 저장 인용 10회 인용 관련 학술자료 전체 2개의 버전

랜덤 포레스트를 활용한 읽기소양 수준에 따른 집단 결정요인 분석: PISA 2018 자료를 중심으로
손윤희 , 박현정 , 박민호 - 아시아교육연구, 2020 - s-space.snu.ac.kr
... 이를 위하여 읽기소양 수준에 따른 집단을 일반집단, 기초수준 이하 집단으로 구분하였고, **랜덤 포레스트**를 활용하여 집단 분류에 영향을 미치는 주요한 변수를 탐색하였다. 분석을 위하여 ...
☆ 저장 인용 3회 인용 관련 학술자료 전체 2개의 버전

Google scholar(scholar.google.com)에서 '랜덤포레스트'를 키워드로 입력하면 관련 논문의 인용 횟수를 확인할 수 있다. 예를 들어, 첫 번째 랜덤포레스트 논문의 경우 2022년 기준 총 33회 인용되었다.

3 연구방법

연구계획서의 세 번째 장인 연구방법 장은 연구자가 연구문제를 해결하기 위하여 어떠한 방법과 절차로 연구를 수행할지 설명하는 부분이다. 즉, 누구를 대상으로, 어떠한 도구를 이용하여, 어떤 자료를, 어떻게 수집하여 분석할지 설명하는 것이다. 연구를 수행하면서 발생할 수 있는 윤리적 문제 및 이에 대처하기 위한 전략과 방법 또한 함께 설명한다. 〈표 12.1〉에서 연구방법 장에서 다루는 일반적인 내용들을 양적 · 질적[6] · 혼

6) Creswell과 Creswell(2018)은 질적연구의 연구계획서를 구성주의적/해석주의적 관점을 취하는 질적연구와 변혁적(transformative) 관점을 취하는 질적연구로 구분하여 설명하였다. 그중 구성주의적/해석주의적 관점을 바탕으로 하는 질적연구의 연구계획서를 이 절에서 소개하였다.

합방법연구별로 구분하여 정리하였다(Creswell & Creswell, 2018, pp. 128−132). 구체적인 항목명은 연구방법에 따라서 차이가 있으나, 공통적으로 연구할 대상, 분석할 자료, 자료를 수집하고 분석하는 데 사용할 방법과 절차, 연구에 따른 윤리적 문제와 해결 방법으로 구성되어 있다는 것을 확인할 수 있다.

〈표 12.1〉 연구방법별 연구방법 장의 구성

양적연구	질적연구	혼합방법연구
• 모집단과 표본, 참여자 • 변수와 자료수집(측정) 도구 • 자료분석 절차 • 예상되는 윤리적 문제[7)] • (선택) 예비조사 결과	• 질적접근 유형 • 연구자의 역할 • 자료수집 절차 • 자료분석 절차 • 연구의 질 향상 전략 • 예상되는 윤리적 문제	• 혼합방법연구의 정의 • 설계 유형과 정의 • 연구의 질을 위한 타당성 향상 전략 • 양적 · 질적 자료수집 및 분석 절차(설계 유형에 맞는 순서로 배열하기) • 통합 절차 및 방법 • 혼합방법연구를 수행하는 데 필요한 연구자의 자원과 기술 • 예상되는 윤리적 문제
• 부록: 검사도구 전체 문항, 연구추진 일정표, 소요 경비[8)]	• 부록: 면담 질문, 관찰기록지, 연구추진 일정표, 소요 경비	• 검사도구 전체 문항, 면담 질문, 관찰기록지, 연구추진 일정표, 소요 경비

1) 양적연구의 연구방법 장 구성

양적연구는 연구방법 장에서 연구대상, 변수와 검사도구, 분석방법, 예상되는 윤리적 문제 등을 설명한다. 실험연구일 때에는 실험설계에 대한 정보를, 프로그램을 개발하고 효과를 검정하는 연구일 때는 효과 검정에 대한 부분뿐만 아니라 프로그램을 개발하는 데 사용할 모형과 개발 절차까지 자세히 밝힌다. 예비조사 결과는 필수가 아니므로 실시하는 경우에만 제시하면 되고, 측정에 사용하는 검사도구의 문항 내용과 연구 일정표는 부록으로 수록하면 된다. 단, 양적연구라고 해서 똑같은 구성을 따르지는

7) Creswell과 Creswell(2018)에 포함되었으나, 국내 학위논문 계획서에서는 필수 사항이 아니다.
8) 연구비를 지원받는 연구과제의 연구계획서에 해당하며, 학위논문에는 해당하지 않는다.

않는다. 이를테면 실험연구인지 아니면 조사연구인지에 따라 연구방법 장의 구성은 달라질 수 있다. 이 절에서 설명하는 내용 구성 및 순서는 하나의 예시임을 밝힌다.

연구대상에 대한 정보는 모집단과 표집법, 표본의 특징 등을 포함하여 가능한 한 자세하게 설명한다(〈예 12.5〉). 즉, 연구대상을 어떠한 방법으로 표집할지, 표집법을 선택한 이유나 참여자 선정 기준 등을 설명하는 것이다. 예상되는 연구대상의 특징, 이를테면 연구문제와 관련된 연구대상의 인구통계학적 특징, 경력, 자격 또는 직급 등을 선정 기준에 따라 표로 정리하면 가독성을 높일 수 있다. 특히 이미 수집된 자료를 사용하는 2차 연구[9]인 경우에는 연구대상에 대한 구체적인 정보가 있기 때문에 연구대상을 자세하게 설명할 수 있다.

예를 들어 보겠다. 토론식 가정교과 수업이 중학생의 예비부모로서의 인식에 미치는 효과를 확인하려는 연구자가 있다고 하자. 연구목적은 토론식 수업 방법을 적용한 가정교과 수업이 학생들의 예비부모로서의 인식에 미치는 효과를 검정하고 일반화하는 것이다. 연구문제는 '토론식 가정교과 수업이 중학생의 예비부모로서의 인식에 영향을 미치는가?'와 같이 설정하고, 내적 · 외적 타당도 위협요인을 최소화하기 위하여 무선표집과 무선할당을 사용할 수 있다(〈예 12.5〉).

〈예 12.5〉 양적연구의 연구대상 예시

본 연구의 목적은 중학생의 예비부모로서의 인식을 향상시키는 토론식 가정교과 수업 프로그램을 개발하고 그 효과를 검정하는 것이다. ADDIE(Analysis, Design, Development, Implement, Evaluation) 모형을 바탕으로 토론식 가정교과 수업을 개발하고 OO시 중학교 2학년 학생에게 적용하여 분석하는 통제집단 사전 · 사후검사 설계를 수행하려 한다. 본 연구에서 설정한 연구대상 및 연구설계, 프로그램 개발 및 실행 계획은 다음과 같다.

1. 연구대상

본 연구의 연구대상은 OO시의 중학교 2학년 학생 약 380명이다. 2021년 교육통계에 따르면 OO시에는 46개 중학교가 있다. 연구자는 그 중 6개교(A, B, C, D, E, F)를 무선표집하고 3

9) 수집된 자료를 이용한 연구를 2차 연구라고 하고, 이때 사용된 자료를 2차 자료라고 한다. 2차 자료는 보통 기관에서 전국 또는 행정구역 단위로 수집한 대규모 설문조사 자료들이다. 대표적으로 한국직업능력연구원의 한국교육고용패널(Korean Education & Employment Panel: KEEP), 한국청소년정책연구원의 한국아동청소년패널조사(Korean Children & Youth Panel Survey: KCYPS), 한국보건사회연구원의 한국복지패널(Korean Welfare Panel Study: KWPS) 등이 있다. 제2장에서 설명하였다.

개교씩 실험집단과 비교집단으로 무선할당할 것이다. 표집된 각 학교의 중학교 2학년 학급 중 3개 학급을 다시 무선표집하고 해당 학급에 소속된 학생을 연구대상으로 삼을 것이다(〈표 1〉).

〈표 1〉 실험집단과 비교집단 구성

	학교	2학년 학급 수	표집 학급 수	학생 수
실험 집단	A	7	3	60
	B	6	3	70
	C	5	3	60
소계		18	9	190
비교 집단	D	7	3	60
	E	7	3	65
	F	6	3	65
소계		20	9	190
합계		38	18	380

표집된 학교의 학교장과 학급의 담임교사에게 프로그램의 목적과 운영을 홍보하여 협조를 구한 후, 학생과 학부모에게 연구의 목적과 프로그램의 전반적 내용, 운영 일정, 수집 항목, 개인정보 보호 및 비밀보장 등을 충분히 설명할 것이다. 연구대상은 연구의 목적과 내용을 이해하고 있으며, 법정대리인의 동의하에 자발적으로 참여하는 학생이다.

연구대상을 설명한 후에는 독립변수와 종속변수가 무엇인지 밝히고 해당 변수를 측정하기 위해 사용하려고 하는 검사도구가 무엇인지 쓴다. 검사도구에 대한 설명으로 검사도구의 하위 영역과 하위 영역별 문항 수, 구체적인 문항 내용 예시와 같은 기본적인 내용과 함께 평균과 표준편차, 그리고 신뢰도와 같은 심리측정학적 특징도 포함되어야 한다. 그런데 학위논문 계획서의 경우 자료수집 전에 작성하기 때문에 심리측정학적 특징을 구할 수가 없다. 따라서 논문계획서에서는 선행연구에서의 평균, 표준편차, 신뢰도를 보고하고, 이후 논문에서 자신이 수집·분석한 값으로 대체하면 된다(〈예 12.6〉).

〈예 12.5〉에서 독립변수는 토론식 가정교과 수업 참여 여부이고 종속변수는 예비부모로서의 인식이다. 〈예 12.6〉에서 예비부모로서의 인식을 어떤 검사도구로 측정할 것인지를 설명하였다. 이후 해당 실험설계에서 적용할 프로그램 개발에 대한 내용으로 이어진다. 〈심화 12.4〉에서 프로그램 개발 연구에서 고려할 사항을 설명하였다.

〈예 12.6〉 양적연구의 변수 및 측정도구 예시

2. 변수 및 측정도구

본 연구의 독립변수는 토론식 가정교과 수업 참여 여부이고, 종속변수는 예비부모로서의 인식이다. 고등학생을 대상으로 한 김정미 등(2011)의 예비부모인식 검사도구를 중학생에게 적합하도록 수정·보완하여 활용할 예정이다. 구체적으로 전문가로부터 내용타당도를 확인받고, 예비검사를 실시할 것이다. 예비부모인식 검사도구에는 두 가지 하위 영역이 있다. '결혼과 부모됨에 대한 인식'과 '임신 및 출산과 아동권리에 대한 일반 상식과 태도'다. 첫 번째 영역은 '좋은 부모가 되기 위해서 부모교육을 받을 필요가 있다.', '결혼은 사람을 성숙시킨다.', '자식은 부모님의 생각을 따라야 한다.' 등의 20개 문항으로 구성된다. 두 번째 영역은 '자녀의 건강을 위해서 술과 담배를 절제하겠다.', '열심히 일하고 자녀에게 책임과 헌신을 다 하겠다.' 등의 7개 문항으로 구성된다. 두 영역 모두 5점 Likert 척도로 측정된다. 김정미 등(2011)에서 두 영역의 평균(표준편차)은 각각 3.16(0.31), 3.36(0.53)이었으며, 신뢰도는 각각 .82와 .80이었다.

〈심화 12.4〉 프로그램 개발 연구에서 고려할 사항

프로그램 개발 및 효과 검정 연구는 연구방법 장에서 프로그램 개발을 어떻게 할 것인지에 대해서도 설명해야 한다. 프로그램 개발 모형으로 ADDIE(Analysis, Design, Development, Implement, Evaluation; Branch, 2009), Dick과 Carey 모형(Dick et al., 2005) 등이 있는데, 그중 ADDIE가 널리 쓰인다. ADDIE는 분석, 설계, 개발, 실행, 평가 단계로 구성된다.

학위논문 계획서에는 ADDIE 단계 중 분석, 설계, 개발 단계를 어떻게 수행할지 설명한다. 분석 단계에서는 프로그램의 주제를 정하고, 관련 이론 및 선행연구 분석, 프로그램 대상자들의 특성, 대상자를 둘러싼 환경과 활용 가능한 자원, 프로그램 대상자들의 기초선 및 요구를 파악한다. 이를테면 대상자들의 인지적·심리적·신체적 특성과 더불어 학교 및 거주 환경의 사회경제적·지리적 특징, 프로그램 적용 시 활용할 수 있는 학교나 지역사회의 인적·물적 자원 등을 서술한다.

설계 단계에서는 프로그램의 목표를 설정하고, 목표를 달성하기 위하여 사용할 교수 전략, 평가 방법을 계획한다. 프로그램 구성에 필요한 다양한 활동요소를 수집하고 활동요소들의 배치 순서를 결정하며, 효과적인 활동 방법과 활용 매체를 선정하는 것이다. 평가 방법을 계획할 때에는 평가 내용과 형태가 목표와 일치하는지를 염두에 두어야 한다.

프로그램 개발 단계에서는 이전 단계에서 수집한 정보와 자료를 바탕으로 활동요소를 배치하며 실제로 자료를 개발하고 프로그램을 만든다. 활동요소는 선행연구의 것을 수정하여 쓸 수 있고, 연구자가 직접 개발한 것을 사용할 수도 있다. 이 단계에서 지도안을 비롯하여 구체적인 프로그램 실행 방법과 활동 시 유의사항 등을 포함한 지침서도 함께 개발한다. 학위논문 계획서에서는 향후 개발 단계를 어떻게 진행할지 설명하는 수준으로 마무리할 수 있다.

이제 자료수집 및 분석 방법을 설명할 차례다. 실험연구에서는 실험설계를 설명하는데, 설계 유형과 더불어 프로그램을 어떻게 처치할 것인지에 대한 내용도 포함한다. 이를테면, 프로그램 처치 기간과 프로그램의 회기, 처치 장소와 처치자 등을 설명하는 것이다. 그다음에 자료수집 시기 및 방법, 자료분석 시 활용할 통계적 기법, 분석에 사용할 도구(예: 통계 프로그램) 등을 다룬다(〈예 12.7〉). 조사연구라면 자료수집 방법과 시기, 분석에 사용할 통계적 기법과 도구를 쓴다. 2차 연구인 경우에는 조사 방법과 시기 대신 자료명을 정확하게 쓰고, 분석자료를 소유하고 있는 기관으로부터 언제 자료를 제공받았는지 기술한다(예: 이 연구는 한국청소년정책연구원으로부터 2022년 5월에 자료를 제공받았으며, 6~7월에 걸쳐 분석을 실시하였다).

〈예 12.7〉 실험설계의 자료수집 및 분석 방법 예시

4. 실험설계

본 연구의 목적은 중학생의 예비부모로서의 인식을 개선하는 토론식 가정교과 수업을 개발하고 그 효과를 검정하는 것이다. 프로그램 적용 효과를 확인하기 위하여 통제집단 사전사후검사 설계를 사용하고자 한다([그림 1]).

통제집단 종속 사전사후검사 설계

$$\begin{array}{llllll} NR & G_1 & O_1 & X & O_2 \\ \hdashline NR & G_2 & O_1 & & O_2 \end{array}$$

G_1: 실험집단(토론식 가정교과 수업 실시)
G_2: 비교집단(강의식 가정교과 수업 실시)
O_1: 예비부모인식 사전검사
O_2: 예비부모인식 사후검사
X: 토론식 가정교과 수업

[그림 1] 실험설계 도식

5. 프로그램 실행

(생략)

6. 자료수집 및 분석

본 연구는 토론식 가정교과 수업이 중학생의 예비부모로서의 인식 향상에 미치는 효과를 검정하기 위하여 통제집단 사전 · 사후 검사 설계를 사용할 것이다. 예비부모인식 검사를 프로그램 처치 전후에 실시하여 중학생의 예비부모로서의 인식의 변화를 측정할 것이다. 분석 방법은 공분산분석(ANCOVA)이며, 사전검사 점수를 공변수로 활용한다. 분석 프로그램으로 R(Version 4.2.1)을 사용할 것이다.

〈예 12.8〉에서 지금까지 설명한 실험연구(양적연구) 계획서의 연구방법 장의 목차를 정리하였다. 앞서 언급한 대로 양적연구라고 하여 연구계획서의 연구방법 장 구성이 동일하지는 않다. 실험연구인지, 조사연구인지, 모의실험연구인지 등에 따라 연구방법 장 구성이 달라질 수 있는데, 선행연구를 참고하여 탄력적으로 작성하면 된다.

〈예 12.8〉 연구방법 장의 목차 예시(양적연구)

III. 연구방법
1. 연구대상
2. 변수 및 측정도구
3. 프로그램 개발
4. 실험설계
5. 프로그램 실행
6. 자료수집 및 분석

2) 질적연구의 연구방법 장 구성

질적연구의 연구방법 장은 연구에서 사용할 질적접근, 연구자의 역할, 자료수집 및 분석 절차, 윤리적 문제 등으로 구성된다. 연구방법 장의 각 항목을 Creswell과 Creswell(2018, pp. 259-272)을 참고하여 설명하겠다. 먼저 질적연구의 연구방법 장에서는 연구에서 사용할 질적접근을 설명하는데, 이때 질적접근의 특징과 함께 해당 질적접근을 선택한 이유를 진술하는 것이 좋다. 예를 들어, 소아암 환자를 양육하는 부모들을 지원하기 위한 방안을 마련하기 위하여 그들의 경험을 탐구하는 현상학적 연구를 계획한다고 하자(〈예 12.9〉). 이 연구에서 현상학적 접근을 선택한 이유를 설명하고, 이후 현상학적 연구의 특징으로 넘어간다.

〈예 12.9〉 질적접근 선택 이유와 질적접근 설명 예시

본 연구의 목적은 소아암 환자를 양육하는 부모의 경험을 심층적으로 이해하는 것이다. 소아암 환자들은 투병 중에는 신체적 · 정신적 고통을 겪고, 완치 후에는 사회 적응 문제를 겪는다(김민아, 이재희, 2012; 남석인, 최권호, 2013). 모든 아동의 발달과 성장에 있어 부모의 돌봄은 결정적인 역할을 하는데, 질병을 앓고 있는 아동의 경우에는 특히 더욱 그러하다(김윤정 등, 2008; Goldbeck, 2001). 소아암 환자를 자녀로 둔 부모는 심리적 외상(trauma)으로 인한 스트레스와 고용 및 재정 상황의 악화, 가족구성원 간의 갈등 등 다양한 어려움을 겪는 것으로 알려져 있다(이상혁 등, 2003; Fife, 1980; Sloper, 1996). 부모의 신체적 · 정신적 건강 상태는 자녀의 건강과 적응에 중요한 영향을 미치므로 소아암 환자를 양육하는 부모에 대한 지원 서비스를 마련하기 이전에 소아암 환자 부모들이 어떠한 경험을 하는지 이해할 필요가 있다. 그러나 이에 대한 연구는 드문 편이며, 선행연구(윤은영, 2011; 이상혁 등, 2003; 최권호 등, 2014)는 부모의 스트레스 수준을 양적으로 분석하거나 서비스 요구를 조사하는 데 그치고 있어 부모의 양육 경험을 심층적으로 이해하기에는 부족하였다. 따라서 본 연구는 소아암 환자들의 치료 중, 그리고 완치 후라는 맥락 안에서 부모의 양육 경험의 본질적 의미를 파악하고자 현상학적 연구를 수행하고자 한다.

다음으로 표집법과 예정 참여자 정보를 밝힌다(〈예 12.10〉). 질적연구의 참여자는 쉽게 접하기 어려운 경우가 많다. '소아암 환자를 양육하는 부모'와 같이 접근성이 낮고, 연구목적상 극단적이거나 일탈적인 사례를 표집할 필요가 없을 때는 눈덩이 표집이 유용하다. 또한, 연구목적을 고려하여 투병 기간을 기준으로 준거 표집을 병행할 수 있다.

〈예 12.10〉 참여자 표집 예시

2. 참여자 선정

본 연구는 ○○시 소재 A 대학 병원의 소아암 센터에 등록된 소아암 환자 부모로부터 참여자를 소개받는 눈덩이 표집을 실시할 예정이다. 또한, 연구목적을 고려하여 투병 기간(2개월 이상~5년 미만)을 기준으로 참여자를 선정할 것이다. 참여자는 연구목적, 연구 내용 및 결과 활용에 대하여 충분히 안내받고 연구참여에 자발적으로 동의한 부모들로 한정한다. 참여자(예정)에 대한 대략적인 정보는 〈표 1〉과 같다.

〈표 1〉

참여자	관계	나이	학력	직업	결혼 상태	소아암 환자			형제자매 유무
						나이	성별	투병 기간	
1	모	37	대졸	자영업	이혼	10	남	2개월	있음
2	모	35	고졸	회사원	기혼	8	여	1년	없음
3	부	40	대졸	회사원	기혼	8	남	2년	없음

자료수집 방법을 설명할 때는 단순히 자료수집 방법을 밝히는 데서 그치지 않고, 자료수집 기간과 절차 등을 자세히 설명하여야 한다. 예를 들어, 관찰법을 사용한다면 언제, 어디에서, 무엇을, 어떤 도구를 이용하여 관찰할 것인지 계획한 관찰 프로토콜을 작성하고, 면담을 할 경우에는 면담에서 사용할 질문 목록, 예상하는 면담 시간과 횟수, 면담 내용을 기록할 수단 등을 설명하는 것이 좋다. 소아암 환자 부모의 경험 연구의 자료수집 및 분석 방법은 〈예 12.11〉과 같다.

〈예 12.11〉 질적연구의 자료수집 및 분석 방법

3. 자료수집 방법

본 연구에서는 1:1 심층면담을 실시할 것이다. 면담 시작 전에 연구자를 소개할 것이다. 연구자가 연구목적, 참여자의 권리 보장, 연구 시간 및 추가 면담 요청 가능성, 비밀 유지를 위한 익명 처리, 녹음 동의 및 사용 등에 대하여 설명한 후, 참여자에게 연구 동의서를 작성하도록 한다.

참여자별로 2회(회당 40~60분 예상), 참여자가 편안하게 느끼는 장소에서 면담을 실시할 것이며, 필요할 경우에 한하여 추가 면담이 이루어질 것이다. 면담은 선행연구를 토대로 작성한 질문지를 활용하여 반구조화 면담으로 실시하며, 면담 질문지는 면담 전에 참여자에게 미리 공개할 것이다. (예상) 면담 질문지는 다음과 같다.

〈(예상) 면담 질문지〉

- 현재 자녀는 어떤 치료를 받고 있나요?
- 자녀의 암 진단 사실을 처음 알게 되었을 때 어떤 생각이 들었나요?
- 자녀의 투병 시작 후 지금까지 가장 큰 변화는 무엇인가요?
- 자녀의 투병 과정에서 도움을 주고 있는 사람이 있나요? 그 사람과 관련하여 기억에 남는 일이

있나요?
• 최근에 가장 많이 하는 생각은 무엇인가요?
• 자녀의 투병이 당신의 주변 사람들에게 어떤 영향을 미쳤나요?

먼담 내용은 참여자의 동의하에 녹음하고, 녹음 내용은 면담 직후 하루나 이틀 안에 전사할 것이다. 면담이 진행되는 동안 면담의 주요 내용 및 연구자의 생각, 참여자의 표정, 행동 등을 메모하며 현장노트를 작성할 것이다. 또한 참여자가 자발적으로 자료 제공에 동의할 경우에 한하여 연구자와 참여자가 주고받은 문자와 메일, 참여자의 일기나 SNS 게시글과 같은 기타 기록물을 자료로 수집할 것이다.

4. 자료분석 방법[10)]
본 연구에서는 Giorgi의 기술적 현상학적 분석단계에 의거하여 자료를 분석할 것이다. Giorgi (2004)의 분석단계는 4단계로 구성되어 있다. 1단계는 전체 인식 단계로 참여자가 진술한 전체적인 내용과 맥락을 이해하기 위하여 전사된 텍스트를 반복적으로 읽고 내용을 파악한다. 2단계는 의미단위(meaning units)를 구별하는 단계로 밑줄을 긋거나 표기를 하면서 현상의 의미가 드러나는 부분을 찾는다. 3단계는 중심의미(focal meaning)를 연구자의 언어로 변형하여 기술하는 단계다. 이 단계에서 상상적 변형을 통해 중심의미를 학문적인 용어로 변형한다. 4단계에서는 중심의미를 통합하여 상황적 구조기술을 만들고, 이를 통해 참여자들의 관점에서 파악된 경험의 의미를 일반적 구조기술로 통합한다.

질적연구 학위논문 계획서의 연구방법 장에는 연구의 질을 향상시키기 위한 방법도 서술한다. 연구에 따라 이 절의 제목을 '연구의 엄격성', 연구결과의 '타당성 향상 방안' 등으로 다양하게 붙인다. 질적연구의 질을 높이는 방법에는 참여자와의 라포 형성, 삼각검증, 자료 재코딩, 참여자 확인, 외부 감사, 구체적인 연구 정보 공개 등이 있다(〈예 12.12〉). 질적연구의 질 향상 방안에 대한 자세한 내용은 제8장을 참고하기 바란다.

10) 이지연(2021, p. 41)을 참고하여 작성하였다.

〈예 12.12〉 질적연구의 질 향상 방법

5. 연구의 질 향상 전략

연구의 질을 향상시키기 위하여 다음과 같은 전략을 사용할 것이다. 첫째, 연구자가 참여자와의 면담 내용을 전사한 후, 참여자의 확인을 받을 것이다. 참여자 확인을 통하여 참여자가 면담 당시에 떠올리지 못했던 부분에 대해 다시 생각해 볼 기회를 가질 수 있으며, 연구자가 잘못 이해하는 부분을 수정할 수 있을 것이다. 둘째, 연구과정 및 분석결과를 동료 연구자들에게 검토받을 것이다. 동료 연구자와의 토론을 통하여 연구자의 성향과 편향 가능성을 확인하고 연구자의 편향된 해석을 수정함으로써 연구의 신빙성(credibility)을 높일 수 있다. 셋째, 독자가 전이가능성(transferability)을 판단할 수 있도록 연구의 맥락, 참여자의 인구사회학적 특징, 자료수집 및 분석 방법 등 연구절차에 대한 세부사항을 자세하게 설명할 것이다.

또한, 결과 해석에 영향을 미칠 수 있는 연구자의 특징과 연구자의 역할을 설명한다. 제8장에서 밝힌 것과 같이 질적연구에서 연구자는 연구도구로서 매우 중요한 위치를 차지한다. 따라서 독자로 하여금 연구자가 연구문제를 해결하는 데 필요한 기술을 충분히 갖추고 있는지 판단할 수 있도록 연구도구로서의 연구자의 과거 교육 이력과 경험, 경력, 연구기술 습득을 위한 훈련 등을 최대한 자세하게 설명해야 한다. 예를 들어, 학교 문화에 대한 문화기술지 연구를 한다고 가정해 보자. 연구자는 자신이 남자인지 또는 여자인지, 연구원 신분 외에 다른 직업이 있다면 직업과 경력을 설명하여야 한다. 그리고 참여관찰에 필요한 관찰 기술과 면담 기술을 훈련하였다면 이를 밝힌다. 이를테면 '연구자가 원하는 방향으로 참여자의 답변을 유도하는 질문을 하지 않도록 면담 기술을 훈련받았다'는 식으로 쓴다.

마지막으로, 연구참여로 인해 발생할 수 있는 윤리적 문제에 대한 고려도 필요하다. 연구자와 참여자 간 거리를 유지하며 객관적인 자료를 수집하려는 양적연구와 달리, 질적연구에서는 연구자와 참여자 간 라포 형성을 통해 심층적인 자료를 수집하려고 한다. 참여자와의 거리를 좁혀 나가며 참여자의 내밀한 감정이나 경험의 의미를 파악하기 위해 정보를 수집하는 과정에서 윤리적 문제가 발생할 가능성이 높다. 질적연구자는 이러한 문제를 어떻게 해결할지 사전에 대비하여야 한다(〈예 12.13〉).

〈예 12.13〉 질적연구의 윤리적 고려

6. 참여자에 대한 윤리적 고려

질적연구는 참여자의 생활사건에 함께 참여하여 장기간 자료를 수집하면서 참여자의 내면의 세계를 파악하고자 한다. 이러한 연구전략이 참여자에게 긍정적인 결과만을 가져다주지 않으므로, 연구자는 참여자에게 미치는 부정적인 영향을 최소화하기 위하여 다음과 같이 윤리적 문제를 고려할 것이다.

먼저, 연구자가 소속된 대학교에서 IRB 승인을 받을 것이다. 그다음 연구자 소개 및 연구전반에 대한 내용을 문자 발송, 개별 통화, 이메일 발송의 세 단계를 거쳐 제공하여 참여자의 자발적 참여 동의를 얻을 것이다. 연구자 소개에는 소속 및 연락처를 포함하고, 연구 설명문에는 본 연구의 목적과 내용, 연구참여자의 권리, 연구절차 등을 상세히 수록할 것이다. 이때 연구자뿐만 아니라 연구자의 지도교수와 IRB가 연구 전반을 모니터링하고 있으며, 연구자료를 열람할 수 있음을 알리고 연구전반에 대한 서면동의를 받을 것이다.

연구에 필요한 참여자의 개인정보는 최소한으로 수집할 것이며, 면담 녹음 자료와 전사자료, 분석자료는 연구자 개인 노트북에 별도의 파일로 암호화하여 보관할 것이다. ……(중략)…… 참여자의 신원을 알 수 있는 단서는 남기지 않도록 모든 자료는 익명으로 처리할 것이다.

– 고미숙(2016), 이지연(2021)에서 발췌 · 수정

지금까지 설명한 질적 연구계획서의 연구방법 장의 목차를 정리하면 〈예 12.14〉와 같다.

〈예 12.14〉 연구방법 장의 목차 예시(질적연구)

III. 연구방법
1. 현상학적 연구의 특징
2. 참여자 선정
3. 자료수집 방법
4. 자료분석 방법
5. 연구의 질 향상 전략
6. 참여자에 대한 윤리적 고려

3) 혼합방법연구의 연구방법 장 구성

혼합방법 연구계획서의 연구방법 장 역시 연구대상/참여자, 자료수집 및 분석 방법, 연구를 수행하며 발생할 수 있는 윤리적 문제 등으로 구성된다. 양적·질적연구의 연구계획서와의 차이점으로 혼합방법 연구계획서에는 혼합방법연구의 정의, 설계 유형과 정의 및 특징, 양적·질적 연구결과를 통합하는 방법 및 절차가 추가된다는 점이 있다. 이에 대한 자세한 설명은 제10장과 제11장을 참고하기 바란다. 혼합방법연구는 양적·질적 방법을 모두 사용하기 때문에 각 연구방법의 연구대상/참여자와 자료수집 및 분석 방법 등을 모두 설명해야 한다. 각 연구방법의 연구대상/참여자와 자료 유형, 수집 및 분석 방법과 절차는 앞서 설명하였으므로 이 절에서는 생략한다. 혼합방법 연구계획서의 연구방법 장에서 주의할 점은 연구에서 사용할 혼합방법 연구설계의 특징에 따라 해당되는 양적·질적 연구방법 부분을 순서에 맞게 배치하여야 한다는 점이다. 이를테면 설명적 순차 설계의 경우 양적 연구방법을 먼저 설명한 다음 질적 연구방법을 다루어야 한다.

4 제목 정하기

제목(title)은 연구의 얼굴이라고 할 수 있을 만큼 연구 전반을 한 어구로 보여 주는 중요한 부분이다. 따라서 연구자는 연구제목 선정에도 심혈을 기울여야 한다. 제목은 문장이 아니므로 마침표 또는 느낌표와 같은 구두점이 필요 없다. 제목이 의문문의 형태를 띨 수는 있으나, 예/아니요와 같은 단순한 답이 나오지 않는 형태의 의문문이어야 한다. 실증연구결과는 예/아니요와 같은 이분형의 답이 나온다기보다는 정도에 대한 것이기 때문이다. 그리고 제목에서는 무엇을 연구하였다는 것만 명시하고 연구결과나 결론을 쓰는 것은 추천하지 않는다. 신문 기사에서 결론을 제목에 쓰는 것이 당연하다. 그러나 실증연구에서는 그 연구가 다룬 사실 또는 결과에 대하여 제목에서부터 국한시키는 것보다 그 연구가 다루지 못한 더 많은 연구문제에 대해서 열어 놓을 필요가 있다. 또한, 제목은 기본적으로 짧고 간결한 것이 좋으며, 제목에 주요 주제와 연구대상/참여자, 장소나 지역 등의 구체적인 정보가 포함될 수 있다.

연구제목의 서술 방식이나 주의사항은 연구방법에 따라 조금씩 다르다. 양적연구의 제목은 연구대상과 주요 변수나 이론, 분석방법 또는 연구에서 분석하고자 하는 관계의 성질이 드러나도록 쓴다(〈예 12.15〉). 앞서 설명하였듯이, 제목은 연구 전체를 요약하여 보여 주는 문구로서 제목에는 연구의 주요 정보가 포함되어야 하기 때문이다. 연구대상의 구체성은 연구문제에 따라 결정된다. 예를 들어, 연구대상을 '청소년'이라고 할 수도 있고, '중학생'이나 '서울지역 여고생'으로 특정할 수도 있다. 독립변수와 종속변수가 모두 제목에서 나타나도록 할 수도 있고, 종속변수만을 사용할 수도 있다. 연구에 따라 매개/조절변수를 부제목에 쓸 수 있다. 또는 양적연구에서 밝히고자 하는 변수 간 관계의 방향 및 성질을 구체적으로 드러내기 위하여 '비교', '효과 분석', '영향', '매개', '조절' 등의 단어를 사용하여 양적연구임을 드러내기도 한다. 만약, 연구의 핵심이 분석방법이라면 구체적인 분석방법을 제목에 명시할 수도 있다.

〈예 12.15〉 양적연구의 연구제목 예시

서울지역 여고생의 체중조절, 우울 및 비만에 따른 식사태도

– 백유진 등(2021)의 논문 제목

소명의식이 조직몰입과 이직의도에 미치는 영향: 심리적 자본과 조직 동일시의 매개효과와 변혁적 리더십, 지각된 상사지지의 조절효과

– 윤소천 등(2013)의 논문 제목

미혼남녀의 결혼의향 비교분석

– 김정석(2006)의 논문 제목

인공지능은 부정적 감정을 가라앉힐 수 있을까?: 인공지능 작성 기사와 인간 작성 기사가 수용자의 감정과 판단에 미치는 영향

– 나은영 등(2022)의 논문 제목

벌점회귀모형에서의 통계적 추론: 스마트폰 의존 관련 변수 탐색을 중심으로

– 노민정과 유진은(2021)의 논문 제목

질적연구의 경우 제목 서술 방식이 양적연구보다 자유로운 편이다. 질적연구는 연구 제목에 의문문이나 인용문, 은유, 유추를 사용할 수 있으며, 주요 현상이나 개념, 참여자, 장소나 지역, 또는 연구에서 사용한 질적접근 등을 이용하여 제목을 구성한다. 제목에 '의미', '인식', '과정', '이해' 등 현상을 확인하는 탐색적 언어를 사용하며, 양적연구와 달리 집단 간 '비교'나 관계 '분석', '영향', '효과'와 같은 단어는 사용하지 않는다(〈예 12.16〉).

〈예 12.16〉 질적연구의 연구제목 예시

(내러티브 탐구)
학벌주의 정체성에 대한 내러티브적 이해: 서울대생의 사례를 중심으로

– 전은희(2017)의 논문 제목

(현상학적 연구)
아동양육시설을 퇴소한 30대 성인들의 시설생활 경험 연구: Giorgi 현상학적 연구 접근

– 황수연(2018)의 논문 제목

(근거이론)
간호사의 직장 내 괴롭힘 경험에 관한 근거이론 연구

– 강지연과 윤선영(2016)의 논문 제목

(문화기술지)
두 바퀴 인생을 사는 사람들: 여가활동을 통해 관련 직업으로 이직한 MTB 참여자의 삶

– 함형석 등(2016)의 논문 제목

(자문화기술지)
한 성폭력 피해자의 성폭력 예방교육 교수 경험에 대한 자문화기술지: '쭈구리'에서 '원더우먼'으로

– 박에스더(2020)의 논문 제목

(사례연구)
총기 난사 사건에 대한 캠퍼스의 반응(Campus response to a student gunman)

– Asmussen과 Creswell(1995)의 논문 제목

혼합방법연구의 제목은 양적 · 질적연구의 제목처럼 연구대상이나 참여자, 변수나 주요 현상, 분석방법이나 질적접근처럼 연구의 주요 정보로 구성한다. 다만, 어떠한 혼합 설계를 사용하는지에 따라 제목 서술 방법에 차이가 있다. Creswell과 Plano Clark(2018)은 제목에서부터 혼합방법연구임을 표시할 것, 그리고 혼합연구 설계의 특징을 반영하여 연구제목을 작성할 것을 권한다. 구체적으로 양적 · 질적 연구요소가 동등한 우선순위를 가지며 동시에 사용되는 수렴적 설계를 사용한 연구는 연구제목을 중립적으로 기술한다. 양적 또는 질적연구임을 암시하는 단어를 사용하지 않거나, 사용할 필요가 있을 때는 한 가지 연구 유형과 관련된 단어만 사용하지 않고 모두 사용하는 것이 좋다(〈예 12.17〉). 양적 또는 질적 연구요소가 서로 다른 비중을 가지며 순차적으로 사용되는 설명적 순차 설계와 탐색적 순차 설계의 경우, 연구제목에도 설계의 특징을 반영한다. 예를 들어, 설명적 순차 설계를 사용한 연구는 양적 연구요소를 먼저 제시하고 질적 연구요소는 후반부에 쓴다. 또는 질적 연구요소를 부제목에서 보여 주기도 한다. 탐색적 순차 설계일 경우에는 반대로 질적 연구요소를 먼저 제시하고 그다음에 양적 연구요소를 제시한다. 복합설계의 경우에도 핵심설계를 사용한 연구의 제목 고려사항을 중심으로 연구목적과 특징을 살려 서술하면 된다.

〈예 12.17〉 혼합방법연구의 연구제목 예시

(수렴적 설계)

중환자실 간호사의 이직의도에 대한 혼합연구

– 이정훈과 송영숙(2020)의 논문 제목

(수렴적 설계)

'좋은 교사'에 대한 전화 설문조사의 폐쇄형 및 개방형 질문 도구: 혼합방법연구 예시(Closed and open-ended question tools in a telephone survey about 'the good teacher': An example of a mixed methods study)

– Arnon과 Reichel(2009)의 논문 제목

(설명적 순차 설계)

플립러닝이 간호학생의 비판적 사고성향, 학업성취도 및 학업적 자기효능감에 미치는 효과: 혼합연구 설계 적용

– 차주애와 김진희(2020)의 논문 제목

(설명적 순차 설계)

고위험 음주 장소에 대한 다중 방법 측정: 전화 면담을 통한 포털 조사 방법 확장(Multimethod measurement of high-risk drinking locations: Extending the portal survey method with follow-up telephone interviews)

– Kelley-Baker 등(2007)의 논문 제목

(탐색적 순차 설계)

초등학교 교육과정평가 도구개발 및 타당화: 탐색적 순차 설계 연구

– 조수호와 유진은(2019)의 논문 제목

(탐색적 순차 설계)

미국인디언 아동의 과일과 채소 섭취에 대해 이해하기: 혼합방법연구(Understanding fruit and vegetable intake of Native American children: A mixed methods study)

– Sinley과 Albrecht(2016)의 논문 제목

5 서술 및 표기에 관한 사항

논문과 연구계획서는 학술적 글쓰기이므로 일상에서 흔히 접하는 신문기사나 수필, 소설 등과는 구성이나 표현 면에서 구별되며, 작성 시 따라야 할 일정한 양식과 표기법(표, 그림의 제목 작성, 항목 번호 매기는 방법 등)을 준수해야 한다. 이 절에서는 연구방법이나 학문 분야와 상관없이 학술적 글쓰기에서 지켜야 하는 기본적인 사항들을 안내하려고 한다. 특히 표기법의 경우 사회과학 연구에서 주로 쓰이는 APA(American Psychological Association) 양식을 기준으로 설명하려 한다. APA에 대한 자세한 설명 및 예시는 제13장을 참고하면 된다. 단, APA 양식은 영문 기준이므로 학위논문 및 학위논문을 위한 연구계획서를 작성할 때에는 소속 대학원에서 자체적으로 규정한 양식과 표기법을 따라야 한다.

1) 시제

일반적으로 논문의 시제는 현재형 또는 과거형이다. 개념과 용어를 정의하거나 이론을 인용할 때, 또는 연구자의 의견을 서술할 때 현재형을 사용한다. 선행연구의 연구결과를 인용하거나 연구방법, 연구결과를 서술할 때는 과거형을 사용한다. 그러나 연구계획서는 아직 착수하지 않은 연구에 대한 계획이므로 특히 연구방법을 설명할 때 미래형으로 쓴다.

2) 문단과 문장

문단은 하나의 중심 문장과 여러 개의 뒷받침 문장으로 이루어지며, 중심 문장이 해당 문단의 주제가 된다. 문장은 문어체로 쓰되, 만연체가 되지 않도록 주의해야 한다. 또한, 한 문단은 하나의 주제를 다루어야 한다. 문단을 작성할 때는 문단의 구성과 길이를 고려하여 문단이 너무 길거나 짧지 않도록 하는 것이 좋다. 특히 하나의 문장으로 문단을 구성하면 안 된다(Zeegers & Barron, 2015, p. 25).

3) 인칭과 약어

- 인칭: 일반적으로 '저자' 또는 '연구자' 등의 3인칭을 사용하는데, 질적연구에서는 '나'라는 1인칭을 쓰기도 한다. 저자가 2명 이상인 학술 논문에서는 본문에서 '연구자들'과 같이 복수형으로 지칭하기도 한다. 학위논문의 저자는 연구자 1인이므로 단수형을 사용한다.
- 약어: 일반적으로 알려져 있는 외래어나 본문에 반복적으로 나오는 주요 용어는 약어를 사용할 수 있다. 약어가 본문에 처음 등장할 때는 전체를 다 써 주고(예: machine learning(ML), English as a foreign language(EFL), RMSE(root mean square error)), 그다음부터는 약어(예: ML, EFL, RMSE)만 쓰면 된다.

4) 숫자 표기

통계값은 아라비아 숫자로 쓴다. 천 이상의 수를 아라비아 숫자로 쓸 때에는 세 자리 숫자 사이에 ','를 쓴다. 단, 쪽 번호, 일련번호, 온도, 음향 주파수 등에는 ','를 쓰지 않는다. 상관계수나 유의확률처럼 1보다 클 수 없는 통계값은 소수점 앞에 '0'을 쓰지 않는다(예: 상관계수 .70, 유의확률 .03). 기술통계로 구한 평균이나 표준편차 등은 소수점 아래 한 자리까지 표기하고, 상관계수나 t값, F값, χ^2값과 같은 통계값은 반올림하여 소수점 아래 둘째 자리까지 표기한다. 정확한 유의확률을 보여 주고 싶을 때는 소수점 셋째 자리까지 표기할 수 있다.[11)]

문장 안에서의 숫자의 경우, 숫자가 음과 뜻 중 무엇으로 읽히는지, 일관성이 있는지, 효율적인지 등을 고려하여 표기한다. 즉, 숫자가 음으로 읽히면 아라비아 숫자로, 뜻으로 읽히면 우리말 숫자로 쓴다(권성규, 2011). 예를 들어, '20분'의 '20'은 음으로 읽히므로 아라비아 숫자를 쓴다. 반면, '열 번째'의 '열'은 뜻으로 읽히므로, '10번째'라고 쓰지 않고, 마찬가지로 '4명'이 아니라 '네 명'이라고 쓴다. 단, 10 이상의 수는 아라비아 숫자로 쓸 수 있으므로 '열 명'은 '10명'으로도 쓸 수 있다. 문단 내에서 아라비아 숫자와 우리말 숫자가 함께 있는 상황에서는 일관성과 읽기 효율성을 고려하여 쓰면 된다. 이를테면, '검사도구는 다섯 개의 영역으로 구성되어 있으며, 각 영역은 여섯 개의 문항으로 측정되어 총 30개의 문항으로 이루어져 있다.'는 문장은 '검사도구는 5개의 영역으로 구성되어 있으며, 각 영역은 6개의 문항으로 측정되어 총 30개의 문항으로 이루어져 있다.'라고도 쓸 수 있다.

5) 표와 그림

내용을 문장으로 설명하는 것보다 표나 그림을 활용하는 것이 효과적일 때가 있다. 단, 표·그림으로 보여 주는 것이 실제로 효과적인지, 그리고 완성된 표·그림이 한눈에 들어오게 요약이 잘 되어 있는지 등은 확인할 필요가 있다. 굳이 표나 그림으로 표현할 필요가 없는데 그리거나, 지나치게 복잡하여 읽기 어려운 표·그림을 그리는 것은 지양해야 한다. 표·그림을 그릴 때도 따라야 할 양식이 있다. 국내 학위논문의 경우, 표·그림의 제목 모양이나 위치, 내용 정렬 방식 등과 같은 세부 사항이 학교마다 조금씩 다르기 때문에 소속 학교의 양식을 참고해야 한다. 이 절에서는 영문 논문에서 통용되는 APA 양식에 따라 표와 그림 제시 방법을 설명하고자 한다. 국문 표 작성 예시는 제6장을 참고하기 바란다.

---

11) APA 7판의 권고 사항이다.

먼저, 표 · 그림의 제목이다. APA 양식에서는 왼쪽 상단에 'Table 1' 또는 'Figure 1'과 같이 굵은 글자체로 몇 번째 표 또는 그림인지 번호를 부여하고, 그다음 줄에 이탤릭체로 제목을 쓴다. 국문의 경우 소속 기관이나 학술지의 양식에 따라 다른데, '〈표 번호〉'나 '[그림 번호]'와 같이 쓰며, 표 번호 및 제목은 상단에, 그림 번호 및 제목은 하단에 쓰는 경우가 많다. 다른 문서로부터 표 · 그림을 인용할 경우, 표 · 그림의 오른쪽 하단에 출처를 표기한다. 표의 항목과 내용은 기본적으로 가운데 정렬이 원칙인데, 글자 수가 많을 경우 가독성을 고려하여 왼쪽 정렬할 수 있다.[12] 자릿수가 다른 수치의 경우 일반적으로 오른쪽 정렬하여 자릿수를 맞춰 준다. 또한, APA 양식에서는 표에 세로줄을 쓰지 않는다는 점을 유념해야 한다.

〈예 12.18〉는 Yoo와 Rho(2021)에 수록된 표를 APA 양식에 맞추어 수정 · 편집한 것이다. '표 번호'를 굵은 글자체로 쓰고 다음 줄에 이탤릭체로 표 제목을 썼다. 표 제목에서 단어의 첫 번째 문자는 모두 대문자다. 첫 번째 열은 왼쪽 정렬하였다. 그 외 열에서 항목명은 가운데 정렬하고 숫자는 오른쪽 정렬하였다. 표 바로 아래의 '*Note.*' 부분은 전체 표에 해당되는 내용이다. 표의 일부에 해당되는 내용은 a, b, c 와 같이 위첨자로 표시하며 순서대로 그다음 줄에 쓰면 된다. 통계적 검정의 경우 $^{*}p<.05$, $^{**}p<.01$과 같이 유의확률을 제시한다(〈예 12.19〉). 참고로 APA 7판에서 기술통계의 평균과 표준편차는 반올림하여 소수점 아래 한자리까지 표기할 것을 권고하나, 〈예 12.19〉에서는 조건 간 결과 차이를 보다 명확하게 보여 주기 위하여 소수점 둘째 자리까지 표기하였다.

〈예 12.18〉 APA 표 예시 1

Table 1

Monte Carlo Simulation Results: Imputation with k–NN and EM

Missingness Mechanism	MAR		MNAR	
Missing Technique	k–NN	EM	k–NN	EM
Exact agreement rate	.51(.14)	.36(.13)	.51(.14)	.36(.13)
Adjacent agreement rate	.93(.11)	.79(.10)	.95(.12)	.82(.14)

Note. Numbers in parentheses indicate the standard deviations.

12) APA 7판의 권고 사항이다.

〈예 12.19〉 APA 표 예시 2[13)]

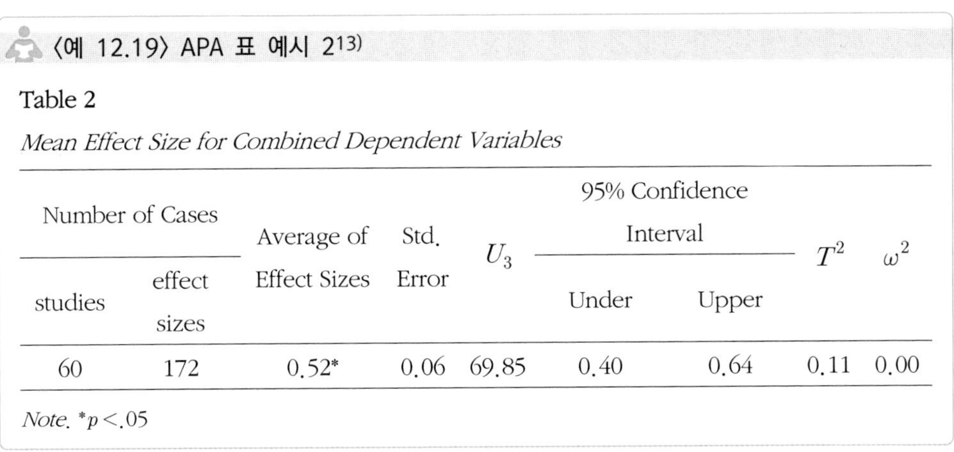

Table 2

Mean Effect Size for Combined Dependent Variables

Number of Cases		Average of Effect Sizes	Std. Error	U_3	95% Confidence Interval		T^2	ω^2
studies	effect sizes				Under	Upper		
60	172	0.52*	0.06	69.85	0.40	0.64	0.11	0.00

Note. *p <.05

〈예 12.20〉은 Yoo 등(2022)에 수록된 그림을 APA 양식에 맞추어 편집한 것이다. 그림 과 그림 번호를 굵은 글자체로 쓰고 다음 줄에 이탤릭체로 그림 제목을 썼다. 표와 그림 모두 제목에 나오는 단어의 첫 번째 문자가 모두 대문자라는 점을 확인할 필요가 있다.

〈예 12.20〉 APA 그림 예시

Figure 1

95% Confidence Intervals of Test Data RMSE

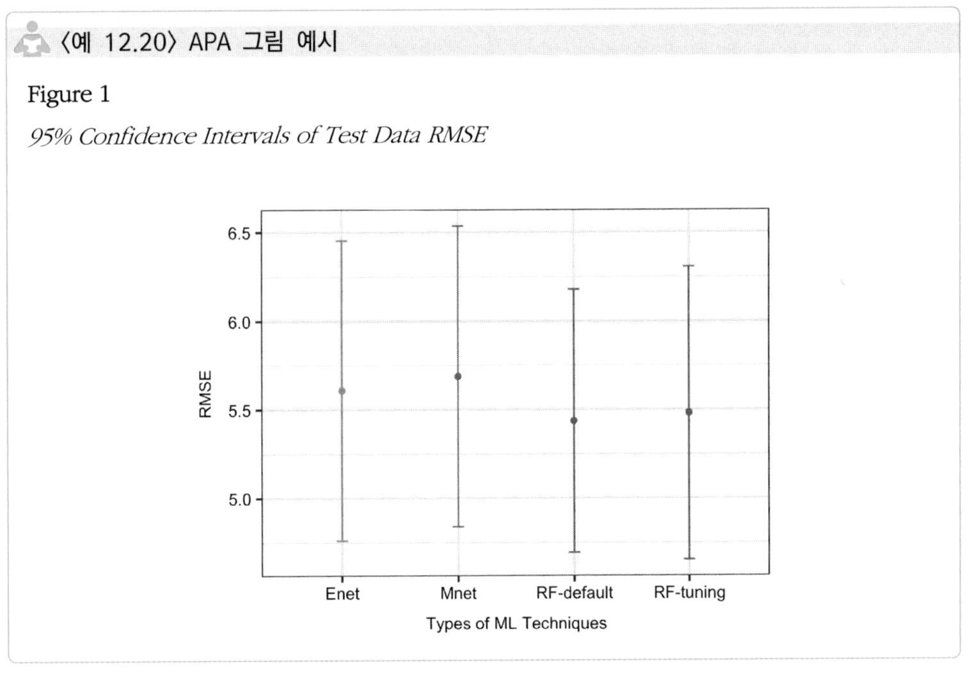

13) 강남화 등(2018)의 표를 APA 양식에 맞게 수정하였다.

6 연구계획서 작성 시 점검 사항

지금까지 학위논문을 위한 연구계획서의 구성과 작성 시 고려사항에 대하여 설명하였다. 마지막으로 연구계획서 작성 시 점검 사항을 〈표 12.2〉에 정리하였다(Creswell, 2018).

〈표 12.2〉 연구계획서 작성 시 고려해야 할 사항(체크리스트)

부분	항목
제목	연구계획서의 주요 아이디어가 요약되어 있는가?
	일반인(general public)이 이해할 수 있는가?
	연구계획서만으로 설명이 가능한가?
연구의 배경과 의의	연구결과가 기존 지식과 이론의 격차를 채울 수 있는가?
	계획한 연구의 간략한 개요(synopsis)와 복합적인 문제의 배경이 제시되어 있는가?
	1~3개의 문단으로 이루어져 있는가? 한 문단이 3~8개의 문장으로 이루어져 있는가?
	전문적이고 세련되게(professional and polished) 다듬어져 있는가? (심사위원에게 조잡한 초안(sloppy drafts)을 제출하면 안 됨)
문제 진술	한두 개의 문단으로 이루어져 있는가?
	현재의 문제와 모집단에 초점을 맞추고 있는가?
연구목적	하나의 짧은 문단으로 서술하였는가?(연구계획서에서 가장 중요한 부분임)
	연구대상/참여자, 주제, 방법론을 명확하게 제시하였는가?
선행연구 분석	연구주제와 관련된 학술 문헌(peer-reviewed literature)에 대한 철저한 이해가 드러나 있는가?
	특정 방법론을 설정하여 설명하고 있는가?(양적-기술적, 준실험설계 등, 질적-문화기술지, 근거이론, 사례연구 등, 혼합방법)
	선행연구를 주제별로 소개하고 있는가?
	선행연구가 자연스럽게 읽히는가?

방법론	방법 및 간단한 개요를 제시하였는가?
	선택한 접근에 대한 근거(rationale)를 제시하였는가?
	연구문제와 가설에 맞는 연구방법을 제시하였는가?
	변수(독립, 종속, 매개변수 등)를 설명하였는가?
	모집단을 설명하였는가?
	표집법을 설명하였는가?
	표집과 자료수집에 필요한 승인 과정을 모두 거쳤는가?
	자료수집 도구(설문, 면담, 기타 자료(artifacts) 등)를 설명하였는가?
	윤리적 고려사항을 어떻게 다루었는지 설명하였는가?
	자료분석 계획(분석 프로그램, 코딩 절차 등)을 설명하였는가?
	연구 수행 일정표를 제시하였는가?
	연구절차와 일정을 보여 주는 그래픽 자료를 제시하였는가?
	장별로 해당 장에서 다루는 주요 아이디어와 주제, 문제를 요약한 단락을 제시하였는가?
참고문헌	정확하게 인용하였는가?

제 13 장

연구윤리와 APA 인용 양식

주요 용어

위조, 변조, 표절, IRB, 인용, 말바꿔쓰기, 참고문헌, APA 양식

학습목표

1. 연구부정행위의 종류를 나열하고 각각을 설명할 수 있다.
2. IRB 심의용 연구계획서를 작성할 수 있다.
3. 말바꿔쓰기(paraphrasing)를 활용하여 논문(계획서)을 작성할 수 있다.
4. APA 양식에 맞추어 본문에서 인용하고 참고문헌 목록을 작성할 수 있다.

1 연구윤리

정도의 차이는 있겠으나, 연구는 우리 사회의 불특정 다수의 구성원에게 영향을 미칠 수 있다. 새로운 약이 이전에 쓰던 다른 약에 비하여 더 효과적이며 값도 싸다는 연구결과가 있다면, 의사는 당연히 그 새로운 약을 처방하려고 할 것이다. 교육학을 비롯한 사회과학 연구의 경우에도 마찬가지다. 학습부진학생을 위한 처치(intervention) 프로그램을 결정한다고 하자. 학습부진학생용 프로그램을 비교한 연구가 있다면, 그 연구결과를 참고하여 프로그램을 선택하는 것이 합리적이다.[1] 도시관리 계획 및 재정비 시에도 연구결과가 활용된다. 어느 위치에 다리를 놓는 것이 좋을지 결정한다고 하자. 설문조사 · 공청회 등을 통하여 지역주민들의 의견을 수렴하는 것은 이제 자연스러운 절차가 되었으며,[2] 이때 지역주민을 포함한 이해관계자에게 그간 연구결과를 정리하여 제시하며 의사결정을 돕는다. 이렇게 연구는 사회의 다양한 분야에서 활용되며 영향을 미친다. 그런데 만약 연구자가 연구결과를 제대로 보고하지 않는다면 어떤 문제가 일어날까? 특히 의학 연구의 경우 실험 결과에 따라 환자의 생명이 좌우될 수 있다. 부적절한 약을 사용함으로써 환자의 생명이 위중해질 수 있고, 학습부진학생이 효과 없는 프로그램으로 공부를 하여 학습부진이 가속화될 수 있으며, 불필요한 자리에 다리를 놓게 되면서 국고가 낭비되고 주민의 불편이 가중될 수 있다.

따라서 학문 영역을 막론하고 연구자에게 높은 수준의 연구윤리가 요구된다. 그럼에도 불구하고 명성, 연구비 수주 등의 이유로 연구부정행위의 유혹에 빠지는 일부 연구

---

1) 미국 WWC(What Works Clearinghouse)에서 교육 프로그램의 효과를 분석 · 정리하고 있다.

2) 주민 의견 수렴은 환경영향평가법에 명시되어 있다.

자가 있는 것도 사실이다. 연구부정행위로 야기되는 크나큰 사회적 비용을 생각할 때, 처음 연구를 접하게 되는 대학교·대학원 과정에서부터 연구자가 높은 연구윤리를 지니도록 훈련하는 것이 중요하다. 이 절에서는 생명윤리에 대해 설명한 다음 연구부정행위에 대해 살펴보려 한다. 생명윤리는 인간이나 동물을 대상으로 하는 연구에서 연구대상의 권익을 보호하는 것이며, 연구부정행위는 연구계획, 수행, 결과 보고 및 발표 시 발생할 수 있는 부정행위를 뜻한다. 각각에 대하여 자세히 살펴보자.

1) 생명윤리

(1) 개관

우리나라에서 생명윤리 관련 법안은 임상시험이 필요한 신약 개발 등의 연구가 이루어지는 의약학 분야에서 처음 시작되었다. 우리나라의 첫 생명윤리 관련 규정은 1987년도에 만들어진 '임상시험관리기준(Korean Good Clinic Practice: KGCP)'이다. 이후 생명과학 기술이 미치는 사회적·윤리적 영향에 대한 경각심이 커지면서 연구윤리관련 법안이 점진적으로 보완·강화되어 2004년에 보건복지부령으로 「생명윤리 및 안전에 관한 법률」(이하 생명윤리법)이 제정되었다. 당시 생명윤리법의 적용 대상은 배아 및 유전자 등의 생명과학기술 분야였으며, 생명과학기술 분야에 한정되어 있던 생명윤리법의 적용 대상이 인간 및 인체유래물까지 확대된 것은 비교적 최근인 2013년이다.

인간대상연구는 인간을 대상으로 환경 조작 등의 물리적 개입을 투입하거나, 의사소통, 대인접촉 등의 상호작용이 발생하는 연구, 또는 연구대상을 직·간접적으로 식별할 수 있는 개인정보를 사용하는 연구 등을 말한다. 교육학을 비롯한 사회과학 분야의 연구는 대부분 영유아부터 성인까지의 사람을 대상으로 설문조사, 관찰, 또는 면담과 같은 방법으로 자료를 수집하므로 인간대상연구에 속한다. 인간대상연구자는 다음과 같은 기본 원칙을 준수하여야 한다.

생명윤리 및 안전에 관한 법률 제3조

① 이 법에서 규율하는 행위들은 인간의 존엄과 가치를 침해하는 방식으로 하여서는 아니 되며, 연구대상자등[3)]의 인권과 복지는 우선적으로 고려되어야 한다.

② 연구대상자등의 자율성은 존중되어야 하며, 연구대상자등의 자발적인 동의는 충분한 정보에 근거하여야 한다.
③ 연구대상자등의 사생활은 보호되어야 하며, 사생활을 침해할 수 있는 개인정보는 당사자가 동의하거나 법률에 특별한 규정이 있는 경우를 제외하고는 비밀로서 보호되어야 한다.
④ 연구대상자등의 안전은 충분히 고려되어야 하며, 위험은 최소화되어야 한다.
⑤ 취약한 환경에 있는 개인이나 집단은 특별히 보호되어야 한다.
⑥ 생명윤리와 안전을 확보하기 위하여 필요한 국제 협력을 모색하여야 하고, 보편적인 국제기준을 수용하기 위하여 노력하여야 한다.

생명윤리법에 따라 인간 및 동물과 관련된 연구를 수행하는 모든 기관에는 기관생명윤리위원회(Institutional Review Board: IRB)가 설치되어 있으며, 인간대상연구를 수행하는 모든 연구자는 연구 전에 기관생명윤리위원회로부터 심의를 받아야 한다. 대학원생 또는 기관 소속 연구자는 연구 시작 전에 소속 기관의 기관생명윤리위원회에, 기관 소속 연구자가 아닌 경우에는 공용기관생명윤리위원회에 심의를 요청할 수 있다. 단, '취약한 환경의 피험자'를 포함하지 않는 특정 연구나 이미 생성된 기존의 자료나 문서를 이용하는 경우는 심의를 면제받을 수 있다. '취약한 환경의 피험자'는 연구에 참여하지 않음으로써 발생할 수 있는 불이익을 우려하여 연구에 참여할 가능성이 있는 사람이다. 예컨대, 실업자, 빈곤자, 노숙자, 미성년자 및 자유의사에 따른 동의가 불가능한 사람들이다.

(2) IRB 심의용 연구계획서

IRB 심의용 연구계획서는 사전심의가 원칙이므로 기관의 심의 일자와 접수 기간을 숙지하고 기간 내 신청해야 한다. 대부분의 기관은 IRB 승인 유효 기간을 승인일로부터 최대 1년까지로 정하고 있다, 연구 기간이 1년을 초과할 경우 승인 기간이 종료되기 전에 지속 심의를 받아 승인 유효 기간을 연장해야 한다. 연구가 연구대상자에게 미치는 위험이 크다고 판단될 경우, IRB 승인 유효 기간을 3개월 또는 6개월로 설정하기도 한다. IRB 심의를 받기 위해서 제출해야 하는 필수 서류에는 연구계획서, 연구대상자 설명문 및 동의서, 연구책임자의 최근 이력, 생명윤리준수서약서, 연구윤리교육 이수증

3) 법률을 그대로 인용하여 띄어쓰기를 하지 않았다.

사본 등이 있다.

IRB 심의용 연구계획서와 일반적인 연구계획서의 차이점은 연구방법 부분의 항목이다. IRB 심의용 연구계획서는 어떻게 생명윤리법을 위반하지 않고 연구대상자의 권리를 보호하며 연구를 실행할 것인지 서술하는 데 초점을 맞추어 작성하는 것이기 때문이다. IRB 심의용 연구계획서의 연구방법 부분은 연구대상자 선정 기준, 예상 연구대상자 수와 산출 근거, 연구대상자 모집 방법을 비롯하여 연구대상자의 동의를 얻는 방법, 연구대상자의 권리와 이익을 보장하는 연구방법, 관찰 항목, 안전성 평가 기준 및 평가 방법, 예측 부작용 및 주의사항 조치, 중지 및 탈락 기준, 연구대상자의 위험과 이익, 연구대상자 안전대책 및 개인정보보호 대책 등으로 이루어진다. 연구에 따라 일부 항목은 포함되지 않기도 한다(〈예 13.1〉, 〈예 13.2〉).[4]

〈예 13.1〉 IRB 심의용 연구계획서 예시(일부)

연구과제명	기계학습 기법을 활용한 온라인 강좌의 컴퓨팅 사고력 예측 모형
연구기간	위원회 승인일 ~ 20○○. ○○. ○○. (* 승인일로부터 1년 초과 시 지속심의 받아야 함)
연구대상자	• 연구대상: 20○○년 온라인 공개강좌 'R을 활용한 기계학습 기법' 수강생 중 자발적으로 참여 의사를 밝힌 수강생 • 제외대상: 연구에 참여하기를 원치 않는 수강생
연구대상자 동의	• 연구대상자에게 연구 내용, 목적, 연구기간, 연구방법, 비밀 엄수, 연구 도중 참여 철회 가능 등의 내용을 사전에 설명하고, 이와 관련된 내용이 기재된 동의서를 통하여 온라인 서면 동의를 받을 것이다.
관찰 항목	NA(Not Applicable)
연구대상자의 위험과 이익	• 위험 요인: 로그파일 분석을 통하여 연구대상자의 컴퓨팅 사고력을 예측하는 연구이므로 연구대상자에게 구체적인 위험 요인이 없다. • 이익: 연구대상자는 연구에 참여함으로써 자신의 컴퓨팅 사고력을 개선할 수 있는 기회를 얻는다.
연구대상자 안전대책 및 개인정보보호 대책	• 연구대상자의 개인정보는 연구결과 기술 시 가명으로 처리하여 식별할 수 없도록 한다.

4) 〈예 13.1〉과 〈예 13.2〉는 각각 유진은이 2019년에 작성한 IRB 심의용 연구계획서와 연구대상자용 설명문 일부에서 발췌 · 수정한 것이다.

 〈예 13.2〉 개인정보 제공 및 보호 관련 연구대상자용 설명문(일부)

연구대상자용 설명문

연구과제명: 기계학습 기법을 활용한 온라인 강좌의 컴퓨팅 사고력 예측 모형

본 연구는 기계학습 기법을 활용한 온라인 강좌의 컴퓨팅 사고력 예측 모형 연구이며, 자발적으로 참여 의사를 밝히신 분에 한하여 연구가 수행될 것입니다. 귀하의 연구참여 여부를 결정하기 전에 설명문을 신중하게 읽어 보실 것을 권합니다. 본 연구가 어떤 목적으로 수행되며 귀하에게 어떤 영향을 미칠 수 있는지에 대해 설명문에서 자세하게 설명하였습니다. 필요하다면 가족이나 친구들과 의논하십시오. 만일 궁금한 점이 있다면 연구책임자가 귀하에게 자세하게 설명해 줄 것입니다.

동의서에 대한 귀하(또는 법정대리인)의 서명은 귀하가 본 연구에 대해 설명을 들었으며, 귀하께서 본 연구참여에 동의한다는 것을 의미합니다.

……(중략)……

9. 개인정보제공 및 보호에 관한 사항

연구책임자는 개인정보의 비밀 보장을 위하여 최선을 다할 것입니다. 본 연구의 참여로 귀하에게서 수집되는 성명, 학과, 학번과 같은 개인정보는 개인ID 부여를 통하여 익명화되어 분석될 것입니다. 본 연구결과를 학회지에 게재 또는 학회에서 발표할 경우, 모든 개인정보는 익명화될 것임을 약속합니다. 연구 종료 후 연구관련 자료는 3년간 보관된 후 폐기될 것입니다.

2) 연구부정행위

연구윤리 확보를 위한 지침(교육부훈령 제263호) 제12조에 제시된 연구부정행위에는 위조(fabrication), 변조(falsification), 표절(plagiarism), 부당한 저자 표기 등이 있다. 전 세계적으로 연구부정행위 중 위조, 변조, 표절을 줄여서 FFP로 명명하며 그 심각성을 강조한다(경제 · 인문사회연구회, 2017).

(1) 위조

위조(fabrication)는 무에서 유를 만들어 내듯, 없는 자료 또는 증거를 만들어 내는 경우다. 황우석 박사의 줄기세포의 경우 맞춤형 배아 줄기세포를 배양하는 데 성공했다면서 허위로 자료를 만들었는데, 이는 줄기세포 실험에서 얻지 못한 데이터를 실재하는 것처럼 제시한 경우로 위조에 해당된다.

(2) 변조

변조(falsification)는 원하는 결과를 얻기 위하여 연구자료, 연구과정, 또는 연구결과 등을 의도적으로 조작하는 것을 말한다. 이를테면 연구자가 원하는 결과가 도출되도록 자료의 측정값을 바꾸거나 측정 간격을 허위로 보고하는 것이다. 위조와 더불어 변조로 인한 사회적 파급효과는 상상 이상일 수 있으므로 각별히 주의해야 한다.

(3) 표절

표절(plagiarism)은 다른 사람의 생각, 연구과정, 연구결과, 또는 문장을 적절한 출처 표시 없이 활용하는 것이다. 단어 · 문장구조를 일부 변형하여 사용하면서 출처 표시를 하지 않는 것도 표절에 해당된다. 자신의 이전 저작물을 적절한 인용 없이 되쓰는 자기표절(self-plagiarism)도 표절에 해당된다. 표절을 하지 않으려면 직접인용 또는 간접인용, 말바꿔쓰기(paraphrasing)를 하여야 한다. 말바꿔쓰기 및 직접/간접인용하는 방법은 다음 절에서 자세히 설명하였다.

표절률에 관한 법적 근거는 없으나, 관습적으로 10% 미만을 기준으로 한다. 그 이상의 표절률이 나타났을 경우 원고 수정 및 재검사할 것을 권장한다. 사실 말바꿔쓰기와 표절의 경계는 분명하지 않은 편이라서 표절검색 프로그램의 경우에도 표절 기준을 사용자가 선택하도록 하고 있다. [그림 13.1]은 한국학술지인용색인(Korea Citation Index: KCI)에서 제공하고 있는 문헌유사도검사 서비스를 이용하여 저자의 미출판 논문 원고의 유사도를 검사한 것이다. 유사율은 5어절을 기준으로 판단하도록 했고, 인용문장, 출처표시, 논문 제목과 학술지명을 유사 여부 판단 기준에 포함시켰다.

› 본인의 PC에 저장된 논문 파일을 업로드하여 유사도 검사를 할 수 있습니다.

▪ 검사명 Career

▪ 비교범위 ☑ KCI 논문 ☑ 학술대회 논문 ☐ 현재 업로드 파일 ☐ 기존 업로드 파일

▪ 검사설정 인용문장 ◉ 포함 ○ 제외 출처표시문장 ◉ 포함 ○ 제외 목차/참고문헌 ○ 포함 ◉ 제외

5 어절 이상이 연속하여 일치하는 경우 유사 의심 영역으로 처리

▪ 파일목록

문서명	검사상태	☐
career.hwp (100%)	검사가능	☐

※ 파일을 한 개 또는 그 이상 여러 개를 동시에 선택해서 업로드 할 수 있습니다.

파일첨부 선택삭제

파일목록 현황 : 1 / 1
문서 첨부 제한 : 190.0KB/ 200.00MB
파일 제한 크기 : 40.00MB (허용 확장자 : *.hwp;*.doc;*.docx;*.ppt;*.pptx;*.xls;*.xlsx;*.pdf;)

유사도 검사 취소

[그림 13.1] 표절검색 프로그램 화면 예시

문헌유사도검사 결과 표절률이 9%로 나타났는데, 이는 학술지명, 법 조항, 역량명, 문항 내용, 분석값, 참고문헌 등이 포함된 결과였다([그림 13.2]). 전혀 상관이 없는 분석값도 표절의심 문장으로 탐색될 수 있으므로 단순히 검사결과 수치로 표절 정도를 판단하지 말고 상세 결과 보고서를 확인할 필요가 있다.

[그림 13.2] 표절검색 프로그램 결과 예시

위조, 변조, 표절 이외에도 부당한 저자 표기, 중복 게재와 같은 연구부정행위도 있다. 부당한 저자 표기는 친분이 있는 연구자끼리 서로 이름을 넣어 준다거나 하는 식으로 저작물 작성에 정당하게 기여하지 않은 사람에게 저자 자격을 부여하는 것을 의미한다. 실제 연구에 기여한 연구자를 제외시키는 경우도 부당한 서자 표기에 해당한다. 또한, 관찰한 자료를 모두 분석하지 않고 일부만 분석하여 제시하거나 동일한 연구를 중복 게재하는 것, 동시에 여러 학술지에 투고하는 것, 하나의 자료를 여럿으로 나누거나 자료를 일부 추가하여 새로운 연구인 것처럼 투고하는 것도 모두 연구부정행위라고 할 수 있다. 증거기반연구(evidence-based research)의 중요성이 더욱더 강조되는 요즈음, 위조, 변조, 표절로 조작된 자료는 사회적으로 엄청난 기회비용을 초래할 수 있으므로 모든 연구자는 언제나 연구윤리를 명심하며 연구를 수행해야 한다(유진은, 2019).

〈심화 13.1〉 교육부훈령 제263호 연구윤리 확보를 위한 지침

교육부훈령 제263호 연구윤리 확보를 위한 지침은 연구윤리를 확보하기 위해 필요한 연구자와 대학 등의 역할과 책임에 관한 기본 원칙과 부정행위를 방지하기 위한 사항이 명시되어 있다. 제5조는 연구자의 역할과 책임에 대한 내용으로 자세한 내용은 다음과 같다.

제5조(연구자의 역할과 책임) 연구자는 연구의 자유에 기초하여 자율적으로 연구를 수행하되, 다음 각 호의 사항을 준수하여야 한다.

1. 연구대상자의 인격 존중 및 공정한 대우
2. 연구대상자의 개인 정보 및 사생활 보호
3. 사실에 기초한 정직하고 투명한 연구의 진행
4. 전문 지식을 사회에 환원할 경우 전문가로서 학문적 양심 견지
5. 새로운 학술적 결과를 공표하여 학문의 발전에 기여
6. 자신 및 타인의 저작물 활용 시 적절한 방법으로 출처를 밝히는 등 선행 연구자의 업적 인정 · 존중
7. 연구계약의 체결, 연구비의 수주 및 집행 과정의 윤리적 책임 견지
8. 연구비 지원기관의 이해관계에 영향을 받지 않고, 연구결과물에 연구와 관련된 모든 이해관계 명시
9. 연구결과물을 발표한 경우, 연구자의 소속, 직위(저자 정보)를 정확하게 밝혀 연구의 신뢰성 제고
10. 지속적인 연구윤리교육의 참여

2 말바꿔쓰기

연구자는 절대로 표절(plagiarism)을 하면 안 된다. 앞서 표절이 타인의 생각, 연구과정, 연구결과를 적절한 출처 표시 없이 쓰는 것이라고 하였다. 다른 연구자의 아이디어, 연구과정 및 연구결과를 요약하여 기술하는 선행연구 부분에서 특히 표절의 위험이 크다. 표절 위험에서 벗어나려면 인용 또는 말바꿔쓰기(paraphrasing)를 해야 한다. 이 절에서 말바꿔쓰기 방법을 예시와 함께 보여 주고, 다음 절에서 직접/간접인용 방법에 대하여 설명하겠다.

1) 말바꿔쓰기 방법

짜깁기(patchwriting)한 것을 말바꿔쓰기한 것으로 오인하는 표절 사례가 종종 발생한다(APA style, 2021). 짜깁기는 〈예 13.3〉에서와 같이 원문의 단어를 몇 개 삭제하거나 일부 단어를 동의어로 바꾸고, 또는 새로운 단어를 몇 개 추가하는 식으로 원문을 거의 그대로 가져오는 것이다. 즉, 단순히 원문의 단어 몇 개를 바꿔치기하거나 새로운 단어 몇 개를 추가하는 방식으로는 표절 위험에서 벗어나기 어렵다.

〈예 13.3〉 짜깁기 예시

오경화(2011)의 원문

다양한 사회구성원이 조화롭게 공존하는 다문화 사회가 형성되기 위해서는 다문화가정 자녀세대를 위한 적절한 교육적 지원이 필요하며 이들을 수용하는 주변인 등의 태도에 대한 교육도 절실히 요구된다고 본다.

짜깁기

오경화(2011)에 따르면, 다양한 사회구성원이 공존하는 다문화 사회를 형성하기 위해 필요한 것은 다문화가정 자녀세대에 대한 충분한 교육적 지원 및 이들을 둘러싼 주변인들의 태도에 대한 교육이다.

2) 말바꿔쓰기 예시

말바꿔쓰기는 원문의 단어 또는 문장 구조를 바꾸고, 연구자 자신의 언어를 사용하여 원문의 아이디어를 표현하는 것이다. 〈예 13.4〉와 〈예 13.5〉은 문단에서의 말바꿔쓰기의 예시로, 각각 이종승(2009, p. 253)과 이종승(2009, p. 114)의 문단을 말바꿔쓰기한 것이다. 〈예 13.4〉의 '말바꿔쓰기 예시1'은 원문 내용을 그대로 살려 말바꿔쓰기하였고, 〈예 13.5〉의 '말바꿔쓰기 예시2'는 내용을 추가하여 말바꿔쓰기하였다(유진은, 2019, pp. 243-245). 참고로 여기에서 말바꿔쓰기 예시로 든 형성평가와 신뢰도는 교육평가에서 일반적으로 알려진 개념이므로 말바꿔쓰기를 한 후 굳이 출처를 표시할 필요가 없으나, 말바꿔쓰기 인용 예시를 보여 준다는 맥락에서 〈예 13.4〉에서는 출처를 표시하였다. 앞서 언급한 대로, 타인의 독창적인 사고가 들어간 내용을 말바꿔쓰기할 때는 필히 출처를 표기해야 한다.

 〈예 13.4〉 말바꿔쓰기 예시 1

원문

형성평가는 다른 어떤 평가보다도 교수-학습의 개선을 위해서 매우 유용하게 쓸 수 있는 평가다. 수업이 진행되고 있는 과정에서 교수-학습의 진전 상황을 평가함으로써, 교사와 학생들에게 피드백을 주어 학습을 증진시키고 수업방법을 개선하는 데 일차적인 목적이 있는 평가이기 때문이다. 교수와 학습이 아직 유동적인 수업의 과정 여기저기에서 수시로 평가를 실시하는 것이 형성평가의 한 특징이다.

말바꿔쓰기

형성평가는 교수 · 학습 상황에서 수시로 실시되어 교사와 학생에게 교수 · 학습 개선에 필요한 정보를 제공한다는 장점이 있다. 형성평가를 통하여 그때그때 학생의 수준과 상황을 파악함으로써 교사는 수업을 개선하고 학생은 다음 수준의 학습으로 나아갈 수 있는 것이다. 이렇게 교사와 학생에게 직접적으로 도움이 되는 피드백을 제공할 수 있기 때문에 형성평가의 중요성이 크게 부각되고 있다(이종승, 2009).

 〈예 13.5〉 말바꿔쓰기 예시 2

원문

신뢰도란 한 검사가 측정하고자 하는 특성을 얼마나 정확하게 측정하느냐 하는 정도를 말한다. 측정의 오차가 적으면 적을수록 그만큼 해당 검사의 신뢰도는 높다고 본다. 측정에서 일관성은 중요하다. 길이 · 무게 · 속도와 같은 대부분의 물리적 특성들은 동일 대상을 반복해서 여러 번 재더라도 측정값의 변산이 별로 없이 일관성을 유지하며 매우 정밀하게 측정할 수 있다. 그러나 이러한 정밀도는 심리적 특성의 측정에서는 기대하기 어려운데, 그 까닭은 심리측정의 경우 여러 가지 요인들이 오차를 유발하기 때문이다.

말바꿔쓰기 A

교육평가에서의 신뢰도는 '신뢰할 수 있는 정도'가 아니라 '일관성'을 뜻하는 매우 중요한 개념이다. 어떤 검사를 여러 번 실시해도 같은 결과가 나온다면 그 검사는 신뢰도가 높은 검사라 할 수 있다. 일반적으로 길이, 무게, 시간과 같은 비율척도인 변수는 수십 번, 수백 번 측정해도 그 결과에 큰 차이가 없다. 그런데 교육학에서 관심이 있는 학업성취도, 학습동기, 끈기와 같은 변수는 다양한 오차 요인이 작용하기 때문에 일관성이 담보되기 어렵다.

말바꿔쓰기 B

교육평가에서의 신뢰도는 '신뢰할 수 있는 정도'가 아니라 '일관성'을 뜻하는 매우 중요한 개념이다. 어떤 검사를 여러 번 실시해도 같은 결과가 나온다면 그 검사는 신뢰도가 높은 검사라 할 수 있다. 일반적으로 길이, 무게, 시간과 같은 비율척도인 변수를 측정하는 것은 어렵지 않으며, 일관성도 높은 편이다. 예를 들어, 키나 몸무게를 수십 번, 수백 번 측정하는 것은 귀찮을 뿐 어렵지도 않고, 측정 결과 또한 비슷하다. 그런데 교육학에서 관심이 있는 학업성취도, 학습동기, 끈기와 같은 변수는 수십 번이 아니라 두 번 측정하는 것도 쉽지 않으며, 다양한 오차 요인이 작용하기 때문에 일관성이 담보되기 어렵다.

3 본문 및 참고문헌 APA 인용

일반적으로 알려진 지식에 대해서는 인용할 필요가 없다. 그러나 타인의 독창적인 사고가 들어갔다고 판단되는 개념(용어), 구(phrase) 또는 절(clause), 표, 그림, 사진 등을 인용할 때 출처 표기가 필수적이다. 특히 학술적 글쓰기에서 인용을 제대로 하지 않을 경우 표절로 인한 연구윤리 위배 문제가 발생할 수 있으므로 주의해야 한다. 따라서 연구방법 강좌에서는 필수적으로 표절을 피하기 위한 말바꿔쓰기 방법과 참고문헌 인용 방식을 다루게 된다.

학문 분야에 따라 출처 표기 방식, 즉 인용 방식이 다양하다. 대표적인 인용 방식으로 시카고(Chicago) 양식, MLA(Modern Language Association: 현대언어학회) 양식, 그리고 APA(American Psychological Association: 미국심리학회) 양식을 들 수 있다. 시카고 양식은 1901년 시카고대학출판부에서 지정한 양식으로 여러 학문 분야에서 널리 사용되고 있으며, MLA는 인문학, 그중에서도 언어학 분야에서 주로 사용된다. 심리학, 교육학을 비롯한 사회과학 연구에서는 논문 작성 시 대체로 APA 기준을 따르므로 이 책에서는 APA 양식을 기준으로 본문 인용과 참고문헌 인용으로 나누어 설명하였다.

1) 본문 인용

(1) 직접인용

본문 인용은 다시 직접인용과 간접인용으로 구분되며, APA는 직접인용을 다시 짧은 인용과 긴 인용으로 나누어 인용 방식을 제시한다. 개념(용어) 또는 구나 절을 본문에서 그대로 인용할 경우, 즉, 직접인용할 경우, 큰따옴표("")와 함께 원문에서의 쪽수까지 명시해야 한다.

① 짧은 인용

단어 또는 구를 본문에서 직접인용한 Yoo와 Moon(2006) 그리고 유진은(2015)의 예시를 보여 주겠다. 먼저 Yoo와 Moon(2006)은 Robinson(1996)의 128쪽부터 130쪽 내용을 인용하며 단어(liability, burden, asset)를 다음과 같이 직접인용하였다(〈예 13.6〉).

〈예 13.6〉 직접인용 예시 1

Giftedness can be a double-edged sword. Being different is often devalued as a "liability" or a "burden," especially among peers, while giftedness is appreciated as an "asset," especially among adults (Robinson, 1996, pp. 128–130).

유진은(2015)은 박창이 등(2013)에서의 한 구(대용량 자료에 대한 자동화 또는 반자동화된 탐색적 자료분석)를 직접인용하였다(〈예 13.7〉).

 〈예 13.7〉 직접인용 예시 2

데이터 마이닝에 대한 정의는 명확하지 않으나, "대용량 자료에 대한 자동화 또는 반자동화된 탐색적 자료분석"(박창이 등, 2013, p. 4)으로 볼 수 있다.

② 긴 인용

문단을 직접인용하는 경우는 인용 방식이 다르다. 교육학을 비롯한 사회과학에서 논문 인용 가이드라인을 제시하는 APA에 따르면, 40단어 이상을 본문에서 직접인용하는 경우 한 행을 띄우고 문단을 시작하고 0.5인치(1.27센티미터) 들여쓰기와 줄 간격 200%(double-space)를 지키되, 문단 전체에 대한 큰따옴표는 필요치 않으며, 인용을 끝낸 후 문장 부호 다음 인용 정보를 괄호로 명시한다(Purdue Online Writing Lab, 2019). 다음은 40단어가 넘는 문단을 직접인용한 예시다(〈예 13.8〉).

 〈예 13.8〉 직접인용 예시 3

유진은, 노민정(2018)은 기계학습의 특징을 다음과 같이 설명하였다.

> 기계학습 기법은 전통적인 통계 기법과 패러다임이 다르다. 더 자세히 설명하자면, 추론(inference)에 기반하며 설명을 중시하는 전통적인 통계 기법과 달리 기계학습 기법은 예측(prediction)을 중시하며 통계적 검정을 하지 않는다. 또한, 통계적 유의성(statistical significance) 대신 예측 오차(prediction error)를 구하여 모형 적합도를 평가하며, 과적합(overiftting)을 막기 위하여 벌점회귀모형(penalized regression)과 같은 규제화(regularization) 기법을 이용한다(p. 201).

(2) 간접인용

본문 인용 시에는 저자의 이름은 쓰지 않고, 저자의 성(姓)만 연도와 함께 표기한다. 인용 문헌은 국문, 영문, 기타 외국어 순으로 제시한다. 여러 문헌을 함께 인용할 경우 동일 언어 내에서의 제시 순서는 저자의 성(姓)을 기준으로 가나다 순, 알파벳 순으로 정렬하며, 각각을 ';'으로 구분한다(〈예 13.9〉).

〈예 13.9〉 간접인용 예시 1

양적연구 자료분석 시 모호성을 유발하는 결측(Schmitt, Mandel, & Guedj, 2015)은 분야를 막론하고 모든 양적 실험 및 조사 연구에서 중요한 이슈다(유진은, 2013; Buhi et al., 2008; Gold & Bentler, 2000; Ibrahim et al., 2005; Peugh & Enders, 2004).

……(중략)……

k-NN 대체법은 다변량 정규성 등의 모수적 모형이 만족되지 않아도 강건성(roubustness)을 지니며 계산 알고리즘이 간단하다는 장점을 가진다(박소현 등, 2011; Jönsson & Wohlin, 2004). 또한 반응 변수와 설명 변수 간 관계를 모형화하지 않는 비모수적 방법이기 때문에 이해와 적용이 쉬운 편이다. 또한 실제 자료에 존재하는 값으로 대체가 이루어진다는 점이 주목할 만한 특징이다(Beretta & Santaniello, 2016).

국문 출판물은 저자의 성과 이름을 모두 쓰고 연도를 함께 표기한다. 저자가 2인일 때는 영문의 경우 저자들의 성 사이에 '&'를 쓰고, 국문일 경우 보통 ',' 또는 '·'를 쓴다. 3인 이상일 때 제1저자의 성을 쓴 후 영문의 경우 'and others'를 의미하는 'et alia'의 약어인 'et al.'을 쓰고,[5] 국문의 경우 보통 '외' 또는 '등'을 쓴다. 단, 여러 편의 논문에서 첫 번째 저자가 동일한 경우, 혼란을 방지하기 위하여 논문을 구별할 수 있을 만큼 저자를 써 준다. 동일한 저자가 같은 연도에 쓴 논문을 여러 편 인용하는 경우, 연도 뒤에 'a', 'b'와 같이 알파벳을 붙여 구분한다(〈예 13.10〉).

5) 저자가 3인 이상일 경우 APA 6판까지는 처음 제시할 때는 모든 저자를 써 주고 두 번째부터는 첫 번째 저자만 쓰고 그 외 저자는 생략하고 'et al.'을 썼으나, 7판부터는 처음부터 첫 번째 저자만 쓰고 그 외 저자를 생략하도록 한다.

〈예 13.10〉 간접인용 예시 2

사회과학 대용량 자료 및 학습분석학 자료를 분석한 최근 연구에서 벌점회귀모형은 예측력에 있어서도 비선형 모형과 차이가 없었다(Yoo & Rho, 2021a; Yoo et al., 2022). 예측을 목적으로 하는 기계학습 연구에서 통계적 검정은 관심사가 아니었으나, 최근 벌점회귀모형과 통계적 검정을 결합하는 '변수 선택 후 추론(post-selection inference, 이하 PSI)'에 대한 연구가 시작되고 있다(Lee et al., 2016). 즉, 벌점회귀모형을 확장한 기법인 PSI를 활용할 경우 통계적 검정까지도 가능하다. 그러나 국내외 사회과학 대용량 자료분석에서 PSI를 실시한 연구는 노민정과 유진은(2021), Yoo와 Rho(2021b)에 불과하다.

참고로 재인용은 최대한 피하는 것이 좋다. 재인용은 첫 번째 인용자가 자신의 연구문제에 맞게 해석한 원문을 다시 인용하는 것이다. 원문을 인용할 때에는 원문의 의도나 전체적인 맥락이 중요한데, 재인용을 할 경우 원문의 실제 내용이나 의도가 자신의 연구문제나 맥락에 적합한지 판단할 수 없다. 첫 번째 인용에 이미 첫 번째 인용자의 연구문제나 맥락, 원문에 대한 연구자의 해석이 녹아들어 있기 때문이다. 따라서 재인용을 하기보다는 원문을 확인하여 간접인용할 것을 권한다.

2) 참고문헌 인용

APA 인용 양식은 주로 영어로 된 저작물에 초점이 맞춰져 있어 우리말로 된 저작물에 대해서는 APA reference style과 같은 명확한 지침이 없다. 따라서 영어로 된 저작물은 APA 양식에 근거하여 설명하고, 국문 저작물은 일반적으로 통용되는 작성 방법을 기준으로 설명하려고 한다. 국문의 참고문헌 표기법은 출판 기관에 따라 조금씩 상이하므로 학위논문의 경우에는 소속 대학원의 학위논문 출판 규정을, 학술지 논문의 경우에는 해당 학술지의 논문 투고 규정을 따르면 된다.

이 절에서는 저서와 학술지 인용 양식에 초점을 맞추어 설명하며, 최근 인용 횟수가 많아지고 있는 인터넷 자료의 인용 방법을 추가로 설명하였다. 그 외 다양한 참고 자료 인용 양식을 알고 싶다면 『Publication manual of the American Psychological Association (7th ed.)』을 참조하는 것을 권한다.

(1) 기본 규칙

- 본문에 인용된 모든 문헌은 참고문헌 목록에 필히 제시하여야 한다.
- 참고문헌 목록은 국문, 영문, 기타 외국어 순으로 제시한다. 동일 언어 내에서의 제시 순서는 저자의 성(姓)을 기준으로 가나다 순, 알파벳 순으로 정렬한다.
- 참고문헌 목록은 내어쓰기 한다.
- 참고문헌의 정보는 저자명, 연도, 저서명 또는 논문 제목, 출처(출판사, 학술지명과 권, 호, 수록 면 수) 순으로 제시한다.
- 영어 저작물 중 저서명과 학술지명은 이탤릭체로 쓴다. 국문 저작물의 경우에는 저서명, 학술지명과 권을 볼드체 또는 고딕체로 쓰는 것이 일반적이다.
- 영어 저작물의 경우 제목과 colon(:), dash(–) 이후에 나오는 부제의 첫 번째 단어의 첫 번째 문자, 고유명사의 첫 번째 문자는 대문자로 쓴다.

구분		저자명과 연도 | 저서명/논문 제목 | 출처(출판사/학술지명, 권, 호 등)
저서	국문	유진은(2016). ∨한 학기에 끝내는 양적연구방법과 통계분석. ∨학지사.
	영문	Cox, D. R. ∨(1958). ∨*Planning of experiments.* ∨Wiley.
논문	국문	유진은(2017). ∨기계학습을 통한 TIMSS 2011 중학생의 수학 성취도 관련 변수 탐색. 교원교육, 33(1), 43–56. http://db-koreascholar-com.proxy.knue.ac.kr/article.aspx?code=321771
	영문	Zimmerman, B. J. ∨(2010). ∨Self-regulated learning and academic achievement: An overview. *Educational Psychologist, 25*(1), 3–17. https://doi.org/10.1207/s15326985ep2501_2

- 영어 저작물의 저자가 2인 이상인 경우 '&' 기호를 사용한다. 저자가 3인 이상인 경우, '&' 표시는 마지막 저자 앞에 한 번 쓴다. 저자의 수가 21명 이상인 경우에는 19번째 저자까지 쓴 후, "…"를 쓰고 마지막 저자의 이름만 쓴다. 즉, 저자가 총 20명만 나오도록 인용한다. 우리말로 된 저작물에는 '&' 대신 ',' 또는 '·'를 쓴다.

저자 수		저자명과 연도
2인	국문	김두섭, 강남준(2008).
	영문	Cizek, G. J., & Bunch, M. B. (2007).
3인 이상 20인 이하	국문	강현철, 한상태, 최호식(2010).
	영문	Bell, S. H., Orr, L. L., Blomquise, J. D., & Cain, G. G. (1995).

21인 이상	국문	장세진, 강동묵, 김성아, 이철갑, 손동국, 김형수, 우종민, 조정진, 김정원, 김정연, 하미나, 이경용, 고상백, 강명근, 손미아, 김정일, 노상철, 박재범, 김수영, ... 박준호(2005).
	영문	Adams, J. J., King, S., Card, O. S., Bacigalupi, P., Rickert, M., Lethem, J., Martin, G. R. R., Buckell, T. S., McDevitt, J., Doctorow. C., Van Pelt, J., Kadrey, R., Wells, C., Oltion, J., Wolfe, G., Kress, N,, Bear, E., Butler, O. E., Emshwiller, C., Barett, N, Jr., ... Langan, J. (2008).

(2) 책

APA 7판부터 적용되는 기준으로, 저서에 출판사 소재 지명을 쓰지 않는다.

① 개정판(edition)

저서명 뒤에 몇 번째 개정판인지 쓴다. 영문의 경우 재판은 2nd ed., 3판은 3rd ed., 4판부터는 기수에 'th'를 붙여 쓴다. 국문의 경우 2판, 3판, 4판, …으로 쓴다.

> 고영근, 구본관(2018). 우리말 문법론(2판). 집문당.
> 유진은(2022). 한 학기에 끝내는 양적연구방법과 통계분석(2판). 학지사.
> Corbin, J., & Strauss, A. (2015). *Basics of qualitative research: Techniques and procedures for developing grounded theory* (4th ed.). Sage.
> Creswell, J. W., & Plano Clark, V. L. (2018). *Designing and conducting mixed methods research* (3rd ed.). Thousand Oaks.

② 편집된 책

저자명과 연도 사이에 "Ed."를 쓴다. 저자가 2인 이상인 경우에는 "Eds."라고 쓴다. 국문 저작물은 저자 수와 상관없이 "(편)"을 쓴다.

> 최종렬, 김성경, 김귀옥, 김은정(편). (2018). 질적 연구방법론. 휴머니스트.
> Alasuutari, P., Bickman, L., & Brannen, J. (Eds.). (2008). *The SAGE handbook of social research methods*. Sage.
> Willig, C., & Stainton-Rogers, W. (Eds.). (2017). *The SAGE handbook of qualitative research in psychology* (2nd ed.). Sage.

③ 편집된 책의 장(book chapter)

장의 저자, 장 제목을 쓴 후, 저서의 저자를 쓰고 편집된 책임을 표기한 후, 저서명과 수록 면 수, 출판사 순으로 쓴다. 장 제목이 아닌 저서명을 이탤릭으로 쓰고, 영문 저서의 저자명은 이름과 성의 순서로 쓴다.

> 이재열(2003). 비모수통계. 홍두승, 설동훈(편), Statistica를 이용한 사회과학자료분석(pp. 153-188). 다산출판사.
>
> Charmaz, K., & Henwood, K. (2017). Grounded theory methods for qualitative psychology. In C. Willig & W. Stainton-Rogers (Eds.), *The SAGE handbook of qualitative research in psychology* (2nd ed., pp. 238-255). Sage.

④ 번역서

번역서를 인용할 경우 원저자명, 번역서 출판연도, 번역서명, 번역자명과 번역서임을 표시하는 'Trans.' 또는 '역'을 쓰고, 출판사, 원서 출판연도 순으로 입력한다.

> Husserl, E. (2003). *The idea of phenomenology* (L. Hardy, Trans.). Kluwer Academic Publishers. (Original work published 1907)
>
> Kuhn, T. S. (2013). 과학혁명의 구조(4판) (김명자, 홍성욱, 역). 까치. (원서출판 1962)

(3) 학술지

- 학술지 참고문헌 정보는 저자명, 연도, 학술지 제목, 학술지명, 권, 호, 쪽수/논문번호, doi/URL 순으로 쓴다.
- 학술지명과 권은 이탤릭체로 쓰고, 호와 쪽수는 이탤릭체로 쓰지 않는다. 우리말로 된 학술지는 학술지명과 권을 볼드체 또는 고딕체로 쓰는 것이 일반적이다.
- 대문자 사용은 저서와 동일하다. 단, 학술지명은 전치사를 제외한 모든 단어의 첫번째 문자를 대문자로 쓴다.
- 저자 수에 따른 저자 표기 방법은 저서와 동일하다.
- DOI(Digital Object Identifier)는 디지털 콘텐츠에 부여되는 고유 식별 번호다. 논문에 부여된 DOI(또는 doi)가 없다면 URL을 쓴다.

노민정, 유진은(2015). 교육 분야 메타분석을 위한 50개 필수 보고 항목. 교육평가연구, 28(3), 853–878. http://uci.or.kr/G704-000051.2015.28.3.003
유진은(2019). 기계학습: 교육 대용량/패널 자료와 학습분석학 자료분석으로의 적용. 교육공학연구, 35(2), 313–338. http://doi.org/10.17232/KSET.35.2.313
Yoo, J. E., & Rho, M. (2020). Exploration of predictors for Korean teacher job satisfaction via a machine learning technique, group mnet. *Frontiers in Psychology, 11*, 441. http://doi. org/10.3389/fpsyg.2020.00441
Yoo, J. E., Rho, M., & Lee, Y. (2022). Online students' learning behaviors and academic success: An analysis of LMS log data from flipped classrooms via regularization. *IEEE Access, 10*, 10740–10753. https://doi.org/10.1109/ACCESS.2022.3144625

(4) 학위논문

- 학위논문은 출판 여부에 따라 다르게 표기한다. 미출판 학위논문은 저자명, 연도, 제목과 학위명(Unpublished doctoral dissertation/master's thesis), 수여기관 순으로 쓴다. 논문의 제목은 이탤릭체로 쓴다.
- 출판된 학위논문은 저자, 연도, 제목과 학위명(Doctoral dissertation/Master's thesis), 수여기관, URL 순으로 쓴다. 논문의 제목은 이탤릭체로 쓴다.
- 국내 학위논문의 경우, 출판 여부와 상관없이 저자명, 연도, 제목, 수여기관과 학위명, URL을 쓴다.

구승영(2019). 세월호 사건을 겪은 학교에서 상담사로 살아내기. 서울대학교 대학원 박사학위논문. https://s-space.snu.ac.kr/bitstream/10371/162147/1/000000157989.pdf
Oh, E. (2007). *Project organization, diverse knowledge, and innovation systems in the Korean game software industry* [Doctoral dissertation, Georgia Institute of Technology]. Georgia Open Access. http://hdl.handle.net/1853/14516

(5) 학술대회 자료

학술대회 자료는 저자, 학술대회 날짜, 제목, 학술대회명, 개최 지역 순으로 표기한다. 자료의 제목을 이탤릭체로 쓰며, 프레젠테이션 유형(paper, poster)을 제목 끝에 [ ]로 표기한다. 학술대회명은 단어의 첫 글자를 대문자로 쓴다.

Buskirk, T. D., Bear, T., & Bareham, J. (2018, October 25–27). *Machine made sampling designs: Applying machine learning methods for generating stratified sampling designs* [Conference presentation]. Big Data Meets Survey Science Conference, Barcelona, Spain.

Fabian, J. J. (2020, May 14). UX in free educational content. In J. S. Doe (Chair), *The case of the Purdue OWL: Accessibility and online content development* [Panel presentation]. Computers and Writing 2020, Greenville, NC, United States.

Yoo, J. E. (2017, April 27–May 1). TIMSS student and teacher variables through machine learning: Focusing on Korean 4th graders' mathematics achievement [Paper Session]. AERA Annual Meeting, San Antonio, TX, United States.

(6) 연구보고서

- 정부기관이나 단체에서 발간한 보고서는 저자, 연도 또는 날짜, 보고서명과 식별 가능한 보고서 번호, 자료형태, 발행기관이나 조직명, URL을 쓴다.
- 자료형태는 보고서가 아닌 경우에 작성하며, 보도자료, 정책브리핑, 소책자, 팸플릿 등이 있다. 보고서 표지에 개인의 성명 대신 기관명이나 단체명만 기입되어 있다면 저자와 발행처가 동일한 경우로 간주한다. 이때, 발행처는 생략한다.

Kastberg, D., Cumming, L., Ferraro, D., & Perkins, R. (2021, July). *Technical report and user guide for the 2018 program for international student assessment* (PISA). Institute of Education Sciences. https://nces.ed.gov/pubs2021/2021011.pdf

World Health Organization. (2022, April 4). *Billions of people still breathe unhealthy air: New WHO data* [Press release]. https://www.who.int/news/item/04-04-2022-billions-of-people-still-breathe-unhealthy-air-new-who-data

(7) 전자 저작물

① 웹페이지

웹페이지는 저자, 생성일, 제목, 웹사이트명, URL 순으로 쓴다. 전자 저작물의 저자를 모를 경우 제목을 저자로 대체한다. 생성일을 모른다면 영문의 경우 'n.d.' 국문의 경우 '연도미상'이라고 쓴다.

APA Help Center. (2018, November 1). *Stress effects on the body.* https://www.apa.org/topics/stress/body
OECD Data. (n.d.). *OECD data: Korea.* https://data.oecd.org/korea.htm

② 인터넷 문서

인터넷상의 문서(예: pdf, doc, ppt, hwp 등으로 저장된 파일)는 저자명, 연도, 문서 제목, URL 순으로 쓴다.

APA style. (2021). *Avoiding plagiarism guide.* https://apastyle.apa.org/instructional-aids/avoiding-plagiarism.pdf

APA 7판부터는 URL이나 DOI 앞에 'Retrieved from'을 쓰지 않는다. 단, 전자 저작물의 내용이 시간이 지나 바뀔 수 있는 경우(예: 위키피디아 문서) 'Retrieved Month Date, Year, from URL' 형식으로 인용한다.

Multivariate normal distribution. (n.d.). Wikipedia. Retrieved May 15, 2022, from https://en. wikipedia.org/wiki/Multivariate_normal_distribution

③ 온라인 뉴스

온라인 뉴스의 출처가 신문일 경우, 기사의 제목은 정자체로 쓰고 신문명만 이탤릭체로 쓴다. 반대로 출처가 신문이 아닐 경우, 매체명을 정자체로 쓰고 기사 제목만 이탤릭체로 쓴다.

Hauslohner, A., Lamothe, D., & Allam, H. (2022, May 5). Kremlin is targeting Ukraine resupply infrastructure, officials say. *Washington Post.* https://www.washingtonpost.com/national-security/2022/05/04/russia-ukraine-rail-attacks/
LaMotte, S. (2022, June 9). *What jazz improv can teach us about creativity and breaking the rules.* CNN. https://edition.cnn.com/2018/04/29/health/brain-on-jazz-improvisation-improv/index.html

④ 소프트웨어 또는 (모바일) 프로그램

Word나 Excel과 같은 standard office 소프트웨어나 프로그래밍 언어는 인용하지 않고, specialized software인 경우에만 인용한다. 저자명, 연도, 소프트웨어명 또는 (모바일) 프로그램명과 버전, 발행처, URL 순으로 쓴다. 특기할 점으로, APA 7판부터는 URL 앞에 'Retrieved from'을 쓰지 않는다.

> Google LLC. (2020). *Socratic by Google* (Version 5.5) [Mobile app]. App Store. https://apps.apple.com/app/apple-store/id1014164514

APA 7판은 데이터, 온라인 사전, 그래픽 자료, 온라인 강의 노트나 프레젠테이션, 여러 가지 SNS의 자료, YouTube, TED의 동영상 자료 등 다양한 온라인 자료에 대한 인용 형식을 제공한다. 이 절에 제시된 인용 양식 외에 더 자세한 내용은 APA 7판(https://apastyle.apa.org/)을 참고하기 바란다.

Research methodology
REFERENCE

참고문헌

강남화, 이나리, 노민정, 유진은(2018). 융합인재교육(STEAM) 프로그램이 학생에 미친 효과에 대한 메타분석. 한국과학교육학회지, 38(6), 875-883. https://doi.org/10.14697/jkase.2018.38.6.875

강지연, 윤선영(2016). 간호사의 직장 내 괴롭힘 경험에 관한 근거이론 연구. *Journal of Korean Academy of Nursing, 46*(2), 226-237. http://uci.or.kr/G704-000229.2016.46.2.006

강현철, 한상태, 최호식(2010). SPSS(PASW Statistics) 데이터 분석 입문. 자유아카데미.

경제 · 인문사회연구회(2017). 국책연구기관 연구윤리 평가규정 및 사례.

고미숙(2016). 중환자실 간호사의 심리적 외상(Trauma) 체험. 중앙대학교 대학원 박사학위논문. http://www.riss.kr/link?id=T14021559&outLink=K

구승영(2019). 세월호 사건을 겪은 학교에서 상담사로 살아내기. 서울대학교 대학원 박사학위논문. https://s-space.snu.ac.kr/bitstream/10371/162147/1/000000157989.pdf

권성규(2011). 기술문에서 우리말 숫자 쓰기. 공학교육연구, 14(2), 30-39. https://doi.org/10.18108/jeer.2011.14.2.30

권지성(2008). 쪽방 거주자의 일상생활에 대한 문화기술지. 한국사회복지학, 60(4), 131-156. https://doi.org/10.20970/kasw.2008.60.4.006

김가연(2018). 내러티브 탐구를 통한 한국어 학습자의 정체성 연구. 고려대학교 대학원 박사학위논문. http://uci.or.kr/I804:11009-000000081829

김기헌(2004). 가족 배경이 교육단계별 진학에 미치는 영향. 한국사회학, 38(5), 109-142. http://uci.or.kr/G704-000205.2004.38.5.001

김나현, 이은주, 곽수영, 박미라(2013). 어린 아동을 둔 취업모의 양육부담감 경험에 대한 현상학적 연구. 여성건강간호학회지, 19(3), 188-200. http://uci.or.kr/G704-001641.2013.19.3.002

김미숙(2005). 북한이탈학생의 남한학교 다니기. 교육사회학연구, 15(2), 23-44. http://uci.or.kr/G704-001276.2005.15.2.006

김서현(2018). 남성 독거노인의 '잘 늙어감'에 관한 현상학적 연구. 한국사회복지질적연구, 12(3), 33-60. https://doi.org/10.22867/kaqsw.2018.12.3.33

김신회(2022). 내러티브를 통한 경력 체육교사의 수업정체성 이해. 한국교원대학교 대학원 박사학위논문. http://www.riss.kr/link?id=T16076324&outLink=K

김영천(2016). 질적연구방법론 1: Bricoleur(3판). 아카데미프레스.

김은정(2018). 보다 나은 질적 연구 방법 모색기: 근거이론 연구 수행의 실패와 갈등 경험을 중심으로. 문화와 사회, 26(3), 273-318. https://doi.org/10.17328/kjcs.2018.26.3.007

김인숙(2017). 사회복지전담공무원의 일 조직화: 제도적 문화기술지. 한국사회복지행정학, 19(1), 101-139. https://doi.org/10.22944/kswa.2017.19.1.004

김정석(2006). 미혼남녀의 결혼의향 비교분석. 한국인구학, 29(1), 57-70. http://uci.or.kr/G704-000152.2006.29.1.006

김창복, 이신영(2013). 자녀의 초등학교 전이 및 적응에 대한 어머니들의 이야기. 어린이미디어연구, 12(3), 319-350. http://uci.or.kr/G704-001863.2013.12.3.012

김필환(2016). 제주해녀의 건강생활에 관한 문화기술지. 부산가톨릭대학교 대학원 박사학위논문. http://www.riss.kr/link?id=T13977739&outLink=K

김필환, 김영경(2017). 제주해녀의 건강생활에 관한 문화기술지. 질적연구, 18(1), 114-130. https://doi.org/10.22284/qr.2017.18.1.114

김현숙, 최은경, 김태희, 윤혜영, 김은지, 홍진주, 홍정아, 김건아, 김성하(2019). 중환자실 간호사의 임종간호 어려움과 임종간호 교육요구 조사: 혼합연구방법. 한국호스피스완화의료학회지, 22(2), 87-99. https://doi.org/10.14475/kjhpc.2019.22.2.87

김희순, 마유미, 박지영, 김승현(2013). 비만아동을 위한 정서적 자기조절 프로그램의 개발 및 효과: 혼합방법론의 적용. *Child Health Nursing Research, 19*(3), 187-197. https://doi.org/10.4094/chnr.2013.19.3.187

김희태, 유진은(2021). 교육평가. 한국방송통신대학교출판문화원.

나은영, 사영준, 나은경, 호규현(2022). 인공지능은 부정적 감정을 가라앉힐 수 있을까?: 인공지능 작성 기사와 인간 작성 기사가 수용자의 감정과 판단에 미치는 영향. 한국방송학보, 36(2), 73-115.

남순현(2017). 노인의 은퇴 후 삶의 적응에 대한 Glaser의 근거이론적 접근. 한국사회복지질적연구, 11(1), 5-29. https://doi.org/10.22867/kaqsw.2017.11.1.5

노민정, 유진은(2015). 교육 분야 메타분석을 위한 50개 필수 보고 항목. 교육평가연구, 28(3), 853-878. http://uci.or.kr/G704-000051.2015.28.3.003

박성현, 박태성, 이영조(2018). 빅데이터와 데이터 과학: 4차 산업혁명 시대의 연금술. 자유아카데미.

박에스더(2020). 한 성폭력 피해자의 성폭력 예방교육 교수 경험에 관한 자문화기술지: '쭈구리'에서 '원더우먼'으로. 교육인류학연구, 23(2), 67-96. https://doi.org/10.17318/jae.2020.23.2.003

박창이, 김용대, 김진석, 송종우, 최호식(2011). R을 이용한 데이터마이닝. 교우사.

배귀희, 강여진(2018). 환경문제 해결을 위한 협력적 거버넌스의 성공요인에 관한 연구: 태화강 사례를 중심으로. 한국정책과학학회보, 22(2), 155-187. https://doi.org/10.31553/kpsr.2018.06.22.2.155

백유진, 강현은, 임강은, 임수영, 황승주, 유태우(2001). 서울지역 여고생의 체중조절, 우울 및 비만에 따른 식사태도. 가정의학회지, 22(5), 690-697.

서미옥(2014). 대학생의 학업지연 원인 탐색: 혼합연구. 교육학연구, 52(1), 273-301. http://uci.or.kr/G704-000614.2014.52.1.006

서은국, 구재선(2011). 단축형 행복 척도(COMOSWB) 개발 및 타당화. 한국심리학회지: 사회 및 성격, 25(1), 96-114. https://doi.org/10.21193/kjspp.2011.25.1.006

서정기(2012). 학교폭력 이후 해결과정에서 경험하는 갈등의 구조적 요인에 대한 질적 사례연구. 교육인류학연구, 15(3), 133-164. https://doi.org/0.17318/jae.2012.15.3.005

손은애(2019). 유아의 성별에 따른 사회적 유능성 인식에 대한 재고: "여자애 같은" 남아들의 또래 유능성에 대한 비판적 문화기술지 연구. 학습자중심교과교육연구, 19(9), 981-1009. https://doi.org/10.22251/jlcci.2019.19.9.981

신은혜(2022). 클라우드 앱을 활용한 과학 교수학습에 대한 교사와 학생의 인식. 서울대학교 대학원 박사학위논문. http://www.riss.kr/link?id=T16164226&outLink=K

염지숙(2001). 내러티브 탐구(Narrative Inquiry): 그 방법과 적용. 질적연구학회 학술대회 자료집, 2001(2), 37-45.

염지숙(2002). 교육 연구에서 내러티브 탐구(Narrative Inquiry)의 개념, 절차, 그리고 딜레마. 교육인류학연구, 6(1), 119-140.

오은주(2009). 신제품개발을 위한 프로젝트 조직의 활동과 기업의 클러스터링: 게임소프트웨어산업을 대상으로. 국토계획, 44(6), 23-36. http://uci.or.kr/G704-000338.2009.44.6.014

유지영(2014). 초등학생의 학습된 무기력 감소를 위한 놀이중심 집단상담 프로그램의 개발 및 효과검증. 경북대학교 대학원 박사학위논문. http://www.riss.kr/link?id=T13710381&outLink =K

유진은(2013). 연속형 변수가 모형화될 때 Hosmer-Lemeshow 검정을 이용한 로지스틱 회귀모형의 모형적합도. 교육평가연구, 26(3), 579-596. http://uci.or.kr/G704-000051.2013.26.3.006

유진은(2015). 랜덤 포레스트: 의사결정나무의 대안으로서의 데이터 마이닝 기법. 교육평가연구, 28(2), 427-448. http://uci.or.kr/G704-000051.2015.28.2.003

유진은(2019). 교육평가. 학지사.

유진은(2022). 한 학기에 끝내는 양적연구방법과 통계분석(2판). 학지사.

유진은, 노민정(2018). Elastic net을 통한 학생의 창의성 예측 모형 연구. *The SNU Journal of Education Research, 27*(3), 185-205.

유혜령(2015). 현상학적 질적 연구의 논리와 방법: Max van Manen의 연구방법론을 중심으로. 가족과 상담, 5(1), 1-20.

윤소천, 이지현, 손영우, 하유진(2013). 소명의식이 조직몰입과 이직의도에 미치는 영향-심리적 자본과 조직 동일시의 매개효과와 변혁적 리더십, 지각된 상사지지의 조절효과. 인적자원관리연구, 20(4), 61-86. https://doi.org/10.14396/jhrmr.2013.20.4.61

윤택림(2011). 구술사 인터뷰와 역사적 상흔: 진실 찾기와 치유의 가능성. 인문과학연구, 30, 381-406. http://uci.or.kr/G704-SER000001626.2011..30.005

이동훈, 신지영, 김유진(2015). 세월호 재난상담에 참여한 여성상담자의 성장에 관한 생애사 연구. 한국심리학회지: 여성, 20(3), 369-400. https://doi.org/10.18205/kpa.2015.20.3.007

이영주(2009). 정서 · 행동 문제 선별 인물화 검사(DAP-SPED)의 신뢰도 및 타당도 연구. 정서 · 행동장애연구, 25(4), 99-116. http://uci.or.kr/G704-000501.2009.25.4.010

이윤경(2017). 과학적 지식, 인식론, 질적연구방법. 한국사회학회 사회학대회 논문집, 309-321.

이재영, 정연경(2018). 국내 구술사 연구 동향 분석. 한국기록관리학회지, 18(3), 25-47. https://doi.org/10.14404/JKSARM.2018.18.3.025

이정훈, 송영숙(2020). 중환자실 간호사의 이직의도에 대한 혼합연구. 기본간호학회지, 27(2), 153-163. https://doi.org/10.7739/jkafn.2020.27.2.153

이종승(2009). 교육 · 심리 · 사회 연구방법론. 교육과학사.

이지연(2021). 학교 밖 청소년의 낙인 경험에 대한 현상학적 연구. 명지대학교 대학원 박사학위논문. http://www.riss.kr/link?id=T15798759

장세진, 강동묵, 김성아, 이철갑, 손동국, 김형수, 우종민, 조정진, 김정원, 김정연, 하미나, 이경용, 고상백, 강명근, 손미아, 김정일, 노상철, 박재범, 김수영, … 박준호(2005). 한국인 직무 스트레스 측정도구의 개발 및 표준화. 대한산업의학회지, 17(4), 297-317. http://uci.or.kr/G704-000627.2005.17.4.006

전은희(2017). 학벌주의 정체성에 대한 내러티브적 이해: 서울대생의 사례를 중심으로. 교육인류학연구, 20(3), 103-148. https://doi.org/10.17318/jae.2017.20.3.004

정문성(2013). 토의 토론 수업방법 56. 교육과학사.

정문성, 박지연, 유진은, 장준철(2022). 통계와 사회. 씨마스.

조수호, 유진은(2019). 초등학교 교육과정평가 도구개발 및 타당화: 탐색적 순차 설계 연구. 교육과학연구, 21(2), 269-292. https://doi.org/10.15564/jeju.2019.11.21.2.269

차주애, 김진희(2020). 플립러닝이 간호학생의 비판적 사고성향, 학업성취도 및 학업적 자기효능

감에 미치는 효과: 혼합연구 설계 적용. 한국간호교육학회지, 26(1), 25-35. https://doi.org/10.5977/jkasne.2020.26.1.25

최문호, 박승관(2018). 한국 탐사보도 기자들의 소명의식과 실천에 대한 문화기술지 연구: 뉴스타파 취재팀을 대상으로. 언론정보연구, 55(3), 249-307. https://doi.org/10.22174/jcr.2018.55.3.249

최윤아, 김명희(2017). 세월호 이후 학교와 교사의 역할: 학교 재난안전 체계에 대한 제도적 문화기술지. 사회연구, 18(2), 33-72.

최인희(2020). 대학원생의 특징 및 대학원 진학 영향 요인 분석: 한국교육종단연구 자료를 중심으로. 열린교육연구, 28(4), 23-43. https://doi.org/10.18230/tjye.2020.28.4.23

최정숙, 김진숙(2020). 직장인의 대학원 진학 동기와 그 의미. 질적탐구, 6(2), 315-351.

최제호(2007). 통계의 미학. 동아시아.

최종렬, 김성경, 김귀옥, 김은정(편)(2018). 질적 연구방법론. 휴머니스트.

최훈길(2021, 4. 29). 공무원 올해 평균연봉 6420만원…코로나로 10년 만에 감소. 이데일리. https://www.edaily.co.kr/news/read?newsId=02706006629021040&mediaCodeNo=257

한국 아동 · 청소년 패널조사 2018(n.d.). 한국 아동 · 청소년 데이터 아카이브. https://www.nypi.re.kr/archive/board?menuId=MENU00252

한슬기, 이원일, 여인성(2013). 비판적 문화기술지: 여성 승마 선수로 살아가기. 한국체육학회지, 52(2), 41-55. http://uci.or.kr/G704-000541.2013.52.2.025

한오수, 안준호, 송선희, 조맹제, 김장규, 배재남, 조성진, 정범수, 서동우, 함봉진, 이동우, 박종익, 홍진표(2000). 한국어판 구조화 임상면담도구 개발: 신뢰도 연구. 신경정신의학, 39(2), 362-372. http://journal.kisep.com/pdf/002/2000/0022000032.pdf

함형석, 원영신, 임성철(2016). 두 바퀴 인생을 사는 사람들: 여가활동을 통해 관련 직업으로 이직한 MTB 참여자의 삶. 한국체육학회지, 55(2), 95-110. http://uci.or.kr/G704-000541.2016.55.2.047

허준영, 권민영, 조원혁(2015). 세종시 이전 기관 공무원이 경험하는 행정비효율성에 관한 연구. 한국행정학보, 49(3), 127-159. https://doi.org/10.18333/KPAR.49.3.127

홍영숙(2020). 내러티브 논문작성의 실제. 내러티브와 교육연구, 8(3), 7-28. https://doi.org/10.25051/jner.2020.8.3.001

황경모, 유진은(2017). 한국사 수업에서 또래 멘토링 학습이 학업성취도와 흥미에 미치는 영향: 순차적 설명설계의 적용. 교사교육연구, 56(3), 247-262. https://doi.org/10.15812/ter.56.3.201709.247

황수연(2018). 아동양육시설을 퇴소한 30대 성인들의 시설생활 경험 연구. 한국사회복지학, 70(4), 7-35. https://doi.org/10.20970/kasw.2018.70.4.001

Alasuutari, P., Bickman, L., & Brannen, J. (Eds.). (2008). *The SAGE handbook of social research methods*. Sage.

APA Help Center. (2018, November 1). *Stress effects on the body*. https://www.apa.org/topics/stress/body

APA Style (2021). *Avoiding plagiarism guide*. https://apastyle.apa.org/instructional-aids/avoiding-plagiarism.pdf

Asmussen, K. J., & Creswell, J. W. (1995). Campus response to a student gunman. *The Journal of Higher Education, 66*(5), 575-591. https://doi.org/10.1080/00221546.1995.11774799

Bader, G. E., & Rossi, C. A. (2002). *Focus groups: A step-by-step guide* (3rd ed.). The Bader Group.

Berman, E. A. (2017). An exploratory sequential mixed methods approach to understanding researchers' data management practices at UVM: Integrated findings to develop research data services. *Journal of eScience Librarianship, 6*(1), e1104. https://doi.org/10.7191/jeslib.2017.1104

Birks, M., & Mills, J. (2015). *Grounded theory: A practical guide*. Sage.

Branch, R. (2009). *Instructional design: The ADDIE approach*. Springer.

Campbell, D. T., & Cook, T. D. (1979). *Quasi-experimentation*. Rand McNally.

Campbell, D. T., & Fiske, D. W. (1959). Convergent and discriminant validation by the multitrait-multimethod matrix. *Psychological Bulletin, 56*(2), 81-105. https://doi.org/ 10.1037/h0046016

Campbell, D. T., & Stanley, J. C. (1963). *Experimental and quasi-experimental designs for research*. Rand McNally.

Charmaz, K. (2000). Grounded theory: Objectivist and contructivist methods. In N. K. Denzin & Y. Lincoln (Eds.), *The handbook of qualitative research* (pp. 509-535). Sage.

Charmaz, K. (2006). *Constructing grounded theory: A practical guide through qualitative analysis*. Sage.

Charmaz, K., & Henwood, K. (2017). Grounded theory methods for qualitative psychology. In C. Willig & W. Stainton-Rogers (Eds.), *The SAGE handbook of qualitative research in psychology* (2nd ed., pp. 238-255). Sage.

Chiovitti, R. F., & Piran, N. (2003). Rigour and grounded theory research. *Journal of Advanced Nursing, 44*(4), 427-435. https://doi.org/10.1046/j.0309-2402.2003.02822.x

Clandinin, D. J., & Caine, V. (2013). Narrative inquiry. In A. A. Trainor & E. Graue (Eds.), *Reviewing qualitative research in the social sciences* (pp. 166-179). Routledge.

Clandinin, D. J., & Connelly, F. M. (1994). Personal experience methods. In N. K. Denzin & Y. S. Lincoln (Eds.), *Handbook of qualitative research* (pp. 413–427). Sage.

Clandinin, D. J., & Connelly, F. M. (2000). *Narrative inquiry: Experience and story in qualitative research*. Jossey–Bass.

Clandinin, D. J., & Rosiek, J. (2007). Mapping a landscape of narrative inquiry: Borderland spaces and tensions. In D. J. Clandinin (Ed.), *Handbook of narrative inquiry: Mapping a methodology* (pp. 35–75). Sage. https://doi.org/10.4135/9781452226552.n2

Clandinin, D. J., Caine, V., Lessard, S., & Huber, J. (2016). *Engaging in narrative inquiries with children and youth*. Routhledge. https://doi.org/10.4324/9781315545370

Cohen, J. (2013). *Statistical power analysis for the behavioral sciences* (2nd ed.). Lawrence Erlbaum Associates.

Colaizzi, P. (1978). Psychological research as a phenomenologist views it. In R. S. Valle & M. King (Eds.), *Existential phenomenological alternatives for psychology* (pp. 48–71). Open University Press.

Connelly, F. M., & Clandinin, D. J. (2006). Narrative Inquiry. In J. Green, G. Camilli, & P. Elmore (Eds.), Handbook of complementary methods in education research (3rd ed., pp. 375–385). https://doi.org/10.4324/9780203874769

Cope, D. G. (2014). Methods and meanings: Credibility and trustworthiness of qualitative research. *Oncology Nursing Forum, 41*(1), 89–91.

Corbin, J., & Morse, J. M. (2003). The unstructured interactive interview: Issues of reciprocity and risks when dealing with sensitive topics. *Qualitative Inquiry, 9*(3), 335–354. https://doi.org/10.1177/1077800403009003001

Corbin, J. M., & Strauss, A. (1990). Grounded theory research: Procedures, canons, and evaluative criteria. *Qualitative Sociology, 13*(1), 3–21. https://doi.org/10.1007/BF00988593

Corbin, J. M., & Strauss, A. (2008). *Basics of qualitative research: Techniques and procedures for developing grounded theory* (3rd ed.). Sage

Corbin, J. M., & Strauss, A. (2014). *Basics of qualitative research: Techniques and procedures for developing grounded theory* (4th ed.). Sage.

Creswell, J. W. (2014). *A concise introduction to mixed methods research*. Sage.

Creswell, J. W. (2014). *Research design: qualitative, quantitative, and mixed methods approaches* (4th ed.). Sage.

Creswell, J. W., & Creswell, J. D. (2018). *Research design* (5th ed.). Sage.

Creswell, J. W., & Miller, D. L. (2000). Determining validity in qualitative inquiry. *Theory Into*

Practice, 39(3), 124–130. https://doi.org/10.1207/s15430421tip3903_2

Creswell, J. W., & Plano Clark, V. L. (2007). *Designing and conducting mixed methods research*. Sage.

Creswell, J. W., & Plano Clark, V. L. (2011) *Designing and conducting mixed methods research* (2nd ed.). Sage.

Creswell, J. W., & Plano Clark, V. L. (2018). *Designing and conducting mixed methods research* (3rd ed.). Sage.

Creswell, J. W., & Poth, C. N. (2018). *Qualitative inquiry and research design: Choosing among five approaches* (4th). Sage.

Creswell, J. W., Fetters, M. D., & Ivankova, N. V. (2004). Designing a mixed methods study in primary care. *The Annals of Family Medicine, 2*(1), 7–12. https://doi.org/10.1370/afm.104

Crocker L. M., & Algina J. (1986). *Introduction to classical and modern test theory*. Holt Rinehart and Winston.

Cronbach, L. J. (1982). *Designing evaluations of educational and social programs*. Jossey–Bass.

Curry, L. A., & Nunez–Smith, M. (2015). *Mixed methods in health sciences research: A practical primer*. Sage.

Czarniawska, B. (2004). *Narratives in social science research*. Sage.

Denzin, N. K., & Lincoln, Y. S. (Eds.). (2005). *The SAGE handbook of qualitative research*. Sage.

Denzin, N. K., & Lincoln, Y. S. (Eds.). (2018). *The SAGE handbook of qualitative research* (5th ed.). Sage.

Dick, W., Carey, L., & Carey, L. (2005). *The systematic design of instruction* (6th ed.). Harper Collins.

Du Bois, W. E. B. (2007). *The Philadelphia negro*. Cosimo.

Enosh, G., Tzafrir, S. S., & Stolovy, T. (2015). The development of client violence questionnaire (CVQ). *Journal of Mixed Methods Research, 9*(3), 273–290. https://doi.org/10.1177/1558689814525263

Erickson. F. (2018). A history of qualitative inquiry in social and educational research. In N. K. Denzin & Y. S. Lincoln (Eds.), *The SAGE handbook of qualitative research* (5th ed., pp. 87–141). Sage.

Fabian, J. J. (2020, May 14). UX in free educational content. In J. S. Doe (Chair), *The case of the Purdue OWL: Accessibility and online content development* [Panel presentation].

Computers and Writing 2020, Greenville, NC, United States.

Fardin, M. (2014). *On the rheology of cats.* https://www.drgoulu.com/wp-content/uploads/2017/09/Rheology-of-cats.pdf

Fardin, M. (2017, November 8). *Answering the question that won me the Ig Nobel prize: Are cats liquid?* https://theconversation.com/answering-the-question-that-won-me-the-ig-nobel-prize-are-cats-liquid-86589

Fetterman, D. M. (2009). *Ethnography: Step-by-step.* Sage.

Fetters, M. D. (2019). *The mixed methods research workbook: Activities for designing, implementing, and publishing projects.* Sage.

Flick, U. (2004). Triangulation in qualitative research. In U. Flick, E. von Kardoff, & I. Steinke (Eds.), *A companion to qualitative research* (pp. 178-183). Sage.

Flick, U., Kardorff, E., & Steinke, I. (2004). What is qualitative research? An introduction to the field. In U. Flick, E. von Kardoff, & I. Steinke (Eds.), *A companion to qualitative research* (pp. 3-11). Sage.

Fordyce, M. W. (1988). A review of research on the happiness measures: A sixty second index of happiness and mental health. *Social Indicators Research, 20,* 355-381. https://doi.org/10.1007/BF00302333

Fowler, F. J. (1993). *Survey research methods.* Sage.

Gall, M. D., Gall, J. P., & Borg, W. R. (2007). *Educational research: An introduction* (8th ed.). Pearson.

Giorgi, A. (1985). *Phenomenology and psychological research.* Duquesne University Press.

Giorgi, A. (1994). A phenomenological perspective on certain qualitative research methods. *Journal of Phenomenological Psychology, 25*(2), 190-220. https://doi.org/10.1163/156916294X00034

Giorgi, A. (2006). The value of phenomenology for psychology. In P. D. Ashworth & M. C. Chung (Eds.), *Phenomenology and psychological science* (pp. 45-68). Springer.

Giorgi, A. (2009). *The descriptive phenomenological method in psychology: A modified Husserlian approach.* Duquesne University Press.

Giorgi, A., Giorgi, B., & Morley, J. (2017). The descriptive phenomenological psychological method. In C. Willig & W. Rogers (Eds.), *The SAGE handbook of qualitative research in psychology* (pp. 176-192). Sage.

Glaser, B. (1978). *Theoretical sensitivity: Advances in the methodology of grounded theory.* Sociology Press.

Glaser, B. (1992). *Basics of grounded theory analysis*. Sociology Press.

Glaser, B. (1998). *Doing grounded theory: Issues and discussions*. Sociology Press.

Glaser, B. (2005). *The grounded theory perspective III: Theoretical coding*. Sociology Press.

Glaser, B. G., & Holton, J. (2005). Staying open: The use of theoretical codes in grounded theory. *The Grounded Theory Review, 5*(1), 1–20.

Glaser, B., & Strauss, A. (1967). *The discovery of grounded theory: Strategies for qualitative research*. Sociology Press.

Green, J. C. (2007). *Mixed methods in social inquiry*. Jossey–Bass. https://doi.org/10.1177/1558689807314013

Greene, J. C., Caracelli, V. J., & Graham, W. F. (1989). Toward a conceptual framework for mixed–method evaluation designs. *Educational Evaluation and Policy Analysis, 11*(3), 255–274.

Guba, E. G., & Lincoln, Y. S. (1981). *Effective evaluation: Improving the usefulness of evaluation results through responsive and naturalistic approaches*. Jossey–Bass.

Guba, E. G., & Lincoln, Y. S. (1982). Epistemological and methodological bases of naturalistic inquiry. *Educational Technology Research and Development, 30*, 233–252. https://doi.org/10.1007/BF02765185

Guba, E. G., & Lincoln, Y. S. (1994). Competing paradigms in qualitative research. In N. K. Denzin & Y. S. Lincoln (Eds.), *Handbook of qualitative research* (pp. 105–117). Sage.

Guetterman, T. C., & Fetters, M. D. (2018). Two methodological approaches to the integration of mixed methods and case study designs: A systematic review. *American Behavioral Scientist, 62*(7), 900–918. https://doi.org/10.1177/0002764218772641

Guetterman, T. C., & Mitchell, N. (2016). The role of leadership and culture in creating meaningful assessment: A mixed methods case study. *Innovative Higher Education, 41*, 43–57. https://doi.org/10.1007/s10755–015–9330–y

Guffey, J. E., Larson, J. G., Zimmerman, L., & Shook, B. (2007). The development of a Thurstone scale for identifying desirable police officer traits. *Journal of Police and Criminal Psychology, 22*(1), 1–9. https://doi.org/10.1007/s11896–007–9001–8

Hammersley, M., & Atkinson, P. (2019). *Ethnography: Principles in practice* (4th ed.). Routledge. https://doi.org/10.4324/9781315146027

Heppner, W. L., Kernis, M. H., Lakey, C. E., Campbell, W. K., Goldman, B. M., Davis, P. J., & Cascio, E. V. (2008). Mindfulness as a means of reducing aggressive behavior: Dispositional and situational evidence. *Aggressive Behavior, 34*(5), 486–496. https://

doi.org/10.1002/ab.20258

Hill, E. J., Hawkins, A. J., Ferris, M., & Weitzman, M. (2001). Finding an extra day a week: The positive influence of perceived job flexibility on work and family life balance. *Family Relations, 50*(1), 49–58. https://doi.org/10.1111/j.1741–3729.2001.00049.x

Howitt, D. (2016). *Qualitative research methods in psychology* (3rd ed.). Pearson.

Husserl, E. (2003). *The idea of phenomenology* (L. Hardy, Trans.). Kluwer Academic Publishers. (Original work published 1907)

Isaacson, W. (2012). The real leadership lessons of Steve Jobs. *Harvard Business Review, 90*(4), 92–102.

Ivankova, N. V., & Stick, S. L. (2007). Students' persistence in a distributed doctoral program in educational leadership in higher education: A mixed methods study. *Research in Higher Education, 48*(1), 93–135. https://doi.org/10.1007/s11162–006–9025–4

Johnson, R. B., & Onwuegbuzie, A. J. (2004). Mixed methods research: A research paradigm whose time has come. *Educational Researcher, 33*(7), 14–26. https://doi.org/10.3102/0013189X033007014

Johnson, R. B., Onwuegbuzie, A. J., Turner, L. A. (2007). Toward a definition of mixed methods research. *Journal of Mixed Methods Research, 1*(2), 112–133. https://doi.org/10.1177/1558689806298224

Josselson, R. (2011). Bet you think this song is about you: Whose narrative is it in narrative research? *Narrative Matters, 1*(1), 33–51.

Kelley–Baker, T., Voas, R. B., Johnson, M. B., Furr–Holden, C. D. M., & Compton, C. (2007). Multimethod measurement of high–risk drinking locations: Extending the portal survey method with follow–up telephone interviews. *Evaluation Review, 31*(5), 490–507. https://doi.org/10.1177/0193841X07303675

Kim, M. (2016). A North Korean defector's journey through the identity–transformation process. *Journal of Language, Identity & Education, 15*(1), 3–16. https://doi.org/10.1080/15348458.2015.1090764

Kite, M. E., & Whitley, B. E. (2018). *Principles of research in behavioral science* (4th ed.). Routledge.

Krueger, R. A. (1998). *Developing questions for focus groups*. Sage.

Krueger, R. A. (2002). *Designing and conducting focus group interviews*. https://www.eiu.edu/ihec/Krueger–FocusGroupInterviews.pdf

Krueger, R. A., & Casey. M. A. (2015). *Focus groups: Practical guide for applied research* (5th ed.). Sage.

Kuhn, T. S. (1962). *The structure of scientific revolutions*. University of Chicago Press.

Lather, P. (1991). *Getting smart: Feminist research and pedagogy within/in the postmodern*. Routledge.

Lather, P. (2006). Paradigm proliferation as a good thing to think with: Teaching research in education as a wild profusion. *International Journal of Qualitative Studies in Education, 19*(1), 35–57. https://doi.org/10.1080/09518390500450144

Laverty, S. M. (2003). Hermeneutic phenomenology and phenomenology: A comparison of historical and methodological considerations. *International Journal of Qualitative Methods, 2*(3), 21–35. https://doi.org/10.1177/160940690300200303

Lawshe, C. H. (1975). A quantitative approach to content validity. *Personnel Psychology, 28*(4), 563–575.

LeCompte, M. D., & Goetz, J. P. (1982). Problems of reliability and validity in ethnographic research. *Review of Educational Research, 52*(1), 31–60. https://doi.org/10.3102/00346543052001031

Leech, N. L., & Onwuegbuzie, A. J. (2009). A typology of mixed methods research designs. *Quality & Quantity, 43*, 265–275. https://doi.org/10.1007/s11135-007-9105-3

Leiler, A., Wasteson, E., Holmberg, J., & Bjärtå, A. (2020). A pilot study of a psychoeducational group intervention delivered at asylum accommodation centers–A mixed methods approach. *International Journal of Environmental Research and Public Health, 17*(23), 8953. https://doi.org/10.3390/ijerph17238953

Levitt, H. M., Bamberg, M., Creswell, J. W., Frost, D. M., Josselson, R., & Suárez-Orozco, C. (2018). Journal article reporting standards for qualitative primary, qualitative meta-analytic, and mixed methods research in psychology: The APA publications and communications board task force report. *American Psychologist, 73*(1), 26–46. https://doi.org/10.1037/amp0000151

Lincoln, Y. S., & Guba, E. G. (1985). *Naturalistic inquiry*. Sage.

Locke, L. F., Spirduso, W. W., & Silverman, S. J. (2007). *Proposals that work: A guide for planning dissertations and grant proposals* (5th ed.). Sage.

Malinowski, B. (1922). *Argonauts of the western pacific*. Routledge & Sons.

Marshall, C., & Rossman, G. (2016). *Designing qualitative research* (6th ed.). Sage.

Mays, N., & Pope, C. (1995). Qualitative research: Rigour and qualitative research. *British Medical Journal, 311*(6997), 109–112. https://doi.org/10.1136/bmj.311.6997.109

Merriam, S. B. (1998). *Qualitative research and case study applications in education.* Jossey–Bass.

Merriam, S. B., & Tisdell, E. J. (2016). *Qualitative Research: A guide to design and implementation* (4th ed.). Jossey–Bass.

Mertens, D. M., & Ginsberg, P. E. (2009). *The handbook of social research ethics.* Sage.

Morgan, D. L. (1998). Practical strategies for combining qualitative and quantitative methods: Applications to health research. *Qualitative Health Research, 8*(3), 362–376. https://doi.org/10.1177/104973239800800307

Morrow, R., Rodriguez, A., & King, N. (2015). Colaizzi's descriptive phenomenological method. *The Psychologist, 28*(8), 643–644.

Morse, J. M. (1991). Approaches to qualitative–quantitative methodological triangulation. *Nursing Research, 40*(2), 120–123.

Morse, J. M. (2015). Critical analysis of strategies for determining rigor in qualitative inquiry. *Qualitative Health Research, 25*(9), 1212–1222. https://doi.org/10.1177/1049732315588501

Morse, J. M., & Richards, L. (2002). *Read me first for a user's guide to qualitative methods.* Sage.

Moustakas, C. (1994). *Phenomenological research methods.* Sage.

Ollerenshaw, J. A., & Creswell, J. W. (2002). Narrative research: A comparison of two restorying data analysis approaches. *Qualitative Inquiry, 8*(3), 329–347. https://doi.org/10.1177/10778004008003008

Onwuegbuzie, A. J., & Johnson, R. B. (2006). The validity issue in mixed research. *Research in the Schools, 13*(1), 48–63. https://citeseerx.ist.psu.edu/viewdoc/download?doi=10.1.1.534.5506&rep=rep1&type=pdf

Onwuegbuzie, A. J., & Teddlie, C. (2003). A framework for analyzing data in mixed methods research. In A. Tashakkori, C. Teddlie, & C. B. Teddlie (Eds.), *Handbook of mixed methods in social and behavioral research* (pp. 397–430). Sage.

Orb, A., Eisenhauer, L., & Wynaden, D. (2001). Ethics in qualitative research. *Journal of Nursing Scholarship, 33*(1), 93–96. https://doi.org/10.1111/j.1547-5069.2001.00093.x

Padgett, D. K. (1998). Does the glove really fit? Qualitative research and clinical social work practice. *Social Work, 43*(4), 373–381. https://doi.org/10.1093/sw/43.4.373

Patton, M. Q. (1990). *Qualitative evaluation and research method* (2nd ed.). Sage.

Patton, M. Q. (2014). *Qualitative research and evaluation method* (4th ed.). Sage.

Pitman, J. (1993). *Probability.* Springer–Verlag.

Purdue Online Writing Lab. (2022). *Purdue online writing lab: College of liberal arts.* https://

owl.purdue.edu/owl/purdue_owl.html

Rabiee, F. (2004). Focus-group interview and data analysis. *Proceedings of the Nutrition Society, 63*(4), 655–660. https://doi.org/10.1079/PNS2004399

Reiners, G. M. (2012). Understanding the differences between Husserl's (descriptive) and Heidegger's (interpretive) phenomenological research. *Journal of Nursing & Care, 1*(5), 1–3.

Richardson, L., & St. Pierre, E. A. (2018). Writing: A method of inquiry. In N. K. Denzin & Y. S. Lincoln (Eds.), *The SAGE handbook of qualitative research* (5th ed., pp. 1410–1444). Sage.

Roberts, C., & Hyatt, L. (2019). *The dissertation journey: A practical and comprehensive guide to planning writing and defending your dissertation* (3rd ed.). Sage.

Robinson, N. M. (1996). Counseling agendas for gifted young people: A commentary. *Journal of the Education for the Gifted, 20*(2), 128–137.

Rosenthal, P. I. (1966). The concept of ethos and the structure of persuasion. *Communications Monographs, 33*(2), 114–126.

Schafer, J. L. (1997). *Analysis of incomplete multivariate data.* CRC press.

Shadish, W. R., Cook, T. D., & Campbell, D. T. (2002). *Experimental and quasi-experimental designs for generalized causal inference.* Mifflin and Company.

Sinley, R. C., & Albrecht, J. A. (2016). Understanding fruit and vegetable intake of native American children: A mixed methods study. *Appetite, 101*, 62–70. https://doi.org/10.1016/j.appet.2016.03.007

Smith, D. E. (2005). *Institutional ethnography: A sociology for people.* Rowman Altamira.

Stake, R. E. (1995). *The art of case study research.* Sage.

Strauss, A. L. (1987). *Qualitative analysis for social scientists.* Cambridge University Press.

Strauss, A., & Corbin, J. (1998). *Basics of qualitative research techniques: Techniques and procedures for developing grounded theory* (2nd ed.). Sage.

Tashakkori, A., & Teddlie, C. (2003). Issues and dilemmas in teaching research methods courses in social and behavioural sciences: US perspective. *International Journal of Social Research Methodology, 6*(1), 61–77. https://doi.org/10.1080/13645570305055

Tashakkori, A., Teddlie, C., & Teddlie, C. B. (1998). *Mixed methodology: Combining qualitative and quantitative approaches.* Sage.

Teddlie, C., & Tashakkori, A. (2006). A general typology of research designs featuring mixed methods. *Research in the Schools, 13*(1), 12–28. https://citeseerx.ist.psu.edu/viewdoc/

download?doi=10.1.1.564.6225&rep=rep1&type=pdf

Teddlie, C., & Tashakkori, A. (2009). *Foundations of mixed methods research: Integrating quantitative and qualitative approaches in the social and behavioral sciences.* Sage.

Teddlie, C., & Yu, F. (2007). Mixed methods sampling: A typology with examples. *Journal of Mixed Methods Research, 1*(1), 77–100. https://doi.org/10.1177/1558689806292430

Terrell, S. R. (2016). *Writing a proposal for your dissertation guidelines and examples.* The Guilford Press.

Thornberg, R., & Charmaz, K. (2014). Grounded theory and theoretical coding. In U. Flick (Ed.), *The SAGE handbook of qualitative data analysis* (pp. 153–169). Sage.

Thurstone, L. L. (1929). Theory of attitude measurement. *Psychological Review, 36*(3), 222–241. https://doi.org/10.1037/h0070922

Tie, Y. C., Birks, M., & Francis, K. (2019). Grounded theory research: A design framework for novice researchers. *SAGE Open Medicine, 7,* 1–8. https://doi.org/10.1177/ 2050312118822927

Tittle, C. R., & Hill, R. J. (1967). Attitude measurement and prediction of behavior: An evaluation of conditions and measurement techniques. *Sociometry, 30*(2), 199–213. https://doi.org/10.2307/2786227

Traub, R. E. (1994). *Reliability for the social sciences: Theory and applications.* Sage.

van Manen, M. (1990). Beyond assumptions: Shifting the limits of action research. *Theory Into Practice, 29*(3), 152–157. https://doi.org/10.1080/00405849009543448

van Manen, M. (1997). *Researching lived experience.* Sunny Press.

van Manen, M. (2016). *Phenomenology of practice: Meaning–giving methods in phenomenological research and writing.* Routledge.

Willig, C., & Stainton–Rogers, W. (Eds.). (2017). *The SAGE handbook of qualitative research in psychology* (2nd ed.). Sage.

Yin, R. K. (2009). *Case study research: Design and methods* (4th ed.). Sage.

Yin, R. K. (2016). *Qualitative research from start to finish* (2nd ed.). The Guilford Press.

Yin, R. K. (2018). *Case study research and applications: Design and methods* (6th ed.). Sage.

Yoo, J. E., & Moon, S. M. (2006). Counseling needs of gifted students: An analysis of intake forms at a university–based counseling center. *Gifted Child Quarterly, 50*(1), 52–61. https://doi.org/10.1177/001698620605000106

Yoo, J. E., Rho, M., & Lee, Y. (2022). Online students' learning behaviors and academic success: An analysis of LMS log data from flipped classrooms via regularization. *IEEE Access, 10,* 10740–10753. https://doi.org/10.1109/ACCESS.2022.3144625

Zeegers, M., & Barron, D. (2015). *Milestone moments in getting your PhD in qualitative research*. Chandos Publishing. https://doi.org/10.1016/C2014-0-02299-X

Zhang, Y., & Wildemuth, B. M. (2009). Unstructured interviews. In B. M. Wildemuth (Ed.), *Applications of social research methods to questions in information and library science* (pp. 222-231). Libraries Unlimited.

〈표〉

〈그림〉

〈심화〉

〈예〉

Research methodology
INDEX

찾아보기

인명

내용

저자 소개

유진은(Yoo, Jin Eun)

미국 Purdue University 측정평가연구방법론 박사(Ph. D.)
미국 Purdue University 응용통계 석사(M. S.)
미국 Purdue University 교육심리(영재교육) 석사(M. S.)
서울대학교 사범대학 교육학과 졸업
전 미국 San Francisco 주립대학교 컴퓨터공학과 Research Scholar
미국 Pearson, Inc. Psychometrician
한국교육과정평가원 부연구위원
현 한국교원대학교 제1대학 교육학과 교수
『Frontiers in Psychology』 (SSCI) Associate Editor
『Innovation and Education』 Associate Editor
열린교육연구 부회장 및 편집위원

〈대표 저서〉

『한 학기에 끝내는 양적연구방법과 통계분석』(2판, 2022, 학지사)
『AI 시대 빅데이터 분석과 기계학습』(2021, 학지사)
『교육평가: 연구하는 교사를 위한 학생평가』(2019, 학지사)
『Multiple imputation with structural equation modeling』
(2013, LAP Lambert Academic publishing)

노민정(Rho, Min Jeong)

한국교원대학교 교육과정 및 교육평가 교육학 박사(Ed. D.)
한국교원대학교 교육과정 석사(M. S.)
공주교육대학교 과학교육과 졸업
현 초등학교 교사
한국교원대학교 강사
한국교원대학교 SW · AI교육연구소 전임연구원
한국교원대학교 교육과학연구소 객원연구원

초보 연구자를 위한 연구방법의 모든 것
-양적, 질적, 혼합방법 연구-

All about Research Methods for Novice Researchers
-Introduction to Quantitative, Qualitative, and Mixed-Methods Research-

2023년 1월 20일 1판 1쇄 발행
2024년 1월 25일 1판 3쇄 발행

지은이 • 유진은 · 노민정
펴낸이 • 김 진 환
펴낸곳 • (주) 학지사
04031 서울특별시 마포구 양화로 15길 20 마인드윌드빌딩 5층
대표전화 • 02) 330-5114 팩스 • 02) 324-2345
등록번호 • 제313-2006-000265호
홈페이지 • http://www.hakjisa.co.kr
인스타그램 • https://www.instagram.com/hakjisabook

ISBN 978-89-997-2809-9 93310

정가 22,000원